食品添加剂通用标准汇编

中国标准出版社　编

中国标准出版社

北　京

图书在版编目(CIP)数据

食品添加剂通用标准汇编/中国标准出版社编.—北京：中国标准出版社，2015.8

ISBN 978-7-5066-7919-0

Ⅰ.①食… Ⅱ.①中… Ⅲ.①食品添加剂-食品标准-汇编-中国 Ⅳ.①TS202.3-65

中国版本图书馆 CIP 数据核字(2015)第 133157 号

中国标准出版社出版发行
北京市朝阳区和平里西街甲 2 号(100029)
北京市西城区三里河北街 16 号(100045)

网址 www.spc.net.cn
总编室：(010)68533533 发行中心：(010)51780238
读者服务部：(010)68523946

中国标准出版社秦皇岛印刷厂印刷
各地新华书店经销

*

开本 880×1230 1/16 印张 30.5 字数 937 千字
2015 年 8 月第一版 2015 年 8 月第一次印刷

*

定价 158.00 元

编 者 的 话

近年来，随着食品工业的快速发展，食品添加剂已经成为现代食品工业的重要组成部分。本汇编收录了食品添加剂各个领域中现行有效的重要通用标准，在一定范围内，作为其他食品添加剂标准的基础标准，有着更为广泛、普遍的基础作用和指导意义。本汇编收录8个国家标准，其中包括最新发布实施的GB 2760—2014《食品安全国家标准 食品添加剂使用标准》。

食品添加剂的正确使用直接关系到食品的质量与安全，同时食品添加剂也是进出口食品的主要检测指标。本汇编的出版将为食品添加剂的管理机构、检测机构、生产企业等部门和人员提供最新的标准指南。

本汇编可供食品生产、科研、销售单位的技术人员，各级食品监督、检验机构的人员，各管理部门的相关人员使用，也可供大专院校相关专业的师生参考。

编 者

2015年7月

目　　录

中华人民共和国国家标准

GB 2760—2014

食品安全国家标准
食品添加剂使用标准

2014-12-24 发布　　　　2015-05-24 实施

中华人民共和国
国家卫生和计划生育委员会　发布

前　言

本标准代替 GB 2760—2011《食品安全国家标准　食品添加剂使用标准》。

本标准与 GB 2760—2011 相比，主要变化如下：

——增加了原卫生部 2010 年 16 号公告、2010 年 23 号公告、2012 年 1 号公告、2012 年 6 号公告、2012 年 15 号公告、2013 年 2 号公告，国家卫生和计划生育委员会 2013 年 2 号公告、2013 年 5 号公告、2013 年 9 号公告、2014 年 3 号公告、2014 年 5 号公告、2014 年 9 号公告、2014 年 11 号公告、2014 年 17 号公告的食品添加剂规定。

——将食品营养强化剂和胶基糖果中基础剂物质及其配料名单调整由其他相关标准进行规定。

——修改了 3.4 带入原则，增加了 3.4.2。

——修改了附录 A“食品添加剂的使用规定”：

a）删除了表 A.1 中 4-苯基苯酚、2-苯基苯酚钠盐、不饱和脂肪酸单甘酯、茶黄色素、茶绿色素、多穗柯棕、甘草、硅铝酸钠、葫芦巴胶、黄蜀葵胶、酸性磷酸铝钠、辛基苯氧聚乙烯氧基、辛烯基琥珀酸铝淀粉、薪草提取物、乙萘酚、仲丁胺等食品添加剂品种及其使用规定；

b）修改了表 A.1 中硫酸铝钾、硫酸铝铵、赤藓红及其铝色淀、靛蓝及其铝色淀、亮蓝及其铝色淀、柠檬黄及其铝色淀、日落黄及其铝色淀、胭脂红及其铝色淀、诱惑红及其铝色淀、焦糖色(加氨生产)、焦糖色(亚硫酸铵法)、山梨醇酐单月桂酸酯、山梨醇酐单棕榈酸酯、山梨醇酐单硬脂酸酯、山梨醇酐三硬脂酸酯、山梨醇酐单油酸酯、甜菊糖苷、胭脂虫红的使用规定；

c）在表 A.1 中增加了 L(+)-酒石酸、*dl*-酒石酸、纽甜、β-胡萝卜素、β-环状糊精、双乙酰酒石酸单双甘油酯、阿斯巴甜等食品添加剂的使用范围和最大使用量，删除了上述食品添加剂在表 A.2 中的使用规定；

d）删除了表 A.1 中部分食品类别中没有工艺必要性的食品添加剂规定；

e）表 A.3 中增加了“06.04.01 杂粮粉”，删除了“13.03 特殊医学用途配方食品”。

——修改了附录 B 食品用香料、香精的使用规定：

a）删除了八角茴香、牛至、甘草根、中国肉桂、丁香、众香子、莳萝籽等香料品种；

b）表 B.1 中增加“16.02.01 茶叶、咖啡”。

——修改了附录 C 食品工业用加工助剂(以下简称“加工助剂”)使用规定：

a）表 C.1 中增加了过氧化氢；

b）表 C.2 中删除了甲醇、钯、聚甘油聚亚油酸酯品种及其使用规定。

——删除了附录 D 胶基糖果中基础剂物质及其配料名单。

——修改了附录 F 食品分类系统：

a）修改为附录 E 食品分类系统；

b）修改了 01.0、02.0、04.0、08.0、09.0、11.0、12.0、13.0、14.0、16.0 等类别中的部分食品分类号及食品名称，并按照调整后的食品类别对食品添加剂使用规定进行了调整。

——增加了附录 F“附录 A 中食品添加剂使用规定索引”。

食品安全国家标准
食品添加剂使用标准

1 范围

本标准规定了食品添加剂的使用原则、允许使用的食品添加剂品种、使用范围及最大使用量或残留量。

2 术语和定义

2.1 食品添加剂

为改善食品品质和色、香、味，以及为防腐、保鲜和加工工艺的需要而加入食品中的人工合成或者天然物质。食品用香料、胶基糖果中基础剂物质、食品工业用加工助剂也包括在内。

2.2 最大使用量

食品添加剂使用时所允许的最大添加量。

2.3 最大残留量

食品添加剂或其分解产物在最终食品中的允许残留水平。

2.4 食品工业用加工助剂

保证食品加工能顺利进行的各种物质，与食品本身无关。如助滤、澄清、吸附、脱模、脱色、脱皮、提取溶剂、发酵用营养物质等。

2.5 国际编码系统（INS）

食品添加剂的国际编码，用于代替复杂的化学结构名称表述。

2.6 中国编码系统（CNS）

食品添加剂的中国编码，由食品添加剂的主要功能类别（见附录 D）代码和在本功能类别中的顺序号组成。

3 食品添加剂的使用原则

3.1 食品添加剂使用时应符合以下基本要求：

a） 不应对人体产生任何健康危害；
b） 不应掩盖食品腐败变质；
c） 不应掩盖食品本身或加工过程中的质量缺陷或以掺杂、掺假、伪造为目的而使用食品添加剂；
d） 不应降低食品本身的营养价值；
e） 在达到预期效果的前提下尽可能降低在食品中的使用量。

3.2　在下列情况下可使用食品添加剂：

a)　保持或提高食品本身的营养价值；

b)　作为某些特殊膳食用食品的必要配料或成分；

c)　提高食品的质量和稳定性，改进其感官特性；

d)　便于食品的生产、加工、包装、运输或者贮藏。

3.3　食品添加剂质量标准

按照本标准使用的食品添加剂应当符合相应的质量规格要求。

3.4　带入原则

3.4.1　在下列情况下食品添加剂可以通过食品配料(含食品添加剂)带入食品中：

a)　根据本标准，食品配料中允许使用该食品添加剂；

b)　食品配料中该添加剂的用量不应超过允许的最大使用量；

c)　应在正常生产工艺条件下使用这些配料，并且食品中该添加剂的含量不应超过由配料带入的水平；

d)　由配料带入食品中的该添加剂的含量应明显低于直接将其添加到该食品中通常所需要的水平。

3.4.2　当某食品配料作为特定终产品的原料时，批准用于上述特定终产品的添加剂允许添加到这些食品配料中，同时该添加剂在终产品中的量应符合本标准的要求。在所述特定食品配料的标签上应明确标示该食品配料用于上述特定食品的生产。

4　食品分类系统

食品分类系统用于界定食品添加剂的使用范围，只适用于本标准，见附录E。如允许某一食品添加剂应用于某一食品类别时，则允许其应用于该类别下的所有类别食品，另有规定的除外。

5　食品添加剂的使用规定

食品添加剂的使用应符合附录A的规定。

6　食品用香料

用于生产食品用香精的食品用香料的使用应符合附录B的规定。

7　食品工业用加工助剂

食品工业用加工助剂的使用应符合附录C的规定。

附　录　A

食品添加剂的使用规定

A.1　表 A.1 规定了食品添加剂的允许使用品种、使用范围以及最大使用量或残留量。

A.2　表 A.1 列出的同一功能的食品添加剂(相同色泽着色剂、防腐剂、抗氧化剂)在混合使用时，各自用量占其最大使用量的比例之和不应超过 1。

A.3　表 A.2 规定了可在各类食品(表 A.3 所列食品类别除外)中按生产需要适量使用的食品添加剂。

A.4　表 A.3 规定了表 A.2 所例外的食品类别，这些食品类别使用添加剂时应符合表 A.1 的规定。同时，这些食品类别不得使用表 A.1 规定的其上级食品类别中允许使用的食品添加剂。

A.5　表 A.1 和表 A.2 未包括对食品用香料和用作食品工业用加工助剂的食品添加剂的有关规定。

A.6　上述各表中的“功能”栏为该添加剂的主要功能，供使用时参考。

表 A.1 食品添加剂的允许使用品种、使用范围[1]以及最大使用量或残留量

β-阿朴-8′-胡萝卜素醛 **β-apo-8′-carotenal**

CNS 号 08.018 INS 号 160e

功能 着色剂

食品分类号	食品名称	最大使用量/(g/kg)	备注
01.02.02	风味发酵乳	0.015	以 β-阿朴-8′-胡萝卜素醛计
01.06.04	再制干酪	0.018	以 β-阿朴-8′-胡萝卜素醛计
03.0	冷冻饮品(03.04 食用冰除外)	0.020	以 β-阿朴-8′-胡萝卜素醛计
05.02	糖果	0.015	以 β-阿朴-8′-胡萝卜素醛计
07.0	焙烤食品	0.015	以 β-阿朴-8′-胡萝卜素醛计
12.10.02	半固体复合调味料	0.005	以 β-阿朴-8′-胡萝卜素醛计
14.0	饮料类(除外 14.01 包装饮用水)	0.010	以 β-阿朴-8′-胡萝卜素醛计,固体饮料按冲调倍数增加使用量

氨基乙酸(又名甘氨酸) **glycine**

CNS 号 12.007 INS 号 640

功能 增味剂

食品分类号	食品名称	最大使用量/(g/kg)	备注
08.02	预制肉制品	3.0	
08.03	熟肉制品	3.0	
12.0	调味品	1.0	
14.02.03	果蔬汁(浆)类饮料	1.0	固体饮料按稀释倍数增加使用量
14.03.02	植物蛋白饮料	1.0	固体饮料按稀释倍数增加使用量

铵磷脂 **ammonium phosphatide**

CNS 号 10.033 INS 号 442

功能 乳化剂

食品分类号	食品名称	最大使用量/(g/kg)	备注
05.01.02	巧克力和巧克力制品、除 05.01.01 以外的可可制品	10.0	

巴西棕榈蜡 **carnauba wax**

CNS 号 14.008 INS 号 903

功能 被膜剂、抗结剂

食品分类号	食品名称	最大使用量/(g/kg)	备注
04.01.01	新鲜水果	0.000 4	以残留量计
05.0	可可制品、巧克力和巧克力制品(包括代可可脂巧克力及制品)以及糖果	0.6	

1) 在表 A.1 中使用范围以食品分类号和食品名称表示。

表 A.1（续）

白油（又名液体石蜡） **mineral oil，white（liquid paraffin）**

CNS 号 14.003 INS 号 905a

功能 被膜剂

食品分类号	食品名称	最大使用量/(g/kg)	备注
05.02.02	除胶基糖果以外的其他糖果	5.0	
10.01	鲜蛋	5.0	

L-半胱氨酸盐酸盐 **L-cysteine and its hydrochlorides sodium and potassium salts**

CNS 号 13.003 INS 号 920

功能 面粉处理剂

食品分类号	食品名称	最大使用量/(g/kg)	备注
06.03.02.01	生湿面制品（如面条、饺子皮、馄饨皮、烧麦皮）（仅限拉面）	0.3	
06.03.02.03	发酵面制品	0.06	
06.08	冷冻米面制品	0.6	

苯甲酸及其钠盐 **benzoic acid，sodium benzoate**

CNS 号 17.001，17.002 INS 号 210，211

功能 防腐剂

食品分类号	食品名称	最大使用量/(g/kg)	备注
03.03	风味冰、冰棍类	1.0	以苯甲酸计
04.01.02.05	果酱（罐头除外）	1.0	以苯甲酸计
04.01.02.08	蜜饯凉果	0.5	以苯甲酸计
04.02.02.03	腌渍的蔬菜	1.0	以苯甲酸计
05.02.01	胶基糖果	1.5	以苯甲酸计
05.02.02	除胶基糖果以外的其他糖果	0.8	以苯甲酸计
11.05	调味糖浆	1.0	以苯甲酸计
12.03	醋	1.0	以苯甲酸计
12.04	酱油	1.0	以苯甲酸计
12.05	酱及酱制品	1.0	以苯甲酸计
12.10	复合调味料	0.6	以苯甲酸计
12.10.02	半固体复合调味料	1.0	以苯甲酸计
12.10.03	液体复合调味料（不包括 12.03，12.04）	1.0	以苯甲酸计
14.02.02	浓缩果蔬汁（浆）（仅限食品工业用）	2.0	以苯甲酸计，固体饮料按稀释倍数增加使用量
14.02.03	果蔬汁（浆）类饮料	1.0	以苯甲酸计，固体饮料按稀释倍数增加使用量
14.03	蛋白饮料	1.0	以苯甲酸计，固体饮料按稀释倍数增加使用量

表 A.1（续）

食品分类号	食品名称	最大使用量/(g/kg)	备注
14.04	碳酸饮料	0.2	以苯甲酸计，固体饮料按稀释倍数增加使用量
14.05	茶、咖啡、植物(类)饮料	1.0	以苯甲酸计，固体饮料按稀释倍数增加使用量
14.07	特殊用途饮料	0.2	以苯甲酸计，固体饮料按稀释倍数增加使用量
14.08	风味饮料	1.0	以苯甲酸计，固体饮料按稀释倍数增加使用量
15.02	配制酒	0.4	以苯甲酸计
15.03.03	果酒	0.8	以苯甲酸计

冰结构蛋白 **ice structuring protein**

CNS 号 00.020 INS 号 —

功能 其他

食品分类号	食品名称	最大使用量	备注
03.0	冷冻饮品(03.04 食用冰除外)	按生产需要适量使用	

L-丙氨酸 **L-alanine**

CNS 号 12.006 INS 号 —

功能 增味剂

食品分类号	食品名称	最大使用量	备注
12.0	调味品	按生产需要适量使用	

丙二醇 **propylene glycol**

CNS 号 18.004 INS 号 1520

功能 稳定剂和凝固剂、抗结剂、消泡剂、乳化剂、水分保持剂、增稠剂

食品分类号	食品名称	最大使用量/(g/kg)	备注
06.03.02.01	生湿面制品(如面条、饺子皮、馄饨皮、烧麦皮)	1.5	
07.02	糕点	3.0	

丙二醇脂肪酸酯 **propylene glycol esters of fatty acid**

CNS 号 10.020 INS 号 477

功能 乳化剂、稳定剂

食品分类号	食品名称	最大使用量/(g/kg)	备注
01.0	乳及乳制品(01.01.01、01.01.02、13.0 涉及品种除外)	5.0	
02.0	脂肪，油和乳化脂肪制品	10.0	
03.0	冷冻饮品(03.04 食用冰除外)	5.0	

表 A.1（续）

食品分类号	食品名称	最大使用量/(g/kg)	备注
04.05.02.01	熟制坚果与籽类(仅限油炸坚果与籽类)	2.0	
06.03.02.05	油炸面制品	2.0	
07.02	糕点	3.0	
12.10	复合调味料	20.0	
16.06	膨化食品	2.0	

丙酸及其钠盐、钙盐 **propionic acid, sodium propionate, calcium propionate**

CNS 号 17.029,17.006,17.005 INS 号 280,281,282

功能 防腐剂

食品分类号	食品名称	最大使用量/(g/kg)	备注
04.04	豆类制品	2.5	以丙酸计
06.01	原粮	1.8	以丙酸计
06.03.02.01	生湿面制品(如面条、饺子皮、馄饨皮、烧麦皮)	0.25	以丙酸计
07.01	面包	2.5	以丙酸计
07.02	糕点	2.5	以丙酸计
12.03	醋	2.5	以丙酸计
12.04	酱油	2.5	以丙酸计
16.07	其他(杨梅罐头加工工艺)	50.0	以丙酸计

茶多酚(又名维多酚) **tea polyphenol(TP)**

CNS 号 04.005 INS 号 —

功能 抗氧化剂

食品分类号	食品名称	最大使用量/(g/kg)	备注
02.01	基本不含水的脂肪和油	0.4	以油脂中儿茶素计
04.05.02.01	熟制坚果与籽类(仅限油炸坚果与籽类)	0.2	以油脂中儿茶素计
06.03.02.05	油炸面制品	0.2	以油脂中儿茶素计
06.06	即食谷物,包括碾轧燕麦(片)	0.2	以油脂中儿茶素计
06.07	方便米面制品	0.2	以油脂中儿茶素计
07.02	糕点	0.4	以油脂中儿茶素计
07.04	焙烤食品馅料及表面用挂浆(仅限含油脂馅料)	0.4	以油脂中儿茶素计
08.02.02	腌腊肉制品类(如咸肉、腊肉、板鸭、中式火腿、腊肠)	0.4	以油脂中儿茶素计
08.03.01	酱卤肉制品类	0.3	以油脂中儿茶素计
08.03.02	熏、烧、烤肉类	0.3	以油脂中儿茶素计

表 A.1（续）

食品分类号	食品名称	最大使用量/(g/kg)	备注
08.03.03	油炸肉类	0.3	以油脂中儿茶素计
08.03.04	西式火腿（熏烤、烟熏、蒸煮火腿）类	0.3	以油脂中儿茶素计
08.03.05	肉灌肠类	0.3	以油脂中儿茶素计
08.03.06	发酵肉制品类	0.3	以油脂中儿茶素计
09.03	预制水产品（半成品）	0.3	以油脂中儿茶素计
09.04	熟制水产品（可直接食用）	0.3	以油脂中儿茶素计
09.05	水产品罐头	0.3	以油脂中儿茶素计
12.10	复合调味料	0.1	以儿茶素计
14.03.02	植物蛋白饮料	0.1	以儿茶素计，固体饮料按稀释倍数增加使用量
14.06.02	蛋白固体饮料	0.8	以儿茶素计
16.06	膨化食品	0.2	以油脂中儿茶素计

茶多酚棕榈酸酯 **tea polyphenol palmitate**

CNS 号 04.021 INS 号 —

功能 抗氧化剂

食品分类号	食品名称	最大使用量/(g/kg)	备注
02.01	基本不含水的脂肪和油	0.6	

赤藓红及其铝色淀 **erythrosine, erythrosine aluminum lake**

CNS 号 08.003 INS 号 127

功能 着色剂

食品分类号	食品名称	最大使用量/(g/kg)	备注
04.01.02.08.02	凉果类	0.05	以赤藓红计
04.01.02.09	装饰性果蔬	0.1	以赤藓红计
04.05.02.01	熟制坚果与籽类（仅限油炸坚果与籽类）	0.025	以赤藓红计
05.0	可可制品、巧克力和巧克力制品（包括代可可脂巧克力及制品）以及糖果（05.01.01 可可制品除外）	0.05	以赤藓红计
07.02.04	糕点上彩装	0.05	以赤藓红计
08.03.05	肉灌肠类	0.015	以赤藓红计
08.03.08	肉罐头类	0.015	以赤藓红计
12.05	酱及酱制品	0.05	以赤藓红计
12.10	复合调味料	0.05	以赤藓红计
14.02.03	果蔬汁（浆）类饮料	0.05	以赤藓红计，固体饮料按稀释倍数增加使用量

表 A.1(续)

食品分类号	食品名称	最大使用量/(g/kg)	备注
14.04	碳酸饮料	0.05	以赤藓红计,固体饮料按稀释倍数增加使用量
14.08	风味饮料(仅限果味饮料)	0.05	以赤藓红计,固体饮料按稀释倍数增加使用量
15.02	配制酒	0.05	以赤藓红计
16.06	膨化食品	0.025	仅限使用赤藓红

刺梧桐胶 **karaya gum**

CNS 号 18.010 INS 号 416

功能 稳定剂

食品分类号	食品名称	最大使用量	备注
02.02	水油状脂肪乳化制品	按生产需要适量使用	

刺云实胶 **tara gum**

CNS 号 20.041 INS 号 417

功能 增稠剂

食品分类号	食品名称	最大使用量/(g/kg)	备注
01.06	干酪和再制干酪及其类似品	8.0	
03.0	冷冻饮品(03.04 食用冰除外)	5.0	
04.01.02.05	果酱	5.0	
07.0	焙烤食品	1.5	
08.02	预制肉制品	10.0	
08.03	熟肉制品	10.0	
14.0	饮料类(14.01 包装饮用水除外)	2.5	固体饮料按稀释倍数增加使用量
16.01	果冻	5.0	如用于果冻粉,按冲调倍数增加使用量

醋酸酯淀粉 **starch acetate**

CNS 号 20.039 INS 号 1420

功能 增稠剂

食品分类号	食品名称	最大使用量	备注
06.03.02.01	生湿面制品(如面条、饺子皮、馄饨皮、烧麦皮)(仅限生湿面条)	按生产需要适量使用	

表 A.1（续）

单，双甘油脂肪酸酯（油酸、亚油酸、棕榈酸、山嵛酸、硬脂酸、月桂酸、亚麻酸） **mono-and diglycerides of fatty acids**

CNS 号 10.006 INS 号 471

功能 乳化剂

食品分类号	食品名称	最大使用量/(g/kg)	备注
01.05.01	稀奶油	按生产需要适量使用	
02.02.01.01	黄油和浓缩黄油	20.0	
06.03.02.01	生湿面制品（如面条、饺子皮、馄饨皮、烧麦皮）	按生产需要适量使用	
06.03.02.02	生干面制品	30.0	
11.01.02	其他糖和糖浆[如红糖、赤砂糖、冰片糖、原糖、果糖（蔗糖来源）、糖蜜、部分转化糖、槭树糖浆等]	6.0	
12.09	香辛料类	5.0	
13.01	婴幼儿配方食品	按生产需要适量使用	
13.02	婴幼儿辅助食品	按生产需要适量使用	

单辛酸甘油酯 **capryl monoglyceride**

CNS 号 17.031 INS 号 —

功能 防腐剂

食品分类号	食品名称	最大使用量/(g/kg)	备注
06.03.02.01	生湿面制品（如面条、饺子皮、馄饨皮、烧麦皮）	1.0	
07.02	糕点	1.0	
07.04	焙烤食品馅料及表面用挂浆（仅限豆馅）	1.0	
08.03.05	肉灌肠类	0.5	

淀粉磷酸酯钠 **sodium starch phosphate**

CNS 号 20.013 INS 号 —

功能 增稠剂

食品分类号	食品名称	最大使用量	备注
02.02.01	脂肪含量 80%以上的乳化制品	按生产需要适量使用	
03.0	冷冻饮品（03.04 食用冰除外）	按生产需要适量使用	
04.01.02.05	果酱	按生产需要适量使用	
12.0	调味品	按生产需要适量使用	
14.0	饮料类（14.01 包装饮用水除外）	按生产需要适量使用	固体饮料按稀释倍数增加使用量

表 A.1（续）

靛蓝及其铝色淀 **indigotine，indigotine aluminum lake**

CNS 号 08.008 INS 号 132

功能 着色剂

食品分类号	食品名称	最大使用量/(g/kg)	备注
04.01.02.08.01	蜜饯类	0.1	以靛蓝计
04.01.02.08.02	凉果类	0.1	以靛蓝计
04.01.02.09	装饰性果蔬	0.2	以靛蓝计
04.02.02.03	腌渍的蔬菜	0.01	以靛蓝计
04.05.02.01	熟制坚果与籽类(仅限油炸坚果与籽类)	0.05	以靛蓝计
05.0	可可制品、巧克力和巧克力制品(包括代可可脂巧克力及制品)以及糖果(05.01.01 可可制品除外)	0.1	以靛蓝计
05.02.02	除胶基糖果以外的其他糖果	0.3	以靛蓝计
07.02.04	糕点上彩装	0.1	以靛蓝计
07.04	焙烤食品馅料及表面用挂浆(仅限饼干夹心)	0.1	以靛蓝计
14.02.03	果蔬汁(浆)类饮料	0.1	以靛蓝计，固体饮料按稀释倍数增加使用量
14.04	碳酸饮料	0.1	以靛蓝计，固体饮料按稀释倍数增加使用量
14.08	风味饮料(仅限果味饮料)	0.1	以靛蓝计，固体饮料按稀释倍数增加使用量
15.02	配制酒	0.1	以靛蓝计
16.06	膨化食品	0.05	仅限使用靛蓝

丁基羟基茴香醚(BHA) **butylated hydroxyanisole(BHA)**

CNS 号 04.001 INS 号 320

功能 抗氧化剂

食品分类号	食品名称	最大使用量/(g/kg)	备注
02.0	脂肪，油和乳化脂肪制品	0.2	以油脂中的含量计
02.01	基本不含水的脂肪和油	0.2	
04.05.02.01	熟制坚果与籽类(仅限油炸坚果与籽类)	0.2	以油脂中的含量计
04.05.02.03	坚果与籽类罐头	0.2	以油脂中的含量计
05.02.01	胶基糖果	0.4	
06.03.02.05	油炸面制品	0.2	以油脂中的含量计
06.04.01	杂粮粉	0.2	以油脂中的含量计

表 A.1（续）

食品分类号	食品名称	最大使用量/(g/kg)	备注
06.06	即食谷物,包括碾轧燕麦(片)	0.2	以油脂中的含量计
06.07	方便米面制品	0.2	以油脂中的含量计
07.03	饼干	0.2	以油脂中的含量计
08.02.02	腌腊肉制品类(如咸肉、腊肉、板鸭、中式火腿、腊肠)	0.2	以油脂中的含量计
09.03.04	风干、烘干、压干等水产品	0.2	以油脂中的含量计
12.10.01	固体复合调味料(仅限鸡肉粉)	0.2	以油脂中的含量计
16.06	膨化食品	0.2	以油脂中的含量计

对羟基苯甲酸酯类及其钠盐(对羟基苯甲酸甲酯钠,对羟基苯甲酸乙酯及其钠盐) ***p*-hydroxy benzoates and its salts (sodium methyl *p*-hydroxy benzoate, ethyl *p*-hydroxy benzoate, sodium ethyl *p*-hydroxy benzoate)**

CNS 号 17.032,17.007,17.036 INS 号 219,214,215

功能 防腐剂

食品分类号	食品名称	最大使用量/(g/kg)	备注
04.01.01.02	经表面处理的鲜水果	0.012	以对羟基苯甲酸计
04.01.02.05	果酱(罐头除外)	0.25	以对羟基苯甲酸计
04.02.01.02	经表面处理的新鲜蔬菜	0.012	以对羟基苯甲酸计
07.04	焙烤食品馅料及表面用挂浆(仅限糕点馅)	0.5	以对羟基苯甲酸计
10.03.02	热凝固蛋制品(如蛋黄酪、松花蛋肠)	0.2	以对羟基苯甲酸计
12.03	醋	0.25	以对羟基苯甲酸计
12.04	酱油	0.25	以对羟基苯甲酸计
12.05	酱及酱制品	0.25	以对羟基苯甲酸计
12.10.03.04	蚝油、虾油、鱼露等	0.25	以对羟基苯甲酸计
14.02.03	果蔬汁(浆)类饮料	0.25	以对羟基苯甲酸计,固体饮料按稀释倍数增加使用量
14.04	碳酸饮料	0.2	以对羟基苯甲酸计,固体饮料按稀释倍数增加使用量
14.08	风味饮料(仅限果味饮料)	0.25	以对羟基苯甲酸计,固体饮料按稀释倍数增加使用量

二丁基羟基甲苯(BHT) **butylated hydroxytoluene(BHT)**

CNS 号 04.002 INS 号 321

功能 抗氧化剂

食品分类号	食品名称	最大使用量/(g/kg)	备注
02.0	脂肪,油和乳化脂肪制品	0.2	以油脂中的含量计
02.01	基本不含水的脂肪和油	0.2	
04.02.02.02	干制蔬菜(仅限脱水马铃薯粉)	0.2	以油脂中的含量计

表 A.1（续）

食品分类号	食品名称	最大使用量/(g/kg)	备注
04.05.02.01	熟制坚果与籽类(仅限油炸坚果与籽类)	0.2	以油脂中的含量计
04.05.02.03	坚果与籽类罐头	0.2	以油脂中的含量计
05.02.01	胶基糖果	0.4	
06.03.02.05	油炸面制品	0.2	以油脂中的含量计
06.06	即食谷物，包括碾轧燕麦(片)	0.2	以油脂中的含量计
06.07	方便米面制品	0.2	以油脂中的含量计
07.03	饼干	0.2	以油脂中的含量计
08.02.02	腌腊肉制品类(如咸肉、腊肉、板鸭、中式火腿、腊肠)	0.2	以油脂中的含量计
09.03.04	风干、烘干、压干等水产品	0.2	以油脂中的含量计
16.06	膨化食品	0.2	以油脂中的含量计

N-[N-(3,3-二甲基丁基)]-L-α-天门冬氨-L-苯丙氨酸 1-甲酯(又名纽甜)　neotame

CNS 号　19.019　　　　INS 号　961

功能　甜味剂

食品分类号	食品名称	最大使用量/(g/kg)	备注
01.01.03	调制乳	0.02	
01.02.02	风味发酵乳	0.1	
01.03.02	调制乳粉和调制奶油粉	0.065	
01.05	稀奶油(淡奶油)及其类似品(01.05.01 稀奶油除外)	0.033	
01.06.05	干酪类似品	0.033	
01.07	以乳为主要配料的即食风味食品或其预制产品(不包括冰淇淋和风味发酵乳)	0.1	
02.03	02.02 类以外的脂肪乳化制品，包括混合的和(或)调味的脂肪乳化制品	0.01	
02.04	脂肪类甜品	0.1	
03.0	冷冻饮品(03.04 食用冰除外)	0.1	
04.01.02.01	冷冻水果	0.1	
04.01.02.02	水果干类	0.1	
04.01.02.03	醋、油或盐渍水果	0.1	
04.01.02.04	水果罐头	0.033	

表 A.1(续)

食品分类号	食品名称	最大使用量/(g/kg)	备注
04.01.02.05	果酱	0.07	
04.01.02.06	果泥	0.07	
04.01.02.07	除04.01.02.05外的果酱(如印度酸辣酱)	0.07	
04.01.02.08	蜜饯凉果	0.065	
04.01.02.09	装饰性果蔬	0.1	
04.01.02.10	水果甜品,包括果味液体甜品	0.1	
04.01.02.11	发酵的水果制品	0.065	
04.01.02.12	煮熟的或油炸的水果	0.065	
04.02.02	加工蔬菜	0.033	
04.02.02.03	腌渍的蔬菜	0.01	
04.03.02.03	腌渍的食用菌和藻类	0.01	
04.03.02.04	食用菌和藻类罐头	0.033	
04.03.02.05	经水煮或油炸的藻类	0.033	
04.03.02.06	其他加工食用菌和藻类	0.033	
04.05.02	加工坚果与籽类	0.032	
04.05.02.04	坚果与籽类的泥(酱),包括花生酱等	0.033	
05.0	可可制品、巧克力和巧克力制品(包括代可可脂巧克力及制品)以及糖果(05.02糖果除外)	0.1	
05.02.01	胶基糖果	1.0	
05.02.02	除胶基糖果以外的其他糖果	0.33	
06.06	即食谷物,包括碾轧燕麦(片)	0.16	
06.09	谷类和淀粉类甜品(如米布丁、木薯布丁)	0.033	
07.0	焙烤食品	0.08	
07.04	焙烤食品馅料及其表面用挂浆	0.1	
09.03	预制水产品(半成品)	0.01	
09.05	水产品罐头	0.01	
10.04	其他蛋制品	0.1	
11.04	餐桌甜味料	按生产需要适量使用	
11.05	调味糖浆	0.07	
12.03	醋	0.012	
12.09.03	香辛料酱(如芥末酱、青芥酱)	0.012	

表 A.1（续）

食品分类号	食品名称	最大使用量/(g/kg)	备注
12.10	复合调味料	0.07	
14.02.03	果蔬汁(浆)类饮料	0.033	固体饮料按稀释倍数增加使用量
14.03.01	含乳饮料	0.02	固体饮料按稀释倍数增加使用量
14.03.02	植物蛋白饮料	0.033	固体饮料按稀释倍数增加使用量
14.03.03	复合蛋白饮料	0.033	固体饮料按稀释倍数增加使用量
14.04	碳酸饮料	0.033	固体饮料按稀释倍数增加使用量
14.05	茶、咖啡、植物(类)饮料	0.05	固体饮料按稀释倍数增加使用量
14.05.03	植物饮料	0.02	固体饮料按稀释倍数增加使用量
14.07	特殊用途饮料	0.033	固体饮料按稀释倍数增加使用量
14.08	风味饮料	0.033	固体饮料按稀释倍数增加使用量
15.03	发酵酒(15.03.01 葡萄酒除外)	0.033	
16.01	果冻	0.1	如用于果冻粉，按冲调倍数增加使用量
16.06	膨化食品	0.032	

二甲基二碳酸盐 **dimethyl dicarbonate**
(又名维果灵)
CNS 号 17.033 INS 号 242
功能 防腐剂

食品分类号	食品名称	最大使用量/(g/kg)	备注
14.02.03	果蔬汁(浆)类饮料	0.25	固体饮料按稀释倍数增加使用量
14.04	碳酸饮料	0.25	固体饮料按稀释倍数增加使用量
14.05.01	茶(类)饮料	0.25	固体饮料按稀释倍数增加使用量
14.08	风味饮料(仅限果味饮料)	0.25	固体饮料按稀释倍数增加使用量
14.09	其他饮料类(仅限麦芽汁发酵的非酒精饮料)	0.25	固体饮料按稀释倍数增加使用量

表 A.1（续）

2,4-二氯苯氧乙酸 **2,4-dichlorophenoxy acetic acid**
CNS号 17.027 INS号 —
功能 防腐剂

食品分类号	食品名称	最大使用量/(g/kg)	备注
04.01.01.02	经表面处理的鲜水果	0.01	残留量≤2.0 mg/kg
04.02.01.02	经表面处理的新鲜蔬菜	0.01	残留量≤2.0 mg/kg

二氧化硅 **silicon dioxide**
CNS号 02.004 INS号 551
功能 抗结剂

食品分类号	食品名称	最大使用量/(g/kg)	备注
01.03	乳粉(包括加糖乳粉)和奶油粉及其调制产品	15.0	
01.08	其他乳制品(如乳清粉、酪蛋白粉)(仅限奶片)	15	
02.05	其他油脂或油脂制品(仅限植脂末)	15.0	
03.0	冷冻饮品(03.04 食用冰除外)	0.5	
05.01.01	可可制品(包括以可可为主要原料的脂、粉、浆、酱、馅等)	15.0	
06.01	原粮	1.2	
06.03.02.04	面糊(如用于鱼和禽肉的拖面糊)、裹粉、煎炸粉	20.0	
10.03.01	脱水蛋制品(如蛋白粉、蛋黄粉、蛋白片)	15.0	
11.06	其他甜味料(仅限糖粉)	15.0	
12.01	盐及代盐制品	20.0	
12.09	香辛料类	20.0	
12.10.01	固体复合调味料	20.0	
14.06	固体饮料	15.0	
16.07	其他(豆制品工艺)	0.025	复配消泡剂用,以每千克黄豆的使用量计

表 A.1（续）

二氧化硫，焦亚硫酸钾，焦亚硫酸钠，亚硫酸钠，亚硫酸氢钠，低亚硫酸钠　**sulfur dioxide, potassium metabisulphite, sodium metabisulphite, sodium sulfite, sodium hydrogen sulfite, sodium hyposulfite**

CNS 号　05.001,05.002,05.003,05.004,05.005,05.006　INS 号　220,224,223,221,222,—

功能　漂白剂、防腐剂、抗氧化剂

食品分类号	食品名称	最大使用量/(g/kg)	备注
04.01.01.02	经表面处理的鲜水果	0.05	最大使用量以二氧化硫残留量计
04.01.02.02	水果干类	0.1	最大使用量以二氧化硫残留量计
04.01.02.08	蜜饯凉果	0.35	最大使用量以二氧化硫残留量计
04.02.02.02	干制蔬菜	0.2	最大使用量以二氧化硫残留量计
04.02.02.02	干制蔬菜(仅限脱水马铃薯)	0.4	最大使用量以二氧化硫残留量计
04.02.02.03	腌渍的蔬菜	0.1	最大使用量以二氧化硫残留量计
04.02.02.04	蔬菜罐头(仅限竹笋、酸菜)	0.05	最大使用量以二氧化硫残留量计
04.03.02.02	干制的食用菌和藻类	0.05	最大使用量以二氧化硫残留量计
04.03.02.04	食用菌和藻类罐头(仅限蘑菇罐头)	0.05	最大使用量以二氧化硫残留量计
04.04.01.04	腐竹类(包括腐竹、油皮等)	0.2	最大使用量以二氧化硫残留量计
04.05.02.03	坚果与籽类罐头	0.05	最大使用量以二氧化硫残留量计
05.0	可可制品、巧克力和巧克力制品(包括代可可脂巧克力及制品)以及糖果	0.1	最大使用量以二氧化硫残留量计
06.03.02.01	生湿面制品(如面条、饺子皮、馄饨皮、烧麦皮)(仅限拉面)	0.05	最大使用量以二氧化硫残留量计
06.05.01	食用淀粉	0.03	最大使用量以二氧化硫残留量计
06.08	冷冻米面制品(仅限风味派)	0.05	最大使用量以二氧化硫残留量计
07.03	饼干	0.1	最大使用量以二氧化硫残留量计

表 A.1（续）

食品分类号	食品名称	最大使用量/(g/kg)	备注
11.01	食糖	0.1	最大使用量以二氧化硫残留量计
11.02	淀粉糖（果糖、葡萄糖、饴糖、部分转化糖等）	0.04	最大使用量以二氧化硫残留量计
11.05	调味糖浆	0.05	最大使用量以二氧化硫残留量计
12.10.02	半固体复合调味料	0.05	最大使用量以二氧化硫残留量计
14.02.01	果蔬汁(浆)	0.05	最大使用量以二氧化硫残留量计，浓缩果蔬汁(浆)按浓缩倍数折算，固体饮料按稀释倍数增加使用量
14.02.03	果蔬汁(浆)类饮料	0.05	最大使用量以二氧化硫残留量计，浓缩果蔬汁(浆)按浓缩倍数折算，固体饮料按稀释倍数增加使用量
15.03.01	葡萄酒	0.25 g/L	甜型葡萄酒及果酒系列产品最大使用量为 0.4 g/L，最大使用量以二氧化硫残留量计
15.03.03	果酒	0.25 g/L	甜型葡萄酒及果酒系列产品最大使用量为 0.4 g/L，最大使用量以二氧化硫残留量计
15.03.05	啤酒和麦芽饮料	0.01	最大使用量以二氧化硫残留量计

二氧化钛 **titanium dioxide**

CNS 号 08.011 INS 号 171

功能 着色剂

食品分类号	食品名称	最大使用量/(g/kg)	备注
04.01.02.05	果酱	5.0	
04.01.02.08.02	凉果类	10.0	
04.01.02.08.04	话化类	10.0	
04.02.02.02	干制蔬菜（仅限脱水马铃薯）	0.5	
04.05.02.01	熟制坚果与籽类（仅限油炸坚果与籽类）	10.0	
05.01	可可制品、巧克力和巧克力制品，包括代可可脂巧克力及制品	2.0	
05.02.01	胶基糖果	5.0	

表 A.1(续)

食品分类号	食品名称	最大使用量/(g/kg)	备注
05.02.02	除胶基糖果以外的其他糖果	10.0	
05.03	糖果和巧克力制品包衣	按生产需要适量使用	
05.04	装饰糖果(如工艺造型,或用于蛋糕装饰)、顶饰(非水果材料)和甜汁	5.0	
11.05	调味糖浆	5.0	
12.10.02.01	蛋黄酱、沙拉酱	0.5	
14.06	固体饮料	按生产需要适量使用	
16.01	果冻	10.0	如用于果冻粉,按冲调倍数增加使用量
16.06	膨化食品	10.0	
16.07	其他(仅限饮料浑浊剂)	10.0 g/L	
16.07	其他(仅限魔芋凝胶制品)	2.5	

二氧化碳 **carbon dioxide**

CNS 号 17.014 INS 号 290

功能 防腐剂

食品分类号	食品名称	最大使用量	备注
05.02.02	除胶基糖果以外的其他糖果	按生产需要适量使用	
14.0	饮料类	按生产需要适量使用	
15.02	配制酒	按生产需要适量使用	
15.03.06	其他发酵酒类(充气型)	按生产需要适量使用	

番茄红 **tomato red**

CNS 号 08.150 INS 号 —

功能 着色剂

食品分类号	食品名称	最大使用量/(g/kg)	备注
01.02.02	风味发酵乳	0.006	
14.0	饮料类(14.01 包装饮用水除外)	0.006	固体饮料按稀释倍数增加使用量

番茄红素 **lycopene**

CNS 号 08.017 INS 号 160d(i)

功能 着色剂

食品分类号	食品名称	最大使用量/(g/kg)	备注
01.01.03	调制乳	0.015	以纯番茄红素计
01.02.02	风味发酵乳	0.015	以纯番茄红素计

表 A.1（续）

食品分类号	食品名称	最大使用量/(g/kg)	备注
05.02	糖果	0.06	以纯番茄红素计
06.06	即食谷物，包括碾轧燕麦（片）	0.05	以纯番茄红素计
07.0	焙烤食品	0.05	以纯番茄红素计
12.10.01.01	固体汤料	0.39	以纯番茄红素计
12.10.02	半固体复合调味料	0.04	以纯番茄红素计
14.0	饮料类（14.01 包装饮用水除外）	0.015	以纯番茄红素计，固体饮料按稀释倍数增加使用量
16.01	果冻	0.05	以纯番茄红素计，如用于果冻粉，按冲调倍数增加使用量

蜂蜡 **beeswax**

CNS 号　14.013　　INS 号　901

功能　被膜剂

食品分类号	食品名称	最大使用量	备注
05.02	糖果	按生产需要适量使用	
05.03	糖果和巧克力制品包衣	按生产需要适量使用	

富马酸 **fumaric acid**

CNS 号　01.110　　INS 号　297

功能　酸度调节剂

食品分类号	食品名称	最大使用量/(g/kg)	备注
05.02.01	胶基糖果	8.0	
06.03.02.01	生湿面制品（如面条、饺子皮、馄饨皮、烧麦皮）	0.6	
07.01	面包	3.0	
07.02	糕点	3.0	
07.03	饼干	3.0	
07.04	焙烤食品馅料及表面用挂浆	2.0	
07.05	其他焙烤食品	2.0	
14.02.03	果蔬汁（浆）类饮料	0.6	固体饮料按稀释倍数增加使用量
14.04	碳酸饮料	0.3	固体饮料按稀释倍数增加使用量

表 A.1（续）

富马酸一钠 **monosodium fumarate**

CNS 号 01.311 INS 号 365

功能 酸度调节剂

食品分类号	食品名称	最大使用量	备注
05.02.01	胶基糖果	按生产需要适量使用	
06.03.02.01	生湿面制品（如面条、饺子皮、馄饨皮、烧麦皮）	按生产需要适量使用	
07.0	焙烤食品	按生产需要适量使用	
08.0	肉及肉制品（08.01 生、鲜肉类除外）	按生产需要适量使用	
09.0	水产及其制品（包括鱼类、甲壳类、贝类、软体类、棘皮类等水产及其加工制品等）（09.01 鲜水产除外）	按生产需要适量使用	
14.0	饮料类（14.01 包装饮用水除外）	按生产需要适量使用	固体饮料按稀释倍数增加使用量

甘草酸铵，甘草酸一钾及三钾 **ammonium glycyrrhizinate, monopotassium and tripotassium glycyrrhizinate**

CNS 号 19.012，19.010 INS 号 958

功能 甜味剂

食品分类号	食品名称	最大使用量	备注
04.01.02.08	蜜饯凉果	按生产需要适量使用	
05.02	糖果	按生产需要适量使用	
07.03	饼干	按生产需要适量使用	
08.03.08	肉罐头类	按生产需要适量使用	
12.0	调味品	按生产需要适量使用	
14.0	饮料类（14.01 包装饮用水除外）	按生产需要适量使用	固体饮料按稀释倍数增加使用量

甘草抗氧化物 **antioxidant of glycyrrhiza**

CNS 号 04.008 INS 号 —

功能 抗氧化剂

食品分类号	食品名称	最大使用量/(g/kg)	备注
02.01	基本不含水的脂肪和油	0.2	以甘草酸计
04.05.02.01	熟制坚果与籽类（仅限油炸坚果与籽类）	0.2	以甘草酸计
06.03.02.05	油炸面制品	0.2	以甘草酸计
06.07	方便米面制品	0.2	以甘草酸计
07.03	饼干	0.2	以甘草酸计

表 A.1(续)

食品分类号	食品名称	最大使用量/(g/kg)	备注
08.02.02	腌腊肉制品类(如咸肉、腊肉、板鸭、中式火腿、腊肠)	0.2	以甘草酸计
08.03.01	酱卤肉制品类	0.2	以甘草酸计
08.03.02	熏、烧、烤肉类	0.2	以甘草酸计
08.03.03	油炸肉类	0.2	以甘草酸计
08.03.04	西式火腿(熏烤、烟熏、蒸煮火腿)类	0.2	以甘草酸计
08.03.05	肉灌肠类	0.2	以甘草酸计
08.03.06	发酵肉制品类	0.2	以甘草酸计
09.03.02	腌制水产品	0.2	以甘草酸计
16.06	膨化食品	0.2	以甘草酸计

D-甘露糖醇 **D-mannitol**
CNS 号 19.017 INS 号 421
功能 甜味剂、乳化剂、膨松剂、稳定剂、增稠剂

食品分类号	食品名称	最大使用量	备注
05.02	糖果	按生产需要适量使用	

柑橘黄 **orange yellow**
CNS 号 08.143 INS 号 —
功能 着色剂

食品分类号	食品名称	最大使用量	备注
06.03.02.02	生干面制品	按生产需要适量使用	

高锰酸钾 **potassium permanganate**
CNS 号 00.001 INS 号 —
功能 其他

食品分类号	食品名称	最大使用量/(g/kg)	备注
06.05.01	食用淀粉	0.5	

谷氨酰胺转氨酶 **glutamine transaminase**
CNS 号 18.013 INS 号 —
功能 稳定剂和凝固剂

食品分类号	食品名称	最大使用量/(g/kg)	备注
04.04	豆类制品	0.25	来源同表 C.3

表 A.1（续）

瓜尔胶 **guar gum**

CNS 号 20.025 INS 号 412

功能 增稠剂

食品分类号	食品名称	最大使用量/(g/kg)	备注
01.05.01	稀奶油	1.0	
13.01.02	较大婴儿和幼儿配方食品	1.0 g/L	以即食状态食品中的使用量计

硅酸钙 **calcium silicate**

CNS 号 02.009 INS 号 552

功能 抗结剂

食品分类号	食品名称	最大使用量	备注
01.03	乳粉(包括加糖乳粉)和奶油粉及其调制产品	按生产需要适量使用	
01.06	干酪和再制干酪及其类似品	按生产需要适量使用	
05.01.01	可可制品(包括以可可为主要原料的脂、粉、浆、酱、馅等)	按生产需要适量使用	
06.05	淀粉及淀粉类制品	按生产需要适量使用	
11.01	食糖	按生产需要适量使用	
11.04	餐桌甜味料	按生产需要适量使用	
12.01	盐及代盐制品	按生产需要适量使用	
12.09.01	香辛料及粉	按生产需要适量使用	
12.10	复合调味料	按生产需要适量使用	
14.06	固体饮料	按生产需要适量使用	
16.04	酵母及酵母类制品	按生产需要适量使用	

果胶 **pectins**

CNS 号 20.006 INS 号 440

功能 乳化剂、稳定剂、增稠剂

食品分类号	食品名称	最大使用量/(g/kg)	备注
01.05.01	稀奶油	按生产需要适量使用	
02.02.01.01	黄油和浓缩黄油	按生产需要适量使用	
06.03.02.01	生湿面制品(如面条、饺子皮、馄饨皮、烧麦皮)	按生产需要适量使用	
06.03.02.02	生干面制品	按生产需要适量使用	

表 A.1(续)

食品分类号	食品名称	最大使用量/(g/kg)	备注
11.01.02	其他糖和糖浆[如红糖、赤砂糖、冰片糖、原糖、果糖(蔗糖来源)、糖蜜、部分转化糖、槭树糖浆等]	按生产需要适量使用	
12.09	香辛料类	按生产需要适量使用	
14.02.01	果蔬汁(浆)	3.0	固体饮料按稀释倍数增加使用量

海萝胶 **funoran (gloiopeltis furcata)**

CNS 号 20.040 INS 号 —

功能 增稠剂

食品分类号	食品名称	最大使用量/(g/kg)	备注
05.02.01	胶基糖果	10.0	

海藻酸丙二醇酯 **propylene glycol alginate**

CNS 号 20.010 INS 号 405

功能 增稠剂、乳化剂、稳定剂

食品分类号	食品名称	最大使用量/(g/kg)	备注
01.0	乳及乳制品(01.01.01、01.01.02、13.0 涉及品种除外)	3.0	
01.01.03	调制乳	4.0	
01.02.02	风味发酵乳	4.0	
01.04.01	淡炼乳(原味)	5.0	
02.01.01.02	氢化植物油	5.0	
02.02	水油状脂肪乳化制品	5.0	
02.03	02.02 类以外的脂肪乳化制品,包括混合的和(或)调味的脂肪乳化制品	5.0	
03.01	冰淇淋、雪糕类	1.0	
04.01.02.05	果酱	5.0	
05.01	可可制品、巧克力和巧克力制品,包括代可可脂巧克力及制品	5.0	
05.02.01	胶基糖果	5.0	
05.04	装饰糖果(如工艺造型,或用于蛋糕装饰)、顶饰(非水果材料)和甜汁	5.0	
06.03.02.01	生湿面制品(如面条、饺子皮、馄饨皮、烧麦皮)	5.0	

表 A.1（续）

食品分类号	食品名称	最大使用量/(g/kg)	备注
06.03.02.02	生干面制品	5.0	
06.07	方便米面制品	5.0	
06.08	冷冻米面制品	5.0	
11.05	调味糖浆	5.0	
12.10.02	半固体复合调味料	8.0	
14.0	饮料类(14.01 包装饮用水除外)	0.3	固体饮料按稀释倍数增加使用量
14.02.03	果蔬汁(浆)类饮料	3.0	固体饮料按稀释倍数增加使用量
14.03.01	含乳饮料	4.0	固体饮料按稀释倍数增加使用量
14.03.02	植物蛋白饮料	5.0	固体饮料按稀释倍数增加使用量
14.05.02	咖啡(类)饮料	3.0	固体饮料按稀释倍数增加使用量
15.03.05	啤酒和麦芽饮料	0.3	

海藻酸钠(又名褐藻酸钠)　　**sodium alginate**

CNS 号　20.004　　INS 号　401

功能　增稠剂

食品分类号	食品名称	最大使用量/(g/kg)	备注
01.05.01	稀奶油	按生产需要适量使用	
02.02.01.01	黄油和浓缩黄油	按生产需要适量使用	
06.03.02.01	生湿面制品(如面条、饺子皮、馄饨皮、烧麦皮)	按生产需要适量使用	
06.03.02.02	生干面制品	按生产需要适量使用	
11.01.02	其他糖和糖浆[如红糖、赤砂糖、冰片糖、原糖、果糖(蔗糖来源)、糖蜜、部分转化糖、槭树糖浆等]	10.0	
12.09	香辛料类	按生产需要适量使用	
14.02.01	果蔬汁(浆)	按生产需要适量使用	固体饮料按稀释倍数增加使用量

核黄素　　**riboflavin**

CNS 号　08.148　　INS 号　101(i)

功能　着色剂

食品分类号	食品名称	最大使用量/(g/kg)	备注
04.02.02.02	干制蔬菜(仅限脱水马铃薯)	0.3	
06.07	方便米面制品	0.05	
12.10.01	固体复合调味料	0.05	

表 A.1（续）

黑豆红 **black bean red**

CNS 号 08.114 INS 号 —

功能 着色剂

食品分类号	食品名称	最大使用量/(g/kg)	备注
05.02	糖果	0.8	
07.02.04	糕点上彩装	0.8	
14.02.03	果蔬汁(浆)类饮料	0.8	固体饮料按稀释倍数增加使用量
14.08	风味饮料(仅限果味饮料)	0.8	固体饮料按稀释倍数增加使用量
15.02	配制酒	0.8	

黑加仑红 **black currant red**

CNS 号 08.122 INS 号 —

功能 着色剂

食品分类号	食品名称	最大使用量/(g/kg)	备注
07.02.04	糕点上彩装	按生产需要适量使用	
14.04	碳酸饮料	0.3	固体饮料按稀释倍数增加使用量
15.03.03	果酒	按生产需要适量使用	

红花黄 **carthamins yellow**

CNS 号 08.103 INS 号 —

功能 着色剂

食品分类号	食品名称	最大使用量/(g/kg)	备注
03.0	冷冻饮品(03.04 食用冰除外)	0.5	
04.01.02.04	水果罐头	0.2	
04.01.02.08	蜜饯凉果	0.2	
04.01.02.09	装饰性果蔬	0.2	
04.02.02.03	腌渍的蔬菜	0.5	
04.02.02.04	蔬菜罐头	0.2	
04.05.02.01	熟制坚果与籽类(仅限油炸坚果与籽类)	0.5	
05.02	糖果	0.2	
06.04.02.01	杂粮罐头	0.2	
06.07	方便米面制品	0.5	
06.10	粮食制品馅料	0.5	
07.02.04	糕点上彩装	0.2	

表 A.1（续）

食品分类号	食品名称	最大使用量/(g/kg)	备注
08.02.02	腌腊肉制品类（如咸肉、腊肉、板鸭、中式火腿、腊肠）	0.5	
12.0	调味品（12.01 盐及代盐制品除外）	0.5	
14.02.03	果蔬汁（浆）类饮料	0.2	固体饮料按稀释倍数增加使用量
14.04	碳酸饮料	0.2	固体饮料按稀释倍数增加使用量
14.08	风味饮料（仅限果味饮料）	0.2	固体饮料按稀释倍数增加使用量
15.02	配制酒	0.2	
16.01	果冻	0.2	如用于果冻粉，按冲调倍数增加使用量
16.06	膨化食品	0.5	

红米红 **red rice red**

CNS 号 08.111 INS 号 —

功能 着色剂

食品分类号	食品名称	最大使用量	备注
01.01.03	调制乳	按生产需要适量使用	
03.0	冷冻饮品（03.04 食用冰除外）	按生产需要适量使用	
05.02	糖果	按生产需要适量使用	
14.03.01	含乳饮料	按生产需要适量使用	固体饮料按稀释倍数增加使用量
15.02	配制酒	按生产需要适量使用	

红曲黄色素 **monascus yellow pigment**

CNS 号 08.152 INS 号 —

功能 着色剂

食品分类号	食品名称	最大使用量	备注
07.02	糕点	按生产需要适量使用	
08.03	熟肉制品	按生产需要适量使用	
14.02.03	果蔬汁（浆）类饮料	按生产需要适量使用	
14.03	蛋白饮料	按生产需要适量使用	
14.04	碳酸饮料	按生产需要适量使用	
14.06	固体饮料	按生产需要适量使用	
14.08	风味饮料	按生产需要适量使用	
15.02	配制酒	按生产需要适量使用	
16.01	果冻	按生产需要适量使用	如用于果冻粉，按冲调倍数增加使用量

表 A.1（续）

红曲米，红曲红　　**red kojic rice，monascus red**

CNS 号　08.119，08.120　　INS 号　—

功能　着色剂

食品分类号	食品名称	最大使用量/(g/kg)	备注
01.01.03	调制乳	按生产需要适量使用	
01.02.02	风味发酵乳	0.8	
01.04.02	调制炼乳(包括加糖炼乳及使用了非乳原料的调制炼乳等)	按生产需要适量使用	
03.0	冷冻饮品(03.04 食用冰除外)	按生产需要适量使用	
04.01.02.05	果酱	按生产需要适量使用	
04.02.02.03	腌渍的蔬菜	按生产需要适量使用	
04.02.02.05	蔬菜泥(酱)，番茄沙司除外	按生产需要适量使用	
04.04.02.01	腐乳类	按生产需要适量使用	
04.05.02.01	熟制坚果与籽类(仅限油炸坚果与籽类)	按生产需要适量使用	
05.02	糖果	按生产需要适量使用	
05.04	装饰糖果(如工艺造型，或用于蛋糕装饰)、顶饰(非水果材料)和甜汁	按生产需要适量使用	
06.07	方便米面制品	按生产需要适量使用	
06.10	粮食制品馅料	按生产需要适量使用	
07.02	糕点	0.9	
07.03	饼干	按生产需要适量使用	
07.04	焙烤食品馅料及表面用挂浆	1.0	
08.02.02	腌腊肉制品类(如咸肉、腊肉、板鸭、中式火腿、腊肠)	按生产需要适量使用	
08.03	熟肉制品	按生产需要适量使用	
11.05	调味糖浆	按生产需要适量使用	
12.0	调味品(12.01 盐及代盐制品除外)	按生产需要适量使用	
14.02.03	果蔬汁(浆)类饮料	按生产需要适量使用	
14.03	蛋白饮料	按生产需要适量使用	
14.04	碳酸饮料	按生产需要适量使用	
14.06	固体饮料	按生产需要适量使用	
14.08	风味饮料(仅限果味饮料)	按生产需要适量使用	
15.02	配制酒	按生产需要适量使用	
16.01	果冻	按生产需要适量使用	如用于果冻粉，按冲调倍数增加使用量
16.06	膨化食品	按生产需要适量使用	

表 A.1（续）

β-胡萝卜素 **beta-carotene**

CNS 号 08.010 INS 号 160(a)

功能 着色剂

食品分类号	食品名称	最大使用量/(g/kg)	备注
01.01.03	调制乳	1.0	
01.02.02	风味发酵乳	1.0	
01.03.02	调制乳粉和调制奶油粉	1.0	
01.05	稀奶油（淡奶油）及其类似品（01.05.01 稀奶油除外）	0.02	
01.06.01	非熟化干酪	0.6	
01.06.02	熟化干酪	1.0	
01.06.04	再制干酪	1.0	
01.06.05	干酪类似品	1.0	
01.07	以乳为主要配料的即食风味食品或其预制产品(不包括冰淇淋和风味发酵乳)	1.0	
02.02	水油状脂肪乳化制品(02.02.01.01 黄油和浓缩黄油除外)	1.0	
02.03	02.02 类以外的脂肪乳化制品，包括混合的和(或)调味的脂肪乳化制品	1.0	
02.04	脂肪类甜品	1.0	
02.05	其他油脂或油脂制品(仅限植脂末)	0.065	
03.0	冷冻饮品(03.04 食用冰除外)	1.0	
04.01.02.03	醋、油或盐渍水果	1.0	
04.01.02.04	水果罐头	1.0	
04.01.02.05	果酱	1.0	
04.01.02.07	除 04.01.02.05 外的果酱(如印度酸辣酱)	0.5	
04.01.02.08	蜜饯凉果	1.0	
04.01.02.09	装饰性果蔬	0.1	
04.01.02.10	水果甜品，包括果味液体甜品	1.0	
04.01.02.11	发酵的水果制品	0.2	
04.02.02.02	干制蔬菜	0.2	
04.02.02.03	腌渍的蔬菜	0.132	
04.02.02.04	蔬菜罐头	0.2	

表 A.1（续）

食品分类号	食品名称	最大使用量/(g/kg)	备注
04.02.02.05	蔬菜泥(酱)，番茄沙司除外	1.0	
04.02.02.08	其他加工蔬菜	1.0	
04.03.02.03	腌渍的食用菌和藻类	0.132	
04.03.02.04	食用菌和藻类罐头	0.2	
04.03.02.06	其他加工食用菌和藻类	1.0	
04.05.02	加工坚果与籽类	1.0	
05.01	可可制品、巧克力和巧克力制品，包括代可可脂巧克力及制品	0.1	
05.02	糖果	0.5	
05.03	糖果和巧克力制品包衣	20.0	
05.04	装饰糖果(如工艺造型，或用于蛋糕装饰)、顶饰(非水果材料)和甜汁	20.0	
06.03.02.04	面糊(如用于鱼和禽肉的拖面糊)、裹粉、煎炸粉	1.0	
06.03.02.05	油炸面制品	1.0	
06.04.02.01	杂粮罐头	1.0	
06.06	即食谷物，包括碾轧燕麦(片)	0.4	
06.07	方便米面制品	1.0	
06.08	冷冻米面制品	1.0	
06.09	谷类和淀粉类甜品(如米布丁、木薯布丁)	1.0	
06.10	粮食制品馅料	1.0	
07.0	焙烤食品	1.0	
07.04	焙烤食品馅料及表面用挂浆	0.1	
08.03	熟肉制品	0.02	
08.04	肉制品的可食用动物肠衣类	5.0	
09.02.03	冷冻鱼糜制品(包括鱼丸等)	1.0	
09.03	预制水产品(半成品)	1.0	
09.04	熟制水产品(可直接食用)	1.0	
09.05	水产品罐头	0.5	
10.03	蛋制品(改变其物理性状)(10.03.01、10.03.03 除外)	1.0	
10.04	其他蛋制品	0.15	

表 A.1(续)

食品分类号	食品名称	最大使用量/(g/kg)	备注
11.05	调味糖浆	0.05	
12.10.01	固体复合调味料	2.0	
12.10.02	半固体复合调味料	2.0	
12.10.03	液体复合调味料(不包括 12.03,12.04)	1.0	
14.02.03	果蔬汁(浆)类饮料	2.0	固体饮料按稀释倍数增加使用量
14.03	蛋白饮料类	2.0	固体饮料按稀释倍数增加使用量
14.04	碳酸饮料	2.0	固体饮料按稀释倍数增加使用量
14.05.01	茶(类)饮料	2.0	固体饮料按稀释倍数增加使用量
14.05.02	咖啡(类)饮料	2.0	固体饮料按稀释倍数增加使用量
14.05.03	植物饮料	1.0	固体饮料按稀释倍数增加使用量
14.07	特殊用途饮料	2.0	固体饮料按稀释倍数增加使用量
14.08	风味饮料	2.0	固体饮料按稀释倍数增加使用量
15.01	蒸馏酒	0.6	
15.03	发酵酒(15.03.01 葡萄酒除外)	0.6	
16.01	果冻	1.0	如用于果冻粉,按冲调倍数增加使用量
16.06	膨化食品	0.1	

琥珀酸单甘油酯 **succinylated monoglycerides**

CNS 号 10.038 INS 号 472g

功能 乳化剂

食品分类号	食品名称	最大使用量/(g/kg)	备注
01.01.03	调制乳	5.0	
01.06.05	干酪类似品	10.0	
01.07	以乳为主要配料的即食风味食品或其预制产品(不包括冰淇淋和风味发酵乳)	5.0	
02.0	脂肪,油和乳化脂肪制品(02.01 基本不含水的脂肪和油除外)	10.0	

表 A.1(续)

食品分类号	食品名称	最大使用量/(g/kg)	备注
07.0	焙烤食品	5.0	
14.02.03	果蔬汁(浆)类饮料	2.0	
14.03	蛋白饮料	2.0	
14.03.01	含乳饮料	5.0	
14.05	茶、咖啡、植物(类)饮料	2.0	
14.06	固体饮料	20.0	按稀释10倍计算

琥珀酸二钠 **disodium succinate**

CNS号 12.005 INS号 —

功能 增味剂

食品分类号	食品名称	最大使用量/(g/kg)	备注
12.0	调味品	20.0	

花生衣红 **peanut skin red**

CNS号 08.134 INS号 —

功能 着色剂

食品分类号	食品名称	最大使用量/(g/kg)	备注
05.02	糖果	0.4	
07.03	饼干	0.4	
08.03.05	肉灌肠类	0.4	
14.04	碳酸饮料	0.1	固体饮料按稀释倍数增加使用量

滑石粉 **talc**

CNS号 02.007 INS号 553iii

功能 抗结剂

食品分类号	食品名称	最大使用量/(g/kg)	备注
04.01.02.08.02	凉果类	20.0	
04.01.02.08.04	话化类	20.0	

槐豆胶(又名刺槐豆胶) **carob bean gum**

CNS号 20.023 INS号 410

功能 增稠剂

食品分类号	食品名称	最大使用量/(g/kg)	备注
13.01	婴幼儿配方食品	7.0	

表 A.1（续）

环己基氨基磺酸钠（又名甜蜜素），环己基氨基磺酸钙 **sodium cyclamate，calcium cyclamate**

CNS 号 19.002 INS 952

功能 甜味剂

食品分类号	食品名称	最大使用量/(g/kg)	备注
03.0	冷冻饮品（03.04 食用冰除外）	0.65	以环己基氨基磺酸计
04.01.02.04	水果罐头	0.65	以环己基氨基磺酸计
04.01.02.05	果酱	1.0	以环己基氨基磺酸计
04.01.02.08	蜜饯凉果	1.0	以环己基氨基磺酸计
04.01.02.08.02	凉果类	8.0	以环己基氨基磺酸计
04.01.02.08.04	话化类	8.0	以环己基氨基磺酸计
04.01.02.08.05	果糕类	8.0	以环己基氨基磺酸计
04.02.02.03	腌渍的蔬菜	1.0	以环己基氨基磺酸计
04.04.01.06	熟制豆类	1.0	以环己基氨基磺酸计
04.04.02.01	腐乳类	0.65	以环己基氨基磺酸计
04.05.02.01.01	带壳熟制坚果与籽类	6.0	以环己基氨基磺酸计
04.05.02.01.02	脱壳熟制坚果与籽类	1.2	以环己基氨基磺酸计
07.01	面包	1.6	以环己基氨基磺酸计
07.02	糕点	1.6	以环己基氨基磺酸计
07.03	饼干	0.65	以环己基氨基磺酸计
12.10	复合调味料	0.65	以环己基氨基磺酸计
14.0	饮料类（14.01 包装饮用水除外）	0.65	以环己基氨基磺酸计，固体饮料按稀释倍数增加使用量
15.02	配制酒	0.65	以环己基氨基磺酸计
16.01	果冻	0.65	以环己基氨基磺酸计，如用于果冻粉，按冲调倍数增加使用量

β-环状糊精 **beta-cyclodextrin**

CNS 号 20.024 INS 号 459

功能 增稠剂

食品分类号	食品名称	最大使用量/(g/kg)	备注
05.02.01	胶基糖果	20.0	
06.07	方便米面制品	1.0	
08.02	预制肉制品	1.0	

表 A.1(续)

食品分类号	食品名称	最大使用量/(g/kg)	备注
08.03	熟肉制品	1.0	
14.02.03	果蔬汁(浆)类饮料	0.5	固体饮料按稀释倍数增加使用量
14.03.02	植物蛋白饮料	0.5	固体饮料按稀释倍数增加使用量
14.03.03	复合蛋白饮料	0.5	固体饮料按稀释倍数增加使用量
14.03.04	其他蛋白饮料	0.5	固体饮料按稀释倍数增加使用量
14.04	碳酸饮料	0.5	固体饮料按稀释倍数增加使用量
14.05	茶、咖啡、植物(类)饮料	0.5	固体饮料按稀释倍数增加使用量
14.07	特殊用途饮料	0.5	固体饮料按稀释倍数增加使用量
14.08	风味饮料	0.5	固体饮料按稀释倍数增加使用量
16.06	膨化食品	0.5	

黄原胶(又名汉生胶) **xanthan gum**

CNS 号 20.009 INS 号 415

功能 稳定剂、增稠剂

食品分类号	食品名称	最大使用量/(g/kg)	备注
01.05.01	稀奶油	按生产需要适量使用	
02.02.01.01	黄油和浓缩黄油	5.0	
06.03.02.01	生湿面制品(如面条、饺子皮、馄饨皮、烧麦皮)	10.0	
06.03.02.02	生干面制品	4.0	
11.01.02	其他糖和糖浆[如红糖、赤砂糖、冰片糖、原糖、果糖(蔗糖来源)、糖蜜、部分转化糖、槭树糖浆等]	5.0	
12.09	香辛料类	按生产需要适量使用	
13.01.03	特殊医学用途婴儿配方食品	9.0	使用量仅限粉状产品,液态产品按照稀释倍数折算
14.02.01	果蔬汁(浆)	按生产需要适量使用	固体饮料按稀释倍数增加使用量

表 A.1（续）

己二酸 **adipic acid**

CNS 号 01.109 INS 号 355

功能 酸度调节剂

食品分类号	食品名称	最大使用量/(g/kg)	备注
05.02.01	胶基糖果	4.0	
14.06	固体饮料	0.01	
16.01	果冻	0.1	如用于果冻粉，按冲调倍数增加使用量

4-己基间苯二酚 **4-hexylresorcinol**

CNS 号 04.013 INS 号 586

功能 抗氧化剂

食品分类号	食品名称	最大使用量	备注
09.01	鲜水产(仅限虾类)	按生产需要适量使用	残留量≤1 mg/kg

甲壳素（又名几丁质） **chitin**

CNS 号 20.018 INS 号 —

功能 增稠剂、稳定剂

食品分类号	食品名称	最大使用量/(g/kg)	备注
02.01.01.02	氢化植物油	2.0	
02.05	其他油脂或油脂制品(仅限植脂末)	2.0	
03.0	冷冻饮品(03.04 食用冰除外)	2.0	
04.01.02.05	果酱	5.0	
04.05.02.04	坚果与籽类的泥(酱)，包括花生酱等	2.0	
12.03	醋	1.0	
12.10.02.01	蛋黄酱、沙拉酱	2.0	
14.03.01.03	乳酸菌饮料	2.5	固体饮料按稀释倍数增加使用量
15.03.05	啤酒和麦芽饮料	0.4	

姜黄 **turmeric**

CNS 号 08.102 INS 号 100ii

功能 着色剂

食品分类号	食品名称	最大使用量/(g/kg)	备注
01.03.02	调制乳粉和调制奶油粉	0.4	以姜黄素计
03.0	冷冻饮品(03.04 食用冰除外)	按生产需要适量使用	
04.01.02.05	果酱	按生产需要适量使用	

表 A.1（续）

食品分类号	食品名称	最大使用量/(g/kg)	备注
04.01.02.08.02	凉果类	按生产需要适量使用	
04.01.02.09	装饰性果蔬	按生产需要适量使用	
04.02.02.03	腌渍的蔬菜	0.01	以姜黄素计
04.05.02.01	熟制坚果与籽类(仅限油炸坚果与籽类)	按生产需要适量使用	
05.0	可可制品、巧克力和巧克力制品(包括代可可脂巧克力及制品)以及糖果	按生产需要适量使用	
06.05.02.04	粉圆	1.2	以姜黄素计
06.06	即食谷物,包括碾轧燕麦(片)	0.03	以姜黄素计
06.07	方便米面制品	按生产需要适量使用	
07.0	焙烤食品	按生产需要适量使用	
12.0	调味品	按生产需要适量使用	
14.0	饮料类(14.01 包装饮用水除外)	按生产需要适量使用	固体饮料按稀释倍数增加使用量
15.02	配制酒	按生产需要适量使用	
16.01	果冻	按生产需要适量使用	如用于果冻粉,按冲调倍数增加使用量
16.06	膨化食品	0.2	以姜黄素计

姜黄素 **curcumin**

CNS 号 08.132 INS 号 100i

功能 着色剂

食品分类号	食品名称	最大使用量/(g/kg)	备注
03.0	冷冻饮品(03.04 食用冰除外)	0.15	
04.05.02.01	熟制坚果与籽类(仅限油炸坚果与籽类)	按生产需要适量使用	
05.0	可可制品、巧克力和巧克力制品(包括代可可脂巧克力及制品)以及糖果	0.01	
05.02	糖果	0.7	
05.04	装饰糖果(如工艺造型,或用于蛋糕装饰)、顶饰(非水果材料)和甜汁	0.5	
06.03.02.04	面糊(如用于鱼和禽肉的拖面糊)、裹粉、煎炸粉	0.3	

表 A.1（续）

食品分类号	食品名称	最大使用量/(g/kg)	备注
06.07	方便米面制品	0.5	
06.10	粮食制品馅料	按生产需要适量使用	
11.05	调味糖浆	0.5	
12.10	复合调味料	0.1	
14.04	碳酸饮料	0.01	固体饮料按稀释倍数增加使用量
16.01	果冻	0.01	如用于果冻粉，按冲调倍数增加使用量
16.06	膨化食品	按生产需要适量使用	

焦糖色(加氨生产)　　**caramel colour class Ⅲ-ammonia process**

CNS 号　08.110　　INS 号　150c

功能　着色剂

食品分类号	食品名称	最大使用量/(g/kg)	备注
01.04.02	调制炼乳(包括加糖炼乳及使用了非乳原料的调制炼乳等)	2.0	
03.0	冷冻饮品(03.04 食用冰除外)	2.0	
04.01.02.05	果酱	1.5	
05.0	可可制品、巧克力和巧克力制品(包括代可可脂巧克力及制品)以及糖果	按生产需要适量使用	
06.03.02.04	面糊(如用于鱼和禽肉的拖面糊)、裹粉、煎炸粉	12.0	
06.05.02.04	粉圆	按生产需要适量使用	
06.06	即食谷物，包括碾轧燕麦(片)	按生产需要适量使用	
07.03	饼干	按生产需要适量使用	
11.05	调味糖浆	按生产需要适量使用	
12.03	醋	1.0	
12.04	酱油	按生产需要适量使用	
12.05	酱及酱制品	按生产需要适量使用	
12.10	复合调味料	按生产需要适量使用	
14.02.03	果蔬汁(浆)类饮料	按生产需要适量使用	固体饮料按稀释倍数增加使用量
14.03.01	含乳饮料	2.0	固体饮料按稀释倍数增加使用量

表 A.1（续）

食品分类号	食品名称	最大使用量/(g/kg)	备注
14.08	风味饮料(仅限果味饮料)	5.0	固体饮料按稀释倍数增加使用量
15.01.03	白兰地	50.0 g/L	
15.01.04	威士忌	6.0 g/L	
15.01.06	朗姆酒	6.0 g/L	
15.02	配制酒	50.0 g/L	
15.03.01.03	调香葡萄酒	50.0 g/L	
15.03.02	黄酒	30.0 g/L	
15.03.05	啤酒和麦芽饮料	50.0 g/L	
16.01	果冻	50.0	如用于果冻粉,按冲调倍数增加使用量

焦糖色(苛性硫酸盐)　　**caramel colour class Ⅱ-caustic sulfite**

CNS 号　08.151　　INS 号　150b

功能　着色剂

食品分类号	食品名称	最大使用量/(g/L)	备注
15.01.03	白兰地	6.0	
15.01.04	威士忌	6.0	
15.01.06	朗姆酒	6.0	
15.02	配制酒	6.0	

焦糖色(普通法)　　**caramel colour class Ⅰ-plain**

CNS 号　08.108　　INS 号　150a

功能　着色剂

食品分类号	食品名称	最大使用量/(g/kg)	备注
01.04.02	调制炼乳(包括加糖炼乳及使用了非乳原料的调制炼乳等)	按生产需要适量使用	
03.0	冷冻饮品(03.04 食用冰除外)	按生产需要适量使用	
04.01.02.05	果酱	1.5	
05.0	可可制品、巧克力和巧克力制品(包括代可可脂巧克力及制品)以及糖果	按生产需要适量使用	
06.03.02.04	面糊(如用于鱼和禽肉的拖面糊)、裹粉、煎炸粉	按生产需要适量使用	
06.06	即食谷物,包括碾轧燕麦(片)	按生产需要适量使用	
07.03	饼干	按生产需要适量使用	

表 A.1（续）

食品分类号	食品名称	最大使用量/(g/kg)	备注
07.04	焙烤食品馅料及表面用挂浆(仅限风味派馅料)	按生产需要适量使用	
08.02.01	调理肉制品(生肉添加调理料)	按生产需要适量使用	
11.05	调味糖浆	按生产需要适量使用	
12.03	醋	按生产需要适量使用	
12.04	酱油	按生产需要适量使用	
12.05	酱及酱制品	按生产需要适量使用	
12.10	复合调味料	按生产需要适量使用	
14.02.03	果蔬汁(浆)类饮料	按生产需要适量使用	固体饮料按稀释倍数增加使用量
14.03.01	含乳饮料	按生产需要适量使用	固体饮料按稀释倍数增加使用量
14.08	风味饮料(仅限果味饮料)	按生产需要适量使用	固体饮料按稀释倍数增加使用量
15.01.03	白兰地	按生产需要适量使用	
15.01.04	威士忌	6.0 g/L	
15.01.06	朗姆酒	6.0 g/L	
15.02	配制酒	按生产需要适量使用	
15.03.01.03	调香葡萄酒	按生产需要适量使用	
15.03.02	黄酒	按生产需要适量使用	
15.03.05	啤酒和麦芽饮料	按生产需要适量使用	
16.01	果冻	按生产需要适量使用	如用于果冻粉，按冲调倍数增加使用量
16.06	膨化食品	2.5	

焙糖色(亚硫酸铵法)　　**caramel colour class Ⅳ-ammonia sulphite process**

CNS 号　08.109　　INS 号　150d

功能　着色剂

食品分类号	食品名称	最大使用量/(g/kg)	备注
01.04.02	调制炼乳(包括加糖炼乳及使用了非乳原料的调制炼乳等)	1.0	
03.0	冷冻饮品(03.04 食用冰除外)	2.0	
05.0	可可制品、巧克力和巧克力制品(包括代可可脂巧克力及制品)以及糖果	按生产需要适量使用	

表 A.1（续）

食品分类号	食品名称	最大使用量/(g/kg)	备注
06.03.02.04	面糊(如用于鱼和禽肉的拖面糊)、裹粉、煎炸粉	2.5	
06.06	即食谷物,包括碾轧燕麦(片)	2.5	
06.10	粮食制品馅料(仅限风味派)	7.5	
07.03	饼干	50.0	
12.04	酱油	按生产需要适量使用	
12.05	酱及酱制品	10.0	
12.07	料酒及制品	10.0	
12.10	复合调味料	50.0	
14.02.03	果蔬汁(浆)类饮料	按生产需要适量使用	
14.03.01	含乳饮料	2.0	
14.04	碳酸饮料	按生产需要适量使用	
14.08	风味饮料(仅限果味饮料)	按生产需要适量使用	
14.05.01	茶(类)饮料	10.0	
14.05.02	咖啡(类)饮料	0.1	
14.05.03	植物饮料	0.1	
14.06	固体饮料	按生产需要适量使用	
15.01.03	白兰地	50.0 g/L	
15.01.04	威士忌	6.0 g/L	
15.01.06	朗姆酒	6.0 g/L	
15.02	配制酒	50.0 g/L	
15.03.01.03	调香葡萄酒	50.0 g/L	
15.03.02	黄酒	30.0 g/L	
15.03.05	啤酒和麦芽饮料	50.0 g/L	

金樱子棕 **rose laevigata michx brown**

CNS 号 08.131 INS 号 —

功能 着色剂

食品分类号	食品名称	最大使用量/(g/kg)	备注
07.02	糕点	0.9	
07.04	焙烤食品馅料及表面用挂浆	1.0	
14.04	碳酸饮料	1.0	固体饮料按稀释倍数增加使用量
15.02	配制酒	0.2	

表 A.1(续)

L(+)-酒石酸,*dl*-酒石酸 **L(+)-tartaric acid,*dl*-tartaric acid**

CNS 号 01.111,01.313 INS 号 334,—

功能 酸度调节剂

食品分类号	食品名称	最大使用量/(g/kg)	备注
06.03.02.04	面糊(如用于鱼和禽肉的拖面糊)、裹粉、煎炸粉	10.0	以酒石酸计
06.03.02.05	油炸面制品	10.0	以酒石酸计
12.10.01	固体复合调味料	10.0	以酒石酸计
14.02.03	果蔬汁(浆)类饮料	5.0	以酒石酸计,固体饮料按稀释倍数增加使用量
14.03.02	植物蛋白饮料	5.0	以酒石酸计,固体饮料按稀释倍数增加使用量
14.03.03	复合蛋白饮料	5.0	以酒石酸计,固体饮料按稀释倍数增加使用量
14.04	碳酸饮料	5.0	以酒石酸计,固体饮料按稀释倍数增加使用量
14.05	茶、咖啡、植物(类)饮料	5.0	以酒石酸计,固体饮料按稀释倍数增加使用量
14.07	特殊用途饮料	5.0	以酒石酸计,固体饮料按稀释倍数增加使用量
14.08	风味饮料	5.0	以酒石酸计,固体饮料按稀释倍数增加使用量
15.03.01	葡萄酒	4.0 g/L	以酒石酸计

酒石酸氢钾 **potassium bitartarate**

CNS 号 06.007 INS 号 336

功能 膨松剂

食品分类号	食品名称	最大使用量	备注
06.03	小麦粉及其制品	按生产需要适量使用	
07.0	焙烤食品	按生产需要适量使用	

菊花黄浸膏 **coreopsis yellow**

CNS 号 08.113 INS 号 —

功能 着色剂

食品分类号	食品名称	最大使用量/(g/kg)	备注
05.0	可可制品、巧克力和巧克力制品(包括代可可脂巧克力及制品)以及糖果	0.3	

表 A.1（续）

食品分类号	食品名称	最大使用量/(g/kg)	备注
07.02.04	糕点上彩装	0.3	
14.02.03	果蔬汁(浆)类饮料	0.3	固体饮料按稀释倍数增加使用量
14.08	风味饮料(仅限果味饮料)	0.3	固体饮料按稀释倍数增加使用量

聚二甲基硅氧烷及其乳液　　polydimethyl siloxane and emulsion

CNS 号　03.007　　INS 号　900a

功能　被膜剂

食品分类号	食品名称	最大使用量/(g/kg)	备注
04.01.01.02	经表面处理的鲜水果	0.000 9	
04.02.01.02	经表面处理的新鲜蔬菜	0.000 9	

聚甘油蓖麻醇酸酯(PGPR)　　polyglycerol polyricinoleate (polyglycerol esters of interesterified ricinoleic acid) (PGPR)

CNS 号　10.029　　INS 号　476

功能　乳化剂、稳定剂

食品分类号	食品名称	最大使用量/(g/kg)	备注
02.02	水油状脂肪乳化制品	10.0	
05.01	可可制品、巧克力和巧克力制品，包括代可可脂巧克力及制品	5.0	
05.03	糖果和巧克力制品包衣	5.0	
12.10.02	半固体复合调味料	5.0	

聚甘油脂肪酸酯　　polyglycerol esters of fatty acids (polyglycerol fatty acid esters)

CNS 号　10.022　　INS 号　475

功能　乳化剂、稳定剂、增稠剂、抗结剂

食品分类号	食品名称	最大使用量/(g/kg)	备注
01.01.03	调制乳	10.0	
01.03.02	调制乳粉和调制奶油粉	10.0	
01.05	稀奶油(淡奶油)及其类似品	10.0	
02.0	脂肪,油和乳化脂肪制品(02.01.01.01 植物油除外)	20.0	
02.01.01.01	植物油(仅限煎炸用油)	10.0	
03.0	冷冻饮品(03.04 食用冰除外)	10.0	
04.05.02.01	熟制坚果与籽类(仅限油炸坚果与籽类)	10.0	

表 A.1（续）

食品分类号	食品名称	最大使用量/(g/kg)	备注
05.01	可可制品、巧克力和巧克力制品，包括代可可脂巧克力及制品	10.0	
05.02	糖果	5.0	
06.03.02.04	面糊（如用于鱼和禽肉的拖面糊）、裹粉、煎炸粉	10.0	
06.06	即食谷物，包括碾轧燕麦（片）	10.0	
06.07	方便米面制品	10.0	
07.0	焙烤食品	10.0	
12.0	调味品（仅限用于膨化食品的调味料）	10.0	
12.10.01	固体复合调味料	10.0	
12.10.02	半固体复合调味料	10.0	
14.0	饮料类（14.01 包装饮用水除外）	10.0	固体饮料按稀释倍数增加使用量
16.01	果冻	10.0	如用于果冻粉，按冲调倍数增加使用量
16.06	膨化食品	10.0	

ε-聚赖氨酸 **ε-polylysine**

CNS 号 17.037 INS 号 —

功能 防腐剂

食品分类号	食品名称	最大使用量/(g/kg)	备注
07.0	焙烤食品	0.15	
08.03	熟肉制品	0.25	
14.02	果蔬汁类及其饮料	0.2 g/L	固体饮料按稀释倍数增加使用量

ε-聚赖氨酸盐酸盐 **ε-polylysine hydrochloride**

CNS 号 17.038 INS 号 —

功能 防腐剂

食品分类号	食品名称	最大使用量/(g/kg)	备注
04.0	水果、蔬菜（包括块根类）、豆类、食用菌、藻类、坚果以及籽类等	0.30	
06.02	大米及制品	0.25	
06.03	小麦粉及其制品	0.30	
06.04.02	杂粮制品	0.40	
08.0	肉及肉制品	0.30	
12.0	调味品	0.50	
14.0	饮料类	0.20	固体饮料按稀释倍数增加使用量

表 A.1（续）

聚葡萄糖 **polydextrose**

CNS号 20.022 INS号 1200

功能 增稠剂、膨松剂、水分保持剂、稳定剂

食品分类号	食品名称	最大使用量	备注
01.01.03	调制乳	按生产需要适量使用	
01.02.02	风味发酵乳	按生产需要适量使用	
03.0	冷冻饮品(03.04 食用冰除外)	按生产需要适量使用	
05.0	可可制品、巧克力和巧克力制品(包括代可可脂巧克力及制品)以及糖果	按生产需要适量使用	
07.0	焙烤食品	按生产需要适量使用	
08.03.05	肉灌肠类	按生产需要适量使用	
12.10.02.01	蛋黄酱、沙拉酱	按生产需要适量使用	
14.0	饮料类(14.01 包装饮用水除外)	按生产需要适量使用	固体饮料按稀释倍数增加使用量
16.01	果冻	按生产需要适量使用	如用于果冻粉，按冲调倍数增加使用量

聚氧乙烯木糖醇酐单硬脂酸酯 **polyoxyethylene xylitan monostearate**

CNS号 10.017 INS号 —

功能 乳化剂

食品分类号	食品名称	最大使用量/(g/kg)	备注
16.07	其他(发酵工艺)	5.0	

聚氧乙烯(20)山梨醇酐单月桂酸酯(又名吐温20)， **polyoxyethylene (20) sorbitan monolaurate,**
聚氧乙烯(20)山梨醇酐单棕榈酸酯(又名吐温40)， **polyoxyethylene (20) sorbitan monopalmitate,**
聚氧乙烯(20)山梨醇酐单硬脂酸酯(又名吐温60)， **polyoxyethylene (20) sorbitan monostearate,**
聚氧乙烯(20)山梨醇酐单油酸酯(又名吐温80) **polyoxyethylene (20) sorbitan monooleat**

CNS号 10.025，10.026，10.015，10.016 INS号 432，434，435，433

功能 乳化剂、消泡剂、稳定剂

食品分类号	食品名称	最大使用量/(g/kg)	备注
01.01.03	调制乳	1.5	
01.05.01	稀奶油	1.0	
01.05.03	调制稀奶油	1.0	
02.02	水油状脂肪乳化制品	5.0	
02.03	02.02 类以外的脂肪乳化制品，包括混合的和(或)调味的脂肪乳化制品	5.0	

表 A.1（续）

食品分类号	食品名称	最大使用量/(g/kg)	备注
03.0	冷冻饮品(03.04 食用冰除外)	1.5	
04.04	豆类制品	0.05	以每千克黄豆的使用量计
07.01	面包	2.5	
07.02	糕点	2.0	
12.10.01	固体复合调味料	4.5	
12.10.02	半固体复合调味料	5.0	
12.10.03	液体复合调味料(不包括 12.03，12.04)	1.0	
14.0	饮料类(14.01 包装饮用水及 14.06 固体饮料除外)	0.5	
14.02.03	果蔬汁(浆)类饮料	0.75	固体饮料按稀释倍数增加使用量
14.03.01	含乳饮料	2.0	固体饮料按稀释倍数增加使用量
14.03.02	植物蛋白饮料	2.0	固体饮料按稀释倍数增加使用量
16.07	其他(仅限乳化天然色素)	10.0	

聚乙二醇 **polyethylene glycol**

CNS 号 14.012 INS 号 1521

功能 被膜剂

食品分类号	食品名称	最大使用量	备注
05.03	糖果和巧克力制品包衣	按生产需要适量使用	

聚乙烯醇 **polyvinyl alcohol**

CNS 号 14.010 INS 号 1203

功能 被膜剂

食品分类号	食品名称	最大使用量/(g/kg)	备注
05.03	糖果和巧克力制品包衣	18.0	

决明胶 **cassia gum**

CNS 号 20.045 INS 号 427

功能 增稠剂

食品分类号	食品名称	最大使用量/(g/kg)	备注
01.02.02	风味发酵乳	2.5	
01.05.01	稀奶油	2.5	
01.07	以乳为主要配料的即食风味食品或其预制产品(不包括冰淇淋和风味发酵乳)	2.5	

表 A.1（续）

食品分类号	食品名称	最大使用量/(g/kg)	备注
03.01	冰淇淋、雪糕类	2.5	
06.03.02	小麦粉制品	3.0	
06.07	方便米面制品	2.5	
07.0	焙烤食品	2.5	
08.03.05	肉灌肠类	1.5	
12.10.02	半固体复合调味料	2.5	
12.10.03	液体复合调味料(不包括 12.03、12.04)	2.5	
14.03.01.03	乳酸菌饮料	2.5	固体饮料按稀释倍数增加使用量

咖啡因 **caffeine**

CNS 号 00.007 INS 号 —

功能 其他

食品分类号	食品名称	最大使用量/(g/kg)	备注
14.04.01	可乐型碳酸饮料	0.15	固体饮料按稀释倍数增加使用量

卡拉胶 **carrageenan**

CNS 号 20.007 INS 号 407

功能 乳化剂、稳定剂、增稠剂

食品分类号	食品名称	最大使用量	备注
01.05.01	稀奶油	按生产需要适量使用	
02.02.01.01	黄油和浓缩黄油	按生产需要适量使用	
06.03.02.01	生湿面制品(如面条、饺子皮、馄饨皮、烧麦皮)	按生产需要适量使用	
06.03.02.02	生干面制品	8.0 g/kg	
11.01.02	其他糖和糖浆[如红糖、赤砂糖、冰片糖、原糖、果糖(蔗糖来源)、糖蜜、部分转化糖、槭树糖浆等]	5.0 g/kg	
12.09	香辛料类	按生产需要适量使用	
13.01	婴幼儿配方食品	0.3 g/L	以即食状态食品中的使用量计
14.02.01	果蔬汁(浆)	按生产需要适量使用	固体饮料按稀释倍数增加使用量

表 A.1（续）

抗坏血酸（又名维生素 C） **ascorbic acid（vitamin C）**

CNS 号 04.014 INS 号 300

功能 面粉处理剂、抗氧化剂

食品分类号	食品名称	最大使用量/(g/kg)	备注
04.01.01.03	去皮或预切的鲜水果	5.0	
04.02.01.03	去皮、切块或切丝的蔬菜	5.0	
06.03.01	小麦粉	0.2	
14.02.02	浓缩果蔬汁(浆)	按生产需要适量使用	固体饮料按稀释倍数增加使用量

抗坏血酸钙 **calcium ascorbate**

CNS 号 04.009 INS 号 302

功能 抗氧化剂

食品分类号	食品名称	最大使用量/(g/kg)	备注
04.01.01.03	去皮或预切的鲜水果	1.0	以水果中抗坏血酸钙残留量计
04.02.01.03	去皮、切块或切丝的蔬菜	1.0	以蔬菜中抗坏血酸钙残留量计
14.02.02	浓缩果蔬汁(浆)	按生产需要适量使用	固体饮料按稀释倍数增加使用量

抗坏血酸钠 **sodium ascorbate**

CNS 号 04.015 INS 号 301

功能 抗氧化剂

食品分类号	食品名称	最大使用量	备注
14.02.02	浓缩果蔬汁(浆)	按生产需要适量使用	固体饮料按稀释倍数增加使用量

抗坏血酸棕榈酸酯 **ascorbyl palmitate**

CNS 号 04.011 INS 号 304

功能 抗氧化剂

食品分类号	食品名称	最大使用量/(g/kg)	备注
01.03	乳粉(包括加糖乳粉)和奶油粉及其调制产品	0.2	以脂肪中抗坏血酸计
02.0	脂肪，油和乳化脂肪制品	0.2	
02.01	基本不含水的脂肪和油	0.2	
06.06	即食谷物，包括碾轧燕麦(片)	0.2	
06.07	方便米面制品	0.2	
07.01	面包	0.2	

表 A.1（续）

食品分类号	食品名称	最大使用量/(g/kg)	备注
13.01	婴幼儿配方食品	0.05	以脂肪中抗坏血酸计
13.02	婴幼儿辅助食品	0.05	以脂肪中抗坏血酸计

可得然胶 **curdlan**

CNS 号 20.042 INS 号 424

功能 稳定剂和凝固剂、增稠剂

食品分类号	食品名称	最大使用量	备注
04.04.01.01	豆腐类	按生产需要适量使用	
06.03.02.01	生湿面制品(如面条、饺子皮、馄饨皮、烧麦皮)	按生产需要适量使用	
06.03.02.02	生干面制品	按生产需要适量使用	
06.07	方便米面制品	按生产需要适量使用	
08.03	熟肉制品	按生产需要适量使用	
09.02.03	冷冻鱼糜制品(包括鱼丸等)	按生产需要适量使用	
16.01	果冻	按生产需要适量使用	如用于果冻粉，按冲调倍数增加使用量
16.07	其他(仅限人造海鲜产品，如人造鲍鱼、人造海参、人造海鲜贝类等)	按生产需要适量使用	

可可壳色 **cocao husk pigment**

CNS 号 08.118 INS 号 —

功能 着色剂

食品分类号	食品名称	最大使用量/(g/kg)	备注
03.0	冷冻饮品(03.04 食用冰除外)	0.04	
05.0	可可制品、巧克力和巧克力制品(包括代可可脂巧克力及制品)以及糖果	3.0	
07.01	面包	0.5	
07.02	糕点	0.9	
07.02.04	糕点上彩装	3.0	
07.03	饼干	0.04	
07.04	焙烤食品馅料及表面用挂浆	1.0	
14.03.02	植物蛋白饮料	0.25	固体饮料按稀释倍数增加使用量
14.04	碳酸饮料	2.0	固体饮料按稀释倍数增加使用量
15.02	配制酒	1.0	

表 A.1（续）

可溶性大豆多糖 **soluble soybean polysaccharide**

CNS 号 20.044 INS 号 —

功能 增稠剂、乳化剂、被膜剂、抗结剂

食品分类号	食品名称	最大使用量/(g/kg)	备注
02.04	脂肪类甜品	10.0	
03.0	冷冻饮品(03.04 食用冰除外)	10.0	
06.02.02	大米制品	10.0	
06.03.02	小麦粉制品	10.0	
06.05.02	淀粉制品	10.0	
06.07	方便米面制品	10.0	
06.08	冷冻米面制品	10.0	
07.0	焙烤食品	10.0	
14.0	饮料类(14.01 包装饮用水除外)	10.0	固体饮料按稀释倍数增加使用量

喹啉黄 **quinoline yellow**

CNS 号 08.016 INS 号 104

功能 着色剂

食品分类号	食品名称	最大使用量/(g/L)	备注
15.02	配制酒	0.1	

辣椒橙 **paprika orange**

CNS 号 08.107 INS 号 —

功能 着色剂

食品分类号	食品名称	最大使用量/(g/kg)	备注
03.0	冷冻饮品(03.04 食用冰除外)	按生产需要适量使用	
05.02	糖果	按生产需要适量使用	
07.02	糕点	0.9	
07.02.04	糕点上彩装	按生产需要适量使用	
07.03	饼干	按生产需要适量使用	
07.04	焙烤食品馅料及表面用挂浆	1.0	
08.03	熟肉制品	按生产需要适量使用	
09.02.03	冷冻鱼糜制品(包括鱼丸等)	按生产需要适量使用	
12.10.02	半固体复合调味料	按生产需要适量使用	

表 A.1(续)

辣椒红 **paprika red**

CNS号 08.106 INS号 —

功能 着色剂

食品分类号	食品名称	最大使用量/(g/kg)	备注
03.0	冷冻饮品(03.04 食用冰除外)	按生产需要适量使用	
04.02.02.03	腌渍的蔬菜	按生产需要适量使用	
04.05.02.01	熟制坚果与籽类(仅限油炸坚果与籽类)	按生产需要适量使用	
05.01	可可制品、巧克力和巧克力制品,包括代可可脂巧克力及制品	按生产需要适量使用	
05.02	糖果	按生产需要适量使用	
06.03.02.04	面糊(如用于鱼和禽肉的拖面糊)、裹粉、煎炸粉	按生产需要适量使用	
06.07	方便米面制品	按生产需要适量使用	
06.08	冷冻米面制品	2.0	
06.10	粮食制品馅料	按生产需要适量使用	
07.02	糕点	0.9	
07.02.04	糕点上彩装	按生产需要适量使用	
07.03	饼干	按生产需要适量使用	
07.04	焙烤食品馅料及表面用挂浆	1.0	
08.02.01	调理肉制品(生肉添加调理料)	0.1	
08.02.02	腌腊肉制品类(如咸肉、腊肉、板鸭、中式火腿、腊肠)	按生产需要适量使用	
08.03	熟肉制品	按生产需要适量使用	
09.02.03	冷冻鱼糜制品(包括鱼丸等)	按生产需要适量使用	
12.0	调味品(12.01 盐及代盐制品除外)	按生产需要适量使用	
14.02.03	果蔬汁(浆)类饮料	按生产需要适量使用	固体饮料按稀释倍数增加使用量
14.03	蛋白饮料	按生产需要适量使用	固体饮料按稀释倍数增加使用量
16.01	果冻	按生产需要适量使用	如用于果冻粉,按冲调倍数增加使用量
16.06	膨化食品	按生产需要适量使用	

表 A.1（续）

辣椒油树脂 **paprika oleoresin**

CNS 号 00.012 INS 号 160c

功能 增味剂、着色剂

食品分类号	食品名称	最大使用量/(g/kg)	备注
01.06.04	再制干酪	按生产需要适量使用	
04.02.02.03	腌渍的蔬菜	按生产需要适量使用	
04.03.02.03	腌渍的食用菌和藻类	按生产需要适量使用	
12.10	复合调味料	10.0	
16.06	膨化食品	1.0	

蓝锭果红 **uguisukagura red**

CNS 号 08.136 INS 号 —

功能 着色剂

食品分类号	食品名称	最大使用量/(g/kg)	备注
03.0	冷冻饮品(03.04 食用冰除外)	1.0	
05.02	糖果	2.0	
07.02	糕点	2.0	
07.02.04	糕点上彩装	3.0	
14.02.03	果蔬汁(浆)类饮料	1.0	固体饮料按稀释倍数增加使用量
14.08	风味饮料	1.0	固体饮料按稀释倍数增加使用量

酪蛋白酸钠(又名酪朊酸钠) **sodium caseinate**

CNS 号 10.002 INS 号 —

功能 其他

食品分类号	食品名称	最大使用量/(g/kg)	备注
13.01.01	婴儿配方食品	1.0	以即食食品计，作为花生四烯酸(ARA)和二十二碳六烯酸(DHA)载体
13.01.02	较大婴儿和幼儿配方食品	1.0	以即食食品计，作为花生四烯酸(ARA)和二十二碳六烯酸(DHA)载体

联苯醚(又名二苯醚) **diphenyl ether (diphenyl oxide)**

CNS 号 17.022 INS 号 —

功能 防腐剂

食品分类号	食品名称	最大使用量/(g/kg)	备注
04.01.01.02	经表面处理的鲜水果(仅限柑橘类)	3.0	残留量≤12 mg/kg

表 A.1（续）

亮蓝及其铝色淀 **brilliant blue,brilliant blue aluminum lake**

CNS号 08.007 INS号 133

功能 着色剂

食品分类号	食品名称	最大使用量/(g/kg)	备注
01.02.02	风味发酵乳	0.025	以亮蓝计
01.04.02	调制炼乳(包括加糖炼乳及使用了非乳原料的调制炼乳等)	0.025	以亮蓝计
03.0	冷冻饮品(03.04食用冰除外)	0.025	以亮蓝计
04.01.02.05	果酱	0.5	以亮蓝计
04.01.02.08.02	凉果类	0.025	以亮蓝计
04.01.02.09	装饰性果蔬	0.1	以亮蓝计
04.02.02.03	腌渍的蔬菜	0.025	以亮蓝计
04.04.01.06	熟制豆类	0.025	以亮蓝计
04.05.02	加工坚果与籽类	0.025	以亮蓝计
04.05.02.01	熟制坚果与籽类(仅限油炸坚果与籽类)	0.05	以亮蓝计
05.0	可可制品、巧克力和巧克力制品(包括代可可脂巧克力及制品)以及糖果	0.3	以亮蓝计
06.05.02.02	虾味片	0.025	以亮蓝计
06.05.02.04	粉圆	0.1	以亮蓝计
06.06	即食谷物,包括碾轧燕麦(片)(仅限可可玉米片)	0.015	以亮蓝计
07.04	焙烤食品馅料及表面用挂浆(仅限饼干夹心)	0.025	以亮蓝计
07.04	焙烤食品馅料及表面用挂浆(仅限风味派馅料)	0.05	仅限使用亮蓝
11.05	调味糖浆	0.025	以亮蓝计
11.05.01	水果调味糖浆	0.5	以亮蓝计
12.09.01	香辛料及粉	0.01	以亮蓝计
12.09.03	香辛料酱(如芥末酱、青芥酱)	0.01	以亮蓝计
12.10.02	半固体复合调味料	0.5	以亮蓝计
14.0	饮料类(14.01包装饮用水除外)	0.02	以亮蓝计
14.02.03	果蔬汁(浆)类饮料	0.025	以亮蓝计
14.03.01	含乳饮料	0.025	以亮蓝计
14.04	碳酸饮料	0.025	以亮蓝计

表 A.1（续）

食品分类号	食品名称	最大使用量/(g/kg)	备注
14.06	固体饮料	0.2	以亮蓝计
14.08	风味饮料(仅限果味饮料)	0.025	以亮蓝计
15.02	配制酒	0.025	以亮蓝计
16.01	果冻	0.025	以亮蓝计，如用于果冻粉，按冲调倍数增加使用量
16.06	膨化食品	0.05	仅限使用亮蓝

磷酸，焦磷酸二氢二钠，焦磷酸钠，磷酸二氢钙，磷酸二氢钾，磷酸氢二铵，磷酸氢二钾，磷酸氢钙，磷酸三钙，磷酸三钾，磷酸三钠，六偏磷酸钠，三聚磷酸钠，磷酸二氢钠，磷酸氢二钠，焦磷酸四钾，焦磷酸一氢三钠，聚偏磷酸钾，酸式焦磷酸钙

phosphoric acid, disodium dihydrogen pyrophosphate, tetrasodium pyrophosphate, calcium dihydrogen phosphate, potassium dihydrogen phosphate, diammonium hydrogen phosphate, dipotassium hydrogen phosphate, calcium hydrogen phosphate (dicalcium orthophosphate), tricalcium orthophosphate (calcium phosphate), tripotassium orthophosphate, trisodium orthophosphate, sodium polyphosphate, sodium tripolyphosphate, sodium dihydrogen phosphate, sodium phosphatedibasic, tetrapotassium pyrophosphate, trisodium monohydrogen diphosphate, potassium polymetaphosphate, calcium acid pyrophosphate

CNS 号　01.106，15.008，15.004，15.007，15.010，06.008，15.009，06.006，02.003，01.308，15.001，15.002，15.003，15.005，15.006，15.017，15.013，15.015，15.016

INS 号　338，450i，450iii，341i，340i，342ii，340ii，341ii，341iii，340iii，339iii，452i，451i，339i，339ii，450（v），450(ii)，452(ii)，450(vii)

功能　水分保持剂、膨松剂、酸度调节剂、稳定剂、凝固剂、抗结剂

食品分类号	食品名称	最大使用量/(g/kg)	备注
01.0	乳及乳制品(01.01.01、01.01.02、13.0 涉及品种除外)	5.0	可单独或混合使用，最大使用量以磷酸根(PO_4^{3-})计
01.03.01	乳粉和奶油粉	10.0	可单独或混合使用，最大使用量以磷酸根(PO_4^{3-})计
01.05.01	稀奶油	5.0	可单独或混合使用，最大使用量以磷酸根(PO_4^{3-})计
01.06.04	再制干酪	14.0	可单独或混合使用，最大使用量以磷酸根(PO_4^{3-})计

表 A.1（续）

食品分类号	食品名称	最大使用量/(g/kg)	备注
02.02	水油状脂肪乳化制品	5.0	可单独或混合使用,最大使用量以磷酸根(PO_4^{3-})计
02.03	02.02 类以外的脂肪乳化制品,包括混合的和(或)调味的脂肪乳化制品	5.0	可单独或混合使用,最大使用量以磷酸根(PO_4^{3-})计
02.05	其他油脂或油脂制品(仅限植脂末)	20.0	可单独或混合使用,最大使用量以磷酸根(PO_4^{3-})计
03.0	冷冻饮品(03.04 食用冰除外)	5.0	可单独或混合使用,最大使用量以磷酸根(PO_4^{3-})计
04.02.02.04	蔬菜罐头	5.0	可单独或混合使用,最大使用量以磷酸根(PO_4^{3-})计
04.05.02.01	熟制坚果与籽类(仅限油炸坚果与籽类)	2.0	可单独或混合使用,最大使用量以磷酸根(PO_4^{3-})计
05.0	可可制品、巧克力和巧克力制品(包括代可可脂巧克力及制品)以及糖果	5.0	可单独或混合使用,最大使用量以磷酸根(PO_4^{3-})计
06.02.03	米粉(包括汤圆粉等)	1.0	可单独或混合使用,最大使用量以磷酸根(PO_4^{3-})计
06.03	小麦粉及其制品	5.0	可单独或混合使用,最大使用量以磷酸根(PO_4^{3-})计
06.03.01	小麦粉	5.0	可单独或混合使用,最大使用量以磷酸根(PO_4^{3-})计
06.03.02.01	生湿面制品(如面条、饺子皮、馄饨皮、烧麦皮)	5.0	可单独或混合使用,最大使用量以磷酸根(PO_4^{3-})计
06.03.02.04	面糊(如用于鱼和禽肉的拖面糊)、裹粉、煎炸粉	5.0	可单独或混合使用,最大使用量以磷酸根(PO_4^{3-})计,可按涂裹率增加使用量
06.04.01	杂粮粉	5.0	可单独或混合使用,最大使用量以磷酸根(PO_4^{3-})计

表 A.1（续）

食品分类号	食品名称	最大使用量/(g/kg)	备注
06.04.02.01	杂粮罐头	1.5	可单独或混合使用，最大使用量以磷酸根(PO_4^{3-})计
06.04.02.02	其他杂粮制品(仅限冷冻薯条、冷冻薯饼、冷冻土豆泥、冷冻红薯泥)	1.5	可单独或混合使用，最大使用量以磷酸根(PO_4^{3-})计
06.05.01	食用淀粉	5.0	可单独或混合使用，最大使用量以磷酸根(PO_4^{3-})计
06.06	即食谷物，包括碾轧燕麦(片)	5.0	可单独或混合使用，最大使用量以磷酸根(PO_4^{3-})计
06.07	方便米面制品	5.0	可单独或混合使用，最大使用量以磷酸根(PO_4^{3-})计
06.08	冷冻米面制品	5.0	可单独或混合使用，最大使用量以磷酸根(PO_4^{3-})计
06.09	谷类和淀粉类甜品(如米布丁、木薯布丁)(仅限谷类甜品罐头)	1.0	可单独或混合使用，最大使用量以磷酸根(PO_4^{3-})计
07.0	焙烤食品	15.0	可单独或混合使用，最大使用量以磷酸根(PO_4^{3-})计
08.02	预制肉制品	5.0	可单独或混合使用，最大使用量以磷酸根(PO_4^{3-})计
08.03	熟肉制品	5.0	可单独或混合使用，最大使用量以磷酸根(PO_4^{3-})计
09.02.01	冷冻水产品	5.0	可单独或混合使用，最大使用量以磷酸根(PO_4^{3-})计
09.02.03	冷冻鱼糜制品(包括鱼丸等)	5.0	可单独或混合使用，最大使用量以磷酸根(PO_4^{3-})计

表 A.1（续）

食品分类号	食品名称	最大使用量/(g/kg)	备注
09.03	预制水产品(半成品)	1.0	可单独或混合使用,最大使用量以磷酸根(PO_4^{3-})计
09.05	水产品罐头	1.0	可单独或混合使用,最大使用量以磷酸根(PO_4^{3-})计
10.03.02	热凝固蛋制品(如蛋黄酪、松花蛋肠)	5.0	可单独或混合使用,最大使用量以磷酸根(PO_4^{3-})计
11.05	调味糖浆	10.0	可单独或混合使用,最大使用量以磷酸根(PO_4^{3-})计
12.10	复合调味料	20.0	可单独或混合使用,最大使用量以磷酸根(PO_4^{3-})计
12.10.01.03	其他固体复合调味料(仅限方便湿面调味料包)	80.0	可单独或混合使用,最大使用量以磷酸根(PO_4^{3-})计
13.01	婴幼儿配方食品	1.0	仅限使用磷酸氢钙和磷酸二氢钠,可单独或混合使用,最大使用量以磷酸根(PO_4^{3-})计
13.02	婴幼儿辅助食品	1.0	仅限使用磷酸氢钙和磷酸二氢钠,可单独或混合使用,最大使用量以磷酸根(PO_4^{3-})计
14.0	饮料类(14.01 包装饮用水除外)	5.0	可单独或混合使用,最大使用量以磷酸根(PO_4^{3-})计,固体饮料按稀释倍数增加使用量
16.01	果冻	5.0	可单独或混合使用,最大使用量以磷酸根(PO_4^{3-})计,如用于果冻粉,按冲调倍数增加使用量
16.06	膨化食品	2.0	可单独或混合使用,最大使用量以磷酸根(PO_4^{3-})计

表 A.1（续）

磷酸化二淀粉磷酸酯　　**phosphated distarch phosphate**

CNS 号　20.017　　INS 号　1413

功能　增稠剂

食品分类号	食品名称	最大使用量/(g/kg)	备注
04.01.02.05	果酱	1.0	
06.03.02.01	生湿面制品(如面条、饺子皮、馄饨皮、烧麦皮)	0.2	
06.07	方便米面制品	0.2	
14.06	固体饮料	0.5	

磷脂　　**phospholipid**

CNS 号　04.010　　INS 号　322

功能　抗氧化剂、乳化剂

食品分类号	食品名称	最大使用量	备注
01.05.01	稀奶油	按生产需要适量使用	
02.01.01.02	氢化植物油	按生产需要适量使用	
13.01	婴幼儿配方食品	按生产需要适量使用	
13.02	婴幼儿辅助食品	按生产需要适量使用	

硫代二丙酸二月桂酯　　**dilauryl thiodipropionate**

CNS 号　04.012　　INS 号　389

功能　抗氧化剂

食品分类号	食品名称	最大使用量/(g/kg)	备注
04.01.01.02	经表面处理的鲜水果	0.2	
04.02.01.02	经表面处理的新鲜蔬菜	0.2	
04.05.02.01	熟制坚果与籽类(仅限油炸坚果与籽类)	0.2	
06.03.02.05	油炸面制品	0.2	
16.06	膨化食品	0.2	

硫磺　　**sulfur (sulphur)**

CNS 号　05.007　　INS 号　—

功能　漂白剂、防腐剂

食品分类号	食品名称	最大使用量/(g/kg)	备注
04.01.02.02	水果干类	0.1	只限用于熏蒸，最大使用量以二氧化硫残留量计
04.01.02.08	蜜饯凉果	0.35	只限用于熏蒸，最大使用量以二氧化硫残留量计

表 A.1（续）

食品分类号	食品名称	最大使用量/(g/kg)	备注
04.02.02.02	干制蔬菜	0.2	只限用于熏蒸，最大使用量以二氧化硫残留量计
04.03.01.02	经表面处理的鲜食用菌和藻类	0.4	只限用于熏蒸，最大使用量以二氧化硫残留量计
11.01	食糖	0.1	只限用于熏蒸，最大使用量以二氧化硫残留量计
16.07	其他(仅限魔芋粉)	0.9	只限用于熏蒸，最大使用量以二氧化硫残留量计

硫酸钙(又名石膏)　　**calcium sulfate**

CNS 号　18.001　　INS 号　516

功能　稳定剂和凝固剂、增稠剂、酸度调节剂

食品分类号	食品名称	最大使用量/(g/kg)	备注
04.04	豆类制品	按生产需要适量使用	
06.03.02	小麦粉制品	1.5	
07.01	面包	10.0	
07.02	糕点	10.0	
07.03	饼干	10.0	
08.02.02	腌腊肉制品(如咸肉、腊肉、板鸭、中式火腿、腊肠)(仅限腊肠)	5.0	
08.03.05	肉灌肠类	3.0	

硫酸铝钾(又名钾明矾)，硫酸铝铵(又名铵明矾)　　**aluminium potassium sulfate，aluminium ammonium sulfate**

CNS 号　06.004，06.005　　INS 号　522，523

功能　膨松剂、稳定剂

食品分类号	食品名称	最大使用量	备注
04.04	豆类制品	按生产需要适量使用	铝的残留量≤100 mg/kg(干样品，以 Al 计)
06.03.02.04	面糊(如用于鱼和禽肉的拖面糊)、裹粉、煎炸粉	按生产需要适量使用	铝的残留量≤100 mg/kg(干样品，以 Al 计)
06.03.02.05	油炸面制品	按生产需要适量使用	铝的残留量≤100 mg/kg(干样品，以 Al 计)
06.05.02.02	虾味片	按生产需要适量使用	铝的残留量≤100 mg/kg(干样品，以 Al 计)
07.0	焙烤食品	按生产需要适量使用	铝的残留量≤100 mg/kg(干样品，以 Al 计)
09.03.02	腌制水产品(仅限海蜇)	按生产需要适量使用	铝的残留量≤500 mg/kg(以即食海蜇中 Al 计)

表 A.1（续）

硫酸镁 **magnesium sulfate**

CNS 号 00.021 INS 号 518

功能 其他

食品分类号	食品名称	最大使用量/(g/L)	备注
14.01.03	其他类饮用水（自然来源饮用水除外）	0.05	

硫酸锌 **zinc sulfate**

CNS 号 00.018 INS 号 —

功能 其他

食品分类号	食品名称	最大使用量/(g/L)	备注
14.01.03	其他类饮用水（自然来源饮用水除外）	0.006	以 Zn 计 2.4 mg/L

硫酸亚铁 **ferrous sulfate**

CNS 号 00.022 INS 号 —

功能 其他

食品分类号	食品名称	最大使用量/(g/L)	备注
04.04.02	发酵豆制品（仅限臭豆腐）	0.15	以 $FeSO_4$ 计

氯化钙 **calcium chloride**

CNS 号 18.002 INS 号 509

功能 稳定剂和凝固剂、增稠剂

食品分类号	食品名称	最大使用量/(g/kg)	备注
01.05.01	稀奶油	按生产需要适量使用	
01.05.03	调制稀奶油	按生产需要适量使用	
04.01.02.04	水果罐头	1.0	
04.01.02.05	果酱	1.0	
04.02.02.04	蔬菜罐头	1.0	
04.04	豆类制品	按生产需要适量使用	
05.04	装饰糖果（如工艺造型，或用于蛋糕装饰）、顶饰（非水果材料）和甜汁	0.4	
11.05	调味糖浆	0.4	
14.01.03	其他类饮用水（自然来源饮用水除外）	0.1 g/L	以 Ca 计 36 mg/L
16.07	其他（仅限畜禽血制品）	0.5	

表 A.1（续）

氯化钾 **potassium chloride**

CNS 号 00.008 INS 号 508

功能 其他

食品分类号	食品名称	最大使用量/(g/kg)	备注
12.01	盐及代盐制品	350	
14.01.03	其他类饮用水(自然来源饮用水除外)	按生产需要适量使用	

氯化镁 **magnesium chloride**

CNS 号 18.003 INS 号 511

功能 稳定剂和凝固剂

食品分类号	食品名称	最大使用量	备注
04.04	豆类制品	按生产需要适量使用	

罗望子多糖胶 **tamarind polysaccharide gum**

CNS 号 20.011 INS 号 —

功能 增稠剂

食品分类号	食品名称	最大使用量/(g/kg)	备注
03.0	冷冻饮品(03.04 食用冰除外)	2.0	
05.0	可可制品、巧克力和巧克力制品(包括代可可脂巧克力及制品)以及糖果	2.0	
16.01	果冻	2.0	如用于果冻粉,按冲调倍数增加使用量

萝卜红 **radish red**

CNS 号 08.117 INS 号 —

功能 着色剂

食品分类号	食品名称	最大使用量	备注
03.0	冷冻饮品(03.04 食用冰除外)	按生产需要适量使用	
04.01.02.05	果酱	按生产需要适量使用	
04.01.02.08.01	蜜饯类	按生产需要适量使用	
05.02	糖果	按生产需要适量使用	
07.02	糕点	按生产需要适量使用	
12.03	醋	按生产需要适量使用	
12.10	复合调味料	按生产需要适量使用	
14.02.03	果蔬汁(浆)类饮料	按生产需要适量使用	固体饮料按稀释倍数增加使用量

表 A.1(续)

食品分类号	食品名称	最大使用量	备注
14.08	风味饮料(仅限果味饮料)	按生产需要适量使用	固体饮料按稀释倍数增加使用量
15.02	配制酒	按生产需要适量使用	
16.01	果冻	按生产需要适量使用	如用于果冻粉,按冲调倍数增加使用量

落葵红　　**basella rubra red**

CNS 号　08.121　　INS 号　—

功能　着色剂

食品分类号	食品名称	最大使用量/(g/kg)	备注
05.02	糖果	0.1	
07.02.04	糕点上彩装	0.2	
14.04	碳酸饮料	0.13	固体饮料按稀释倍数增加使用量
16.01	果冻	0.25	如用于果冻粉,按冲调倍数增加使用量

吗啉脂肪酸盐(又名果蜡)　　**morpholine fatty acid salt (fruit wax)**

CNS 号　14.004　　INS 号　—

功能　被膜剂

食品分类号	食品名称	最大使用量	备注
04.01.01.02	经表面处理的鲜水果	按生产需要适量使用	

麦芽糖醇和麦芽糖醇液　　**maltitol and maltitol syrup**

CNS 号　19.005,19.022　　INS 号　965(i),965(ii)

功能　甜味剂、稳定剂、水分保持剂、乳化剂、膨松剂、增稠剂

食品分类号	食品名称	最大使用量/(g/kg)	备注
01.01.03	调制乳	按生产需要适量使用	
01.02.02	风味发酵乳	按生产需要适量使用	
01.04	炼乳及其调制产品	按生产需要适量使用	
01.05.04	稀奶油类似品	按生产需要适量使用	
03.0	冷冻饮品(03.04 食用冰除外)	按生产需要适量使用	
04.01.02	加工水果	按生产需要适量使用	
04.02.02.03	腌渍的蔬菜	按生产需要适量使用	
04.04.01.06	熟制豆类	按生产需要适量使用	
04.05.02	加工坚果与籽类	按生产需要适量使用	
05.01	可可制品、巧克力和巧克力制品,包括代可可脂巧克力及制品	按生产需要适量使用	

表 A.1（续）

食品分类号	食品名称	最大使用量/(g/kg)	备注
05.02	糖果	按生产需要适量使用	
06.10	粮食制品馅料	按生产需要适量使用	
07.01	面包	按生产需要适量使用	
07.02	糕点	按生产需要适量使用	
07.03	饼干	按生产需要适量使用	
07.04	焙烤食品馅料及表面用挂浆	按生产需要适量使用	
09.02.03	冷冻鱼糜制品(包括鱼丸等)	0.5	
11.04	餐桌甜味料	按生产需要适量使用	
12.10.02	半固体复合调味料	按生产需要适量使用	
12.10.03	液体复合调味料(不包括 12.03，12.04)	按生产需要适量使用	
14.0	饮料类(14.01 包装饮用水除外)	按生产需要适量使用	固体饮料按稀释倍数增加使用量
16.01	果冻	按生产需要适量使用	如用于果冻粉，按冲调倍数增加使用量
16.07	其他(豆制品工艺)	按生产需要适量使用	
16.07	其他(制糖工艺)	按生产需要适量使用	
16.07	其他(酿造工艺)	按生产需要适量使用	

没食子酸丙酯(PG)　　**propyl gallate (PG)**

CNS 号　04.003　　INS 号　310

功能　抗氧化剂

食品分类号	食品名称	最大使用量/(g/kg)	备注
02.0	脂肪，油和乳化脂肪制品	0.1	以油脂中的含量计
02.01	基本不含水的脂肪和油	0.1	
04.05.02.01	熟制坚果与籽类(仅限油炸坚果与籽类)	0.1	以油脂中的含量计
04.05.02.03	坚果与籽类罐头	0.1	以油脂中的含量计
05.02.01	胶基糖果	0.4	
06.03.02.05	油炸面制品	0.1	以油脂中的含量计
06.07	方便米面制品	0.1	以油脂中的含量计
07.03	饼干	0.1	以油脂中的含量计
08.02.02	腌腊肉制品类(如咸肉、腊肉、板鸭、中式火腿、腊肠)	0.1	以油脂中的含量计
09.03.04	风干、烘干、压干等水产品	0.1	以油脂中的含量计
12.10.01	固体复合调味料(仅限鸡肉粉)	0.1	以油脂中的含量计
16.06	膨化食品	0.1	以油脂中的含量计

表 A.1（续）

玫瑰茄红 **roselle red**

CNS 号 08.125 INS 号 —

功能 着色剂

食品分类号	食品名称	最大使用量	备注
05.02	糖果	按生产需要适量使用	
14.02.03	果蔬汁(浆)类饮料	按生产需要适量使用	固体饮料按稀释倍数增加使用量
14.08	风味饮料(仅限果味饮料)	按生产需要适量使用	固体饮料按稀释倍数增加使用量
15.02	配制酒	按生产需要适量使用	

迷迭香提取物 **rosemary extract**

CNS 号 04.017 INS 号 —

功能 抗氧化剂

食品分类号	食品名称	最大使用量/(g/kg)	备注
02.01.01	植物油脂	0.7	
02.01.02	动物油脂(包括猪油、牛油、鱼油和其他动物脂肪等)	0.3	
04.05.02.01	熟制坚果与籽类(仅限油炸坚果与籽类)	0.3	
06.03.02.05	油炸面制品	0.3	
08.02	预制肉制品	0.3	
08.03.01	酱卤肉制品类	0.3	
08.03.02	熏、烧、烤肉类	0.3	
08.03.03	油炸肉类	0.3	
08.03.04	西式火腿(熏烤、烟熏、蒸煮火腿)类	0.3	
08.03.05	肉灌肠类	0.3	
08.03.06	发酵肉制品类	0.3	
16.06	膨化食品	0.3	

迷迭香提取物(超临界二氧化碳萃取法) **rosemary extract**

CNS 号 04.022 INS 号 —

功能 抗氧化剂

食品分类号	食品名称	最大使用量/(g/kg)	备注
02.01.01	植物油脂	0.7	
02.01.02	动物油脂(包括猪油、牛油、鱼油和其他动物脂肪等)	0.3	
04.05.02.01	熟制坚果与籽类(仅限油炸坚果与籽类)	0.3	
06.03.02.05	油炸面制品	0.3	

表 A.1（续）

食品分类号	食品名称	最大使用量/(g/kg)	备注
08.02	预制肉制品	0.3	
08.03.01	酱卤肉制品类	0.3	
08.03.02	熏、烧、烤肉类	0.3	
08.03.03	油炸肉类	0.3	
08.03.04	西式火腿(熏烤、烟熏、蒸煮火腿)类	0.3	
08.03.05	肉灌肠类	0.3	
08.03.06	发酵肉制品类	0.3	
12.10.02.01	蛋黄酱、沙拉酱	0.3	
12.10.03.01	浓缩汤(罐装、瓶装)	0.3	
16.06	膨化食品	0.3	

密蒙黄 **buddleia yellow**

CNS 号 08.139 INS 号 —

功能 着色剂

食品分类号	食品名称	最大使用量	备注
05.02	糖果	按生产需要适量使用	
07.01	面包	按生产需要适量使用	
07.02	糕点	按生产需要适量使用	
14.02.03	果蔬汁(浆)类饮料	按生产需要适量使用	固体饮料按稀释倍数增加使用量
14.08	风味饮料	按生产需要适量使用	固体饮料按稀释倍数增加使用量
15.02	配制酒	按生产需要适量使用	

木糖醇酐单硬脂酸酯 **xylitan monostearate**

CNS 号 10.007 INS 号 —

功能 乳化剂

食品分类号	食品名称	最大使用量/(g/kg)	备注
02.01.01.02	氢化植物油	5.0	
05.02	糖果	5.0	
07.01	面包	3.0	
07.02	糕点	3.0	

纳他霉素 **natamycin**

CNS 号 17.030 INS 号 235

功能 防腐剂

食品分类号	食品名称	最大使用量/(g/kg)	备注
01.06	干酪和再制干酪及其类似品	0.3	表面使用，残留量<10 mg/kg
07.02	糕点	0.3	表面使用，混悬液喷雾或浸泡，残留量<10 mg/kg

表 A.1（续）

食品分类号	食品名称	最大使用量/(g/kg)	备注
08.03.01	酱卤肉制品类	0.3	表面使用，混悬液喷雾或浸泡，残留量<10 mg/kg
08.03.02	熏、烧、烤肉类	0.3	表面使用，混悬液喷雾或浸泡，残留量<10 mg/kg
08.03.03	油炸肉类	0.3	表面使用，混悬液喷雾或浸泡，残留量<10 mg/kg
08.03.04	西式火腿（熏烤、烟熏、蒸煮火腿）类	0.3	表面使用，混悬液喷雾或浸泡，残留量<10 mg/kg
08.03.05	肉灌肠类	0.3	表面使用，混悬液喷雾或浸泡，残留量<10 mg/kg
08.03.06	发酵肉制品类	0.3	表面使用，混悬液喷雾或浸泡，残留量<10 mg/kg
12.10.02.01	蛋黄酱、沙拉酱	0.02	残留量≤10 mg/kg
14.02.01	果蔬汁（浆）	0.3	表面使用，混悬液喷雾或浸泡，残留量<10 mg/kg
15.03	发酵酒	0.01 g/L	

柠檬黄及其铝色淀 **tartrazine，tartrazine aluminum lake**

CNS 号 08.005 INS 号 102

功能 着色剂

食品分类号	食品名称	最大使用量/(g/kg)	备注
01.02.02	风味发酵乳	0.05	以柠檬黄计
01.04.02	调制炼乳（包括加糖炼乳及使用了非乳原料的调制炼乳等）	0.05	以柠檬黄计
03.0	冷冻饮品（03.04 食用冰除外）	0.05	以柠檬黄计
04.01.02.05	果酱	0.5	以柠檬黄计
04.01.02.08	蜜饯凉果	0.1	以柠檬黄计
04.01.02.09	装饰性果蔬	0.1	以柠檬黄计
04.02.02.03	腌渍的蔬菜	0.1	以柠檬黄计
04.04.01.06	熟制豆类	0.1	以柠檬黄计
04.05.02	加工坚果与籽类	0.1	以柠檬黄计
05.0	可可制品、巧克力和巧克力制品（包括代可可脂巧克力及制品）以及糖果（05.01.01 除外）	0.1	以柠檬黄计
05.02.02	除胶基糖果以外的其他糖果	0.3	以柠檬黄计
06.03.02.04	面糊（如用于鱼和禽肉的拖面糊）、裹粉、煎炸粉	0.3	以柠檬黄计
06.05.02.02	虾味片	0.1	以柠檬黄计
06.05.02.04	粉圆	0.2	以柠檬黄计
06.06	即食谷物，包括碾轧燕麦（片）	0.08	以柠檬黄计

表 A.1(续)

食品分类号	食品名称	最大使用量/(g/kg)	备注
06.09	谷类和淀粉类甜品(如米布丁、木薯布丁)	0.06	以柠檬黄计,如用于布丁粉,按冲调倍数增加使用量
07.02.04	糕点上彩装	0.1	以柠檬黄计
07.03.03	蛋卷	0.04	以柠檬黄计
07.04	焙烤食品馅料及表面用挂浆(仅限风味派馅料)	0.05	仅限使用柠檬黄
07.04	焙烤食品馅料及表面用挂浆(仅限饼干夹心和蛋糕夹心)	0.05	以柠檬黄计
07.04	焙烤食品馅料及表面用挂浆(仅限布丁、糕点)	0.3	以柠檬黄计
11.05.01	水果调味糖浆	0.5	以柠檬黄计
11.05.02	其他调味糖浆	0.3	以柠檬黄计
12.09.03	香辛料酱(如芥末酱、青芥酱)	0.1	以柠檬黄计
12.10.01	固体复合调味料	0.2	以柠檬黄计
12.10.02	半固体复合调味料	0.5	以柠檬黄计
12.10.03	液体复合调味料(不包括12.03,12.04)	0.15	以柠檬黄计
14.0	饮料类(14.01包装饮用水除外)	0.1	以柠檬黄计,固体饮料按稀释倍数增加使用量
15.02	配制酒	0.1	以柠檬黄计
16.01	果冻	0.05	以柠檬黄计,如用于果冻粉,按冲调倍数增加使用量
16.06	膨化食品	0.1	仅限使用柠檬黄

柠檬酸及其钠盐、钾盐 **citric acid, trisodium citrate, tripotassium citrate**

CNS号 01.101,01.303,01.304 INS号 330,331iii,332ii

功能 酸度调节剂

食品分类号	食品名称	最大使用量	备注
13.01	婴幼儿配方食品	按生产需要适量使用	
13.02	婴幼儿辅助食品	按生产需要适量使用	
14.02.02	浓缩果蔬汁(浆)	按生产需要适量使用	固体饮料按稀释倍数增加使用量

柠檬酸铁铵 **ferric ammonium citrate**

CNS号 02.010 INS号 381

功能 抗结剂

食品分类号	食品名称	最大使用量/(g/kg)	备注
12.01	盐及代盐制品	0.025	

表 A.1（续）

柠檬酸亚锡二钠 **disodium stannous citrate**

CNS 号 18.006 INS 号 —

功能 稳定剂和凝固剂

食品分类号	食品名称	最大使用量/(g/kg)	备注
04.01.02.04	水果罐头	0.3	
04.02.02.04	蔬菜罐头	0.3	
04.03.02.04	食用菌和藻类罐头	0.3	

柠檬酸脂肪酸甘油酯 **citric and fatty acid esters of glycerol**

CNS 号 10.032 INS 号 472c

功能 乳化剂

食品分类号	食品名称	最大使用量/(g/kg)	备注
13.01	婴幼儿配方食品	24.0	

偶氮甲酰胺 **azodicarbonamide**

CNS 号 13.004 INS 号 927a

功能 面粉处理剂

食品分类号	食品名称	最大使用量/(g/kg)	备注
06.03.01	小麦粉	0.045	

偏酒石酸 **metatartaric acid**

CNS 号 01.105 INS 号 353

功能 酸度调节剂

食品分类号	食品名称	最大使用量	备注
04.01.02.04	水果罐头	按生产需要适量使用	

葡萄皮红 **grape skin extract**

CNS 号 08.135 INS 号 163ii

功能 着色剂

食品分类号	食品名称	最大使用量/(g/kg)	备注
03.0	冷冻饮品(03.04 食用冰除外)	1.0	
04.01.02.05	果酱	1.5	
05.02	糖果	2.0	
07.0	焙烤食品	2.0	
14.0	饮料类(14.01 包装饮用水除外)	2.5	固体饮料按照稀释倍数增加使用量
15.02	配制酒	1.0	

表 A.1（续）

葡萄糖酸亚铁 **ferrous gluconate**

CNS 号 09.005 INS 号 579

功能 护色剂

食品分类号	食品名称	最大使用量/(g/kg)	备注
04.02.02.03	腌渍的蔬菜(仅限橄榄)	0.15	以铁计

普鲁兰多糖 **pullulan**

CNS 号 14.011 INS 号 1204

功能 被膜剂、增稠剂

食品分类号	食品名称	最大使用量/(g/kg)	备注
03.0	冷冻饮品(除外 03.04 食用冰)	10.0	
05.02	糖果	50.0	
05.03	糖果和巧克力制品包衣	50.0	
09.03	预制水产品(半成品)	30.0	
12.10	复合调味料	50.0	
14.02.03	果蔬汁(浆)类饮料	3.0	固体饮料按稀释倍数增加使用量
14.06.02	蛋白固体饮料	50.0	
16.07	其他(仅限膜片)	按生产需要适量使用	

羟丙基二淀粉磷酸酯 **hydroxypropyl distarch phosphate**

CNS 号 20.016 INS 号 1442

功能 增稠剂

食品分类号	食品名称	最大使用量	备注
01.05.01	稀奶油	按生产需要适量使用	

羟基硬脂精(又名氧化硬脂精) **oxystearin**

CNS 号 00.017 INS 号 387

功能 抗氧化剂

食品分类号	食品名称	最大使用量/(g/kg)	备注
02.01	基本不含水的脂肪和油	0.5	

氢化松香甘油酯 **glycerol ester of hydrogenated rosin**

CNS 号 10.013 INS 号 —

功能 乳化剂

食品分类号	食品名称	最大使用量/(g/kg)	备注
04.01.01.02	经表面处理的鲜水果	0.5	
14.02.03	果蔬汁(浆)类饮料	0.1	固体饮料按稀释倍数增加使用量
14.08	风味饮料(仅限果味饮料)	0.1	固体饮料按稀释倍数增加使用量

表 A.1（续）

氢氧化钙　　**calcium hydroxide**

CNS 号　01.202　　INS 号　526

功能　酸度调节剂

食品分类号	食品名称	最大使用量	备注
01.01.03	调制乳	按生产需要适量使用	
01.03	乳粉(包括加糖乳粉)和奶油粉及其调制产品	按生产需要适量使用	
13.01	婴幼儿配方食品	按生产需要适量使用	

氢氧化钾　　**potassium hydroxide**

CNS 号　01.203　　INS 号　525

功能　酸度调节剂

食品分类号	食品名称	最大使用量	备注
01.03.02	调制乳粉和调制奶油粉	按生产需要适量使用	
07.03	饼干	按生产需要适量使用	
13.01	婴幼儿配方食品	按生产需要适量使用	

日落黄及其铝色淀　　**sunset yellow，sunset yellow aluminum lake**

CNS 号　08.006　　INS 号　110

功能　着色剂

食品分类号	食品名称	最大使用量/(g/kg)	备注
01.01.03	调制乳	0.05	以日落黄计
01.02.02	风味发酵乳	0.05	以日落黄计
01.04.02	调制炼乳(包括加糖炼乳及使用了非乳原料的调制炼乳等)	0.05	以日落黄计
03.0	冷冻饮品(03.04 食用冰除外)	0.09	以日落黄计
04.01.02.04	水果罐头(仅限西瓜酱罐头)	0.1	以日落黄计
04.01.02.05	果酱	0.5	以日落黄计
04.01.02.08	蜜饯凉果	0.1	以日落黄计
04.01.02.09	装饰性果蔬	0.2	以日落黄计
04.04.01.06	熟制豆类	0.1	以日落黄计
04.05.02	加工坚果与籽类	0.1	以日落黄计
05.0	可可制品、巧克力和巧克力制品(包括代可可脂巧克力及制品)以及糖果(05.01.01、05.04 除外)	0.1	以日落黄计
05.01.02	巧克力和巧克力制品、除 05.01.01 以外的可可制品	0.3	以日落黄计
05.02.02	除胶基糖果以外的其他糖果	0.3	以日落黄计

表 A.1（续）

食品分类号	食品名称	最大使用量/(g/kg)	备注
05.03	糖果和巧克力制品包衣	0.3	以日落黄计
06.03.02.04	面糊(如用于鱼和禽肉的拖面糊)、裹粉、煎炸粉	0.3	以日落黄计
06.05.02.02	虾味片	0.1	以日落黄计
06.05.02.04	粉圆	0.2	以日落黄计
06.09	谷类和淀粉类甜品(如米布丁、木薯布丁)	0.02	以日落黄计，如用于布丁粉，按冲调倍数增加使用量
07.02.04	糕点上彩装	0.1	以日落黄计
07.04	焙烤食品馅料及表面用挂浆(仅限饼干夹心)	0.1	以日落黄计
07.04	焙烤食品馅料及表面用挂浆(仅限布丁、糕点)	0.3	以日落黄计
11.05.01	水果调味糖浆	0.5	以日落黄计
11.05.02	其他调味糖浆	0.3	以日落黄计
12.10	复合调味料	0.2	以日落黄计
12.10.02	半固体复合调味料	0.5	以日落黄计
14.02.03	果蔬汁(浆)类饮料	0.1	以日落黄计
14.03.01	含乳饮料	0.05	以日落黄计
14.03.01.03	乳酸菌饮料	0.1	以日落黄计
14.03.02	植物蛋白饮料	0.1	以日落黄计
14.04	碳酸饮料	0.1	以日落黄计
14.06	固体饮料	0.6	以日落黄计
14.07	特殊用途饮料	0.1	以日落黄计
14.08	风味饮料	0.1	以日落黄计
15.02	配制酒	0.1	以日落黄计
16.01	果冻	0.025	以日落黄计，如用于果冻粉，按冲调倍数增加使用量
16.06	膨化食品	0.1	仅限使用日落黄

溶菌酶　　**lysozyme**

CNS 号　17.035　　INS 号　1105

功能　防腐剂

食品分类号	食品名称	最大使用量/(g/kg)	备注
01.06	干酪和再制干酪及其类似品	按生产需要适量使用	
15.03	发酵酒	0.5	

表 A.1（续）

肉桂醛　　**cinnamaldehyde**

CNS 号　17.012　　INS 号　—

功能　防腐剂

食品分类号	食品名称	最大使用量	备注
04.01.01.02	经表面处理的鲜水果	按生产需要适量使用	残留量≤0.3 mg/kg

乳酸　　**lactic acid**

CNS 号　01.102　　INS 号　270

功能　酸度调节剂

食品分类号	食品名称	最大使用量	备注
13.01	婴幼儿配方食品	按生产需要适量使用	

乳酸钙　　**calcium lactate**

CNS 号　01.310　　INS 号　327

功能　酸度调节剂、抗氧化剂、乳化剂、稳定剂和凝固剂、增稠剂

食品分类号	食品名称	最大使用量/(g/kg)	备注
04.01.02	加工水果	按生产需要适量使用	
04.02.02.04	蔬菜罐头(仅限酸黄瓜产品)	1.5	
05.02	糖果	按生产需要适量使用	
12.10	复合调味料(仅限油炸薯片调味料)	10.0	
14.06	固体饮料	21.6	
16.01	果冻	6.0	如用于果冻粉，按冲调倍数增加使用量
16.06	膨化食品	1.0	

乳酸链球菌素　　**nisin**

CNS 号　17.019　　INS 号　234

功能　防腐剂

食品分类号	食品名称	最大使用量/(g/kg)	备注
01.0	乳及乳制品(01.01.01、01.01.02、13.0 涉及品种除外)	0.5	
04.03.02.04	食用菌和藻类罐头	0.2	
06.04.02.01	杂粮罐头	0.2	
06.04.02.02	其他杂粮制品(仅限杂粮灌肠制品)	0.25	
06.07	方便米面制品(仅限方便湿面制品)	0.25	
06.07	方便米面制品(仅限米面灌肠制品)	0.25	
08.02	预制肉制品	0.5	

表 A.1（续）

食品分类号	食品名称	最大使用量/(g/kg)	备注
08.03	熟肉制品	0.5	
09.04	熟制水产品(可直接食用)	0.5	
10.03	蛋制品(改变其物理性状)	0.25	
12.03	醋	0.15	
12.04	酱油	0.2	
12.05	酱及酱制品	0.2	
12.10	复合调味料	0.2	
14.0	饮料类(14.01 包装饮用水除外)	0.2	固体饮料按冲调倍数增加使用量

乳酸钠 **sodium lactate**

CNS 号 15.012 INS 号 325

功能 水分保持剂、酸度调节剂、抗氧化剂、膨松剂、增稠剂、稳定剂

食品分类号	食品名称	最大使用量/(g/kg)	备注
06.03.02.01	生湿面制品(如面条、饺子皮、馄饨皮、烧麦皮)	2.4	

乳酸脂肪酸甘油酯 **lactic and fatty acid esters of glycerol**

CNS 号 10.031 INS 号 472b

功能 乳化剂

食品分类号	食品名称	最大使用量/(g/kg)	备注
01.05.01	稀奶油	5.0	

乳糖醇(又名 4-β-D 吡喃半乳糖-D-山梨醇) **lactitol**

CNS 号 19.014 INS 号 966

功能 乳化剂、稳定剂、甜味剂、增稠剂

食品分类号	食品名称	最大使用量	备注
01.05.01	稀奶油	按生产需要适量使用	
12.09	香辛料类	按生产需要适量使用	

乳糖酶 **lactase**

CNS 号 00.023 INS 号 —

功能 其他

食品分类号	食品名称	最大使用量	备注
01.01.03	调制乳	按生产需要适量使用	来源、供体同表 C.3
01.03.02	调制乳粉和调制奶油粉	按生产需要适量使用	来源、供体同表 C.3
01.04.02	调制炼乳(包括加糖炼乳及使用了非乳原料的调制炼乳等)	按生产需要适量使用	来源、供体同表 C.3
01.05	稀奶油(淡奶油)及其类似品	按生产需要适量使用	来源、供体同表 C.3

表 A.1(续)

三氯蔗糖(又名蔗糖素)　　**sucralose**

CNS 号　19.016　　INS 号　955

功能　甜味剂

食品分类号	食品名称	最大使用量/(g/kg)	备注
01.01.03	调制乳	0.3	
01.02.02	风味发酵乳	0.3	
01.03.02	调制乳粉和调制奶油粉	1.0	
03.0	冷冻饮品(03.04 食用冰除外)	0.25	
04.01.02.02	水果干类	0.15	
04.01.02.04	水果罐头	0.25	
04.01.02.05	果酱	0.45	
04.01.02.08	蜜饯凉果	1.5	
04.01.02.12	煮熟的或油炸的水果	0.15	
04.02.02.03	腌渍的蔬菜	0.25	
04.03.02	加工食用菌和藻类	0.3	
04.04.02.01	腐乳类	1.0	
04.05.02	加工坚果与籽类	1.0	
05.02	糖果	1.5	
06.04.02.01	杂粮罐头	0.25	
06.04.02.02	其他杂粮制品(仅限微波爆米花)	5.0	
06.06	即食谷物,包括碾轧燕麦(片)	1.0	
06.07	方便米面制品	0.6	
07.0	焙烤食品	0.25	
11.04	餐桌甜味料	0.05g/份	
12.03	醋	0.25	
12.04	酱油	0.25	
12.05	酱及酱制品	0.25	
12.09.03	香辛料酱(如芥末酱、青芥酱)	0.4	
12.10	复合调味料	0.25	
12.10.02.01	蛋黄酱、沙拉酱	1.25	
14.0	饮料类(14.01 包装饮用水除外)	0.25	固体饮料按稀释倍数增加使用量
15.02	配制酒	0.25	
15.03	发酵酒	0.65	
16.01	果冻	0.45	如用于果冻粉,按冲调倍数增加使用量

表 A.1(续)

桑椹红 **mulberry red**

CNS 号 08.129 INS 号 —

功能 着色剂

食品分类号	食品名称	最大使用量/(g/kg)	备注
04.01.02.08.05	果糕类	5.0	
05.02	糖果	2.0	
14.02.03	果蔬汁(浆)类饮料	1.5	固体饮料按照稀释倍数增加使用量
14.08	风味饮料	1.5	固体饮料按照稀释倍数增加使用量
15.03.03	果酒	1.5	
16.01	果冻	5.0	如用于果冻粉,按冲调倍数增加使用量

沙蒿胶 **rtemisia gum (sa-hao seed gum)**

CNS 号 20.037 INS 号 —

功能 增稠剂

食品分类号	食品名称	最大使用量/(g/kg)	备注
06.03.01.02	专用小麦粉(如自发粉、饺子粉等)	0.3	
06.03.02.02	生干面制品(仅限挂面)	0.3	
06.04.02	杂粮制品	0.3	
06.07	方便米面制品(仅限方便面)	0.3	
08.02	预制肉制品	0.5	
08.03.04	西式火腿(熏烤、烟熏、蒸煮火腿)类	0.5	
08.03.05	肉灌肠类	0.5	
09.02.03	冷冻鱼糜制品(包括鱼丸等)	0.5	

沙棘黄 **hippophae rhamnoides yellow**

CNS 号 08.124 INS 号 —

功能 着色剂

食品分类号	食品名称	最大使用量/(g/kg)	备注
02.01.01.02	氢化植物油	1.0	
07.02.04	糕点上彩装	1.5	

表 A.1（续）

山梨醇酐单月桂酸酯（又名司盘 20），山梨醇酐单棕榈酸酯（又名司盘 40），山梨醇酐单硬脂酸酯（又名司盘 60），山梨醇酐三硬脂酸酯（又名司盘 65），山梨醇酐单油酸酯（又名司盘 80） **sorbitan monolaurate，sorbitan monopalmitate，sorbitan monostearate，sorbitan tristearate，sorbitan monooleate**

CNS 号 10.024，10.008，10.003，10.004，10.005 INS 号 493，495，491，492，494

功能 乳化剂

食品分类号	食品名称	最大使用量/(g/kg)	备注
01.01.03	调制乳	3.0	
01.05	稀奶油（淡奶油）及其类似品	10.0	
02.0	脂肪，油和乳化脂肪制品（02.01.01.01 植物油除外）	15.0	
02.01.01.02	氢化植物油	10.0	
03.01	冰淇淋、雪糕类	3.0	
04.01.01.02	经表面处理的鲜水果	3.0	
04.02.01.02	经表面处理的新鲜蔬菜	3.0	
04.04	豆类制品	1.6	以每千克黄豆的使用量计
05.01	可可制品、巧克力和巧克力制品，包括代可可脂巧克力及制品	10.0	
05.02.02	除胶基糖果以外的其他糖果	3.0	
07.01	面包	3.0	
07.02	糕点	3.0	
07.03	饼干	3.0	
14.02.03	果蔬汁（浆）类饮料	3.0	
14.03.02	植物蛋白饮料	6.0	
14.06	固体饮料（速溶咖啡除外）	3.0	
14.06.03	速溶咖啡	10.0	
14.08	风味饮料（仅限果味饮料）	0.5	
16.04.01	干酵母	10.0	
16.07	其他（仅限饮料混浊剂）	0.05	

山梨酸及其钾盐 **sorbic acid，potassium sorbate**

CNS 号 17.003，17.004 INS 号 200，202

功能 防腐剂、抗氧化剂、稳定剂

食品分类号	食品名称	最大使用量/(g/kg)	备注
01.06	干酪和再制干酪及其类似品	1.0	以山梨酸计
02.01.01.02	氢化植物油	1.0	以山梨酸计

表 A.1（续）

食品分类号	食品名称	最大使用量/(g/kg)	备注
02.02.01.02	人造黄油(人造奶油)及其类似制品(如黄油和人造黄油混合品)	1.0	以山梨酸计
03.03	风味冰、冰棍类	0.5	以山梨酸计
04.01.01.02	经表面处理的鲜水果	0.5	以山梨酸计
04.01.02.05	果酱	1.0	以山梨酸计
04.01.02.08	蜜饯凉果	0.5	以山梨酸计
04.02.01.02	经表面处理的新鲜蔬菜	0.5	以山梨酸计
04.02.02.03	腌渍的蔬菜	1.0	以山梨酸计
04.03.02	加工食用菌和藻类	0.5	以山梨酸计
04.04.01.03	豆干再制品	1.0	以山梨酸计
04.04.01.05	新型豆制品(大豆蛋白及其膨化食品、大豆素肉等)	1.0	以山梨酸计
05.02.01	胶基糖果	1.5	以山梨酸计
05.02.02	除胶基糖果以外的其他糖果	1.0	以山梨酸计
06.04.02.02	其他杂粮制品(仅限杂粮灌肠制品)	1.5	以山梨酸计
06.07	方便米面制品(仅限米面灌肠制品)	1.5	以山梨酸计
07.01	面包	1.0	以山梨酸计
07.02	糕点	1.0	以山梨酸计
07.04	焙烤食品馅料及表面用挂浆	1.0	以山梨酸计
08.03	熟肉制品	0.075	以山梨酸计
08.03.05	肉灌肠类	1.5	以山梨酸计
09.03	预制水产品(半成品)	0.075	以山梨酸计
09.03.04	风干、烘干、压干等水产品	1.0	以山梨酸计
09.04	熟制水产品(可直接食用)	1.0	以山梨酸计
09.06	其他水产品及其制品	1.0	以山梨酸计
10.03	蛋制品(改变其物理性状)	1.5	以山梨酸计
11.05	调味糖浆	1.0	以山梨酸计
12.03	醋	1.0	以山梨酸计
12.04	酱油	1.0	以山梨酸计
12.05	酱及酱制品	0.5	以山梨酸计
12.10	复合调味料	1.0	以山梨酸计

表 A.1（续）

食品分类号	食品名称	最大使用量/(g/kg)	备注
14.0	饮料类(14.01 包装饮用水除外)	0.5	以山梨酸计，固体饮料按稀释倍数增加使用量
14.02.02	浓缩果蔬汁(浆)(仅限食品工业用)	2.0	以山梨酸计，固体饮料按稀释倍数增加使用量
14.03.01.03	乳酸菌饮料	1.0	以山梨酸计，固体饮料按稀释倍数增加使用量
15.02	配制酒	0.4	以山梨酸计
15.02	配制酒(仅限青稞干酒)	0.6 g/L	以山梨酸计
15.03.01	葡萄酒	0.2	以山梨酸计
15.03.03	果酒	0.6	以山梨酸计
16.01	果冻	0.5	以山梨酸计，如用于果冻粉，按冲调倍数增加使用量
16.03	胶原蛋白肠衣	0.5	以山梨酸计

山梨糖醇和山梨糖醇液　　sorbitol and sorbitol syrup

CNS 号　19.006，19.023　　INS 号　420(i)，420(ii)

功能　甜味剂、膨松剂、乳化剂、水分保持剂、稳定剂、增稠剂

食品分类号	食品名称	最大使用量/(g/kg)	备注
01.04	炼乳及其调制产品	按生产需要适量使用	
02.03	02.02 类以外的脂肪乳化制品，包括混合的和(或)调味的脂肪乳化制品(仅限植脂奶油)	按生产需要适量使用	
03.0	冷冻饮品(03.04 食用冰除外)	按生产需要适量使用	
04.01.02.05	果酱	按生产需要适量使用	
04.02.02.03	腌渍的蔬菜	按生产需要适量使用	
04.05.02.01	熟制坚果与籽类(仅限油炸坚果与籽类)	按生产需要适量使用	
05.01.02	巧克力和巧克力制品、除 05.01.01 以外的可可制品	按生产需要适量使用	
05.02	糖果	按生产需要适量使用	
06.03.02.01	生湿面制品(如面条、饺子皮、馄饨皮、烧麦皮)	30.0	
07.01	面包	按生产需要适量使用	
07.02	糕点	按生产需要适量使用	
07.03	饼干	按生产需要适量使用	

表 A.1（续）

食品分类号	食品名称	最大使用量/(g/kg)	备注
07.04	焙烤食品馅料及表面用挂浆(仅限焙烤食品馅料)	按生产需要适量使用	
09.02.03	冷冻鱼糜制品(包括鱼丸等)	0.5	
12.0	调味品	按生产需要适量使用	
14.0	饮料类(14.01 包装饮用水除外)	按生产需要适量使用	固体饮料按稀释倍数增加使用量
16.06	膨化食品	按生产需要适量使用	
16.07	其他(豆制品工艺)	按生产需要适量使用	
16.07	其他(制糖工艺)	按生产需要适量使用	
16.07	其他(酿造工艺)	按生产需要适量使用	

双乙酸钠(又名二醋酸钠)　　sodium diacetate

CNS 号　17.013　　INS 号　262ii

功能　防腐剂

食品分类号	食品名称	最大使用量/(g/kg)	备注
04.04.01.02	豆干类	1.0	
04.04.01.03	豆干再制品	1.0	
06.01	原粮	1.0	
06.05.02.04	粉圆	4.0	
07.02	糕点	4.0	
08.02	预制肉制品	3.0	
08.03	熟肉制品	3.0	
09.04	熟制水产品(可直接食用)	1.0	
12.0	调味品	2.5	
12.10	复合调味料	10.0	
16.06	膨化食品	1.0	

双乙酰酒石酸单双甘油酯　　diacetyl tartaric acid ester of mono (di) glycerides (DATEM)

CNS 号　10.010　　INS 号　472e

功能　乳化剂、增稠剂

食品分类号	食品名称	最大使用量/(g/kg)	备注
01.01.03	调制乳	5.0	
01.02.02	风味发酵乳	10.0	
01.03	乳粉(包括加糖乳粉)和奶油粉及其调制产品(01.03.01 乳粉和奶油粉除外)	10.0	

表 A.1（续）

食品分类号	食品名称	最大使用量/(g/kg)	备注
01.05	稀奶油(淡奶油)及其类似品	6.0	
01.05.01	稀奶油	5.0	
01.06	干酪和再制干酪及其类似品	10.0	
01.07	以乳为主要配料的即食风味食品或其预制产品(不包括冰淇淋和风味发酵乳)	10.0	
02.02	水油状脂肪乳化制品	10.0	
02.02.01.01	黄油和浓缩黄油	10.0	
02.03	02.02 类以外的脂肪乳化制品，包括混合的和(或)调味的脂肪乳化制品	10.0	
02.04	脂肪类甜品	5.0	
02.05	其他油脂或油脂制品(仅限植脂末)	5.0	
03.0	冷冻饮品(03.04 食用冰除外)	10.0	
04.01.02.02	水果干类	10.0	
04.01.02.03	醋、油或盐渍水果	1.0	
04.01.02.06	果泥	2.5	
04.01.02.07	除 04.01.02.05 外的果酱(如印度酸辣酱)	5.0	
04.01.02.08	蜜饯凉果	1.0	
04.01.02.09	装饰性果蔬	2.5	
04.01.02.10	水果甜品，包括果味液体甜品	2.5	
04.01.02.11	发酵的水果制品	2.5	
04.02.02.02	干制蔬菜	10.0	
04.02.02.03	腌渍的蔬菜	2.5	
04.02.02.07	经水煮或油炸的蔬菜	2.5	
04.02.02.08	其他加工蔬菜	2.5	
04.03.02.03	腌渍的食用菌和藻类	2.5	
04.03.02.05	经水煮或油炸的藻类	2.5	
04.03.02.06	其他加工食用菌和藻类	2.5	
04.04.01.06	熟制豆类	2.5	
05.02.01	胶基糖果	50.0	
05.02.02	除胶基糖果以外的其他糖果	10.0	

表 A.1（续）

食品分类号	食品名称	最大使用量/(g/kg)	备注
05.04	装饰糖果(如工艺造型,或用于蛋糕装饰)、顶饰(非水果材料)和甜汁	10.0	
06.03.02.01	生湿面制品(如面条、饺子皮、馄饨皮、烧麦皮)	10.0	
06.03.02.02	生干面制品	10.0	
06.03.02.04	面糊(如用于鱼和禽肉的拖面糊)、裹粉、煎炸粉	5.0	
06.03.02.05	油炸面制品	10.0	
06.04.01	杂粮粉	3.0	
06.05.01	食用淀粉	3.0	
06.07	方便米面制品	10.0	
06.08	冷冻米面制品	10.0	
06.09	谷类和淀粉类甜品(如米布丁、木薯布丁)	5.0	
07.0	焙烤食品	20.0	
08.02	预制肉制品	10.0	
08.03	熟肉制品	10.0	
09.0	水产及其制品(包括鱼类、甲壳类、贝类、软体类、棘皮类等水产及其加工制品等)(不包括 09.01 鲜水产)	10.0	
10.02.05	其他再制蛋	5.0	
10.04	其他蛋制品	5.0	
11.01.02	其他糖和糖浆[如红糖、赤砂糖、冰片糖、原糖、果糖(蔗糖来源)、糖蜜、部分转化糖、槭树糖浆等]	5.0	
12.09	香辛料类	0.001	
12.10.02	半固体复合调味料	10.0	
12.10.03	液体复合调味料(不包括 12.03,12.04)	5.0	
14.02.03	果蔬汁(浆)类饮料	5.0	固体饮料按稀释倍数增加使用量
14.03	蛋白饮料	5.0	固体饮料按稀释倍数增加使用量
14.04	碳酸饮料	5.0	固体饮料按稀释倍数增加使用量
14.05	茶、咖啡、植物(类)饮料	5.0	固体饮料按稀释倍数增加使用量

表 A.1（续）

食品分类号	食品名称	最大使用量/(g/kg)	备注
14.07	特殊用途饮料	5.0	固体饮料按稀释倍数增加使用量
14.08	风味饮料	5.0	固体饮料按稀释倍数增加使用量
15.01	蒸馏酒	5.0	
15.03	发酵酒(15.03.01 葡萄酒除外)	10.0	
15.03.03	果酒	5.0	
16.01	果冻	2.5	如用于果冻粉，按冲调倍数增加使用量
16.06	膨化食品	20.0	

松香季戊四醇酯 **pentaerythritol ester of wood rosin**

CNS 号 14.005 INS 号 —

功能 被膜剂、胶姆糖基础剂

食品分类号	食品名称	最大使用量/(g/kg)	备注
04.01.01.02	经表面处理的鲜水果	0.09	
04.02.01.02	经表面处理的新鲜蔬菜	0.09	

酸性红(又名偶氮玉红) **carmoisine (azorubine)**

CNS 号 08.013 INS 号 122

功能 着色剂

食品分类号	食品名称	最大使用量/(g/kg)	备注
03.0	冷冻饮品(03.04 食用冰除外)	0.05	
05.0	可可制品、巧克力和巧克力制品(包括代可可脂巧克力及制品)以及糖果	0.05	
07.04	焙烤食品馅料及表面用挂浆(仅限饼干夹心)	0.05	

酸枣色 **jujube pigment**

CNS 号 08.133 INS 号 —

功能 着色剂

食品分类号	食品名称	最大使用量/(g/kg)	备注
04.02.02.03	腌渍的蔬菜	1.0	
05.02	糖果	0.2	

表 A.1（续）

食品分类号	食品名称	最大使用量/(g/kg)	备注
07.02	糕点	0.2	
14.02.03	果蔬汁(浆)类饮料	1.0	固体饮料按照稀释备注增加使用量
14.08	风味饮料	1.0	固体饮料按照稀释备注增加使用量

羧甲基淀粉钠 **sodium carboxy methyl starch**

CNS 号 20.012 INS 号 —

功能 增稠剂

食品分类号	食品名称	最大使用量/(g/kg)	备注
03.01	冰淇淋、雪糕类	0.06	
04.01.02.05	果酱	0.1	
06.07	方便米面制品	15.0	
07.01	面包	0.02	
12.05	酱及酱制品	0.1	

羧甲基纤维素钠 **sodium carboxy methyl cellulose**

CNS 号 20.003 INS 号 466

功能 稳定剂

食品分类号	食品名称	最大使用量	备注
01.05.01	稀奶油	按生产需要适量使用	

索马甜 **thaumatin**

CNS 号 19.020 INS 号 957

功能 甜味剂

食品分类号	食品名称	最大使用量/(g/kg)	备注
03.0	冷冻饮品(03.04 食用冰除外)	0.025	
04.05.02	加工坚果与籽类	0.025	
07.0	焙烤食品	0.025	
11.04	餐桌甜味料	0.025	
14.0	饮料类(14.01 包装饮用水除外)	0.025	固体饮料按稀释倍数增加使用量

表 A.1（续）

碳酸钙[a] **calcium carbonate**

CNS 号 13.006 INS 号 170i

食品分类号	食品名称	最大使用量/(g/kg)	备注
06.03.01	小麦粉	0.03	

碳酸钾 **potassium carbonate**

CNS 号 01.301 INS 号 501i

功能 酸度调节剂

食品分类号	食品名称	最大使用量/(g/kg)	备注
06.03.02	小麦粉制品	按生产需要适量使用	
06.03.02.01	生湿面制品(如面条、饺子皮、馄饨皮、烧麦皮)	60.0	
13.01	婴幼儿配方食品	按生产需要适量使用	

碳酸镁 **magnesium carbonate**

CNS 号 13.005 INS 号 504i

功能 面粉处理剂、膨松剂、稳定剂、抗结剂

食品分类号	食品名称	最大使用量/(g/kg)	备注
06.03.01	小麦粉	1.5	
14.06	固体饮料	10.0	

碳酸钠 **sodium carbonate**

CNS 号 01.302 INS 号 500i

功能 酸度调节剂

食品分类号	食品名称	最大使用量	备注
06.02.02	大米制品(仅限发酵大米制品)	按生产需要适量使用	
06.03.02.01	生湿面制品(如面条、饺子皮、馄饨皮、烧麦皮)	按生产需要适量使用	
06.03.02.02	生干面制品	按生产需要适量使用	

碳酸氢铵 **ammonium hydrogen carbonate**

CNS 号 06.002 INS 号 503 ii

功能 膨松剂

食品分类号	食品名称	最大使用量	备注
13.02.01	婴幼儿谷类辅助食品	按生产需要适量使用	

[a] 包括轻质和重质碳酸钙。

表 A.1(续)

碳酸氢钾 **potassium hydrogen carbonate**
CNS 号 01.307 INS 号 501ii
功能 酸度调节剂

食品分类号	食品名称	最大使用量	备注
13.01	婴幼儿配方食品	按生产需要适量使用	

碳酸氢钠 **sodium hydrogen carbonate**
CNS 号 06.001 INS 号 500ii
功能 膨松剂

食品分类号	食品名称	最大使用量	备注
06.02.02	大米制品(仅限发酵大米制品)	按生产需要适量使用	
13.02.01	婴幼儿谷类辅助食品	按生产需要适量使用	

碳酸氢三钠(又名倍半碳酸钠) **sodium sesquicarbonate**
CNS 号 01.305 INS 号 500iii
功能 酸度调节剂

食品分类号	食品名称	最大使用量	备注
01.0	乳及乳制品(01.01.01、01.01.02、13.0 涉及品种除外)	按生产需要适量使用	仅限羊奶
07.02	糕点	按生产需要适量使用	
07.03	饼干	按生产需要适量使用	

糖精钠 **sodium saccharin**
CNS 号 19.001 INS 号 954
功能 甜味剂、增味剂

食品分类号	食品名称	最大使用量/(g/kg)	备注
03.0	冷冻饮品(03.04 食用冰除外)	0.15	以糖精计
04.01.02.02	水果干类(仅限芒果干、无花果干)	5.0	以糖精计
04.01.02.05	果酱	0.2	以糖精计
04.01.02.08	蜜饯凉果	1.0	以糖精计
04.01.02.08.02	凉果类	5.0	以糖精计
04.01.02.08.04	话化类	5.0	以糖精计
04.01.02.08.05	果糕类	5.0	以糖精计
04.02.02.03	腌渍的蔬菜	0.15	以糖精计
04.04.01.05	新型豆制品(大豆蛋白及其膨化食品、大豆素肉等)	1.0	以糖精计
04.04.01.06	熟制豆类	1.0	以糖精计

表 A.1（续）

食品分类号	食品名称	最大使用量/(g/kg)	备注
04.05.02.01.01	带壳熟制坚果与籽类	1.2	以糖精计
04.05.02.01.02	脱壳熟制坚果与籽类	1.0	以糖精计
12.10	复合调味料	0.15	以糖精计
15.02	配制酒	0.15	以糖精计

特丁基对苯二酚(TBHQ)　**tertiary butylhydroquinone (TBHQ)**

CNS 号　04.007　INS 号　319

功能　抗氧化剂

食品分类号	食品名称	最大使用量/(g/kg)	备注
02.0	脂肪,油和乳化脂肪制品	0.2	以油脂中的含量计
02.01	基本不含水的脂肪和油	0.2	
04.05.02.01	熟制坚果与籽类	0.2	以油脂中的含量计
04.05.02.03	坚果与籽类罐头	0.2	以油脂中的含量计
06.03.02.05	油炸面制品	0.2	以油脂中的含量计
06.07	方便米面制品	0.2	以油脂中的含量计
07.02.03	月饼	0.2	以油脂中的含量计
07.03	饼干	0.2	以油脂中的含量计
07.04	焙烤食品馅料及表面用挂浆	0.2	以油脂中的含量计
08.02.02	腌腊肉制品类(如咸肉、腊肉、板鸭、中式火腿、腊肠)	0.2	以油脂中的含量计
09.03.04	风干、烘干、压干等水产品	0.2	以油脂中的含量计
16.06	膨化食品	0.2	以油脂中的含量计

L-α-天冬氨酰-N-(2,2,4,4-四甲基-3-硫化三亚甲基)-D-丙氨酰胺(又名阿力甜)　**alitame**

CNS 号　19.013　INS 号　956

功能　甜味剂

食品分类号	食品名称	最大使用量/(g/kg)	备注
03.0	冷冻饮品(03.04 食用冰除外)	0.1	
04.01.02.08.04	话化类	0.3	
05.02.01	胶基糖果	0.3	
11.04	餐桌甜味料	0.15g/份	
14.0	饮料类(14.01 包装饮用水除外)	0.1	固体饮料按稀释倍数增加使用量
16.01	果冻	0.1	如用于果冻粉,按冲调倍数增加使用量

表 A.1(续)

天门冬酰苯丙氨酸甲酯(又名阿斯巴甜)[b] **aspartame**

CNS号 19.004 INS号 951

功能 甜味剂

食品分类号	食品名称	最大使用量/(g/kg)	备注
01.01.03	调制乳	0.6	
01.02.02	风味发酵乳	1.0	
01.03.02	调制乳粉和调制奶油粉	2.0	
01.05	稀奶油(淡奶油)及其类似品(01.05.01稀奶油除外)	1.0	
01.06.01	非熟化干酪	1.0	
01.06.05	干酪类似品	1.0	
01.07	以乳为主要配料的即食风味食品或其预制产品(不包括冰淇淋和风味发酵乳)	1.0	
02.03	02.02类以外的脂肪乳化制品,包括混合的和(或)调味的脂肪乳化制品	1.0	
02.04	脂肪类甜品	1.0	
03.0	冷冻饮品(03.04食用冰除外)	1.0	
04.01.02.01	冷冻水果	2.0	
04.01.02.02	水果干类	2.0	
04.01.02.03	醋、油或盐渍水果	0.3	
04.01.02.04	水果罐头	1.0	
04.01.02.05	果酱	1.0	
04.01.02.06	果泥	1.0	
04.01.02.07	除04.01.02.05外的果酱(如印度酸辣酱)	1.0	
04.01.02.08	蜜饯凉果	2.0	
04.01.02.09	装饰性果蔬	1.0	
04.01.02.10	水果甜品,包括果味液体甜品	1.0	
04.01.02.11	发酵的水果制品	1.0	
04.01.02.12	煮熟的或油炸的水果	1.0	
04.02.02.01	冷冻蔬菜	1.0	
04.02.02.02	干制蔬菜	1.0	
04.02.02.03	腌渍的蔬菜	0.3	

[b] 添加阿斯巴甜的食品应标明:“阿斯巴甜(含苯丙氨酸)”。

表 A.1（续）

食品分类号	食品名称	最大使用量/(g/kg)	备注
04.02.02.04	蔬菜罐头	1.0	
04.02.02.05	蔬菜泥(酱),番茄沙司除外	1.0	
04.02.02.06	发酵蔬菜制品	2.5	
04.02.02.07	经水煮或油炸的蔬菜	1.0	
04.02.02.08	其他加工蔬菜	1.0	
04.03.02.03	腌渍的食用菌和藻类	0.3	
04.03.02.04	食用菌和藻类罐头	1.0	
04.03.02.05	经水煮或油炸的藻类	1.0	
04.03.02.06	其他加工食用菌和藻类	1.0	
04.05.02	加工坚果与籽类	0.5	
05.01	可可制品、巧克力和巧克力制品,包括代可可脂巧克力及制品	3.0	
05.02.01	胶基糖果	10.0	
05.02.02	除胶基糖果以外的其他糖果	3.0	
05.04	装饰糖果(如工艺造型,或用于蛋糕装饰)、顶饰(非水果材料)和甜汁	1.0	
06.06	即食谷物,包括碾轧燕麦(片)	1.0	
06.09	谷类和淀粉类甜品(如米布丁、木薯布丁)	1.0	
07.01	面包	4.0	
07.02	糕点	1.7	
07.03	饼干	1.7	
07.04	焙烤食品馅料及表面用挂浆	1.0	
07.05	其他焙烤食品	1.7	
09.02.02	冷冻挂浆制品	0.3	
09.02.03	冷冻鱼糜制品(包括鱼丸等)	0.3	
09.03	预制水产品(半成品)	0.3	
09.04	熟制水产品(可直接食用)	0.3	
09.05	水产品罐头	0.3	
10.04	其他蛋制品	1.0	
11.04	餐桌甜味料	按生产需要适量使用	
11.05	调味糖浆	3.0	
12.03	醋	3.0	
12.10.01	固体复合调味料	2.0	
12.10.02	半固体复合调味料	2.0	

表 A.1（续）

食品分类号	食品名称	最大使用量/(g/kg)	备注
12.10.03	液体复合调味料(不包括 12.03，12.04)	1.2	
14.02.03	果蔬汁(浆)类饮料	0.6	固体饮料按稀释倍数增加使用量
14.03	蛋白饮料	0.6	固体饮料按稀释倍数增加使用量
14.04	碳酸饮料	0.6	固体饮料按稀释倍数增加使用量
14.05	茶、咖啡、植物(类)饮料	0.6	固体饮料按稀释倍数增加使用量
14.07	特殊用途饮料	0.6	固体饮料按稀释倍数增加使用量
14.08	风味饮料	0.6	固体饮料按稀释倍数增加使用量
16.01	果冻	1.0	如用于果冻粉，按冲调倍数增加使用量
16.06	膨化食品	0.5	

天门冬酰苯丙氨酸甲酯乙酰磺胺酸　　aspartame-acesulfame salt

CNS 号　19.021　　INS 号　962

功能　甜味剂

食品分类号	食品名称	最大使用量/(g/kg)	备注
01.02.02	风味发酵乳	0.79	
03.0	冷冻饮品(03.04 食用冰除外)	0.68	
04.01.02.04	水果罐头	0.35	
04.01.02.05	果酱	0.68	
04.01.02.08.01	蜜饯类	0.35	
04.02.02.03	腌渍的蔬菜	0.20	
05.02	糖果	4.5	
05.02.01	胶基糖果	5.0	
06.04.02.01	杂粮罐头	0.35	
11.04	餐桌甜味料	0.09	
12.0	调味品	1.13	
12.04	酱油	2.0	
14.0	饮料类(14.01 包装饮用水除外)	0.68	固体饮料按稀释倍数增加使用量

表 A.1(续)

天然苋菜红 **natural amaranthus red**

CNS 号 08.130 INS 号 —

功能 着色剂

食品分类号	食品名称	最大使用量/(g/kg)	备注
04.01.02.08	蜜饯凉果	0.25	
04.01.02.09	装饰性果蔬	0.25	
05.02	糖果	0.25	
07.02.04	糕点上彩装	0.25	
14.02.03	果蔬汁(浆)类饮料	0.25	固体饮料按稀释倍数增加使用量
14.04	碳酸饮料	0.25	固体饮料按稀释倍数增加使用量
14.08	风味饮料(仅限果味饮料)	0.25	固体饮料按稀释倍数增加使用量
15.02	配制酒	0.25	
16.01	果冻	0.25	如用于果冻粉,按冲调倍数增加使用量

田菁胶 **sesbania gum**

CNS 号 20.021 INS 号 —

功能 增稠剂

食品分类号	食品名称	最大使用量/(g/kg)	备注
03.01	冰淇淋、雪糕类	5.0	
06.03.02.02	生干面制品	2.0	
06.07	方便米面制品	2.0	
07.01	面包	2.0	
14.03.02	植物蛋白饮料	1.0	固体饮料按稀释倍数增加使用量

甜菊糖苷 **steviol glycosides**

CNS 号 19.008 INS 号 960

功能 甜味剂

食品分类号	食品名称	最大使用量/(g/kg)	备注
01.02.02	风味发酵乳	0.2	以甜菊醇当量计
03.0	冷冻饮品(03.04 食用冰除外)	0.5	以甜菊醇当量计
04.01.02.08	蜜饯凉果	3.3	以甜菊醇当量计
04.05.02.01	熟制坚果与籽类	1.0	以甜菊醇当量计
05.02	糖果	3.5	以甜菊醇当量计
07.02	糕点	0.33	以甜菊醇当量计

表 A.1(续)

食品分类号	食品名称	最大使用量/(g/kg)	备注
11.04	餐桌甜味料	0.05g/份	以甜菊醇当量计
12.0	调味品	0.35	以甜菊醇当量计
14.0	饮料类(14.01 包装饮用水除外)	0.2	以甜菊醇当量计,固体饮料按稀释倍数增加使用量
16.01	果冻	0.5	以甜菊醇当量计,如用于果冻粉,按冲调倍数增加使用量
16.06	膨化食品	0.17	以甜菊醇当量计
16.02.02	茶制品(包括调味茶和代用茶类)	10.0	以甜菊醇当量计

脱氢乙酸及其钠盐(又名脱氢醋酸及其钠盐) **dehydroacetic acid, sodium dehydroacetate**

CNS 号 17.009(i),17.009 (ii) INS 号 265,266

功能 防腐剂

食品分类号	食品名称	最大使用量/(g/kg)	备注
02.02.01.01	黄油和浓缩黄油	0.3	以脱氢乙酸计
04.02.02.03	腌渍的蔬菜	1.0	以脱氢乙酸计
04.03.02.03	腌渍的食用菌和藻类	0.3	以脱氢乙酸计
04.04.02	发酵豆制品	0.3	以脱氢乙酸计
06.05.02	淀粉制品	1.0	以脱氢乙酸计
07.01	面包	0.5	以脱氢乙酸计
07.02	糕点	0.5	以脱氢乙酸计
07.04	焙烤食品馅料及表面用挂浆	0.5	以脱氢乙酸计
08.02	预制肉制品	0.5	以脱氢乙酸计
08.03	熟肉制品	0.5	以脱氢乙酸计
12.10	复合调味料	0.5	以脱氢乙酸计
14.02.01	果蔬汁(浆)	0.3	以脱氢乙酸计,固体饮料按稀释倍数增加使用量

脱乙酰甲壳素(又名壳聚糖) **deacetylated chitin(chitosan)**

CNS 号 20.026 INS 号 —

功能 增稠剂、被膜剂

食品分类号	食品名称	最大使用量/(g/kg)	备注
08.03.04	西式火腿(熏烤、烟熏、蒸煮火腿)类	6.0	
08.03.05	肉灌肠类	6.0	

表 A.1（续）

微晶纤维素 **microcrystalline cellulose**

CNS 号 02.005 INS 号 460i

功能 稳定剂

食品分类号	食品名称	最大使用量	备注
01.05.01	稀奶油	按生产需要适量使用	

维生素 E（*dl*-*α*-生育酚，*d*-*α*-生育酚，混合生育酚浓缩物） **vitamine E（*dl*-*α*-tocopherol，*d*-*α*- tocopherol，mixed tocopherol concentrate）**

CNS 号 04.016 INS 号 307

功能 抗氧化剂

食品分类号	食品名称	最大使用量/(g/kg)	备注
01.01.03	调制乳	0.2	
02.01	基本不含水的脂肪和油	按生产需要适量使用	
04.05.02.01	熟制坚果与籽类(仅限油炸坚果与籽类)	0.2	以油脂中的含量计
06.03.02.05	油炸面制品	0.2	以油脂中的含量计
06.06	即食谷物，包括碾轧燕麦(片)	0.085	
06.07	方便米面制品	0.2	
12.10	复合调味料	按生产需要适量使用	
14.02.03	果蔬汁(浆)类饮料	0.2	固体饮料按稀释倍数增加使用量
14.03	蛋白饮料	0.2	
14.04.02	其他型碳酸饮料	0.2	固体饮料按稀释倍数增加使用量
14.05	茶、咖啡、植物(类)饮料	0.2	固体饮料按稀释倍数增加使用量
14.06.02	蛋白固体饮料	0.2	
14.07	特殊用途饮料	0.2	固体饮料按稀释倍数增加使用量
14.08	风味饮料	0.2	固体饮料按稀释倍数增加使用量
16.06	膨化食品	0.2	以油脂中的含量计

稳定态二氧化氯 **stabilized chlorine dioxide**

CNS 号 17.028 INS 号 926

功能 防腐剂

食品分类号	食品名称	最大使用量/(g/kg)	备注
04.01.01.02	经表面处理的鲜水果	0.01	
04.02.01.02	经表面处理的新鲜蔬菜	0.01	
09.0	水产品及其制品(包括鱼类、甲壳类、贝类、软体类、棘皮类等水产品及其加工制品)(仅限鱼类加工)	0.05	

表 A.1(续)

苋菜红及其铝色淀 **amaranth, amaranth aluminum lake**

CNS 号 08.001 INS 号 123

功能 着色剂

食品分类号	食品名称	最大使用量/(g/kg)	备注
03.0	冷冻饮品(03.04 食用冰除外)	0.025	以苋菜红计
04.01.02.05	果酱	0.3	以苋菜红计
04.01.02.08	蜜饯凉果	0.05	以苋菜红计
04.01.02.09	装饰性果蔬	0.1	以苋菜红计
04.02.02.03	腌渍的蔬菜	0.05	以苋菜红计
05.0	可可制品、巧克力和巧克力制品(包括代可可脂巧克力及制品)以及糖果	0.05	以苋菜红计
07.02.04	糕点上彩装	0.05	以苋菜红计
07.04	焙烤食品馅料及表面用挂浆(仅限饼干夹心)	0.05	以苋菜红计
11.05.01	水果调味糖浆	0.3	以苋菜红计
12.10.01.01	固体汤料	0.2	以苋菜红计
14.02.03	果蔬汁(浆)类饮料	0.05	以苋菜红计,高糖果蔬汁(浆)类饮料按照稀释倍数加入
14.04	碳酸饮料	0.05	以苋菜红计
14.08	风味饮料(仅限果味饮料)	0.05	以苋菜红计,高糖果味饮料按照稀释倍数加入
14.06	固体饮料	0.05	使用量以苋菜红计,为按冲调倍数稀释后液体中的量
15.02	配制酒	0.05	以苋菜红计
16.01	果冻	0.05	以苋菜红计,如用于果冻粉,按冲调倍数增加使用量

橡子壳棕 **acorn shell brown**

CNS 号 08.126 INS 号 —

功能 着色剂

食品分类号	食品名称	最大使用量/(g/kg)	备注
14.04.01	可乐型碳酸饮料	1.0	固体饮料按照稀释倍数增加使用量
15.02	配制酒	0.3	

表 A.1（续）

硝酸钠，硝酸钾　　**sodium nitrate, potassium nitrate**

CNS 号　09.001，09.003　　INS 号　251，252

功能　护色剂、防腐剂

食品分类号	食品名称	最大使用量/(g/kg)	备注
08.02.02	腌腊肉制品类（如咸肉、腊肉、板鸭、中式火腿、腊肠）	0.5	以亚硝酸钠（钾）计，残留量≤30 mg/kg
08.03.01	酱卤肉制品类	0.5	以亚硝酸钠（钾）计，残留量≤30 mg/kg
08.03.02	熏、烧、烤肉类	0.5	以亚硝酸钠（钾）计，残留量≤30 mg/kg
08.03.03	油炸肉类	0.5	以亚硝酸钠（钾）计，残留量≤30 mg/kg
08.03.04	西式火腿（熏烤、烟熏、蒸煮火腿）类	0.5	以亚硝酸钠（钾）计，残留量≤30 mg/kg
08.03.05	肉灌肠类	0.5	以亚硝酸钠（钾）计，残留量≤30 mg/kg
08.03.06	发酵肉制品类	0.5	以亚硝酸钠（钾）计，残留量≤30 mg/kg

辛，癸酸甘油酯　　**octyl and decyl glycerate**

CNS 号　10.018　　INS 号　—

功能　乳化剂

食品分类号	食品名称	最大使用量	备注
01.03	乳粉（包括加糖乳粉）和奶油粉及其调制产品（纯乳粉除外）	按生产需要适量使用	
02.01.01.02	氢化植物油	按生产需要适量使用	
03.01	冰淇淋、雪糕类	按生产需要适量使用	
05.0	可可制品、巧克力和巧克力制品（包括代可可脂巧克力及制品）以及糖果	按生产需要适量使用	
14.0	饮料类（14.01 包装饮用水除外）	按生产需要适量使用	固体饮料按稀释倍数增加使用量

辛烯基琥珀酸淀粉钠　　**starch sodium octenyl succinate (sodium starch octenyl succinate)**

CNS 号　10.030　　INS 号　1450

功能　乳化剂，其他

食品分类号	食品名称	最大使用量/(g/kg)	备注
01.05.01	稀奶油	按生产需要适量使用	
13.01.01	婴儿配方食品	1.0	作为 DHA/ARA 载体，以即食食品计
13.01.02	较大婴儿和幼儿配方食品	50.0	作为 DHA/ARA 载体，以即食食品计
13.01.03	特殊医学用途婴儿配方食品	150.0	使用量仅限粉状产品，液态产品按照稀释倍数折算

表 A.1（续）

新红及其铝色淀　　**new red, new red aluminum lake**

CNS 号　08.004　　INS 号　—

功能　着色剂

食品分类号	食品名称	最大使用量/(g/kg)	备注
04.01.02.08.02	凉果类	0.05	以新红计
04.01.02.09	装饰性果蔬	0.1	以新红计
05.0	可可制品、巧克力和巧克力制品(包括代可可脂巧克力及制品)以及糖果(05.01.01 可可制品除外)	0.05	以新红计
07.02.04	糕点上彩装	0.05	以新红计
14.02.03	果蔬汁(浆)类饮料	0.05	以新红计，固体饮料按稀释倍数增加使用量
14.04	碳酸饮料	0.05	以新红计，固体饮料按稀释倍数增加使用量
14.08	风味饮料(仅限果味饮料)	0.05	以新红计，固体饮料按稀释倍数增加使用量
15.02	配制酒	0.05	以新红计

亚麻籽胶(又名富兰克胶)　　**linseed gum**

CNS 号　20.020　　INS 号　—

功能　增稠剂

食品分类号	食品名称	最大使用量/(g/kg)	备注
03.01	冰淇淋、雪糕类	0.3	
06.03.02.02	生干面制品	1.5	
08.03	熟肉制品	5.0	
14.0	饮料类(14.01 包装饮用水除外)	5.0	固体饮料按冲调倍数增加使用量

亚铁氰化钾，亚铁氰化钠　　**potassium ferrocyanide, sodium ferrocyanide**

CNS 号　02.001，02.008　　INS 号　536，535

功能　抗结剂

食品分类号	食品名称	最大使用量/(g/kg)	备注
12.01	盐及代盐制品	0.01	以亚铁氰根计

表 A.1(续)

亚硝酸钠,亚硝酸钾　　**sodium nitrite, potassium nitrite**

CNS号　09.002,09.004　　INS号　250, 249

功能　护色剂、防腐剂

食品分类号	食品名称	最大使用量/(g/kg)	备注
08.02.02	腌腊肉制品类(如咸肉、腊肉、板鸭、中式火腿、腊肠)	0.15	以亚硝酸钠计,残留量≤30 mg/kg
08.03.01	酱卤肉制品类	0.15	以亚硝酸钠计,残留量≤30 mg/kg
08.03.02	熏、烧、烤肉类	0.15	以亚硝酸钠计,残留量≤30 mg/kg
08.03.03	油炸肉类	0.15	以亚硝酸钠计,残留量≤30 mg/kg
08.03.04	西式火腿(熏烤、烟熏、蒸煮火腿)类	0.15	以亚硝酸钠计,残留量≤70 mg/kg
08.03.05	肉灌肠类	0.15	以亚硝酸钠计,残留量≤30 mg/kg
08.03.06	发酵肉制品类	0.15	以亚硝酸钠计,残留量≤30 mg/kg
08.03.08	肉罐头类	0.15	以亚硝酸钠计,残留量≤50 mg/kg

胭脂虫红　　**carmine cochineal**

CNS号　08.145　　INS号　120

功能　着色剂

食品分类号	食品名称	最大使用量/(g/kg)	备注
01.02.02	风味发酵乳	0.05	以胭脂红酸计
01.03.02	调制乳粉和调制奶油粉	0.6	以胭脂红酸计
01.04.02	调制炼乳(包括加糖炼乳及使用了非乳原料的调制炼乳等)	0.15	以胭脂红酸计
01.06	干酪和再制干酪及其类似品	0.1	以胭脂红酸计
03.0	冷冻饮品(03.04 食用冰除外)	0.15	以胭脂红酸计
04.01.02.05	果酱	0.6	以胭脂红酸计
04.05.02.01	熟制坚果与籽类(仅限油炸坚果与籽类)	0.1	以胭脂红酸计
05.01.03	代可可脂巧克力及使用可可脂代用品的巧克力类似产品	0.3	以胭脂红酸计

表 A.1（续）

食品分类号	食品名称	最大使用量/(g/kg)	备注
05.02	糖果	0.3	以胭脂红酸计
06.03.02.04	面糊（如用于鱼和禽肉的拖面糊）、裹粉、煎炸粉	0.5	以胭脂红酸计
06.05.02.04	粉圆	1.0	以胭脂红酸计
06.06	即食谷物，包括碾轧燕麦（片）	0.2	以胭脂红酸计
06.07	方便米面制品	0.3	以胭脂红酸计
07.0	焙烤食品	0.6	以胭脂红酸计
08.03	熟肉制品	0.5	以胭脂红酸计
12.10	复合调味料	1.0	以胭脂红酸计
12.10.02	半固体复合调味料	0.05	以胭脂红酸计
14.0	饮料类（14.01 包装饮用水除外）	0.6	以胭脂红酸计，固体饮料按稀释倍数增加使用量
15.02	配制酒	0.25	以胭脂红酸计
16.01	果冻	0.05	以胭脂红酸计，如用于果冻粉，按冲调倍数增加使用量
16.06	膨化食品	0.1	以胭脂红酸计

胭脂红及其铝色淀 **ponceau 4R，ponceau 4R aluminum lake**

CNS 号 08.002 INS 号 124

功能 着色剂

食品分类号	食品名称	最大使用量/(g/kg)	备注
01.01.03	调制乳	0.05	以胭脂红计
01.02.02	风味发酵乳	0.05	以胭脂红计
01.03.02	调制乳粉和调制奶油粉	0.15	以胭脂红计
01.04.02	调制炼乳（包括加糖炼乳及使用了非乳原料的调制炼乳等）	0.05	以胭脂红计
03.0	冷冻饮品（03.04 食用冰除外）	0.05	以胭脂红计
04.01.02.04	水果罐头	0.1	以胭脂红计
04.01.02.05	果酱	0.5	以胭脂红计
04.01.02.08	蜜饯凉果	0.05	以胭脂红计
04.01.02.09	装饰性果蔬	0.1	以胭脂红计
04.02.02.03	腌渍的蔬菜	0.05	以胭脂红计

表 A.1（续）

食品分类号	食品名称	最大使用量/(g/kg)	备注
05.0	可可制品、巧克力和巧克力制品（包括代可可脂巧克力及制品）以及糖果(05.04 装饰糖果、顶饰和甜汁除外)	0.05	以胭脂红计
05.03	糖果和巧克力制品包衣	0.1	以胭脂红计
06.05.02.02	虾味片	0.05	以胭脂红计
07.02.04	糕点上彩装	0.05	以胭脂红计
07.03.03	蛋卷	0.01	以胭脂红计
07.04	焙烤食品馅料及表面用挂浆（仅限饼干夹心和蛋糕夹心）	0.05	以胭脂红计
08.04	肉制品的可食用动物肠衣类	0.025	以胭脂红计
11.05	调味糖浆	0.2	以胭脂红计
11.05.01	水果调味糖浆	0.5	以胭脂红计
12.10.02	半固体复合调味料(12.10.02.01 蛋黄酱、沙拉酱除外)	0.5	以胭脂红计
12.10.02.01	蛋黄酱、沙拉酱	0.2	以胭脂红计
14.02.03	果蔬汁(浆)类饮料	0.05	以胭脂红计，固体饮料按稀释倍数增加使用量
14.03.01	含乳饮料	0.05	以胭脂红计，固体饮料按稀释倍数增加使用量
14.03.02	植物蛋白饮料	0.025	以胭脂红计，固体饮料按稀释倍数增加使用量
14.04	碳酸饮料	0.05	以胭脂红计，固体饮料按稀释倍数增加使用量
14.08	风味饮料(仅限果味饮料)	0.05	以胭脂红计，固体饮料按稀释倍数增加使用量
15.02	配制酒	0.05	以胭脂红计
16.01	果冻	0.05	以胭脂红计，如用于果冻粉，按冲调倍数增加使用量
16.03	胶原蛋白肠衣	0.025	以胭脂红计
16.06	膨化食品	0.05	仅限使用胭脂红

表 A.1(续)

胭脂树橙(又名红木素,降红木素)　annatto extract

CNS号　08.144　　INS号　160b

功能　着色剂

食品分类号	食品名称	最大使用量/(g/kg)	备注
01.06.02	熟化干酪	0.6	
01.06.04	再制干酪	0.6	
02.02.01.02	人造黄油(人造奶油)及其类似制品(如黄油和人造黄油混合品)	0.05	
02.05	其他油脂或油脂制品(仅限植脂末)	0.02	
03.0	冷冻饮品(03.04 食用冰除外)	0.6	
04.01.02.05	果酱	0.6	
05.01.02	巧克力和巧克力制品、除 05.01.01 以外的可可制品	0.025	
05.01.03	代可可脂巧克力及使用可可脂代用品的巧克力类似产品	0.6	
05.02	糖果	0.6	
06.03.02.04	面糊(如用于鱼和禽肉的拖面糊)、裹粉、煎炸粉	0.01	
06.05.02.04	粉圆	0.15	
06.06	即食谷物,包括碾轧燕麦(片)	0.07	
06.07	方便米面制品	0.012	
07.0	焙烤食品	0.6	
08.03.04	西式火腿(熏烤、烟熏、蒸煮火腿)类	0.025	
08.03.05	肉灌肠类	0.025	
12.10	复合调味料	0.1	
14.0	饮料类(14.01 包装饮用水除外)	0.6	固体饮料按冲调倍数增加使用量
16.01	果冻	0.6	如用于果冻粉,按冲调倍数增加使用量
16.06	膨化食品	0.01	

表 A.1（续）

盐酸 **hydrochloric acid**

CNS 号 01.108 INS 号 507

功能 酸度调节剂

食品分类号	食品名称	最大使用量	备注
12.10.02.01	蛋黄酱、沙拉酱	按生产需要适量使用	

杨梅红 **mynica red**

CNS 号 08.149 INS 号 —

功能 着色剂

食品分类号	食品名称	最大使用量/(g/kg)	备注
03.0	冷冻饮品(03.04 食用冰除外)	0.2	
05.02	糖果	0.2	
07.02.04	糕点上彩装	0.2	
14.0	饮料类(14.01 包装饮用水除外)	0.1	固体饮料按稀释倍数增加使用量
15.03.03	果酒(仅限于配制果酒)	0.2	
16.01	果冻	0.2	如用于果冻粉，按冲调倍数增加使用量

氧化铁黑，氧化铁红 **iron oxide black，iron oxide red**

CNS 号 08.014，08.015 INS 号 172i，172ii

功能 着色剂

食品分类号	食品名称	最大使用量/(g/kg)	备注
05.03	糖果和巧克力制品包衣	0.02	

叶黄素 **lutein**

CNS 号 08.146 INS 号 161b

功能 着色剂

食品分类号	食品名称	最大使用量/(g/kg)	备注
01.07	以乳为主要配料的即食风味食品或其预制产品(不包括冰淇淋和风味发酵乳)	0.05	
03.0	冷冻饮品(03.04 食用冰除外)	0.1	
04.01.02.05	果酱	0.05	
05.02	糖果	0.15	
06.04.02.01	杂粮罐头	0.05	

表 A.1（续）

食品分类号	食品名称	最大使用量/(g/kg)	备注
06.07	方便米面制品	0.15	
06.08	冷冻米面制品	0.1	
06.09	谷物和淀粉类甜品(仅限谷类甜品罐头)	0.05	
07.0	焙烤食品	0.15	
14.0	饮料类(14.01 包装饮用水除外)	0.05	固体饮料按稀释倍数增加使用量
16.01	果冻	0.05	如用于果冻粉,按冲调倍数增加使用量

叶绿素铜 **copper chlorophyll**

CNS 号 08.153 INS 号 141i

功能 着色剂

食品分类号	食品名称	最大使用量	备注
01.05.01	稀奶油	按生产需要适量使用	
05.02	糖果	按生产需要适量使用	
07.0	焙烤食品	按生产需要适量使用	

叶绿素铜钠盐,叶绿素铜钾盐 **chlorophyllin copper complex, sodium and potassium salts**

CNS 号 08.009 INS 号 141ii

功能 着色剂

食品分类号	食品名称	最大使用量/(g/kg)	备注
03.0	冷冻饮品(03.04 食用冰除外)	0.5	
04.02.02.04	蔬菜罐头	0.5	
04.04.01.06	熟制豆类	0.5	
04.05.02	加工坚果与籽类	0.5	
05.02	糖果	0.5	
06.05.02.04	粉圆	0.5	
07.0	焙烤食品	0.5	
14.0	饮料类(14.01 包装饮用水除外)	0.5	仅限使用叶绿素铜钠盐,固体饮料按稀释倍数增加使用量
14.02.03	果蔬汁(浆)类饮料	按生产需要适量使用	固体饮料按稀释倍数增加使用量
15.02	配制酒	0.5	
16.01	果冻	0.5	如用于果冻粉,按冲调倍数增加使用量

表 A.1（续）

液体二氧化碳（煤气化法） **carbon dioxide**

CNS 号 17.034 INS 号 —

功能 防腐剂

食品分类号	食品名称	最大使用量	备注
14.04	碳酸饮料	按生产需要适量使用	固体饮料按稀释倍数增加使用量
15.03.06	其他发酵酒类（充气型）	按生产需要适量使用	

乙二胺四乙酸二钠 **disodium ethylene-diamine-tetra-acetate**

CNS 号 18.005 INS 号 386

功能 稳定剂、凝固剂、抗氧化剂、防腐剂

食品分类号	食品名称	最大使用量/(g/kg)	备注
04.01.02.05	果酱	0.07	
04.01.02.08.03	果脯类（仅限地瓜果脯）	0.25	
04.02.02.03	腌渍的蔬菜	0.25	
04.02.02.04	蔬菜罐头	0.25	
04.02.02.05	蔬菜泥（酱），番茄沙司除外	0.07	
04.05.02.03	坚果与籽类罐头	0.25	
06.04.02.01	杂粮罐头	0.25	
12.10	复合调味料	0.075	
14.0	饮料类（14.01 包装饮用水除外）	0.03	固体饮料按稀释倍数增加使用量

乙二胺四乙酸二钠钙 **calcium disodium ethylene-diamine-tetra-acetate**

CNS 号 04.020 INS 号 385

功能 抗氧化剂

食品分类号	食品名称	最大使用量/(g/kg)	备注
12.10	复合调味料	0.075	

乙酸钠（又名醋酸钠） **sodium acetate**

CNS 号 00.013 INS 号 262i

功能 酸度调节剂、防腐剂

食品分类号	食品名称	最大使用量/(g/kg)	备注
12.10	复合调味料	10.0	
16.06	膨化食品	1.0	

表 A.1（续）

乙酰磺胺酸钾（又名安赛蜜）　acesulfame potassium

CNS 号　19.011　　　INS 号　950

功能　甜味剂

食品分类号	食品名称	最大使用量/(g/kg)	备注
01.02.02	风味发酵乳	0.35	
01.07	以乳为主要配料的即食风味食品或其预制产品(不包括冰淇淋和风味发酵乳)(仅限乳基甜品罐头)	0.3	
03.0	冷冻饮品(03.04 食用冰除外)	0.3	
04.01.02.04	水果罐头	0.3	
04.01.02.05	果酱	0.3	
04.01.02.08.01	蜜饯类	0.3	
04.02.02.03	腌渍的蔬菜	0.3	
04.03.02	加工食用菌和藻类	0.3	
04.05.02.01	熟制坚果与籽类	3.0	
05.02	糖果	2.0	
05.02.01	胶基糖果	4.0	
06.04.02.01	杂粮罐头	0.3	
06.04.02.02	其他杂粮制品(仅限黑芝麻糊)	0.3	
06.09	谷类和淀粉类甜品(仅限谷类甜品罐头)	0.3	
07.0	焙烤食品	0.3	
11.04	餐桌甜味料	0.04 g/份	
12.0	调味品	0.5	
12.04	酱油	1.0	
14.0	饮料类(14.01 包装饮用水除外)	0.3	固体饮料按冲调倍数增加使用量
16.01	果冻	0.3	如用于果冻粉，按冲调倍数增加使用量

乙氧基喹　　　ethoxy quin

CNS 号　17.010　　　INS 号　—

功能　防腐剂

食品分类号	食品名称	最大使用量	备注
04.01.01.02	经表面处理的鲜水果	按生产需要适量使用	残留量≤1 mg/kg

表 A.1（续）

异构化乳糖液 **isomerized lactose syrup**

CNS 号 00.003 INS 号 —

功能 其他

食品分类号	食品名称	最大使用量/(g/kg)	备注
01.03	乳粉(包括加糖乳粉)和奶油粉及其调制产品	15.0	
07.03	饼干	2.0	
13.01	婴幼儿配方食品	15.0	
14.0	饮料类(14.01 包装饮用水除外)	1.5	固体饮料按稀释倍数增加使用量

D-异抗坏血酸及其钠盐 **D-isoascorbic acid (erythorbic acid), sodium D-isoascorbate**

CNS 号 04.004,04.018 INS 号 315,316

功能 抗氧化剂、护色剂

食品分类号	食品名称	最大使用量/(g/kg)	备注
14.02.02	浓缩果蔬汁(浆)	按生产需要适量使用	固体饮料按稀释倍数增加使用量
15.03.01	葡萄酒	0.15	以抗坏血酸计

异麦芽酮糖 **isomaltulose (palatinose)**

CNS 号 19.003 INS 号 —

功能 甜味剂

食品分类号	食品名称	最大使用量	备注
01.01.03	调制乳	按生产需要适量使用	
01.02.02	风味发酵乳	按生产需要适量使用	
03.0	冷冻饮品(03.04 食用冰除外)	按生产需要适量使用	
04.01.02.04	水果罐头	按生产需要适量使用	
04.01.02.05	果酱	按生产需要适量使用	
04.01.02.08	蜜饯凉果	按生产需要适量使用	
05.02	糖果	按生产需要适量使用	
06.04.02.02	其他杂粮制品	按生产需要适量使用	
07.01	面包	按生产需要适量使用	
07.02	糕点	按生产需要适量使用	
07.03	饼干	按生产需要适量使用	
14.0	饮料类(14.01 包装饮用水除外)	按生产需要适量使用	固体饮料按稀释倍数增加使用量
15.02	配制酒	按生产需要适量使用	

表 A.1（续）

硬脂酸（又名十八烷酸） **stearic acid（octadecanoic acid）**

CNS 号 14.009 INS 号 570

功能 被膜剂、胶姆糖基础剂

食品分类号	食品名称	最大使用量/(g/kg)	备注
05.0	可可制品、巧克力和巧克力制品（包括代可可脂巧克力及制品）以及糖果	1.2	

硬脂酸钙 **calcium stearate**

CNS 号 10.039 INS 号 470

功能 乳化剂、抗结剂

食品分类号	食品名称	最大使用量/(g/kg)	备注
12.09.01	香辛料及粉	20.0	
12.10.01	固体复合调味料	20.0	

硬脂酸钾 **potassium stearate**

CNS 号 10.028 INS 号 470

功能 乳化剂、抗结剂

食品分类号	食品名称	最大使用量/(g/kg)	备注
07.02	糕点	0.18	
12.09.01	香辛料及粉	20.0	

硬脂酸镁 **magnesium stearate**

CNS 号 02.006 INS 号 470

功能 乳化剂、抗结剂

食品分类号	食品名称	最大使用量/(g/kg)	备注
04.01.02.08	蜜饯凉果	0.8	
05.0	可可制品、巧克力和巧克力制品（包括代可可脂巧克力及制品）以及糖果	按生产需要适量使用	

硬脂酰乳酸钠，硬脂酰乳酸钙 **sodium stearoyl lactylate，calcium stearoyl lactylate**

CNS 号 10.011，10.009 INS 号 481i，482i

功能 乳化剂、稳定剂

食品分类号	食品名称	最大使用量/(g/kg)	备注
01.01.03	调制乳	2.0	
01.02.02	风味发酵乳	2.0	
01.05.01	稀奶油	5.0	
01.05.03	调制稀奶油	5.0	

表 A.1(续)

食品分类号	食品名称	最大使用量/(g/kg)	备注
01.05.04	稀奶油类似品	5.0	
02.01.01	植物油脂	0.3	
02.02	水油状脂肪乳化制品	5.0	
02.03	02.02类以外的脂肪乳化制品,包括混合的(或)调味的脂肪乳化制品	5.0	
02.05	其他油脂或油脂制品(仅限植脂末)	10.0	
03.01	冰淇淋、雪糕类	2.0	
04.01.02.05	果酱	2.0	
04.02.02.02	干制蔬菜(仅限脱水马铃薯粉)	2.0	
05.04	装饰糖果(如工艺造型,或用于蛋糕装饰)、顶饰(非水果材料)和甜汁	2.0	
06.03.01.02	专用小麦粉(如自发粉、饺子粉等)	2.0	
06.03.02.01	生湿面制品(如面条、饺子皮、馄饨皮、烧麦皮)	2.0	
06.03.02.03	发酵面制品	2.0	
07.01	面包	2.0	
07.02	糕点	2.0	
07.03	饼干	2.0	
08.03.05	肉灌肠类	2.0	
11.05	调味糖浆	2.0	
14.03	蛋白饮料	2.0	固体饮料按稀释倍数增加使用量
14.05	茶、咖啡、植物(类)饮料	2.0	固体饮料按稀释倍数增加使用量
14.07	特殊用途饮料	2.0	固体饮料按稀释倍数增加使用量
14.08	风味饮料	2.0	固体饮料按稀释倍数增加使用量

诱惑红及其铝色淀 **allura red, allura aluminum lake**

CNS号 08.012 INS号 129

功能 着色剂

食品分类号	食品名称	最大使用量/(g/kg)	备注
03.0	冷冻饮品(03.04食用冰除外)	0.07	以诱惑红计
04.01.02.02	水果干类(仅限苹果干)	0.07	以诱惑红计,用于燕麦片调色调香载体
04.01.02.09	装饰性果蔬	0.05	以诱惑红计

表 A.1（续）

食品分类号	食品名称	最大使用量/(g/kg)	备注
04.04.01.06	熟制豆类	0.1	以诱惑红计
04.05.02	加工坚果与籽类	0.1	以诱惑红计
05.0	可可制品、巧克力和巧克力制品（包括代可可脂巧克力及制品）以及糖果	0.3	以诱惑红计
06.05.02.04	粉圆	0.2	以诱惑红计
06.06	即食谷物，包括碾轧燕麦（片）（仅限可可玉米片）	0.07	以诱惑红计
07.02.04	糕点上彩装	0.05	以诱惑红计
07.04	焙烤食品馅料及表面用挂浆（仅限饼干夹心）	0.1	以诱惑红计
08.03.04	西式火腿（熏烤、烟熏、蒸煮火腿）类	0.025	以诱惑红计
08.03.05	肉灌肠类	0.015	以诱惑红计
08.04	肉制品的可食用动物肠衣类	0.05	以诱惑红计
11.05	调味糖浆	0.3	以诱惑红计
12.10.01	固体复合调味料	0.04	以诱惑红计
12.10.02	半固体复合调味料（12.10.02.01 蛋黄酱、沙拉酱除外）	0.5	以诱惑红计
14.0	饮料类(14.01 包装饮用水除外)	0.1	以诱惑红计，固体饮料按稀释倍数增加使用量
15.02	配制酒	0.05	仅限使用诱惑红
16.01	果冻	0.025	以诱惑红计，如用于果冻粉，按冲调倍数增加使用量
16.03	胶原蛋白肠衣	0.05	以诱惑红计
16.06	膨化食品	0.1	仅限使用诱惑红

玉米黄 **corn yellow**

CNS 号 08.116 INS 号 —

功能 着色剂

食品分类号	食品名称	最大使用量/(g/kg)	备注
02.01.01.02	氢化植物油	5.0	
05.02	糖果	5.0	

表 A.1（续）

越橘红 **cowberry red**

CNS 号 08.105 INS 号 —

功能 着色剂

食品分类号	食品名称	最大使用量	备注
03.0	冷冻饮品(03.04 食用冰除外)	按生产需要适量使用	
14.02.03	果蔬汁(浆)类饮料	按生产需要适量使用	固体饮料按稀释倍数增加使用量
14.08	风味饮料(仅限果味饮料)	按生产需要适量使用	固体饮料按稀释倍数增加使用量

藻蓝(淡、海水) **spirulina blue(algae blue, lina blue)**

CNS 号 08.137 INS 号 —

功能 着色剂

食品分类号	食品名称	最大使用量/(g/kg)	备注
03.0	冷冻饮品(03.04 食用冰除外)	0.8	
05.02	糖果	0.8	
12.09.01	香辛料及粉	0.8	
14.02.03	果蔬汁(浆)类饮料	0.8	固体饮料按稀释倍数增加使用量
14.08	风味饮料	0.8	固体饮料按稀释倍数增加使用量
16.01	果冻	0.8	如用于果冻粉，按冲调倍数增加使用量

皂荚糖胶 **gleditsia sinenis lam gum**

CNS 号 20.029 INS 号 —

功能 增稠剂

食品分类号	食品名称	最大使用量/(g/kg)	备注
03.01	冰淇淋、雪糕类	4.0	
06.03.01.02	专用小麦粉(如自发粉、饺子粉等)	4.0	
12.0	调味品	4.0	
14.0	饮料类(14.01 包装饮用水除外)	4.0	固体饮料按冲调倍数增加使用量

表 A.1（续）

蔗糖脂肪酸酯 **sucrose esters of fatty acid**

CNS 号 10.001 INS 号 473

功能 乳化剂

食品分类号	食品名称	最大使用量/(g/kg)	备注
01.01.03	调制乳	3.0	
01.05	稀奶油(淡奶油)及其类似品	10.0	
02.01	基本不含水的脂肪和油	10.0	
02.02	水油状脂肪乳化制品	10.0	
02.03	02.02 类以外的脂肪乳化制品，包括混合的和(或)调味的脂肪乳化制品	10.0	
03.0	冷冻饮品(03.04 食用冰除外)	1.5	
04.01.01.02	经表面处理的鲜水果	1.5	
04.01.02.05	果酱	5.0	
05.0	可可制品、巧克力和巧克力制品(包括代可可脂巧克力及制品)以及糖果	10.0	
06.03.01.02	专用小麦粉(如自发粉、饺子粉等)	5.0	
06.03.02.01	生湿面制品(如面条、饺子皮、馄饨皮、烧麦皮)	4.0	
06.03.02.02	生干面制品	4.0	
06.03.02.04	面糊(如用于鱼和禽肉的拖面糊)、裹粉、煎炸粉	5.0	
06.04.02.01	杂粮罐头	1.5	
06.07	方便米面制品	4.0	
07.0	焙烤食品	3.0	
08.0	肉及肉制品	1.5	
10.01	鲜蛋	1.5	用于鸡蛋保鲜
11.05	调味糖浆	5.0	
12.0	调味品	5.0	
14.0	饮料类(14.01 包装饮用水除外)	1.5	固体饮料按稀释倍数增加使用量
16.01	果冻	4.0	如用于果冻粉，按冲调倍数增加使用量
16.07	其他(仅限乳化天然色素)	10.0	
16.07	其他(仅限即食菜肴)	5.0	

表 A.1（续）

栀子黄 **gardenia yellow**

CNS 号 08.112 INS 号 —

功能 着色剂

食品分类号	食品名称	最大使用量/(g/kg)	备注
02.02.01.02	人造黄油（人造奶油）及其类似制品（如黄油和人造黄油混合品）	1.5	
03.0	冷冻饮品(03.04 食用冰除外)	0.3	
04.01.02.08.01	蜜饯类	0.3	
04.02.02.03	腌渍的蔬菜	1.5	
04.05.02.01	熟制坚果与籽类(仅限油炸坚果与籽类)	1.5	
04.05.02.03	坚果与籽类罐头	0.3	
05.0	可可制品、巧克力和巧克力制品(包括代可可脂巧克力及制品)以及糖果	0.3	
06.03.02.01	生湿面制品(如面条、饺子皮、馄饨皮、烧麦皮)	1.0	
06.03.02.02	生干面制品	0.3	
06.07	方便米面制品	1.5	
06.10	粮食制品馅料	1.5	
07.02	糕点	0.9	
07.03	饼干	1.5	
07.04	焙烤食品馅料及表面用挂浆	1.0	
08.03	熟肉制品(仅限禽肉熟制品)	1.5	
12.0	调味品(12.01 盐及代盐制品除外)	1.5	
14.02.03	果蔬汁(浆)类饮料	0.3	
14.06	固体饮料	1.5	
14.08	风味饮料(仅限果味饮料)	0.3	
15.02	配制酒	0.3	
16.01	果冻	0.3	如用于果冻粉,按冲调倍数增加使用量
16.06	膨化食品	0.3	

表 A.1（续）

栀子蓝 **gardenia blue**

CNS号 08.123 INS号 —

功能 着色剂

食品分类号	食品名称	最大使用量/(g/kg)	备注
03.0	冷冻饮品(03.04 食用冰除外)	1.0	
04.01.02.05	果酱	0.3	
04.02.02.03	腌渍的蔬菜	0.5	
04.05.02.01	熟制坚果与籽类(仅限油炸坚果与籽类)	0.5	
05.02	糖果	0.3	
06.07	方便米面制品	0.5	
06.10	粮食制品馅料	0.5	
07.0	焙烤食品	1.0	
12.0	调味品(12.01 盐及代盐制品除外)	0.5	
14.02	果蔬汁类及其饮料	0.5	
14.03	蛋白饮料	0.5	
14.06	固体饮料	0.5	
14.08	风味饮料(仅限果味饮料)	0.2	
15.02	配制酒	0.2	
16.06	膨化食品	0.5	

植酸(又名肌醇六磷酸),植酸钠 **phytic acid(inositol hexaphosphoric acid),sodium phytate**

CNS号 04.006 INS号 —

功能 抗氧化剂

食品分类号	食品名称	最大使用量/(g/kg)	备注
02.01	基本不含水的脂肪和油	0.2	
04.01.02	加工水果	0.2	
04.02.02	加工蔬菜	0.2	
05.04	装饰糖果(如工艺造型,或用于蛋糕装饰)、顶饰(非水果材料)和甜汁	0.2	
08.02.02	腌腊肉制品类(如咸肉、腊肉、板鸭、中式火腿、腊肠)	0.2	
08.03.01	酱卤肉制品类	0.2	
08.03.02	熏、烧、烤肉类	0.2	
08.03.03	油炸肉类	0.2	

表 A.1（续）

食品分类号	食品名称	最大使用量/(g/kg)	备注
08.03.04	西式火腿（熏烤、烟熏、蒸煮火腿）类	0.2	
08.03.05	肉灌肠类	0.2	
08.03.06	发酵肉制品类	0.2	
09.01	鲜水产（仅限虾类）	按生产需要适量使用	残留量≤20 mg/kg
11.05	调味糖浆	0.2	
14.02.03	果蔬汁（浆）类饮料	0.2	固体饮料按稀释倍数增加使用量

植物炭黑 **vegetable carbon, carbon black**

CNS 号 08.138 INS 号 153

功能 着色剂

食品分类号	食品名称	最大使用量/(g/kg)	备注
03.0	冷冻饮品(03.04 食用冰除外)	5.0	
05.02	糖果	5.0	
06.05.02.04	粉圆	1.5	
07.02	糕点	5.0	
07.03	饼干	5.0	

竹叶抗氧化物 **antioxidant of bamboo leaves**

CNS 号 04.019 INS 号 —

功能 抗氧化剂

食品分类号	食品名称	最大使用量/(g/kg)	备注
02.01	基本不含水的脂肪和油	0.5	
04.05.02.01	熟制坚果与籽类（仅限油炸坚果与籽类）	0.5	
06.03.02.05	油炸面制品	0.5	
06.06	即食谷物，包括碾轧燕麦（片）	0.5	
07.0	焙烤食品	0.5	
08.02.02	腌腊肉制品类（如咸肉、腊肉、板鸭、中式火腿、腊肠）	0.5	
08.03.01	酱卤肉制品类	0.5	
08.03.02	熏、烧、烤肉类	0.5	
08.03.03	油炸肉类	0.5	
08.03.04	西式火腿（熏烤、烟熏、蒸煮火腿）类	0.5	

表 A.1（续）

食品分类号	食品名称	最大使用量/(g/kg)	备注
08.03.05	肉灌肠类	0.5	
08.03.06	发酵肉制品类	0.5	
09.0	水产品及其制品(包括鱼类、甲壳类、贝类、软体类、棘皮类等水产品及其加工制品)	0.5	
14.02.03	果蔬汁(浆)类饮料	0.5	固体饮料按稀释倍数增加使用量
14.05.01	茶(类)饮料	0.5	固体饮料按稀释倍数增加使用量
16.06	膨化食品	0.5	

紫草红 **gromwell red**

CNS 号 08.140 INS 号 —

功能 着色剂

食品分类号	食品名称	最大使用量/(g/kg)	备注
03.0	冷冻饮品(03.04 食用冰除外)	0.1	
07.02	糕点	0.9	
07.03	饼干	0.1	
07.04	焙烤食品馅料及表面用挂浆	1.0	
14.02.03	果蔬汁(浆)类饮料	0.1	固体饮料按稀释倍数增加使用量
14.08	风味饮料(仅限果味饮料)	0.1	固体饮料按稀释倍数增加使用量
15.03.03	果酒	0.1	

紫甘薯色素 **purple sweet potato colour**

CNS 号 08.154 INS 号 —

功能 着色剂

食品分类号	食品名称	最大使用量/(g/kg)	备注
03.0	冷冻饮品(03.04 食用冰除外)	0.2	
05.02	糖果	0.1	
07.02.04	糕点上彩装	0.2	
14.02.03	果蔬汁(浆)类饮料	0.1	固体饮料按稀释倍数增加使用量
15.02	配制酒	0.2	

表 A.1（续）

紫胶（又名虫胶） **shellac**

CNS 号 14.001 INS 号 904

功能 被膜剂，胶姆糖基础剂

食品分类号	食品名称	最大使用量/(g/kg)	备注
04.01.01.02	经表面处理的鲜水果（仅限柑橘类）	0.5	
04.01.01.02	经表面处理的鲜水果（仅限苹果）	0.4	
05.01	可可制品、巧克力和巧克力制品，包括代可可脂巧克力及制品	0.2	
05.02.01	胶基糖果	3.0	
05.02.02	除胶基糖果以外的其他糖果	3.0	
07.03.02	威化饼干	0.2	

紫胶红（又名虫胶红） **lac dye red (lac red)**

CNS 号 08.104 INS 号 —

功能 着色剂

食品分类号	食品名称	最大使用量/(g/kg)	备注
04.01.02.05	果酱	0.5	
05.0	可可制品、巧克力和巧克力制品（包括代可可脂巧克力及制品）以及糖果	0.5	
07.04	焙烤食品馅料及表面用挂浆（仅限风味派馅料）	0.5	
12.10	复合调味料	0.5	
14.02.03	果蔬汁（浆）类饮料	0.5	固体饮料按稀释倍数增加使用量
14.04	碳酸饮料	0.5	固体饮料按稀释倍数增加使用量
14.08	风味饮料（仅限果味饮料）	0.5	固体饮料按稀释倍数增加使用量
15.02	配制酒	0.5	

表 A.2 可在各类食品中按生产需要适量使用的食品添加剂名单

序号	添加剂名称	CNS 号	英文名称	INS 号	功能
1	5′-呈味核苷酸二钠（又名呈味核苷酸二钠）	12.004	disodium 5′-ribonucleotide	635	增味剂
2	5′-肌苷酸二钠	12.003	disodium 5′-inosinate	631	增味剂
3	5′-鸟苷酸二钠	12.002	disodium 5′-guanylate	627	增味剂
4	D-异抗坏血酸及其钠盐	04.004，04.018	D-isoascorbic acid (erythorbic acid)，sodium D-isoascorbate	315,316	抗氧化剂
5	DL-苹果酸钠	01.309	DL-disodium malate	—	酸度调节剂
6	L-苹果酸	01.104	L-malic acid	—	酸度调节剂
7	DL-苹果酸	01.309	DL-malic acid	—	酸度调节剂
8	α-环状糊精	18.011	alpha -cyclodextrin	457	稳定剂、增稠剂
9	γ-环状糊精	18.012	gamma-cyclodextrin	458	稳定剂、增稠剂
10	阿拉伯胶	20.008	arabic gum	414	增稠剂
11	半乳甘露聚糖	00.014	galactomannan	—	其他
12	冰乙酸（又名冰醋酸）	01.107	acetic acid	260	酸度调节剂
13	冰乙酸（低压羰基化法）	01.112	acetic acid	—	酸度调节剂
14	赤藓糖醇[a]	19.018	erythritol	968	甜味剂
15	醋酸酯淀粉	20.039	starch acetate	1420	增稠剂
16	单，双甘油脂肪酸酯（油酸、亚油酸、亚麻酸、棕榈酸、山嵛酸、硬脂酸、月桂酸）	10.006	mono- and diglycerides of fatty acids	471	乳化剂
17	改性大豆磷脂	10.019	modified soybean phospholipid	—	乳化剂
18	柑橘黄	08.143	orange yellow	—	着色剂
19	甘油（又名丙三醇）	15.014	glycerine(glycerol)	422	水分保持剂、乳化剂
20	高粱红	08.115	sorghum red	—	着色剂
21	谷氨酸钠	12.001	monosodium glutamate	621	增味剂
22	瓜尔胶	20.025	guar gum	412	增稠剂
23	果胶	20.006	pectins	440	增稠剂
24	海藻酸钾（又名褐藻酸钾）	20.005	potassium alginate	402	增稠剂
25	海藻酸钠（又名褐藻酸钠）	20.004	sodium alginate	401	增稠剂
26	槐豆胶（又名刺槐豆胶）	20.023	carob bean gum	410	增稠剂
27	黄原胶（又名汉生胶）	20.009	xanthan gum	415	增稠剂
28	甲基纤维素	20.043	methyl cellulose	461	增稠剂
29	结冷胶	20.027	gellan gum	418	增稠剂

表 A.2（续）

序号	添加剂名称	CNS 号	英文名称	INS 号	功能
30	聚丙烯酸钠	20.036	sodium polyacrylate	—	增稠剂
31	卡拉胶	20.007	carrageenan	407	增稠剂
32	抗坏血酸(又名维生素 C)	04.014	ascorbic acid	300	抗氧化剂
33	抗坏血酸钠	04.015	sodium ascorbate	301	抗氧化剂
34	抗坏血酸钙	04.009	calcium ascorbate	302	抗氧化剂
35	酪蛋白酸钠(又名酪朊酸钠)	10.002	sodium caseinate	—	乳化剂
36	磷酸酯双淀粉	20.034	distarch phosphate	1412	增稠剂
37	磷脂	04.010	phospholipid	322	抗氧化剂、乳化剂
38	氯化钾	00.008	potassium chloride	508	其他
39	罗汉果甜苷	19.015	lo-han-kuo extract	—	甜味剂
40	酶解大豆磷脂	10.040	enzymatically decomposed soybean phospholipid	—	乳化剂
41	明胶	20.002	gelatin	—	增稠剂
42	木糖醇	19.007	xylitol	967	甜味剂
43	柠檬酸	01.101	citric acid	330	酸度调节剂
44	柠檬酸钾	01.304	tripotassium citrate	332ii	酸度调节剂
45	柠檬酸钠	01.303	trisodium citrate	331iii	酸度调节剂、稳定剂
46	柠檬酸一钠	01.306	sodium dihydrogen citrate	331i	酸度调节剂
47	柠檬酸脂肪酸甘油酯	10.032	citric and fatty acid esters of glycerol	472c	乳化剂
48	葡萄糖酸-δ-内酯	18.007	glucono delta-lactone	575	稳定和凝固剂
49	葡萄糖酸钠	01.312	sodium gluconate	576	酸度调节剂
50	羟丙基淀粉	20.014	hydroxypropyl starch	1440	增稠剂、膨松剂、乳化剂、稳定剂
51	羟丙基二淀粉磷酸酯	20.016	hydroxypropyl distarch phosphate	1442	增稠剂
52	羟丙基甲基纤维素(HPMC)	20.028	hydroxypropyl methyl cellulose	464	增稠剂
53	琼脂	20.001	agar	406	增稠剂
54	乳酸	01.102	lactic acid	270	酸度调节剂
55	乳酸钾	15.011	potassium lactate	326	水分保持剂

表 A.2(续)

序号	添加剂名称	CNS号	英文名称	INS号	功能
56	乳酸钠	15.012	sodium lactate	325	水分保持剂、酸度调节剂、抗氧化剂、膨松剂、增稠剂、稳定剂
57	乳酸脂肪酸甘油酯	10.031	lactic and fatty acid esters of glycerol	472b	乳化剂
58	乳糖醇(4-β-D吡喃半乳糖-D-山梨醇)	19.014	lactitol	966	甜味剂
59	酸处理淀粉	20.032	acid treated starch	1401	增稠剂
60	羧甲基纤维素钠	20.003	sodium carboxy methyl cellulose	466	增稠剂
61	碳酸钙(包括轻质和重质碳酸钙)	13.006	calcium carbonate (light and heavy)	170i	膨松剂、面粉处理剂
62	碳酸钾	01.301	potassium carbonate	501i	酸度调节剂
63	碳酸钠	01.302	sodium carbonate	500i	酸度调节剂
64	碳酸氢铵	06.002	ammonium hydrogen carbonate	503ii	膨松剂
65	碳酸氢钾	01.307	potassium hydrogen carbonate	501ii	酸度调节剂
66	碳酸氢钠	06.001	sodium hydrogen carbonate	500ii	膨松剂、酸度调节剂、稳定剂
67	天然胡萝卜素	08.147	natural carotene	—	着色剂
68	甜菜红	08.101	beet red	162	着色剂
69	微晶纤维素	02.005	microcrystallin cellulose	460i	抗结剂、增稠剂、稳定剂
70	辛烯基琥珀酸淀粉钠	10.030	sodium starch octenyl succinate	1450	乳化剂
71	氧化淀粉	20.030	oxidized starch	1404	增稠剂
72	氧化羟丙基淀粉	20.033	oxidized hydroxypropyl starch	—	增稠剂
73	乙酰化单、双甘油脂肪酸酯	10.027	acetylated mono- and diglyceride (acetic and fatty acid esters of glycerol)	472a	乳化剂

表 A.2（续）

序号	添加剂名称	CNS 号	英文名称	INS 号	功能
74	乙酰化二淀粉磷酸酯	20.015	acetylated distarch phosphate	1414	增稠剂
75	乙酰化双淀粉己二酸酯	20.031	acetylated distarch adipate	1422	增稠剂
[a] 生产菌株分别为 *Moniliella pollinis* ,*Trichosporonides megachiliensis* 和解脂假丝酵母 *Candida lipolytica*。					

表 A.3　按生产需要适量使用的食品添加剂所例外的食品类别名单

食品分类号	食品名称
01.01.01	巴氏杀菌乳
01.01.02	灭菌乳
01.02.01	发酵乳
01.03.01	乳粉和奶油粉
01.05.01	稀奶油
02.01	基本不含水的脂肪和油
02.02.01.01	黄油和浓缩黄油
04.01.01	新鲜水果
04.02.01	新鲜蔬菜
04.02.02.01	冷冻蔬菜
04.02.02.06	发酵蔬菜制品
04.03.01	新鲜食用菌和藻类
04.03.02.01	冷冻食用菌和藻类
06.01	原粮
06.02	大米及其制品
06.03.01	小麦粉
06.03.02.01	生湿面制品(如面条、饺子皮、馄饨皮、烧麦皮)
06.03.02.02	生干面制品
06.04.01	杂粮粉
08.01	生、鲜肉
09.01	鲜水产
09.03	预制水产品(半成品)
10.01	鲜蛋
10.03.01	脱水蛋制品(如蛋白粉、蛋黄粉、蛋白片)
10.03.03	蛋液与液态蛋

表 A.3（续）

食品分类号	食品名称
11.01.01	白糖及白糖制品(如白砂糖、绵白糖、冰糖、方糖等)
11.01.02	其他糖和糖浆[如红糖、赤砂糖、冰片糖、原糖、果糖(蔗糖来源)、糖蜜、部分转化糖、槭树糖浆等]
11.03.01	蜂蜜
12.01	盐及代盐制品
12.09	香辛料类
13.01	婴幼儿配方食品
13.02	婴幼儿辅助食品
14.01.01	饮用天然矿泉水
14.01.02	饮用纯净水
14.01.03	其他类饮用水
14.02.01	果蔬汁(浆)
14.02.02	浓缩果蔬汁(浆)
15.03.01	葡萄酒
16.02.01	茶叶、咖啡

附 录 B

食品用香料使用规定

B.1 食品用香料、香精的使用原则

B.1.1 在食品中使用食品用香料、香精的目的是使食品产生、改变或提高食品的风味。食品用香料一般配制成食品用香精后用于食品加香，部分也可直接用于食品加香。食品用香料、香精不包括只产生甜味、酸味或咸味的物质，也不包括增味剂。

B.1.2 食品用香料、香精在各类食品中按生产需要适量使用，表B.1中所列食品没有加香的必要，不得添加食品用香料、香精，法律、法规或国家食品安全标准另有明确规定者除外。除表B.1所列食品外，其他食品是否可以加香应按相关食品产品标准规定执行。

B.1.3 用于配制食品用香精的食品用香料品种应符合本标准的规定。用物理方法、酶法或微生物法(所用酶制剂应符合本标准的有关规定)从食品(可以是未加工过的，也可以是经过了适合人类消费的传统的食品制备工艺的加工过程)制得的具有香味特性的物质或天然香味复合物可用于配制食品用香精。

注：天然香味复合物是一类含有食用香味物质的制剂。

B.1.4 具有其他食品添加剂功能的食品用香料，在食品中发挥其他食品添加剂功能时，应符合本标准的规定。如：苯甲酸、肉桂醛、瓜拉纳提取物、双乙酸钠(又名二醋酸钠)、琥珀酸二钠、磷酸三钙、氨基酸等。

B.1.5 食品用香精可以含有对其生产、贮存和应用等所必需的食品用香精辅料(包括食品添加剂和食品)。食品用香精辅料应符合以下要求：

a) 食品用香精中允许使用的辅料应符合相关标准的规定。在达到预期目的的前提下尽可能减少使用品种。

b) 作为辅料添加到食品用香精中的食品添加剂不应在最终食品中发挥功能作用，在达到预期目的的前提下尽可能降低在食品中的使用量。

B.1.6 食品用香精的标签应符合相关标准的规定。

B.1.7 凡添加了食品用香料、香精的食品应按照国家相关标准进行标示。

B.2 食品用香料名单

B.2.1 食品用香料包括天然香料和合成香料两种。

B.2.2 允许使用的食品用天然香料名单见表B.2。

B.2.3 允许使用的食品用合成香料名单见表B.3。

表 B.1 不得添加食品用香料、香精的食品名单

食品分类号	食品名称
01.01.01	巴氏杀菌乳
01.01.02	灭菌乳
01.02.01	发酵乳
01.05.01	稀奶油

表 B.1（续）

食品分类号	食品名称
02.01.01	植物油脂
02.01.02	动物油脂(包括猪油、牛油、鱼油和其他动物脂肪等)
02.01.03	无水黄油,无水乳脂
04.01.01	新鲜水果
04.02.01	新鲜蔬菜
04.02.02.01	冷冻蔬菜
04.03.01	新鲜食用菌和藻类
04.03.02.01	冷冻食用菌和藻类
06.01	原粮
06.02.01	大米
06.03.01	小麦粉
06.04.01	杂粮粉
06.05.01	食用淀粉
08.01	生、鲜肉
09.01	鲜水产
10.01	鲜蛋
11.01	食糖
11.03.01	蜂蜜
12.01	盐及代盐制品
13.01	婴幼儿配方食品[a]
14.01.01	饮用天然矿泉水
14.01.02	饮用纯净水
14.01.03	其他类饮用水
16.02.01	茶叶、咖啡

[a] 较大婴儿和幼儿配方食品中可以使用香兰素、乙基香兰素和香荚兰豆浸膏(提取物),最大使用量分别为 5 mg/100 mL、5 mg/100 mL 和按照生产需要适量使用,其中 100 mL 以即食食品计,生产企业应按照冲调比例折算成配方食品中的使用量;婴幼儿谷类辅助食品中可以使用香兰素,最大使用量为 7 mg/100 g,其中 100 g 以即食食品计,生产企业应按照冲调比例折算成谷类食品中的使用量;凡使用范围涵盖 0 至 6 个月婴幼儿配方食品不得添加任何食品用香料。

表 B.2 允许使用的食品用天然香料名单

序号	编码	香料中文名称	香料英文名称	FEMA[a] 编号
1	N001	丁香叶油	Clove leaf oil (*Eugenia* spp.)	2325
2	N002	丁香花蕾酊(提取物)	Clove bud tincture (extract) (*Eugenia* spp.)	2322
3	N003	丁香花蕾油	Clove bud oil (*Eugenia* spp.)	2323
4	N004	罗勒油	Basil oil (*Ocimum basilicum* L.)	2119
5	N005	八角茴香油	Anise star oil (*Illicium verum* Hook,F.)	2096
6	N006	九里香浸膏	Common Jasmin orange concrete (*Murraya paniculata*)	—
7	N007	广藿香油	Patchouli oil (*Pogostemon cablin*)	2838
8	N008	万寿菊油	Tagetes oil (*Tagetes* spp.)	3040
9	N009	大茴香脑	*trans*-Anethole Anise camphor	2086
10	N010	小豆蔻油	Cardamom oil (*Elletaria cardamomum*)	2241
11	N011	小豆蔻酊	Cardamom tincture (*Elletaria cardamomum*)	2240
12	N012	小茴香酊	Fennel tincture (*Foeniculum vulgare* Mill.)	—
13	N013	山苍子油	*Litsea cubeba* berry oil	3846
14	N014	山楂酊	Hawthorn fruit tincture (*Crataegus* spp.)	—
15	N015	大蒜油	Garlic oil (*Allium sativum* L.)	2503
16	N016	大蒜油树脂	Garlic oleoresin (*Allium sativum* L.)	—
17	N017	天然康酿克油	Cognac oil, green	2331
18	N018	天然薄荷脑	*L*-Menthol, natural	2665
19	N019	云木香油	Costus root oil (*Saussures lappa* Clanke)	2336
20	N020	月桂叶油	Bay, sweet, oil (*Laurus nobilis* L.)	2125
21	N021	乌梅酊	Wumei tincture (*Prunus mume*)	—
22	N022	布枯叶油	Buchu leaves oil (*Barosma* spp.)	2169
23	N023	可可酊	Cocoa tincture (*Theobroma cacao* Linn.)	—
24	N024	可可壳酊	Cocoa husk tincture (*Theobroma cacao* Linn.)	—
25	N025	甘松油	China nardostachys oil (*Nardostachys chinensis* Batal.)	—
26	N026	甘草酊	Licorice tincture (*Glycyrrhiza* spp.)	2628
27	N027	甘草流浸膏	Licorice extract (*Glycyrrhiza* spp.)	2628

表 B.2（续）

序号	编码	香料中文名称	香料英文名称	FEMA[a] 编号
28	N028	冬青油	Wintergreen oil (*Gaultheria procumbens* L.)	3113
29	N029	白兰花油	*Michelia alba* flower oil	3950
30	N030	白兰叶油	*Michelia alba* leaf oil	3950
31	N031	白兰花净油	*Michelia alba* flower absolute	3950
32	N032	白兰花浸膏	*Michelia alba* flower concrete	3950
33	N033	白芷酊	*Angelica dahurica* tincture	—
34	N034	白柠檬油	Lime oil [*Citrus aurantifolia* (Christman) Swingle]	2631
35	N035	白柠檬萜烯	Lime oil terpene	—
36	N036	生姜油树脂	Ginger oleoresin (*Zingiber officinale* Rosc.)	2523
37	N037	肉豆蔻油	Nutmeg oil (*Myristica fragrans* Houtt.)	2793
38	N038	肉豆蔻酊	Nutmeg tincture(*Myristica fragrans* Houtt.)	—
39	N039	中国肉桂油	Cassia oil (*Cinnamomum cassia* Blume)	2258
40	N040	中国肉桂皮酊(提取物)	Cassia bark tincture (extract) (*Cinnamomum cassia* Blume)	2257
41	N041	红茶酊	Black tea tincture (*Camellia sinensis*)	—
42	N042	印蒿油	Davana oil (*Artemisia pallens* Wall.)	2359
43	N043	吐鲁酊(提取物)	Tolu balsam tincture (extract) (*Myroxylon* spp.)	3069
44	N044	吐鲁香膏	Tolu balsam gum (*Myroxylon* spp.)	3070
45	N045	豆豉酊	Soya bean fermented tincture	—
46	N046	杜松籽油(又名刺柏子油)	Juniper berry oil (*Juniperus communis* L.)	2604
47	N047	芫荽籽油	Coriander oil (*Coriandrum sativum* L.)	2334
48	N048	芹菜花油	Celery flower oil (*Apium graveolens* L.)	—
49	N049	芹菜籽油	Celery seed oil (*Apium graveolens* L.)	2271
50	N050	牡荆叶油	*Vitex cannabifolia* leaf oil	—
51	N051	圆柚油	Grapefruit oil, expressed (*Citrus paradisi* Mact.)	2530

表 B.2（续）

序号	编码	香料中文名称	香料英文名称	FEMA[a] 编号
52	N052	苍术脂(又名苍术硬脂,苍术油)	Atractylodes oil(*Atractylodes lancea*)	—
53	N053	枣子酊	Chinese date （common Jujube） tincture (*Ziziphus jujuba* Mill.)	—
54	N054	玫瑰油	Rose oil (*Rosa* spp.)	2989
55	N055	玫瑰净油	Rose absolute (*Rosa* spp.)	2988
56	N056	玫瑰浸膏	Rose concrete (*Rosa* spp.)	—
57	N057	鸢尾浸膏	Orris concrete (*Iris florentina* L.)	2829
58	N058	鸢尾脂(又名鸢尾凝脂)	Orris root extract (*Iris florentina* L.)	2830
59	N059	杭白菊花油	Chrysanthemum Hang Zhou flower oil (*Dendranthema morifolium* or *Chrysanthemum morifolium*)	—
60	N060	杭白菊花浸膏(又名杭菊花流浸膏)	Chrysanthemum Hang Zhou flower extract (*Dendranthema morifolium* or *Chrysanthemum morifolium*)	4689
61	N061	枫槭油	Maple oil (*Acer* spp.)	—
62	N062	枫槭浸膏	Maple concrete (*Acer* spp.)	—
63	N063	岩蔷薇浸膏(又名赖百当浸膏)	Labdanum extract(*Cistus ladaniferus*)	2610
64	N064	咖啡酊	Coffee tincture (*Coffee* spp.)	—
65	N065	罗汉果酊	Luohanfruit tincture [*Siraitia grosvenorii* (Swingle) C.Jeffrey]	—
66	N066	金合欢浸膏	Cassie concrete (*Acacia farnesiana* Willd.)	—
67	N067	依兰依兰油	Ylang ylang oil (*Cananga odorata* Hook. f. and Thomas)	3119
68	N068	大花茉莉净油	*Jasminum grandiflorum* absolute	2598
69	N069	大花茉莉浸膏	*Jasminum grandiflorum* concrete	2599
70	N070	小花茉莉净油	*Jasminum sambac* absolute	—
71	N071	小花茉莉浸膏	*Jasminum sambac* concrete	—
72	N072	佛手油	Sarcodactylis oil (*Citrus medica* var. *Sarcodactylis* Swingle)	3899

表 B.2（续）

序号	编码	香料中文名称	香料英文名称	FEMA[a] 编号
73	N073	圆叶当归根酊(又名独活酊)	Angelica root tincture (extract) (*Angelica archangelica* L.)	2087
74	N074	洋葱油	Onion oil (*Allium cepa* L.)	2817
75	N075	生姜油	Ginger oil (*Zingiber officinale* Rosc.)	2522
76	N076	姜黄油	Turmeric oil (*Curcuma longa* L.)	3085
77	N077	姜黄油树脂	Turmeric oleoresin (*Curcuma longa* L.)	3087
78	N078	姜黄浸膏	Turmeric extract (*Curcuma longa* L.)	3086
79	N079	葫芦巴酊	Fenugreek tincture (extract) (*Trigonella foenum graecum* L.)	2485
80	N080	玳玳花油	Daidai flower oil(*Citrus aurantium* L.'Daidai')	2771
81	N081	玳玳花浸膏	Daidai flower concrete(*Citrus aurantium* L. 'Daidai')	2771
82	N082	玳玳果油	Daidai fruit oil(*Citrus aurantium* L.'Daidai')	2771
83	N083	柚皮油	Pummelo peel oil [*Citrus grandis* (L.) Osbeck]	—
84	N084	柏木叶油(北美香柏)	Cedar leaf oil (*Thuja occidentalis* L.)	2267
85	N085	枯茗籽油(又名孜然油)	Cumin seed oil (*Cuminum cyminum* L.)	2343
86	N086	柠檬油	Lemon oil [*Citrus limon* (L.) Burm.f.]	2625
87	N087	无萜柠檬油	Lemon oil, terpeneless [*Citrus limon* (L.) Burm.f.]	2626
88	N088	柠檬油萜烯	Terpenes of lemon oil	—
89	N089	柠檬叶油	Petitgrain lemon oil [*Citrus limon* (L.) Burm.f.]	2853
90	N090	柠檬草油	Lemongrass oil (*Cymbopogon citratus* DC. and C. *flexuosus*)	2624
91	N091	栀子花浸膏	Gardenia flower concrete (*Gardenia jasminoides* Ellis)	—
92	N092	树兰花油	*Aglaia odorata* flower oil	—

表 B.2（续）

序号	编码	香料中文名称	香料英文名称	FEMA[a] 编号
93	N093	树兰花酊	*Aglaia odorata* flower tincture	—
94	N094	树兰花浸膏	*Aglaia odorata* flower concrete	—
95	N095	树苔净油	Treemoss absolute (*Evernia furfuraceae*)	—
96	N096	树苔浸膏	Treemoss concrete (*Evernia furfuraceae*)	—
97	N097	香叶油(又名玫瑰香叶油)	Geranium oil (geranium rose oil) (*Pelargonium graveolens* L'Her)	2508
98	N098	除萜香叶油	Geranium oil terpeneless	2508
99	N099	香风茶油(又名香茶菜油)	Xiang Feng cha oil(*Rabdosia* spp.)	—
100	N101	香柠檬油	Bergamot oil (*Citrus aurantium* L. subsp. *bergamia*)	2153
101	N102	香根油	Vertiver oil (*Vetiveria zizanioides* Nash.)	—
102	N103	香根浸膏	Vertiver concrete (*Vetiveria zizanioides* Nash.)	—
103	N104	香荚兰豆酊	Vanilla bean tincture (*Vanilla* spp.)	3105
104	N105	香荚兰豆浸膏(提取物)	Vanilla bean concrete (extract) (*Vanilla* spp.)	3105
105	N106	香附子油	Cyperus oil (*Cupressus sempervirens*)	—
106	N107	香葱油	Chives oil (*Allium schoenoprasum*)	—
107	N108	香紫苏油	Clary sage oil (*Salvia sclarea* L.)	2321
108	N109	香榧子壳浸膏	*Torreya grandis* shell concrete	—
109	N110	橘子油	Mandarin oil (*Citrus reticulata* Blanco)	2657
110	N111	除萜橘子油	Mandarin oil,terpeneless	—
111	N112	酒花酊	Hops tincture (extract) (*Humulus lupulus* L.)	2578
112	N113	酒花浸膏	Hops extract,solid (*Humulus lupulus* L.)	2579
113	N114	桉叶油(蓝桉油)	Eucalyptus oil (*Eucalyptus globulus* Labille)	2466
114	N115	海狸酊	Castoreum tincture (extract) (*Castor* spp.)	2261
115	N116	斯里兰卡肉桂皮油	Cinnamon bark oil (*Cinnamomum* spp.)	2291
116	N117	斯里兰卡肉桂叶油	Cinnamon leaf oil (*Cinnamomum* spp.)	2292
117	N118	桂花净油	*Osmanthus fragrans* flower absolute	3750
118	N119	桂花酊	*Osmanthus fragrans* flower tincture	—
119	N120	桂花浸膏	*Osmanthus fragrans* flower concrete	—
120	N121	桂圆酊	Longan tincture (*Euphoria longana*)	—
121	N122	留兰香油	Spearmint oil (*Mentha spicata*)	3032
122	N123	核桃壳提取物	Walnut hull extract (*Juglans* spp.)	3111
123	N124	素方花净油	Common white jasmine flower absolute (*Jasminum officinale* L.)	—
124	N125	桦焦油	Birch sweet oil (*Betula lenta* L.)	2154

表 B.2（续）

序号	编码	香料中文名称	香料英文名称	FEMA[a] 编号
125	N126	蚕豆花酊	Broad bean flower tincture (*Vicia faba* Linn.)	—
126	N127	绿茶酊	Green tea tincture(*Thea sinensis* or *Camellia sinensis*)	—
127	N128	野玫瑰浸膏	Wild rose concrete (*Rosa multiflora*)	—
128	N129	甜小茴香油	Fennel oil,sweet (*Foeniculum vulgare* Mill. var. *dulce* D.C.)	2483
129	N130	甜叶菊油	*Stevia rebaudiana* oil	—
130	N131	甜橙油	Orange oil [*Citrus sinensis* (L.) Osbeck]	2821
131	N132	除萜甜橙油	Orange oil,terpeneless [*Citrus sinensis* (L.) Osbeck]	2822
132	N133	甜橙油萜烯	Terpenes of orange oil	—
133	N134	菊苣浸膏	Chicory concrete (extract) (*Cichorium intybus* L.)	2280
134	N135	晚香玉浸膏	Tuberose concrete (*Polianthes tuberosa*)	—
135	N136	紫罗兰叶浸膏	Violet leaf concrete (*Viola odorata*)	3110
136	N137	椒样薄荷油	Peppermint oil (*Mentha piperita* L.)	2848
137	N138	黑加仑酊	Black currant tincture (*Ribes nigrum* L.)	2346
138	N139	黑加仑浸膏	Black currant concrete (*Ribes nigrum* L.)	2346
139	N140	槐树花净油	*Sophora japonica* flower absolute	—
140	N141	槐树花浸膏	*Sophora japonica* flower concrete	—
141	N142	辣椒酊	Capsicum tincture (extract) (*Capsicum* spp.)	2233
142	N143	辣椒油树脂(又名灯笼辣椒油树脂)	Paprika oleoresin (*Capsicum annuum* L.)	2834
143	N144	愈疮木油	Guaiac wood oil (*Bulnesia sarmienti* Lor.)	2534
144	N145	缬草油	Valerian root oil (*Valeriana officinalis* L.)	3100
145	N146	墨红花净油	*Rose crimsonglory* flower absolute	—
146	N147	墨红花浸膏	*Rose crimsonglory* flower concrete	—
147	N149	橙叶油	Petitgrain bigarade oil (*Citrus aurantium* L.)	2855
148	N150	亚洲薄荷油	*Mentha arvensis* oil (Cornmint oil)	4219
149	N151	亚洲薄荷素油	*Mentha arvensis* oil,partially dementholized	—
150	N152	檀香油	Sandalwood oil (*Santalum album* L.)	3005
151	N153	薰衣草油	Lavender oil (*Lavandula angustifolia*)	2622
152	N154	头状百里香油(又名西班牙牛至油)	Origanum oil (*Thymus capitatus*)	2828
153	N155	可乐果提取物	Kolas nut extract (*Cola acuminate* Schott et EndL.)	2607
154	N156	加州胡椒油	Schinus molle oil (*Schinus molle* L.)	3018

表 B.2（续）

序号	编码	香料中文名称	香料英文名称	FEMA[a] 编号
155	N157	卡黎皮油	Cascarilla bark oil (*Croton* spp.)	2255
156	N158	百里香油	Thyme oil (*Thymus vulgaris* or *zigis* L.)	3064
157	N159	奶油发酵起子蒸馏物(黄油蒸馏物)	Butter starters distillate	2173
158	N160	卡南伽油	Cananga oil (*Cananga odorata* Hook. F. and Thoms)	2232
159	N161	月桂叶提起物/油树脂	Laurel leaves extract/oleoresin (*Laurus nobilis* L.)	2613
160	N162	生姜提取物(生姜浸膏)	Ginger extract (Ginger concrete.) (*Zingiber officinale*)	2521
161	N163	白栎木屑提取物	Oak chips extract (*Quercus alba* L.)	2794
162	N164	龙蒿油	Estragon oil (*Artemisia dracunculus* L.)	2412
163	N165	白樟油	Camphor oil, white [*Cinnamomum camphora* (L.) Presl]	2231
164	N166	肉豆蔻衣油	Mace oil (*Myristica fragrans* Houtt.)	2653
165	N167	众香叶油	Pimento leaf oil (*Pimenta officinalis* Lindl.)	2901
166	N168	西班牙鼠尾草油	Sage oil, Spanish (*Salvia lavandulaefolia* Vahl.)	3003
167	N169	红橘油	Tangerine oil (*Citrus reticulata* Blanco)	3041
168	N170	杂薰衣草油	Lavandin oil (*Lavandula hydrida*)	2618
169	N171	杏仁油	Apricot Kernel oil (*Prunus armeniaca* L.)	2105
170	N172	苏合香油	Styrax oil (*Liquidambar* spp.)	—
171	N173	苏合香提取物	Styrax extract (*Liquidambar* spp.)	3037
172	N174	长角豆油	Locust bean oil (*Ceratonia siliqua* L.)	—
173	N175	角豆提取物	Carob bean extract (*Ceratonia siliqua* L.)	2243
174	N176	皂树皮提取物	Quillaia (*Quillaja saponaria* Molina)	2973
175	N177	乳香油	Olibanum oil (*Boswellia* spp.)	2816
176	N178	没药油	Myrrh oil (*Commiphora* spp.)	2766
177	N179	良姜根提取物	Galangal root extract (*Alpinia* spp.)	2499
178	N180	苏格兰松油	Pine oil, scotch (*Pinus sylvestris* L.)	2906
179	N181	小茴香油(又名普通小茴香油)	Fennel oil, (common) (*Foeniculum vulgare* Mill)	2481
180	N182	苦杏仁油	Almond oil, bitter (*Prunus amygdalus*)	2046
181	N183	阿魏油	Asafoetida oil (*Ferula asafoetida* L.)	2108
182	N184	金合欢净油	Cassie absolute [*Acacia farnesiana* (L.) Willd.]	2260
183	N185	欧芹叶油	Parsley leaf oil (*Petroselinum crispum*)	2836

表 B.2（续）

序号	编码	香料中文名称	香料英文名称	FEMA[a] 编号
184	N186	松针油	Pine needle oil (*Abies* spp.)	2905
185	N187	波罗尼花净油	Boronia absolute (*Boronia megastigma* Nees)	2167
186	N188	玫瑰木油	Bois de rose oil (*Aniba rosaeodora* Ducke)	2156
187	N189	玫瑰草油	Palmarosa oil [*Cymbopogon martini* (Roxb.) Stapf]	2831
188	N190	香茅油	Citronella oil (*Cymbopogon nardus* Rendle)	2308
189	N191	迷迭香油	Rosemary oil (*Rosemarinus officinalis* L.)	2992
190	N192	香脂冷杉油	Balsam fir oil [*Abies balsamea* (L.) Mill.]	2114
191	N193	香脂冷杉油树脂	Balsam fir oleoresin [*Abies balsamea* (L.) Mill.]	2115
192	N194	胡萝卜籽油	Carrot seed oil (*Daucus carota* L.)	2244
193	N195	春黄菊花油(罗马)	Chamomile flower oil (Roman) (*Anthemis nobilis* L.)	2275
194	N196	春黄菊花净油(提取物)(罗马)	Chamomile flower absolute (extract) (Roman) (*Anthemis nobilis* L.)	2274
195	N197	药鼠李提取物	Cascara bitterless extract (*Rhamnus purshiana* DC.)	2253
196	N198	荜澄茄油	Cubeb oil (*Piper cubeba* L.f.)	2339
197	N199	胡薄荷油(又名唇萼薄荷油)	Pennyroyal oil (*Mentha pulegium* L.)	2839
198	N200	欧当归油	Lovage oil (*Levisticum officinale* Koch.)	2651
199	N201	夏至草提取物	Horehound extract (*Marrubium vulgare* L.)	2581
200	N202	莫哈弗丝兰提取物	Yucca mohave extract (*Yucca* spp.)	3121
201	N203	海草(藻)提取物	Kelp (*Laminaria* and *Kereocystis* spp.)	2606
202	N204	海索草油	Hyssop oil (*Hyssopus officinalis* L.)	2591
203	N205	莳萝草油(又名莳萝油)	Dill herb oil (*Anethum graveolens*)	2383
204	N206	秘鲁香脂	Balsam peru (*Myroxylon pereirae* Klotzsch)	2116
205	N207	格蓬油	Galbanum oil (*Ferula galbaniflua*)	2501
206	N208	脂檀油	Amyris oil (*Amyris balsamifera* L.)	—
207	N209	银白金合欢净油(又名含羞草净油)	Mimosa absolute (*Acacia decurrens* Will. Var. *dealbata*)	2755
208	N210	接骨木花净油	Elder flower absolute (*Sambucus canadensis* L. and S.*nigra* L.)	—
209	N211	甘牛至油	Marjoram oil, sweet [*Majorana hortensis* Moench (*Origanum majorana* L.)]	2663
210	N212	黄龙胆根提取物	Gentian root extract (*Gentiana lutea* L.)	2506
211	N213	黄葵籽油	Ambrette seed oil (*Hibiscus abelmoschus* L.)	2051

表 B.2（续）

序号	编码	香料中文名称	香料英文名称	FEMA[a] 编号
212	N214	野黑樱桃树皮提取物	Cherry bark extract (wild) (*Prunus serotina* Ehrh.)	2276
213	N215	黑胡椒油	Pepper oil, black (*Piper nigrum* L.)	2845
214	N216	葛缕籽油	Caraway seed oil (*Carum carvi* L.)	2238
215	N217	榄香香树脂	Elemi resinoid (*Canarium* ssp.)	2407
216	N218	蜡菊提取物	Immortelle extract (*Helichrysum angustifolium* DC.)	2592
217	N219	蜜蜂花油	Balm oil (*Melissa officinalis* L.)	2113
218	N220	*d*-樟脑	*d*-Camphor	2230
219	N221	橙花净油	Orange flower absolute (*Citrus aurantium* L. subsp. *amara*)	2818
220	N222	柚苷(柚皮甙提取物)	Naringin extract (*Citrus paradisi* Macf.)	2769
221	N223	穗薰衣草油	Spike lavender oil (*Lavandula latifolia* L.)	3033
222	N224	鹰爪豆净油	Genet absolute (*Spartium junceum* L.)	2504
223	N225	玳玳果皮油	Daidai peel oil(*Citrus aurantium* L.'Daidai')	3823
224	N226	甜橙油(橙皮压榨法)	Orange oil, sweet, cold pressed [*Citrus sinensis* (L.) osbeck]	2825
225	N227	小米辣椒油树脂	Bush red pepper oleoresin (*Capsicum frutescens* L.)	2234
226	N228	丁香茎油	Clove stem oil (*Eugenia* spp.)	2328
227	N229	大茴香油(又名茴芹油)	Anise oil (*Pimpinella anisum* L.)	2094
228	N230	*l*-天冬酰胺	*l*-Asparagine	—
229	N231	巴拉圭茶净油/提取物	Mate absolute/extract (*Ilex paraguariensis* St.Hil.)	—
230	N232	白山核桃树皮提取物	Hickory bark extract (*Carya* spp.)	2577
231	N233	瓜拉纳提取物	Guarana extract (*Paullinia cupana* HBK)	2536
232	N235	白百里香油	Thyme oil, white (*Thymus zygis* L.)	3065
233	N236	白胡椒油	Pepper oil, white (*Piper nigrum* L.)	2851
234	N237	白胡椒油树脂	Pepper oleoresin, white (*Piper nigrum* L.)	2852
235	N238	白康酿克油	Cognac oil, white	2332
236	N239	白脱酯	Butter esters	2172
237	N240	白脱酸	Butter acids	2171
238	N241	众香果油	Pimenta oil (*Pimenta officinalis*)	2018
239	N242	安息香树脂	Benzoin resinoid (*Styrax tonkinensis* Pierre)	2133
240	N243	当归籽油	Angelica seed oil (*Angelica archanglica* L.)	2090

表 B.2（续）

序号	编码	香料中文名称	香料英文名称	FEMA[a] 编号
241	N244	当归根油	Angelica root oil (*Angelica archangelica* L.)	2088
242	N245	肉豆蔻衣油树脂/提取物	Mace oleoresin/extract (*Myristica fragrans* Houtt)	2654
243	N246	西印度月桂叶提取物	Bay leaves, west Indian, extract (*Pimenta acris* kostel)	2121
244	N247	西印度月桂叶油	Bay leaves, West Indian, oil (*Pimenta acris* kostel)	2122
245	N248	L-阿拉伯糖(原名称为 *l*-阿戊糖)	L-Arabinose	3255
246	N249	阿拉伯胶	Arabic gum	2001
247	N250	欧当归提取物	Lovage extract (*Levisticum officinale* Koch)	2650
248	N251	欧芹油树脂	Parsley oleoresin (*Petroselinum* spp.)	2837
249	N252	油酸	Oleic acid	2815
250	N253	苦木提取物	Quassia extract [*Picrasma excelsa* (sw.) planch. *Quassia amara* L.]	2971
251	N254	苦橙叶净油	Orange leaf absolute (*Citrus aurantium* L.)	2820
252	N255	苦橙油	Orange oil, bitter (*Citrus aurantium* L.)	2823
253	N256	金鸡纳树皮	Cinchona bark (yellow) (*Cinchona* spp.)	2283
254	N257	金钮扣油树脂	Jambu oleoresin (*Spilanthes acmelia oleracea*)	3783
255	N258	奎宁盐酸盐	Quinine hydrochloride	2976
256	N259	枯茗油	Cumin oil (*Cuminum cyminum* L.)	2340
257	N260	洋葱油树脂	Onion oleoresin (*Allium cepa* L.)	—
258	N261	茶树油(又名互叶白千层油)	Tea tree oil (*Melaleuca alternifolia*)	3902
259	N262	除萜白柠檬油	Lime oil, expressed terpeneless (*Citrus aurantifolia* Swingle)	2632
260	N263	除萜甜橙皮油	Orange peel oil, sweet, terpeneless (*Citrus sinensis* L.Osbeck)	2826
261	N265	黄芥末提取物/黄芥末油树脂	Mustard extract/oleoresin, yellow (*Brassica* spp.)	—
262	N266	棕芥末提取物	Mustard extract, brown (*Brassica* spp.)	—
263	N267	焦木酸	Pyroligneous acid	2967
264	N268	紫苏油	Perilla leaf oil (Shiso oil) (*Perilla frutescens*)	4013
265	N269	葡萄柚油萜烯	Grapefruit oil terpenes (*Citrus paradisi* Macf)	—
266	N270	黑胡椒油树脂/黑胡椒提取物	Pepper oleoresin/extract, black (*Piper nigrum* L.)	2846
267	N271	榄香油/提取物/香树脂	Elemi oil/extract/ resinoid (*Canarium cimmune* or *Iuzonicum* Miq)	2408

表 B.2（续）

序号	编码	香料中文名称	香料英文名称	FEMA[a] 编号
268	N272	蜂蜡净油	Beeswax absolute (*Apis mellifera* L.)	2126
269	N273	赖百当净油(又名岩蔷薇净油)	Labdanum absolute (*Cistus* spp.)	2608
270	N274	鼠尾草油(又名药鼠尾草油)	Sage oil (*Salvia officinalis* L.)	3001
271	N275	蜡菊净油	Helichrysum absolute (*Helichrysum augustifolium*)	—
272	N276	糖蜜提取物	Molasses extract	—
273	N277	檀香醇(α-,β-)	Santalol,α- and β-	3006
274	N278	山达草流浸膏	Yerba santa fluid extract [*Eriodictyon californicum* (Hook and Arn) Torr]	3118
275	N279	苜蓿提取物	Alfalfa extract (*Medicago sativa* L.)	2013
276	N281	众香子油树脂/提取物	Allspice oleoresin/extract (*Pimenta officinalis* Lindl.)	2019
277	N282	黄葵籽净油	Ambrette seed absolute (*Hibiscus abelmoschus* L.)	2050
278	N283	秘鲁香膏油	Balsam oil,Peru (*Myroxylon pereirae* Klotzsch)	2117
279	N284	罗勒提取物	Basil extract (*Ocimum basilicum* L.)	2120
280	N285	芹菜籽提取物(固体)	Celery seed extract solid (*Apium graveolens* L.)	2269
281	N286	芹菜籽(CO_2)提取物	Celery seed (CO_2) Extract (*Apium graveolens* L.)	2270
282	N287	母菊(匈牙利春黄菊)花油	Chamomile flower oil (Hungarian) (*Matricaria chamomilla* L.)	2273
283	N288	黄色金鸡纳树皮提取物	Cinchona bark extract (yellow) (*Cinchona* spp.)	2284
284	N289	丁香花蕾油树脂	Clove bud oleoresin (*Eugenia* spp.)	2324
285	N290	红三叶草提取物(固体)	Clover tops red extract solid (*Trifolium pratense* L.)	2326
286	N291	蒲公英流浸膏	Dandelion fluid extract (*Taraxacum* spp.)	2357
287	N292	蒲公英根固体提取物	Dandelion root solid extract (*Taraxacum* spp.)	2358
288	N293	加拿大飞蓬草油	Fleabane oil(*Erigeron canadensis*)	2409
289	N294	穗花槭提取物(固体)	Mountain maple extract solid (*Acer spicatum* Lam.)	2757
290	N295	芸香油	Rue oil (*Ruta graveolens* L.)	2995
291	N296	鼠尾草油树脂/提取物	Sage oleoresin/extract (*Salvia officinalis* L.)	3002
292	N297	菝葜提取物	Sarsaparilla extract (*Smilax* spp.)	3009
293	N298	水蒸气蒸馏松节油	Turpentine,steam-distilled (*Pinus* spp.)	3089
294	N299	缬草根提取物	Valerian root extract (*Valeriana officinalis* L.)	3099

表 B.2（续）

序号	编码	香料中文名称	香料英文名称	FEMA[a] 编号
295	N300	香荚兰油树脂	Vanilla oleoresin (*Vanilla fragrans*)	3106
296	N301	紫罗兰叶净油	Violet leaves absolute (*Viola odorata* L.)	3110
297	N302	洋艾油	Wormwood oil (*Artemisia absinthium* L.)	3116
298	N303	玫瑰茄	Roselle (*Hibiscus sabdariffa* L.)	—
299	N304	橘柚油	Tangelo oil	—
300	N305	晚香玉净油	Tuberose absolute (*Polianthes tuberosa* L.)	—
301	N306	美国栗树叶提取物	Chestnut leaves extract [*Castanea dentate* (Marsh.) Borkh.]	—
302	N307	古巴香脂油	Copaiba oil (South American spp. of *Copaifera*)	—
303	N308	达迷草叶	Damiana leaves (*Turnera diffusa* Willd.)	—
304	N309	母菊(匈牙利春黄菊)花净油	Chamomile flower absolute (Hungarian) (*Matricaria chamomilla* L.)	—
305	N310	接骨木花提取物	Elder flowers extract (*Sambucus canadensis* L. and S. *nigra* L.)	—
306	N311	防风根油(又名没药油)	Opoponax oil (*Commiphora* ssp.)	—
307	N312	藏红花提取物	Saffron extract (*Crocus sativus* L.)	2999
308	N313	香叶提取物	Geranium extract (*Pelargonlium* spp.)	—
309	N314	葫芦巴油树脂	Fenugreek oleoresin (*Trigonella foenum-graecum* L.)	2486
310	N315	柠檬提取物	Lemon extract[*Citrus limon* (L.) Burm.f.]	2623
311	N316	德国鸢尾树脂	Orris resinoid (*Iris germanical* L.)	—
312	N317	罗望子提取物(浸膏)	Tamarind extract (*Tamarindus indica* L.)	—
313	N318	辣根油	Horseradish oil (*Armoracia lapathifolia* Gilib)	—
314	N319	葫芦巴籽浸膏	Fenugreek seed extract (*Trigonella foenum-graecum* L.)	2485
315	N320	芹菜叶油	Celery leaf oil (*Apium graveolens* L.)	—
316	N321	柏木油萜烯	Cedarwood oil terpenes	—
317	N322	肉豆蔻油树脂	Nutmeg oleoresin (*Myristica fragrans* Houtt)	—
318	N324	芫荽油/油树脂	Coriander oil/oleoresin (*Coriandrum sativum* L.)	2334
319	N325	葫芦巴	Fenugreek (*Trigonella foenum-graecum* L.)	2484
320	N326	韭葱油	Leek oil (*Allium porrum*)	—
321	N327	甜橙皮提取物	Orange peel extract, sweet [*Citrus sinensis* (L.) Osbeck]	2824
322	N329	香橙皮油	*Citrus junos* peel oil	2318

表 B.2（续）

序号	编码	香料中文名称	香料英文名称	FEMA[a] 编号
323	N330	海藻净油	*Algues* absolute	—
324	N331	墨西哥鼠尾草油树脂(又名棘枝油树脂)(原名称为墨西哥牛至油树脂)	Oregano oleoresin (*Lippia* spp.)	2827
325	N332	甘草酸胺	Glycyrrhizin, ammoniated (*Glycyrrhiza* spp.)	2528
326	N333	冬香草油	Savory winter oil (*Satureja montana* L.)	3016
327	N334	安息香	Styrax (*Liquidambar* spp.)	3036
328	N335	阿魏液态提取物(流浸膏)	Asafoetida fluid extract (*Ferula assafoetida* L.)	2106
329	N336	桃树叶净油	Peach tree leaf absolute (*Prunus persica* L. Batsch)	—
330	N337	白藓牛至	Dittany of crete (*Origanum dictamnus* L.)	2399
331	N338	酒花油	Hops oil (*Humulus lupulus* L.)	2580
332	N339	赖百当油	Labdanum oil (*Cistus ladaniferus*)	2609
333	N340	薰衣草净油	Lavender absolute (*Lavandula angustidolia*)	2620
334	N341	没药树脂提取物	Opoponax extract resinoid (*Commiphora* ssp.)	—
335	N342	花椒提取物	Ash bark, prickly, extract (*Zanthoxylum* spp.)	2110 4754
336	N343	蓖麻油	Castor oil (*Ricinus communis*)	2263
337	N344	儿茶粉	Catechu powder (*Acacia catechu* Willd.)	2265
338	N345	苦艾	Wormwood (*Artemisia absinthium* L.)	3114
339	N346	苦橙花油	Neroli bigarade oil (*Citrus aurantium* L.)	2771
340	N347	达瓦树胶	Ghatti gum (*Anogeissus latifolia* Wall.)	2519
341	N348	苦艾提取物	Wormwood extract (*Artemisia absinthium* L.)	3115
342	N349	刺柏提取物	Juniper extract (*Juniperus communis* L.)	2603
343	N350	甘草提取物(粉)	Licorice extract powder (*Glycyrrhiza glabra* L.)	2629
344	N351	甜菜碱(天然提取)	Betaine (Natural Extract)	4223
345	N352	松焦油	Pine tar oil (*Pinus* spp.)	2907
346	N353	橡苔净油	Oakmoss absolute(*Evernia* spp.)	2795
347	N354	苏格兰留兰香油	Scotch spearmint oil (*Mentha cardiaca* L.)	4221
348	N355	海索草提取物(又名神香草提取物)	Hyssop extract (*Hyssopus officinalis* L.)	2590
349	N356	安古树皮提取物	Angostura extract (*Galipea offincinalis* Hancock)	2092
350	N357	德国春黄菊花(母菊花)提取物	Chamomile (German) extract (*Matricaria chamomilla* L.)	—
351	N358	石榴果汁浓缩物	Pomegranate concentrate	—
352	N359	L-苏氨酸	L-Threonine	4710
353	N360	L-丝氨酸	L-Serine	—

表 B.2（续）

序号	编码	香料中文名称	香料英文名称	FEMA[a] 编号
354	N361	灵猫净油	Civet absolute (*Viverra civetta* Schreber V. *zibetha* Schreber)	2319
355	N362	胭脂树提取物	Annatto extract (*Bixa orellana* L.)	2103
356	N363	卡黎皮提取物	Cascarilla bark extract (*Croton* spp.)	2254
357	N364	肉桂皮油/油树脂	Cinnanon bark oil/oleoresin (*Cinnamomaum* spp.)	2290
358	N365	刺梧桐树胶	Karaya gum (*Sterculia urens*)	2605
359	N366	橘叶油	Petitgrain mandarin oil (*Citrus reticulate* Blanco var. *mandarin*)	2854
360	N367	欧洲山松针叶油	Pine needle oil, dwarf, oil [*Pinus mugo turra* var. *pumilio* (Haenke) Zenari]	2904
361	N368	玫瑰果籽提取物	Rose hips extract (*Rosa* spp.)	2990
362	N369	夏香草油	Savory summer oil (*Satureja hortensis* L.)	3013
363	N370	加拿大细辛油	Snakeroot oil, Canadian (*Asarum canadense* L.)	3023
364	N371	单宁酸	Tannic acid	3042
365	N372	黄蓍胶	Tragacanth gum (*Astragalus* spp.)	3079
366	N373	甘牛至油树脂/提取物	Marjoram oleoresin/extract [*Majorana hortensis* Moench (*Origanum majorana* L.)]	2659
367	N374	摩洛哥豆蔻提取物	Grains of paradise extract [*Aframomum melegueta* (Rosc.) K. Schum]	2529
368	N375	橙皮素	Hesperetin	4313
369	N376	根皮素	Phloretin	4390
370	N377	芝麻(CO_2)提取物	Sesame CO_2 extract	—
371	N378	芝麻蒸馏物	Sesame dist.	—
372	N379	干制鲣鱼(CO_2)提取物	Katsuobushi CO_2 extract	—
373	N380	郎姆酒净油	Rum absolute	—
374	N381	豆豉油树脂	Toushi oleoresin (Douchi oleoresin)	—
375	N382	药蜀葵	Althea root (*Althea officinalis* L.)	2048
376	N383	香蜂草	Balm (*Melissa officinalis* L.)	2111
377	N384	白千层油	Cajeput oil (*Melaleuca cajuputi* Powell)	2225
378	N387	玉米穗丝	Corn silk (*Zea mays* L.)	2335
379	N388	毕澄茄	Cubebs (*Piper cubeba* L. f.)	2338
380	N389	芦荟提取物	Aloe extract (*Aloe* spp.)	2047
381	N390	龙涎香酊	Ambergris tincture	2049
382	N391	黄葵酊	Ambrette tincture (*Hibiscus abelmoschus* L.)	2052

表 B.2（续）

序号	编码	香料中文名称	香料英文名称	FEMA[a] 编号
383	N392	燕根(萝藦科植物)提取物	Swallowroot (*Decalepis hamiltonii*) extract	4283
384	N393	红枣浸膏	Date concrete (*Ziziphus jujuba*)	—
385	N394	高倍天然苹果香料	Folded Apple Essence	—
386	N395	β-愈疮木烯	β-Guaiene Guaia-1(5),7(11)-diene	—
387	N396	褐藻胶	Algin (*Laminaria* spp. and other kelps)	2014
388	N397	香厚壳桂皮油	Massoia bark oil (*Cryptocarya massoio*)	3747
389	N398	(—)-高圣草酚钠盐	(—)-Homoeriodyctiol sodium salt	4228
390	N399	酶处理异槲皮苷	Isoquercitrin, enzymatically modified	4225
391	N400	葡萄籽提取物	Grape seed extract (*Vitis vinifera*)	4045
392	N401	留兰香提取物	Spearmint extract (*Mentha spicata* L.)	3031
393	N402	杂醇油(精制过)	Fusel oil, refined	2497

[a] FEMA:Flavour and Extract Manufacturers Association,(美国)香味料和萃取物制造者协会。

表 B.3　允许使用的食品用合成香料名单

序号	编码	香料中文名称	香料英文名称	FEMA 编号
1	S0001	丙二醇	1,2-Propanediol (Propylene glycol)	2940
2	S0002	甘油(又名丙三醇)	Glycerine (Glycerol)	2525
3	S0003	异丙醇	Isopropyl alcohol	2929
4	S0004	正丁醇	1-Butanol (Butyl alcohol)	2178
5	S0005	异丁醇	Isobutyl alcohol	2179
6	S0006	正戊醇	1-Pentanol (Amyl alcohol)	2056
7	S0007	2-戊醇	2-Pentanol	3316
8	S0008	异戊醇	Isoamyl alcohol	2057
9	S0009	1-戊烯-3-醇	1-Penten-3-ol	3584
10	S0010	正己醇	1-Hexanol (Hexyl alcohol)	2567
11	S0011	2-己烯-1-醇	2-Hexen-1-ol	2562
12	S0012	4-己烯-1-醇	4-Hexen-1-ol	3430
13	S0013	正庚醇	1-Heptanol (Heptyl alcohol)	2548
14	S0014	正辛醇	1-Octanol (Octyl alcohol)	2800
15	S0015	2-辛醇	2-Octanol	2801
16	S0016	1-辛烯-3-醇	1-Octen-3-ol	2805
17	S0017	顺式-5-辛烯-1-醇	*cis*-5-Octen-1-ol	3722
18	S0018	正壬醇	1-Nonanol (Nonyl alcohol)	2789

表 B.3（续）

序号	编码	香料中文名称	香料英文名称	FEMA 编号
19	S0019	顺式-6-壬烯-1-醇	*cis*-6-Nonen-1-ol	3465
20	S0020	反式-2-壬烯-1-醇	*trans*-2-Nonen-1-ol	3379
21	S0021	2,6-壬二烯-1-醇	2,6-Nonadien-1-ol	2780
22	S0022	正癸醇	1-Decanol (Decyl alcohol)	2365
23	S0023	十一醇	Undecyl alcohol	3097
24	S0024	月桂醇(十二醇)	Lauryl alcohol (Dodecyl alcohol)	2617
25	S0025	1-十六醇	1-Hexadecanol	2554
26	S0026	小茴香醇	Fenchyl alcohol	2480
27	S0027	叶醇(又名顺式-3-己烯-1-醇)	Leaf alcohol (*cis*-3-Hexen-1-ol)	2563
28	S0028	龙脑	Borneol	2157
29	S0029	芳樟醇	Linalool	2635
30	S0030	氧化芳樟醇	Linalool oxide	3746
31	S0031	异胡薄荷醇	Isopulegol	2962
32	S0032	苏合香醇(又名 α-甲基苄醇)	Styralyl alcohol (α-Methylbenzyl alcohol)	2685
33	S0033	苯甲醇	Benzyl alcohol	2137
34	S0034	苯乙醇	Phenethyl alcohol	2858
35	S0035	苯丙醇	Phenylpropyl alcohol	2885
36	S0036	玫瑰醇	Rhodinol	2980
37	S0037	α-松油醇	α-Terpineol	3045
38	S0038	金合欢醇	Farnesol	2478
39	S0039	香叶醇	Geraniol	2507
40	S0040	*dl*-香茅醇	*dl*-Citronellol	2309
41	S0041	茴香醇	Anisyl alcohol	2099
42	S0042	肉桂醇	Cinnamic alcohol	2294
43	S0043	α-紫罗兰醇(又名甲位紫罗兰醇)	α-Ionol	3624
44	S0044	β-紫罗兰醇(又名乙位紫罗兰醇)	β-Ionol	3625
45	S0045	二氢-β-紫罗兰醇	Dihydro-β-ionol	3627
46	S0046	橙花醇	Nerol	2770
47	S0047	橙花叔醇	Nerolidol	2772
48	S0048	二甲基苄基原醇	Dimethyl benzyl carbinol	2393
49	S0049	正丙醇	1-Propanol (Propyl alcohol)	2928
50	S0050	3-己醇	3-Hexanol	3351
51	S0051	1-己烯-3-醇	1-Hexen-3-ol	3608
52	S0052	2-乙基己醇	2-Ethyl-1-hexanol	3151

表 B.3（续）

序号	编码	香料中文名称	香料英文名称	FEMA 编号
53	S0053	2-庚醇	2-Heptanol	3288
54	S0054	3-辛醇	3-Octanol	3581
55	S0055	顺式-3-辛烯-1-醇	*cis*-3-Octen-1-ol	3467
56	S0056	2-十一醇	2-Undecanol	3246
57	S0057	对,*α*-二甲基苄醇	*p*,*α*-Dimethylbenzyl alcohol	3139
58	S0058	对-异丙基苄醇	*p*-Isopropylbenzyl alcohol	2933
59	S0059	对,*α*,*α*-三甲基苄醇	*p*,*α*,*α*-Trimethylbenzyl alcohol	3242
60	S0060	*β*-石竹烯醇	*β*-Caryophyllene alcohol	4410
61	S0061	龙蒿脑	Estragole	2411
62	S0062	四氢香叶醇	Tetrahydrogeraniol	2391
63	S0063	二氢香芹醇	Dihydrocarveol	2379
64	S0064	1-对-盖烯-4-醇(又名 1-对-薄荷烯-4-醇)	1-*p*-Menthen-4-ol	2248
65	S0065	紫苏醇	Perilla alcohol	2664
66	S0066	薄荷脑（*dl*-薄荷脑,*l*-薄荷脑）	Menthol(*dl*-Menthol,*l*-Menthol)	2665
67	S0067	3-(*l*-薄荷烷氧基)-2-甲基-1,2-丙二醇	3-(*l*-Menthoxy)-2-methylpropane-1,2-diol	3849
68	S0068	3,5,5-三甲基环己醇	3,5,5-Trimethylcyclohexanol	3962
69	S0069	顺式-2-壬烯-1-醇	*cis*-2-Nonen-1-ol	3720
70	S0070	反式,反式-2,4-癸二烯醇	(*E*,*E*)-2,4-Decadien-1-ol (*trans*,*trans*-2,4-Decadien-1-ol)	3911
71	S0071	反式-2-辛烯-4-醇	(*E*)-2-Octen-4-ol	3888
72	S0072	对-盖-3-烯-1-醇(又名对-3-薄荷烯-1-醇)	*p*-Menth-3-en-1-ol	3563
73	S0073	对-盖-1,8(10)二烯-9-醇[又名对-1,8(10)薄荷二烯-9-醇]	Menthadienol [*p*-mentha-1,8(10)-dien-9-ol]	—
74	S0074	柏木烯醇	Cedrenol	—
75	S0075	脱氢芳樟醇	Dehydrolinalool [(E)-3,7-Dimethyl-1,5,7-octatrien-3-ol]	3830
76	S0076	*d*-木糖	*d*-Xylose	3606
77	S0077	*d*-核糖	*d*-Ribose	3793
78	S0078	*l*-鼠李糖	*l*-Rhamnose	3730
79	S0079	二苯醚	Diphenyl ether	3667
80	S0080	对-甲酚甲醚	*p*-Cresyl methyl ether	2681
81	S0081	异丁香酚甲醚	Isoeugenyl methyl ether	2476
82	S0082	甲基苯乙醚	Methyl phenethyl ether	3198
83	S0083	朗姆醚(乙醇氧化水合物)	Rum ether (Ethyl oxyhydrate)	2996
84	S0084	仲丁基乙醚	*sec*-Butyl ethyl ether	3131

表 B.3（续）

序号	编码	香料中文名称	香料英文名称	FEMA 编号
85	S0085	乙基苄基醚	Ethyl benzyl ether	2144
86	S0086	大茴香醚	Anisole	2097
87	S0087	邻-甲基大茴香醚	*o*-Methylanisole	2680
88	S0088	橙花醚	Nerol oxide	3661
89	S0089	2,4-二甲基大茴香醚	2,4-Dimethylanisole	3828
90	S0090	香兰基乙醚	Vanillyl ethyl ether	3815
91	S0091	丁香酚	Eugenol	2467
92	S0092	异丁香酚	Isoeugenol	2468
93	S0093	甲基丁香酚	Methyl eugenol	2475
94	S0094	对-甲酚	*p*-Cresol	2337
95	S0095	邻-甲酚	*o*-Cresol	3480
96	S0096	间-甲酚	*m*-Cresol	3530
97	S0097	百里香酚	Thymol	3066
98	S0098	麦芽酚	Maltol	2656
99	S0099	苯酚	Phenol	3223
100	S0100	2-甲氧基-4-甲基苯酚	2-Methoxy-4-methylphenol	2671
101	S0101	对-乙基苯酚	*p*-Ethylphenol	3156
102	S0102	2-甲氧基-4-乙烯基苯酚	2-Methoxy-4-vinylphenol	2675
103	S0103	对-二甲氧基苯	*p*-Dimethoxybenzene	2386
104	S0104	愈疮木酚	Guaiacol	2532
105	S0105	4-乙基愈疮木酚	4-Ethylguaiacol	2436
106	S0106	苯甲醛丙二醇缩醛	Benzaldehyde propylene glycol acetal	2130
107	S0107	2-异丙基苯酚	2-Isopropylphenol	3461
108	S0108	2,6-二甲基苯酚	2,6-Xylenol	3249
109	S0109	2,6-二甲氧基苯酚	2,6-Dimethoxyphenol	3137
110	S0110	间苯二酚	Resorcinol	3589
111	S0111	香芹酚	Carvacrol	2245
112	S0112	2-甲氧基-4-丙基苯酚	2-Methoxy-4-propylphenol	3598
113	S0113	2,5-二甲基苯酚	2,5-Xylenol	3595
114	S0114	对-乙烯基苯酚	*p*-Vinylphenol	3739
115	S0115	乙醛	Acetaldehyde	2003
116	S0116	乙醛二乙缩醛	Acetaldehyde diethyl acetal	2002
117	S0117	丙醛	Propionaldehyde	2923
118	S0118	3-(2-呋喃基)丙烯醛	3-(2-Furyl)acrolein	2494

表 B.3（续）

序号	编码	香料中文名称	香料英文名称	FEMA 编号
119	S0119	丁醛	Butyraldehyde	2219
120	S0120	2-甲基丁醛	2-Methylbutyraldehyde	2691
121	S0121	2-甲基-2-丁烯醛	2-Methyl-2-butenal	3407
122	S0122	2-苯基-2-丁烯醛	2-Phenyl-2-butenal	3224
123	S0123	戊醛	Valeraldehyde	3098
124	S0124	异戊醛	Isovaleraldehyde	2692
125	S0125	2-甲基戊醛	2-Methylvaleraldehyde	3413
126	S0126	2-戊烯醛	2-Pentenal	3218
127	S0127	2-甲基-2-戊烯醛	2-Methyl-2-pentenal	3194
128	S0128	4-甲基-2-苯基-2-戊烯醛	4-Methyl-2-phenyl-2-pentenal	3200
129	S0129	2,4-戊二烯醛	2,4-Pentadienal	3217
130	S0130	己醛	Hexanal	2557
131	S0131	2-己烯醛(又名叶醛)	2-Hexenal (Leaf aldehyde)	2560
132	S0132	顺式-3-己烯醛	*cis*-3-Hexenal	2561
133	S0133	5-甲基-2-苯基-2-己烯醛	5-Methyl-2-phenyl-2-hexenal	3199
134	S0134	2-异丙基-5-甲基-2-己烯醛	2-Isopropyl-5-methyl-2-hexenal	3406
135	S0135	反式,反式-2,4-己二烯醛	*trans*,*trans*-2,4-Hexadienal	3429
136	S0136	庚醛	Heptyl aldehyde	2540
137	S0137	4-庚烯醛	4-Heptenal	3289
138	S0138	反式-2-庚烯醛	*trans*-2-Heptenal	3165
139	S0139	2,6-二甲基-5-庚烯醛	2,6-Dimethyl-5-heptenal	2389
140	S0140	2,4-庚二烯醛	2,4-Heptadienal	3164
141	S0141	辛醛	Octylaldehyde	2797
142	S0142	2-辛烯醛	2-Octenal	3215
143	S0143	反式,反式-2,4-辛二烯醛	*trans*,*trans*-2,4-Octadienal	3721
144	S0144	反式,反式-2,6-辛二烯醛	*trans*,*trans*-2,6-Octadienal	3466
145	S0145	壬醛	Nonanal	2782
146	S0146	甲基壬乙醛(又名 2-甲基十一醛)	Methylnonylacetaldehyde (2-Methylundecanal)	2749
147	S0147	2-壬烯醛	2-Nonenal	3213
148	S0148	顺式-6-壬烯醛	*cis*-6-Nonenal	3580
149	S0149	2,4-壬二烯醛(反式-2-反式-4-壬二烯醛)	2,4-Nonadienal (*trans*-2-*trans*-4-Nonadienal)	3212
150	S0150	反式-2-顺式-6-壬二烯醛	Nona-2-*trans*-6-*cis*-dienal	3377
151	S0151	甲酸桃金娘烯酯	Myrtenyl formate	3405

表 B.3（续）

序号	编码	香料中文名称	香料英文名称	FEMA 编号
152	S0152	正癸醛(又名癸醛)	*n*-Decyl aldehyde (Decanal)	2362
153	S0153	2-癸烯醛	2-Decenal	2366
154	S0154	2,4-癸二烯醛	2,4-Decadienal	3135
155	S0155	十一醛	Undecanal	3092
156	S0156	2-十一烯醛	2-Undecenal	3423
157	S0157	2,4-十一碳二烯醛	2,4-Undecadienal	3422
158	S0158	月桂醛	Lauric aldehyde	2615
159	S0159	2-十二碳烯醛	2-Dodecenal	2402
160	S0160	反式-2-顺式-6-十二碳二烯醛	2-*trans*-6-*cis*-Dodecadienal	3637
161	S0161	十四醛	Tetradecyl aldehyde	2763
162	S0162	桃醛(又名 γ-十一烷内酯)	Peach aldehyde (γ-Undecalactone)	3091
163	S0163	大茴香醛	*p*-Anisaldehyde	2670
164	S0164	水杨醛	Salicylaldehyde	3004
165	S0165	苯甲醛	Benzaldehyde	2127
166	S0166	甲基苯甲醛(邻、对、间位混合物)	Tolualdehydes(mixed *o*,*m*,*p*)	3068
167	S0167	3,4-二甲氧基苯甲醛	3,4-Dimethoxybenzenecarbonal	3109
168	S0168	苯乙醛	Phenylacetaldehyde	2874
169	S0169	苯乙醛二甲缩醛	Phenylacetaldehyde dimethyl acetal	2876
170	S0170	苯丙醛(又名 3-苯基丙醛)	Phenylpropyl aldehyde (3-Phenylpropionaldehyde)	2887
171	S0171	枯茗醛	Cuminaldehyde	2341
172	S0172	香兰素	Vanillin	3107
173	S0173	香茅醛	Citronellal	2307
174	S0174	柠檬醛	Citral	2303
175	S0175	洋茉莉醛(又名胡椒醛)	Heliotropin (Piperonal)	2911
176	S0176	肉桂醛	Cinnamic aldehyde	2286
177	S0177	乙二醇缩肉桂醛	Cinnamaldehyde ethylene glycol acetal	2287
178	S0178	紫苏醛	Perillaldehyde	3557
179	S0179	对-蓋-1-烯-9-醛(又名对-1-薄荷烯-9-醛)	*p*-Menth-1-en-9-al	3178
180	S0180	糠醛	Furfural	2489
181	S0181	5-甲基糠醛	5-Methylfurfural	2702
182	S0182	1,1-二甲氧基乙烷	1,1-Dimethoxyethane	3426
183	S0183	2,6,6-三甲基环己-1,3-二烯基甲醛	(2, 6, 6-Trimethylcyclohexa-1, 3-dienyl)-methanal	3389

表 B.3（续）

序号	编码	香料中文名称	香料英文名称	FEMA 编号
184	S0184	异丁醛	Isobutyraldehyde	2220
185	S0185	顺式-4-己烯醛	*cis*-4-Hexenal	3496
186	S0186	顺式-5-辛烯醛	*cis*-5-Octenal	3749
187	S0187	4-癸烯醛	4-Decenal	3264
188	S0188	反式,反式-2,4-十二碳二烯醛	*trans*,*trans*-2,4-Dodecadienal	3670
189	S0189	2-十三烯醛	2-Tridecenal	3082
190	S0190	4-乙基苯甲醛	4-Ethylbenzaldehyde	3756
191	S0191	2-羟基-4-甲基苯甲醛	2-Hydroxy-4-methylbenzaldehyde	3697
192	S0192	邻-甲氧基肉桂醛	*o*-Methoxycinnamaldehyde	3181
193	S0193	龙脑烯醛	Campholenic aldehyde	3592
194	S0194	α-己基肉桂醛	α-Hexylcinnamaldehyde	2569
195	S0195	香兰素 1,2-丙二醇缩醛	Vanillin propylene glycol acetal	3905
196	S0196	乙醛乙醇顺式-3-己烯醇缩醛	Acetaldehyde ethyl *cis*-3-hexenyl acetal	3775
197	S0197	反式,反式-2,6-壬二烯醛	2-*trans*-6-*trans*-Nonadienal	3766
198	S0198	2,4,7-癸三烯醛	2,4,7-Decatrienal	4089
199	S0199	β-甜橙醛	β-Sinensal	3141
200	S0200	4-羟基苯甲醛	4-Hydroxy benzaldehyde	3984
201	S0201	邻-甲氧基苯甲醛	*o*-Methoxybenzaldehyde	4077
202	S0202	12-甲基十三醛	12-Methyltridecanal	4005
203	S0203	甲乙酮	Methyl ethyl ketone	2170
204	S0204	3-羟基-2-丁酮(又名乙偶姻)	3-Hydroxy-2-butanone (Acetoin)	2008
205	S0205	4-(对-甲氧基苯基)-2-丁酮	4-(*p*-Methoxyphenyl)-2-butanone	2672
206	S0206	4-苯基-3-丁烯-2-酮	4-Phenyl-3-buten-2-one	2881
207	S0207	丁二酮 2,3-丁二酮	Diacetyl 2,3-Diketo butane	2370
208	S0208	2-戊酮	2-Pentanone	2842
209	S0209	1-戊烯-3-酮	1-Penten-3-one	3382
210	S0210	2,3-戊二酮	2,3-Pentanedione	2841
211	S0211	3-乙基-2-羟基-2-环戊烯-1-酮	3-Ethyl-2-hydroxy-2-cyclopenten-1-one	3152
212	S0212	甲基环戊烯醇酮(又名 3-甲基-2-羟基-2-环戊烯-1-酮)	Methylcyclopentenolone (3-methyl-2-hydroxy-2-cyclopenten-1-one)	2700
213	S0213	4-己烯-3-酮	4-Hexene-3-one	3352
214	S0214	5-甲基-3-己烯-2-酮	5-Methyl-3-hexen-2-one	3409
215	S0215	3,4-己二酮	3,4-Hexanedione	3168

表 B.3（续）

序号	编码	香料中文名称	香料英文名称	FEMA 编号
216	S0216	2-庚酮	2-Heptanone	2544
217	S0217	3-庚烯-2-酮	3-Hepten-2-one (Methyl pentenyl ketone)	3400
218	S0218	6-甲基-5-庚烯-2-酮	6-Methyl-5-hepten-2-one	2707
219	S0219	1-辛烯-3-酮	1-Octen-3-one	3515
220	S0220	2-壬酮	2-Nonanone	2785
221	S0221	2-十一酮	2-Undecanone	3093
222	S0222	2-十三酮	2-Tridecanone	3388
223	S0223	圆柚酮	Nootkatone	3166
224	S0224	*l*-香芹酮	*l*-Carvone	2249
225	S0225	苯乙酮	Acetophenone	2009
226	S0226	4-甲基苯乙酮 对-甲基苯乙酮	4-Methylacetophenone *p*-Methylacetophenone	2677
227	S0227	对-甲氧基苯乙酮	*p*-Methoxyacetophenone	2005
228	S0228	顺式茉莉酮	*cis*-Jasmone	3196
229	S0229	覆盆子酮(又名悬钩子酮)	Raspberry ketone [4-(*p*-Hydroxyphenyl)-2-butanone]	2588
230	S0230	*α*-突厥酮	*α*-Damascone	3659
231	S0231	突厥烯酮	Damascenone	3420
232	S0232	苯甲醛甘油缩醛	Benzaldehyde glyceryl acetal	2129
233	S0233	*α*-鸢尾酮	*α*-Irone	2597
234	S0234	*α*-紫罗兰酮	*α*-Ionone	2594
235	S0235	*β*-紫罗兰酮	*β*-Ionone	2595
236	S0236	*dl*-樟脑	*dl*-Camphor	4513
237	S0237	薄荷酮	Menthone	2667
238	S0238	*d*,*l*-异薄荷酮	*d*,*l*-Isomenthone	3460
239	S0239	4-(2-呋喃基)-3-丁烯-2-酮	4-(2-Furyl)-3-buten-2-one	2495
240	S0240	2-乙基-4-羟基-5-甲基-3(2*H*)-呋喃酮	2-Ethyl-4-hydroxy-5-methyl-3(2*H*)-furanone	3623
241	S0241	4,5-二甲基-3-羟基-2,5-二氢呋喃-2-酮	4，5-Dimethyl-3-hydroxy-2，5-dihydrofuran-2-one	3634
242	S0242	2-乙基-3-甲基-4-羟基二氢-2,5-呋喃-5-酮	2-Ethyl-3-methyl-4-hydroxydihydro-2，5-furan-5-one	3153
243	S0243	4,5-二氢-3(2*H*)-噻吩酮(四氢噻吩-3-酮)	4，5-Dihydro-3-(2*H*)-thiophenone (Tetrahydrothiophen-3-one)	3266
244	S0244	2-乙基呋喃	2-Ethylfuran	3673
245	S0245	2-乙酰基呋喃	2-Acetylfuran	3163

表 B.3（续）

序号	编码	香料中文名称	香料英文名称	FEMA 编号
246	S0246	2-乙酰基-5-甲基呋喃	2-Acetyl-5-methylfuran	3609
247	S0247	丙酮	Acetone	3326
248	S0248	1-苯基-1,2-丙二酮	1-Phenyl-1,2-propanedione	3226
249	S0249	3,4-二甲基-1,2-环戊二酮	3,4-Dimethyl-1,2-cyclopentadione	3268
250	S0250	3,5-二甲基-1,2-环戊二酮	3,5-Dimethyl-1,2-cyclopentadione	3269
251	S0251	2,3-己二酮	2,3-Hexanedione	2558
252	S0252	1-甲基-2,3-环己二酮	1-Methyl-2,3-cyclohexadione	3305
253	S0253	2,2,6-三甲基环己酮	2,2,6-Trimethylcyclohexanone	3473
254	S0254	2,6,6-三甲基-2-环己烯-1,4-二酮	2,6,6-Trimethylcyclohex-2-ene-1,4-dione	3421
255	S0255	3-庚酮	3-Heptanone	2545
256	S0256	5-甲基-2-庚烯-4-酮	5-Methyl-2-hepten-4-one	3761
257	S0257	6-甲基-3,5-庚二烯-2-酮	6-Methyl-3,5-heptadien-2-one	3363
258	S0258	2-辛酮	2-Octanone	2802
259	S0259	3-辛酮	3-Octanone	2803
260	S0260	3-辛烯-2-酮	3-Octen-2-one	3416
261	S0261	6,10-二甲基-5,9-十一碳二烯-2-酮	6,10-Dimethyl-5,9-undecadien-2-one	3542
262	S0262	2-十五酮	2-Pentadecanone	3724
263	S0263	3-甲基环十五酮	3-Methyl-1-cyclopentadecanone	3434
264	S0264	环十七-9-烯-1-酮	Cycloheptadeca-9-en-1-one	3425
265	S0265	二苯甲酮	Benzophenone	2134
266	S0266	2-羟基苯乙酮	2-Hydroxyacetophenone	3548
267	S0267	异弗尔酮	Isophorone	3553
268	S0268	二氢茉莉酮(又名 2-戊基-3-甲基-2-环戊烯-1-酮)	Dihydrojasmone (2-Pentyl-3-methyl-2-cyclopenten-1-one)	3763
269	S0269	新甲基橙皮苷二氢查耳酮	Neohesperidin dihydrochalcone Neohesperidin DHC	3811
270	S0270	姜油酮	Zingerone	3124
271	S0271	*β*-突厥酮[又名 4-(2,6,6-三甲基环己-1-烯基)丁-2-烯-4-酮]	*β*-Damascone[4-(2,6,6-Trimethylcyclohex-1-enyl)but-2-en-4-one]	3243
272	S0272	3-甲硫基丁醛	3-(Methylthio) butanal	3374
273	S0273	*α*-戊基肉桂醛	*α*-Amylcinnamaldehyde	2061
274	S0274	*d*-葑酮	*d*-Fenchone	2479
275	S0275	2-甲基四氢呋喃-3-酮	2-Methyltetrahydrofuran-3-one	3373
276	S0276	4-羟基-2,5-二甲基-3(2*H*)-呋喃酮	4-Hydroxy-2,5-dimethyl-3(2*H*)-furanone	3174
277	S0277	2,5-二甲基-4-甲氧基-3(2*H*)-呋喃酮	2,5-Dimethyl-4-methoxy-3(2*H*)-furanone	3664

表 B.3(续)

序号	编码	香料中文名称	香料英文名称	FEMA 编号
278	S0278	2-戊基呋喃	2-Pentylfuran	3317
279	S0279	4,5,6,7-四氢-3,6-二甲基苯并呋喃(又名薄荷呋喃)	4,5,6,7-Tetrahydro-3,6-dimethylbenzofuran (Menthofuran)	3235
280	S0280	1,5,5,9-四甲基-13-氧杂三环[8.3.0.0(4,9)]十三烷	1,5,5,9-Tetramethyl-13-oxatricyclo[8.3.0.0(4,9)]tridecane	3471
281	S0281	顺式-二氢香芹酮	*cis*-Dihydrocarvone	3565
282	S0282	3-巯基-2-丁酮(又名 3-巯基-丁-2-酮)	3-Mercapto-2-butanone	3298
283	S0283	胡椒基丙酮	Piperonyl acetone	2701
284	S0284	二氢-β-紫罗兰酮	Dihydro-β-ionone	3626
285	S0285	4-甲基-2,3-戊二酮	4-Methyl-2,3-pentanedione	2730
286	S0286	反式-7-甲基-3-辛烯-2-酮	(*E*)-7-Methyl-3-octen-2-one	3868
287	S0287	3-乙酰硫基-2-甲基呋喃	3-(Acetylthio)-2-methylfuran	3973
288	S0288	4-乙酰氧基-2,5-二甲基-3(2*H*)-呋喃酮	4-Acetoxy-2,5-dimethyl-3(2*H*)-furanone	3797
289	S0289	3-乙基-2-羟基-4-甲基-2-环戊烯-1-酮	3-Ethyl-2-hydroxy-4-methylcyclopent-2-en-1-one	3453
290	S0290	环己酮	Cyclohexanone	3909
291	S0291	2,3-庚二酮	2,3-Heptanedione	2543
292	S0292	2,3-辛二酮	2,3-Octanedione	4060
293	S0293	乙酸	Acetic acid	2006
294	S0294	丙酸	Propionic acid	2924
295	S0295	丙酮酸	Pyruvic acid	2970
296	S0296	丁酸	Butyric acid	2221
297	S0297	异丁酸	Isobutyric acid	2222
298	S0298	2-甲基丁酸	2-Methylbutyric acid	2695
299	S0299	2-乙基丁酸	2-Ethylbutyric acid	2429
300	S0300	戊酸	Valeric acid	3101
301	S0301	2-甲基戊酸	2-Methylvaleric acid	2754
302	S0302	2-甲基-2-戊烯酸(又名草莓酸)	2-Methyl-2-pentenoic acid (Strawberriff)	3195
303	S0303	异戊酸	Isovaleric acid	3102
304	S0304	己酸	Hexanoic acid	2559
305	S0305	己二酸	Adipic acid	2011
306	S0306	反式-2-己烯酸	*trans*-2-Hexenoic acid	3169
307	S0307	3-己烯酸	3-Hexenoic acid	3170
308	S0308	庚酸	Heptanoic acid	3348

表 B.3（续）

序号	编码	香料中文名称	香料英文名称	FEMA 编号
309	S0309	辛酸	Octanoic acid	2799
310	S0310	壬酸	Nonoic acid	2784
311	S0311	癸酸	Decanoic acid	2364
312	S0312	十二酸(又名月桂酸)	Dodecanoic acid (Lauric acid)	2614
313	S0313	十四酸(又名肉豆蔻酸)	Tetradecanoic acid (Myristic acid)	2764
314	S0314	十六酸(又名棕榈酸)	Hexadecylic acid (Palmitic acid)	2832
315	S0315	苯甲酸	Benzoic acid	2131
316	S0316	苯乙酸	Phenylacetic acid	2878
317	S0317	柠檬酸	Citric acid	2306
318	S0318	肉桂酸	Cinnamic acid	2288
319	S0319	富马酸	Fumaric acid	2488
320	S0320	3-甲基戊酸(又名酐酪酸)	3-Methylpentanoic acid	3437
321	S0321	β-丙氨酸	β-Alanine	3252
322	S0322	L-苯基丙氨酸	L-Phenylalanine	3585
323	S0323	L-半胱氨酸	L-Cysteine	3263
324	S0324	甘氨酸	Glycine	3287
325	S0325	L-谷氨酸	L-Glutamic acid	3285
326	S0326	L-亮氨酸	L-Leucine	3297
327	S0327	DL-蛋氨酸	DL-Methionine	3301
328	S0328	乙酰丙酸	Levulinic acid	2627
329	S0329	2-氧代丁酸	2-Oxobutyric acid	3723
330	S0330	2-甲基己酸	2-Methylhexanoic acid	3191
331	S0331	2-甲基庚酸	2-Methyloenanthic acid	2706
332	S0332	4-甲基辛酸	4-Methyloctanoic acid	3575
333	S0333	3,7-二甲基-6-辛烯酸	3,7-Dimethyl-6-octenoic acid	3142
334	S0334	9-癸烯酸	9-Decenoic acid	3660
335	S0335	十一酸	Undecanoic acid	3245
336	S0336	10-十一碳烯酸	10-Undecenoic acid	3247
337	S0337	3-苯丙酸	3-Phenylpropionic acid	2889
338	S0338	乳酸	Lactic acid	2611
339	S0339	L-脯氨酸	L-Proline	3319
340	S0340	DL-缬氨酸	DL-Valine	3444
341	S0341	2-(4-甲氧基苯氧基)-丙酸钠	Sodium 2-(4-methyoxy-phenoxy)propanoate	3773
342	S0342	L-和 DL-丙氨酸	L-and DL-Alanine	3818

表 B.3（续）

序号	编码	香料中文名称	香料英文名称	FEMA 编号
343	S0343	L-精氨酸	L-Arginine	3819
344	S0344	L-赖氨酸	L-Lysine	3847
345	S0345	3-甲基巴豆酸	3-Methylcrotonic acid	3187
346	S0346	甲酸	Formic acid	2487
347	S0347	4-甲基壬酸	4-Methylnonanoic acid	3574
348	S0348	异己酸	Isohexanoic acid	3463
349	S0349	2-羟基苯甲酸(又名水杨酸)	2-Hydroxybenzoic acid (Salicylic acid)	3985
350	S0350	惕各酸	Tiglic acid	3599
351	S0351	琥珀酸	Succinic acid	4719
352	S0352	硬脂酸	Stearic acid	3035
353	S0353	甲酸乙酯	Ethyl formate	2434
354	S0354	甲酸丁酯	Butyl formate	2196
355	S0355	甲酸戊酯	Amyl formate	2068
356	S0356	甲酸异戊酯	Isoamyl formate	2069
357	S0357	甲酸己酯	Hexyl formate	2570
358	S0358	甲酸苄酯	Benzyl formate	2145
359	S0359	甲酸香叶酯	Geranyl formate	2514
360	S0360	甲酸香茅酯	Citronellyl formate	2314
361	S0361	甲酸苯乙酯	Phenethyl formate	2864
362	S0362	甲酸芳樟酯	Linalyl formate	2642
363	S0363	乙酸甲酯	Methyl acetate	2676
364	S0364	乙酸乙酯	Ethyl acetate	2414
365	S0365	乙酰乙酸乙酯	Ethyl acetoacetate	2415
366	S0366	乙酸丙酯	Propyl acetate	2925
367	S0367	乙酸异丙酯	Isopropyl acetate	2926
368	S0368	乙酸烯丙酯	Allyl acetate	—
369	S0369	乙酰丙酸乙酯	Ethyl acetylpropanoate	2442
370	S0370	乙酸丁酯	Butyl acetate	2174
371	S0371	乙酸异丁酯	Isobutyl acetate	2175
372	S0372	乙酸异戊酯	Isoamyl acetate	2055
373	S0373	乙酸己酯	Hexyl acetate	2565
374	S0374	乙酸 2-己烯酯	2-Hexen-1-yl acetate	2564
375	S0375	乙酸庚酯	Heptyl acetate	2547
376	S0376	乙酸辛酯	Octyl acetate	2806

表 B.3（续）

序号	编码	香料中文名称	香料英文名称	FEMA 编号
377	S0377	乙酸 3-辛酯	3-Octyl acetate	3583
378	S0378	1-辛烯-3-醇乙酸酯	1-Octen-3-yl acetate	3582
379	S0379	乙酸壬酯	Nonyl acetate	2788
380	S0380	2-丁烯酸己酯	*n*-Hexyl 2-butenoate	3354
381	S0381	乙酸癸酯	Decyl acetate	2367
382	S0382	乙酸苄酯	Benzyl acetate	2135
383	S0383	乙酸苯乙酯	Phenethyl acetate	2857
384	S0384	乙酸茴香酯	Anisyl acetate	2098
385	S0385	乙酸龙脑酯	Bornyl acetate	2159
386	S0386	乙酸薄荷酯	Menthol acetate	2668
387	S0387	乙酸肉桂酯	Cinnamyl acetate	2293
388	S0388	乙酸香茅酯	Citronellyl acetate	2311
389	S0389	乙酸香叶酯	Geranyl acetate	2509
390	S0390	乙酸对-甲酚酯	*p*-Cresyl acetate	3073
391	S0391	乙酸苏合香酯	Styrallyl acetate	2684
392	S0392	乙酸橙花酯	Neryl acetate	2773
393	S0393	乙酸松油酯	Terpinyl acetate	3047
394	S0394	异丁酸肉桂酯	Cinnamyl isobutyrate	2297
395	S0395	顺式-3-己烯-1-醇乙酸酯(又名乙酸叶醇酯)	*cis*-3-Hexen-1-yl acetate (Leaf acetate)	3171
396	S0396	乙酸糠酯	Furfuryl acetate	2490
397	S0397	庚酸烯丙酯	Allyl heptanoate	2031
398	S0398	乙酸芳樟酯	Linalyl acetate	2636
399	S0399	乙酸葛缕酯	Carvyl acetate	2250
400	S0400	乙酸二氢葛缕酯	Dihydrocarvyl acetate	2380
401	S0401	苯乙酸丁酯	Butyl phenylacetate	2209
402	S0402	丙酸乙酯	Ethyl propionate	2456
403	S0403	丙二酸二乙酯	Diethyl malonate	2375
404	S0404	丙酸异丁酯	Isobutyl propionate	2212
405	S0405	丙酸异戊酯	Isoamyl propionate	2082
406	S0406	丙酸顺式-3-己烯酯和丙酸反式-2-己烯酯	*cis*-3-Hexenyl propionate and *trans*-2-Hexenyl propionate	3778
407	S0407	丙酸香叶酯	Geranyl propionate	2517
408	S0408	丙酸香茅酯	Citronellyl propionate	2316

表 B.3（续）

序号	编码	香料中文名称	香料英文名称	FEMA 编号
409	S0409	丙酸苄酯	Benzyl propionate	2150
410	S0410	丙酸苯乙酯	Phenethyl propionate	2867
411	S0411	丙酸芳樟酯	Linalyl propionate	2645
412	S0412	丁酸甲酯	Methyl butyrate	2693
413	S0413	2-甲基丁酸甲酯	Methyl 2-methylbutyrate	2719
414	S0414	丁酸乙酯	Ethyl butyrate	2427
415	S0415	异丁酸乙酯	Ethyl isobutyrate	2428
416	S0416	2-甲基丁酸乙酯	Ethyl 2-methylbutyrate	2443
417	S0417	3-羟基丁酸乙酯	Ethyl 3-hydroxybutyrate	3428
418	S0418	丁二酸二乙酯	Diethyl succinate	2377
419	S0419	异丁酸甲酯	Methyl isobutyrate	2694
420	S0420	丁酸丁酯	Butyl butyrate	2186
421	S0421	丁酸异丁酯	Isobutyl butyrate	2187
422	S0422	2-甲基丁酸丁酯	*n*-Butyl 2-methylbutyrate	3393
423	S0423	2-甲基丁酸 2-甲基丁酯	2-Methylbutyl 2-methylbutyrate	3359
424	S0424	异丁酸丁酯	Butyl isobutyrate	2188
425	S0425	丁酸戊酯	Amyl butyrate	2059
426	S0426	丁酸异戊酯	Isoamyl butyrate	2060
427	S0427	2-甲基丁酸异戊酯	Isoamyl 2-methylbutanoate	3505
428	S0428	异丁酸异戊酯	Isopentyl isobutyrate	3507
429	S0429	丁酸己酯	Hexyl butyrate	2568
430	S0430	2-甲基丁酸己酯	Hexyl 2-methylbutyrate	3499
431	S0431	丁酸顺式-3-己烯酯(又名丁酸叶醇酯)	*cis*-3-Hexenyl butyrate (Leaf butyrate)	3402
432	S0432	2-甲基丁酸-3-己烯酯	3-Hexenyl 2-methylbutanoate	3497
433	S0433	异丁酸庚酯	Heptyl isobutyrate	2550
434	S0434	2-甲基丁酸辛酯	Octyl 2-methylbutyrate	3604
435	S0435	1-辛烯-3-醇丁酸酯	1-Octen-3-yl butyrate	3612
436	S0436	丁酸苄酯	Benzyl butyrate	2140
437	S0437	异丁酸苄酯	Benzyl isobutyrate	2141
438	S0438	丁酸苯乙酯	Phenethyl butyrate	2861
439	S0439	2-甲基丁酸苯乙酯	Phenethyl 2-methylbutyrate	3632
440	S0440	异丁酸苯乙酯	Phenethyl isobutyrate	2862
441	S0441	丁酸香叶酯	Geranyl butyrate	2512
442	S0442	异丁酸香叶酯	Geranyl isobutyrate	2513

表 B.3（续）

序号	编码	香料中文名称	香料英文名称	FEMA 编号
443	S0443	丁酸芳樟酯	Linalyl butyrate	2639
444	S0444	异丁酸芳樟酯	Linalyl isobutyrate	2640
445	S0445	当归酸异丁酯	Isobutyl angelate	2180
446	S0446	异丁酸橙花酯	Neryl isobutyrate	2775
447	S0447	正戊酸乙酯	Ethyl valerate	2462
448	S0448	丁酰乳酸丁酯	Butyl butyryllactate	2190
449	S0449	异戊酸乙酯	Ethyl isovalerate	2463
450	S0450	水杨酸丁酯(又名柳酸丁酯)	Butyl salicylate	3650
451	S0451	异戊酸丁酯	Butyl isovalerate	2218
452	S0452	异戊酸异戊酯	Isoamyl isovalerate	2085
453	S0453	异戊酸 3-己烯酯	3-Hexenyl isovalerate	3498
454	S0454	异戊酸壬酯	Nonyl isovalerate	2791
455	S0455	异戊酸苯乙酯	Phenethyl isovalerate	2871
456	S0456	异戊酸香叶酯	Geranyl isovalerate	2518
457	S0457	己酸甲酯	Methyl hexanoate	2708
458	S0458	2-己烯酸甲酯	Methyl 2-hexenoate	2709
459	S0459	己酸乙酯	Ethyl hexanoate(Ethyl caproate)	2439
460	S0460	3-己烯酸乙酯	Ethyl 3-hexenoate	3342
461	S0461	3-羟基己酸乙酯	Ethyl 3-hydroxyhexanoate	3545
462	S0462	反式-2-己烯酸乙酯	Ethyl *trans*-2-hexenoate	3675
463	S0463	己酸丙酯	Propyl hexanoate	2949
464	S0464	己酸戊酯	Amyl hexanoate	2074
465	S0465	己酸异戊酯	Isoamyl hexanoate	2075
466	S0466	己酸己酯	Hexyl hexanoate	2572
467	S0467	己酸顺式-3-己烯酯(又名己酸叶醇酯)	*cis*-3-Hexenyl hexanoate (Leaf hexanoate)	3403
468	S0468	庚酸乙酯	Ethyl heptanoate	2437
469	S0469	庚酸丙酯	Propyl heptanoate	2948
470	S0470	庚酸丁酯	Butyl heptanoate	2199
471	S0471	2-甲基-3-巯基呋喃	2-Methyl-3-furanthiol	3188
472	S0472	辛酸甲酯	Methyl caprylate	2728
473	S0473	辛酸乙酯	Ethyl caprylate	2449
474	S0474	顺式-4-辛烯酸乙酯	Ethyl *cis*-4-octenoate	3344
475	S0475	顺式-4,7-辛二烯酸乙酯	Ethyl *cis*-4,7-octadienoate	3682
476	S0476	辛酸异戊酯	Isoamyl octanoate	2080

表 B.3(续)

序号	编码	香料中文名称	香料英文名称	FEMA 编号
477	S0477	辛酸壬酯	Nonyl octanoate	2790
478	S0478	辛酸苯乙酯	Phenethyl octanoate	3222
479	S0479	2-壬烯酸甲酯	Methyl 2-nonenoate	2725
480	S0480	壬酸乙酯	Ethyl nonanoate	2447
481	S0481	癸酸乙酯	Ethyl decanoate	2432
482	S0482	反式-2-顺式-4-癸二烯酸乙酯	Ethyl *trans*-2,*cis*-4-decadienoate	3148
483	S0483	十二酸乙酯(又名月桂酸乙酯)	Ethyl dodecanoate (Ethyl laurate)	2441
484	S0484	十四酸甲酯(又名肉豆蔻酸甲酯)	Methyl tetradecanoate (Methtyl myristate)	2722
485	S0485	苯甲酸甲酯	Methyl benzoate	2683
486	S0486	苯甲酸乙酯	Ethyl benzoate	2422
487	S0487	苯甲酸丙酯	Propyl benzoate	2931
488	S0488	苯甲酸己酯	Hexyl benzoate	3691
489	S0489	苯甲酸苄酯	Benzyl benzoate	2138
490	S0490	苯甲酸顺式-3-己烯酯(又名苯甲酸叶醇酯)	*cis*-3-Hexenyl benzoate (Leaf benzoate)	3688
491	S0491	邻氨基苯甲酸甲酯	Methyl anthranilate	2682
492	S0492	苯乙酸甲酯	Methyl phenylacetate	2733
493	S0493	苯乙酸乙酯	Ethyl phenylacetate	2452
494	S0494	苯乙酸异戊酯	Isoamyl phenylacetate	2081
495	S0495	苯乙酸苯乙酯	Phenethyl phenylacetate	2866
496	S0496	惕各酸乙酯	Ethyl tiglate	2460
497	S0497	惕各酸苄酯	Benzyl tiglate	3330
498	S0498	乳酸乙酯	Ethyl lactate	2440
499	S0499	乳酸丁酯	Butyl lactate	2205
500	S0500	肉桂酸甲酯	Methyl cinnamate	2698
501	S0501	肉桂酸乙酯	Ethyl cinnamate	2430
502	S0502	肉桂酸苄酯	Benzyl cinnamate	2142
503	S0503	肉桂酸苯乙酯	Phenethyl cinnamate	2863
504	S0504	肉桂酸肉桂酯	Cinnamyl cinnamate	2298
505	S0505	水杨酸甲酯(又名柳酸甲酯)	Methyl salicylate	2745
506	S0506	水杨酸乙酯(又名柳酸乙酯)	Ethyl salicylate	2458
507	S0507	水杨酸异戊酯(又名柳酸异戊酯)	Isoamyl salicylate	2084
508	S0508	十四酸乙酯(又名肉豆蔻酸乙酯)	Ethyl tetradecanoate (Ethyl myristate)	2445
509	S0509	油酸乙酯	Ethyl oleate	2450

表 B.3（续）

序号	编码	香料中文名称	香料英文名称	FEMA 编号
510	S0510	棕榈酸乙酯	Ethyl palmitate	2451
511	S0511	二氢茉莉酮酸甲酯	Methyl dihydrojasmonate	3408
512	S0512	椰子油混合酸乙酯	Ethyl ester of coconut oil mixed acid	—
513	S0513	柠檬酸三乙酯	Triethyl citrate	3083
514	S0514	甲酸大茴香酯	Anisyl formate	2101
515	S0515	甲酸顺式-3-己烯酯(又名甲酸叶醇酯)	*cis*-3-Hexenyl formate (Leaf formate)	3353
516	S0516	乙酸 2-甲基丁酯	2-Methylbutyl acetate	3644
517	S0517	乙酸 3-苯丙酯	3-Phenylpropyl acetate	2890
518	S0518	乙酸丁香酯	Eugenyl acetate	2469
519	S0519	4,5-二甲基-2-异丁基-3-噻唑啉	4,5-Dimethyl-2-isobutyl-3-thiazoline	3621
520	S0520	乙酸异胡薄荷酯	Isopulegyl acetate	2965
521	S0521	乙酸 1,3,3-三甲基-2-降龙脑酯	1,3,3-Trimethyl-2-norbornanyl acetate	3390
522	S0522	丙酸甲酯	Methyl propionate	2742
523	S0523	丙烯酸乙酯	Ethyl acrylate	2418
524	S0524	乳酸顺式-3-己烯酯(又名乳酸叶醇酯)	*cis*-3-Hexenyl lactate (Leaf lactate)	3690
525	S0525	丙酸癸酯	Decyl propionate	2369
526	S0526	反式-2-丁烯酸乙酯	Ethyl *trans*-2-butenoate	3486
527	S0527	丁酸丙酯	Propyl butyrate	2934
528	S0528	异丁酸异丙酯	Isopropyl isobutyrate	2937
529	S0529	2-甲基丁酸异丙酯	Isopropyl 2-methylbutyrate	3699
530	S0530	异丁酸己酯	Hexyl isobutyrate	3172
531	S0531	丁酸庚酯	Heptyl butyrate	2549
532	S0532	异丁酸辛酯	Octyl isobutyrate	2808
533	S0533	异丁酸-3-苯丙酯	3-Phenylpropyl isobutyrate	2893
534	S0534	丁酸香茅酯	Citronellyl butyrate	2312
535	S0535	丁酸肉桂酯	Cinnamyl butyrate	2296
536	S0536	异戊酸甲酯	Methyl isovalerate	2753
537	S0537	异戊酸异丁酯	Isobutyl isovalerate	3369
538	S0538	异戊酸 2-甲基丁酯	2-Methylbutyl isovalerate	3506
539	S0539	异戊酸苄酯	Benzyl isovalerate	2152
540	S0540	2-戊基吡啶	2-Pentylpyridine	3383
541	S0541	异戊酸肉桂酯	Cinnamyl isovalerate	2302
542	S0542	异戊酸薄荷酯	Menthyl isovalerate	2669
543	S0543	3-己烯酸甲酯	Methyl 3-hexenoate	3364

表 **B**.3（续）

序号	编码	香料中文名称	香料英文名称	FEMA 编号
544	S0544	正己酸异丁酯	Isobutyl caproate	2202
545	S0545	己酸烯丙酯	Allyl hexanoate	2032
546	S0546	己酸芳樟酯	Linalyl hexanoate	2643
547	S0547	3,7-二甲基-6-辛烯酸甲酯	Methyl 3,7-dimethyl-6-octenoate	3361
548	S0548	3-壬烯酸甲酯	Methyl 3-nonenoate	3710
549	S0549	9-十一烯酸甲酯	Methyl 9-undecenoate	2750
550	S0550	十一酸乙酯	Ethyl undecanoate	3492
551	S0551	十四酸异丙酯(又名肉豆蔻酸异丙酯)	Isopropyl tetradecanoate (Isopropyl myristate)	3556
552	S0552	*N*-甲基邻氨基苯甲酸甲酯	Methyl *N*-methylanthranilate (Dimethyl anthranilate)	2718
553	S0553	邻氨基苯甲酸乙酯	Ethyl anthranilate	2421
554	S0554	苯甲酸异戊酯	Isoamyl benzoate	2058
555	S0555	苯甲酸苯乙酯	Phenethyl benzoate	2860
556	S0556	苯乙酸异丁酯	Isobutyl phenylacetate	2210
557	S0557	苯乙酸己酯	Hexyl phenylacetate	3457
558	S0558	苯丙酸乙酯(又名氢化肉桂酸乙酯)	Ethyl 3-phenylpropionate (Ethyl hydrocinnamate)	2455
559	S0559	环己基羧酸甲酯	Methyl cyclohexanecarboxylate	3568
560	S0560	大茴香酸甲酯	Methyl *p*-anisate	2679
561	S0561	大茴香酸乙酯	Ethyl *p*-anisate	2420
562	S0562	水杨酸苯乙酯	Phenethyl salicylate	2868
563	S0563	十二酸异戊酯(又名月桂酸异戊酯)	Isoamyl dodecanoate (Isoamyl laurate)	2077
564	S0564	亚油酸甲酯(48%)，亚麻酸甲酯(52%)混合物	Methyl linoleate (48%), methyl linolenate (52%) mixture	3411
565	S0565	茉莉酮酸甲酯	Methyl jasmonate	3410
566	S0566	水杨酸苄酯(又名柳酸苄酯)	Benzyl salicylate	2151
567	S0567	肉桂酸异丁酯	Isobutyl cinnamate	2193
568	S0568	肉桂酸 3-苯丙酯	3-Phenylpropyl cinnamate	2894
569	S0569	酒石酸二乙酯	Diethyl tartrate	2378
570	S0570	菸酸甲酯	Methyl nicotinate	3709
571	S0571	惕各酸苯乙酯	Phenethyl tiglate	2870
572	S0572	3-乙酰基-2,5-二甲基噻吩	3-Acetyl-2,5-dimethylthiophene	3527
573	S0573	3,5,5-三甲基-1-己醇	3,5,5-Trimethyl-1-hexanol	3324
574	S0574	丁酸茴香酯	Anisyl butyrate	2100
575	S0575	异戊酸龙脑酯	Bornyl isovalerate	2165

表 B.3（续）

序号	编码	香料中文名称	香料英文名称	FEMA 编号
576	S0576	2,6-二甲基-4-庚醇	2,6-Dimethyl-4-heptanol	3140
577	S0577	苯甲酸异丁酯	Isobutyl benzoate	2185
578	S0578	甲酸橙花酯	Neryl formate	2776
579	S0579	乙酸甲基苄醇酯(邻、间、对位混合物)	Methylbenzyl acetate(mixed *o*-,*m*-,*p*-)	3702
580	S0580	乙酸顺式和反式-对 1,(7)8-盖二烯-2-醇酯[又名乙酸顺式和反式-对 1,(7)8-薄荷二烯-2-醇酯]	*cis*-and-*trans*-*p*-1,(7)8-Menthadien-2-yl acetate	3848
581	S0581	乙酸龙脑烯醇酯	Campholene acetate	3657
582	S0582	丙酸丙酯	Propyl propionate	2958
583	S0583	丙酸丁酯	Butyl propionate	2211
584	S0584	丙酸己酯	Hexyl propionate	2576
585	S0585	丙酮酸乙酯	Ethyl pyruvate	2457
586	S0586	丁酸辛酯	Octyl butyrate	2807
587	S0587	异丁酸丙酯	*n*-Propyl isobutyrate	2936
588	S0588	异丁酸异丁酯	Isobutyl isobutyrate	2189
589	S0589	异丁酸香茅酯	Citronellyl isobutyrate	2313
590	S0590	反式-2-丁烯酸顺式-3-己烯酯(又名反式-2-丁烯酸叶醇酯)	(*Z*)-3-Hexenyl(*E*)-2-butenoate [Leaf (*E*)-2-butenoate]	3982
591	S0591	丁二酸单薄荷酯(又名琥珀酸单薄荷酯)	Diethyl butanedioate (Momo-menthyl succinate)	3810
592	S0592	正戊酸正戊酯	Pentyl valerate	—
593	S0593	异戊酸辛酯	Octyl isovalerate	2814
594	S0594	己酸丁酯	Butyl hexanoate	2201
595	S0595	己酸苯乙酯	Phenethyl hexanoate	3221
596	S0596	异丁酸叶醇酯(又名顺式-3-己烯醇异丁酸酯)	Leaf isobutyrate [(*Z*)-3-Hexenyl isobutyrate]	3929
597	S0597	辛酸己酯	Hexyl octanoate	2575
598	S0598	2-辛烯酸乙酯	Ethyl 2-octenoate	3643
599	S0599	2,4,7-癸三烯酸乙酯	Ethyl 2,4,7-decatrienoate	3832
600	S0600	苯甲酸芳樟酯	Linalyl benzoate	2638
601	S0601	反式-2-甲基 2-丁烯酸顺式-3-己烯酯(又名惕各酸叶醇酯)	(*Z*)-3-Hexenyl (*E*)-2-methyl2-butenoate (Leaf tiglate)	3931
602	S0602	2-丁烯酸异丁酯	Isobutyl 2-butenoate	3432
603	S0603	3-甲基丁酸己酯	Hexyl 3-methyl butanoate	3500
604	S0604	顺式-3-己烯酸顺式-3-己烯酯(又名顺式-3-己烯酸叶醇酯)	*cis*-3-Hexenyl *cis*-3-hexenoate (Leaf *cis*-3-hexenoate)	3689

表 B.3（续）

序号	编码	香料中文名称	香料英文名称	FEMA 编号
605	S0605	3-羟基己酸甲酯	Methyl 3-hydroxyhexanoate	3508
606	S0606	苯甲酸香叶酯	Geranyl benzoate	2511
607	S0607	琥珀酸二甲酯	Dimethyl succinate	2396
608	S0608	硬脂酸乙酯	Ethyl stearate	3490
609	S0609	3-甲基-2-丁烯-1-醇乙酸酯(又名乙酸异戊烯酯)	3-Methyl-2-buten-1-ol acetate (Prenyl acetate)	4202
610	S0610	己酸反式-2-己烯酯	*trans*-2-Hexenyl hexanoate	3983
611	S0611	甲酸龙脑酯	Bornyl formate	2161
612	S0612	顺式-4-庚烯酸乙酯	Ethyl (*Z*)-hept-4-enoate	3975
613	S0613	辛酸戊酯	Amyl octanoate	2079
614	S0614	4-甲基戊酸甲酯	Methyl 4-methylvalerate	2721
615	S0615	乙酸胡椒醛酯	Heliotropin acetate	2912
616	S0616	丙酸肉桂酯	Cinnamyl propionate	2301
617	S0617	异丁酸甲基苯基原酯(又名异丁酸苏合香酯)	Methyl phenyl carbinyl isobutyrate (Styrallyl isobutyrate)	2687
618	S0618	异丁酸十二酯	Dodecyl isobutyrate	3452
619	S0619	异丁酸松油酯	Terpinyl isobutyrate	3050
620	S0620	水杨酸异丁酯	Isobutyl salicylate	2213
621	S0621	肉桂酸异戊酯	Isoamyl cinnamate	2063
622	S0622	乙酸异龙脑酯	Isobornyl acetate	2160
623	S0623	γ-戊内酯	γ-Valerolactone	3103
624	S0624	γ-己内酯	γ-Hexalactone	2556
625	S0625	γ-庚内酯	γ-Heptalactone	2539
626	S0626	γ-辛内酯	γ-Octalactone	2796
627	S0627	γ-壬内酯	γ-Nonalactone	2781
628	S0628	γ-癸内酯	γ-Decalactone	2360
629	S0629	γ-十二内酯	γ-Dodecalactone	2400
630	S0630	γ-丁内酯	γ-Butyrolactone	3291
631	S0631	δ-己内酯	δ-Hexalactone	3167
632	S0632	δ-辛内酯	δ-Octalactone	3214
633	S0633	δ-壬内酯	δ-Nonalactone	3356
634	S0634	δ-癸内酯	δ-Decalactone	2361
635	S0635	δ-十一内酯	δ-Undecalactone	3294
636	S0636	δ-十二内酯	δ-Dodecalactone	2401

表 B.3（续）

序号	编码	香料中文名称	香料英文名称	FEMA 编号
637	S0637	十五内酯	Pentadecanolide	2840
638	S0638	5-羟基-2-癸烯酸 δ-内酯	5-Hydroxy-2-decenoic acid δ-lactone (Coco-lactone)	3744
639	S0639	3-丙叉苯酞	3-Propylidenephthalide	2952
640	S0640	3-丁叉苯酞	3-Butylidenephthalide	3333
641	S0641	薄荷内酯	Mintlactone	3764
642	S0642	δ-十三内酯	δ-Tridecalactone	—
643	S0643	δ-十四内酯	δ-Tetradecalactone	3590
644	S0644	5-羟基-2,4-癸二烯酸内酯（又名 6-戊基-α-吡喃酮）	5-Hydroxy-2,4-decadienoic acid lactone (6-Pentyl-α-pyrone)	3696
645	S0645	5-羟基-7-癸烯酸内酯（又名茉莉内酯）	5-Hydroxy-7-decenoic acid lactone (Jasmine lactone)	3745
646	S0646	威士忌内酯	Whiskey lactone	3803
647	S0647	二氢猕猴桃内酯[又名(+/—)-2,6,6-三甲基-2-羟基环亚己基乙酸 γ-内酯]	Dihydroactinidiolide [(+/—)-(2,6,6-Trimethyl-2-hydroxycyclohexylidene) acetic acid γ-lactone]	4020
648	S0648	黄葵内酯	Ambrettolide	2555
649	S0649	α-当归内酯	α-Angelica lactone	3293
650	S0650	γ-甲基癸内酯	γ-Methyldecalactone	3786
651	S0651	β-石竹烯	β-Caryophyllene	2252
652	S0652	巴伦西亚橘烯	Valencene	3443
653	S0653	月桂烯	Myrcene	2762
654	S0654	*d*-苧烯	*d*-Limonene	2633
655	S0655	异松油烯	Terpinolene	3046
656	S0656	罗勒烯	Ocimene	3539
657	S0657	莰烯	Camphene	2229
658	S0658	α-蒎烯	α-Pinene	2902
659	S0659	β-蒎烯	β-Pinene	2903
660	S0660	1,8-桉叶素	1,8-Cineole	2465
661	S0661	1,4-桉叶素	1,4-Cineole	3658
662	S0662	二氢香豆素	Dihydrocoumarin	2381
663	S0663	1,4-二甲基-4-乙酰基-1-环己烯	1,4-Dimethyl-4-acetyl-1-cyclohexene	3449
664	S0664	2-甲酰基-6,6-二甲基双环[3.1.1]庚-2-烯（又名桃金娘烯醛）	2-Formyl-6,6-dimethylbicyclo[3.1.1]-hept-2-ene (Myrtenal)	3395
665	S0665	茶螺烷[又名 1-氧杂螺-(4,5)-2,6,10,10-四甲基-6-癸烯]	Theaspirane [2,6,10,10-Tetramethyl-1-oxaspiro(4,5)-dec-6-ene]	3774

表 B.3（续）

序号	编码	香料中文名称	香料英文名称	FEMA 编号
666	S0666	1,3,5-十一碳三烯	1,3,5-Undecatriene	3795
667	S0667	对,α-二甲基苯乙烯	*p*,α-Dimethylstyrene	3144
668	S0668	α-水芹烯	α-Phellandrene	2856
669	S0669	红没药烯	Bisabolene	3331
670	S0670	γ-松油烯	γ-Terpinene	3559
671	S0671	6-羟基二氢茶螺烷	6-Hydroxydihydrotheaspirane	3549
672	S0672	1-甲基-3-甲氧基-4-异丙基苯	1-Methyl-3-methoxy-4-isopropylbenzene	3436
673	S0673	间-二甲氧基苯	*m*-Dimethoxybenzene	2385
674	S0674	对-异丙基甲苯	*p*-Cymene	2356
675	S0675	3,4-二甲酚	3,4-Dimethylphenol	3596
676	S0676	1-甲基萘	1-Methylnaphthalene	3193
677	S0677	1,2-二甲氧基苯	1,2-Dimethoxybenzene	3799
678	S0678	α-金合欢烯	α-Farnesene	3839
679	S0679	苏合香烯	Styrene	3233
680	S0680	α-松油烯	α-Terpinene	3558
681	S0681	3-蒈烯	3-Carene	3821
682	S0682	聚苧烯	Polylimonene	—
683	S0683	香菇素	Lenthionine	—
684	S0684	氧化石竹烯	Caryophyllene oxide	4085
685	S0685	2,4,6-三甲基-1,3,5-三氧杂环己烷(又名三聚乙醛)	2,4,6-Trimethyl-1,3,5-trioxacyclohexane (Paraldehyde)	4010
686	S0686	甲硫醇	Methyl mercaptan	2716
687	S0687	3-甲硫基丙醇	3-(Methylthio) propanol	3415
688	S0688	正丁硫醇	1-Butanethiol	3478
689	S0689	2-甲基-1-丁硫醇	2-Methyl-1-butanethiol	3303
690	S0690	3-(甲硫基)-1-己醇	3-(Methylthio)-1-hexanol	3438
691	S0691	1,6-己二硫醇	1,6-Hexanedithiol	3495
692	S0692	糠基硫醇(又名咖啡醛)	Furfuryl mercaptan	2493
693	S0693	二甲基硫醚	Dimethyl sulfide	2746
694	S0694	二甲基二硫醚	Dimethyl disulfide	3536
695	S0695	二甲基三硫醚	Dimethyl trisulfide	3275
696	S0696	二丁基硫醚	Dibutyl sulfide	2215

表 B.3（续）

序号	编码	香料中文名称	香料英文名称	FEMA 编号
697	S0697	2,2′-(硫代二亚甲基)-二呋喃 二糠基硫醚	2,2′-(Thiodimethylene)-difuran 2-Furfuryl monosufide Bis(2-furfuryl)sulfide Difurfuryl sulphide	3238
698	S0698	二糠基二硫醚	Difurfuryl disulphide	3146
699	S0699	邻-甲硫基苯酚	*o*-(Methylthio)-phenol	3210
700	S0700	3-甲硫基丙醛	3-(Methylthio) propionaldehyde	2747
701	S0701	8-巯基薄荷酮	*p*-Mentha-8-thiol-3-one	3177
702	S0702	硫代乙酸糠酯	Furfuryl thioacetate	3162
703	S0703	3-甲硫基丙酸甲酯	Methyl 3-methylthiopropionate	2720
704	S0704	3-甲硫基丙酸乙酯	Ethyl 3-methylthiopropionate	3343
705	S0705	吲哚	Indole	2593
706	S0706	三甲基胺	Trimethylamine	3241
707	S0707	玫瑰醚	Rose oxide	3236
708	S0708	羟基香茅醇	Hydroxycitronellol	2586
709	S0709	3,5-二甲基-1,2,4-三硫杂环戊烷	3,5-Dimethyl-1,2,4-trithiolane	3541
710	S0710	2-甲基吡嗪	2-Methylpyrazine	3309
711	S0711	2,3-二甲基吡嗪	2,3-Dimethylpyrazine	3271
712	S0712	2,5-二甲基吡嗪	2,5-Dimethylpyrazine	3272
713	S0713	2,3,5-三甲基吡嗪	2,3,5-Trimethylpyrazine	3244
714	S0714	对-甲苯基乙醛	*p*-Tolylacetaldehyde	3071
715	S0715	2,6,6-三甲基-1 或 2-环己烯-1-甲醛	2,6,6-Trimethyl-1 or 2-cyclohexen-1-carbox-aldehyde	3639
716	S0716	2-异丁基-3-甲基吡嗪	2-Isobutyl 3-methylpyrazine	3133
717	S0717	2-甲氧基-3-仲丁基吡嗪	2-Methoxy-3-*sec*-butylpyrazine	3433
718	S0718	2,3-二乙基吡嗪	2,3-Diethylpyrazine	3136
719	S0719	3-乙基-2,6-二甲基吡嗪	3-Ethyl-2,6-dimethylpyrazine	3150
720	S0720	2-乙酰基吡嗪	Acetylpyrazine	3126
721	S0721	2-乙酰基-3-乙基吡嗪	2-Acetyl-3-ethylpyrazine	3250
722	S0722	2,3-二乙基-5-甲基吡嗪	2,3-Diethyl-5-methylpyrazine	3336
723	S0723	5-异丙基-2-甲基吡嗪	5-Isopropyl-2-methylpyrazine	3554
724	S0724	2,6-二甲基吡啶	2,6-Dimethylpyridine	3540
725	S0725	4-甲基噻唑	4-Methylthiazole	3716
726	S0726	α-甲基肉桂醛	α-Methylcinnamaldehyde	2697
727	S0727	5-羟乙基-4-甲基噻唑	5-Hydroxyethyl-4-methylthiazole	3204

表 B.3（续）

序号	编码	香料中文名称	香料英文名称	FEMA 编号
728	S0728	2,4,5-三甲基噻唑	2,4,5-Trimethylthiazole	3325
729	S0729	2-乙基-4-甲基噻唑	2-Ethyl-4-methylthiazole	3680
730	S0730	5-乙烯基-4-甲基噻唑	4-Methyl-5-vinylthiazole	3313
731	S0731	2-乙酰基噻唑	2-Actylthiazole	3328
732	S0732	2-异丙基-4-甲基噻唑	2-Isopropyl-4-methylthiazole	3555
733	S0733	2-异丁基噻唑	2-Isobutylthiazole	3134
734	S0734	苯并噻唑	Benzothiazole	3256
735	S0735	*N*-糠基吡咯	*N*-Furfuryl pyrrole	3284
736	S0736	2-乙酰基吡咯	2-Acetylpyrrole	3202
737	S0737	5,6,7,8-四氢喹噁啉	5,6,7,8-Tetrahydroquinoxaline	3321
738	S0738	2,4,5-三甲基-3-噁唑啉	2,4,5-Trimethyl-3-oxazoline	3525
739	S0739	2-甲基-4-丙基-1,3-噁唑烷	2-Methyl-4-propyl-1,3-oxathiane	3578
740	S0740	吡啶	Pyridine	2966
741	S0741	二丙基二硫醚	Propyl disulfide	3228
742	S0742	2-戊基硫醇	2-Pentanethiol	3792
743	S0743	邻-甲基苯硫酚	*o*-Toluenethiol	3240
744	S0744	苄基硫醇	Benzyl mercaptan	2147
745	S0745	1-对-蓋烯-8-硫醇(又名 1-对-薄荷烯-8-硫醇)	1-*p*-Menthene-8-thiol	3700
746	S0746	甲基丙基二硫醚	Methyl propyl disulfide	3201
747	S0747	甲基苄基二硫醚	Methyl benzyl disulfide	3504
748	S0748	甲基糠基二硫醚	Methyl furfuryl disulfide	3362
749	S0749	烯丙基二硫醚	Allyl disulfide	2028
750	S0750	双(2-甲基-3-呋喃基)二硫醚	Bis(2-methyl-3-furyl) disulfide	3259
751	S0751	糠基甲基硫醚	Furfuryl methyl sulfide	3160
752	S0752	2,6-二甲基苯硫酚	2,6-Dimethylthiophenol	3666
753	S0753	2-甲基-3(2-呋喃基)丙烯醛	2-Methyl-3(2-furyl) acrolein	2704
754	S0754	2-甲基四氢噻吩-3-酮	2-Methyltetrahydrothiophen-3-one	3512
755	S0755	2-甲基-5-(甲硫基)呋喃	2-Methyl-5-(methylthio) furan	3366
756	S0756	2-羟基-3,5,5-三甲基-2-环己烯酮	2-Hydroxy-3,5,5-trimethyl-2-cyclohexenone	3459
757	S0757	糠酸甲酯	Methyl 2-furoate	2703
758	S0758	硫代乙酸乙酯	Ethyl thioacetate	3282
759	S0759	硫代乙酸丙酯	Propyl thioacetate	3385
760	S0760	3-巯基丙酸乙酯	Ethyl 3-mercaptopropionate	3677

表 B.3（续）

序号	编码	香料中文名称	香料英文名称	FEMA 编号
761	S0761	硫代丁酸甲酯	Methyl thiobutyrate	3310
762	S0762	异硫氰酸烯丙酯	Allyl isothiocyanate	2034
763	S0763	2-硫代糠酸甲酯	Methyl 2-thiofuroate	3311
764	S0764	3-甲基-1,2,4-三噻烷	3-Methyl-1,2,4-trithiane	3718
765	S0765	2,3,5,6-四甲基吡嗪	2,3,5,6-Tetramethylpyrazine	3237
766	S0766	2-乙基吡嗪	2-Ethylpyrazine	3281
767	S0767	2-乙基-3,(5 或 6)-二甲基吡嗪	2-Ethyl-3(5 or 6)-dimethylpyrazine	3149
768	S0768	2-甲氧基-3-异丁基吡嗪	2-Methoxy-3-isobutylpyrazine	3132
769	S0769	1-甲基-2-乙酰基吡咯	1-Methyl-2-acetylpyrrole	3184
770	S0770	*N*-乙基-2-乙酰基吡咯	1-Ethyl-2-acetylpyrrole	3147
771	S0771	喹啉	Quinoline	3470
772	S0772	6-甲基喹啉	6-Methylquinoline	2744
773	S0773	5-甲基喹噁啉	5-Methylquinoxaline	3203
774	S0774	哌啶	Piperidine	2908
775	S0775	*β*-甲基吲哚	*β*-Methylindole	3019
776	S0776	5-乙基-2-甲基吡啶	5-Ethyl-2-methylpyridine	3546
777	S0777	3-乙基吡啶	3-Ethylpyridine	3394
778	S0778	2-乙酰基吡啶	2-Acetylpyridine	3251
779	S0779	3-乙酰基吡啶	3-Acetylpyridine	3424
780	S0780	甲酸肉桂酯	Cinnamyl formate	2299
781	S0781	异戊胺	Isopentylamine	3219
782	S0782	苯乙胺	Phenethylamine	3220
783	S0783	2-甲基-1,3-二硫环戊烷	2-Methyl-1,3-dithiolane	3705
784	S0784	6-乙酰氧基二氢茶螺烷	6-Acetoxydihydrotheaspirane	3651
785	S0785	4,5-二甲基噻唑	4,5-Dimethyl thiazole	3274
786	S0786	3-巯基己醇	3-Mercaptohexanol	3850
787	S0787	三硫丙酮	Trithioacetone	3475
788	S0788	2,6-二甲基吡嗪	2,6-Dimethylpyrazine	3273
789	S0789	2-(甲硫基)乙酸乙酯	Ethyl 2-(methylthio) acetate	3835
790	S0790	乙酸 3-巯基己酯	3-Mercaptohexyl acetate	3851
791	S0791	2-(甲基二硫基)丙酸乙酯	Ethyl 2-(methyldithio) propionate	3834
792	S0792	3-(甲硫基)丁酸乙酯	Ethyl 3-(methylthio) butyrate	3836
793	S0793	丁酸 3-巯基己酯	3-Mercaptohexyl butyrate	3852
794	S0794	己酸 3-巯基己酯	3-Mercaptohexyl hexanoate	3853

表 B.3（续）

序号	编码	香料中文名称	香料英文名称	FEMA 编号
795	S0795	糠醇	Furfuryl alcohol	2491
796	S0796	四氢糠醇	Tetrahydro furfuryl alcohol	3056
797	S0797	牛磺酸(又名 2-氨基乙基磺酸)	Taurine (2-Aminoethylsulfonic Acid)	3813
798	S0798	2-乙基-3-甲基吡嗪	2-Ethyl-3-Methylpyrazine	3155
799	S0799	3-甲基-2-丁硫醇	3-Methyl-2-butanethiol	3304
800	S0800	2-甲基-3-四氢呋喃硫醇	2-Methyl-3-tetrahydrofuranthiol	3787
801	S0801	丙硫醇	Propanethiol	3521
802	S0802	1,3-丙二硫醇	1,3-Propanedithiol	3588
803	S0803	烯丙基硫醇(又名 2-丙烯基-1-硫醇)	Allyl mercaptan (2-propen-1-thiol)	2035
804	S0804	4-甲氧基-2-甲基-2-丁硫醇	4-Methoxy-2-methyl-2-butanethiol	3785
805	S0805	2-苯乙硫醇	2-Phenylethyl mercaptan	3894
806	S0806	3-巯基-3-甲基-1-丁醇	3-Mercapto-3-methyl-1-butanol	3854
807	S0807	甲基 2-甲基-3-呋喃基二硫醚	Methyl 2-methyl-3-furyl disufide	3573
808	S0808	甲基乙基硫醚	Methyl ethyl sulfide	3860
809	S0809	甲基苯基二硫醚	Methyl phenyl disulfide	3872
810	S0810	二乙基硫醚	Diethyl sulfide	3825
811	S0811	二丙基三硫醚	Dipropyl trisulfide	3276
812	S0812	丙烯基丙基二硫醚	Propenyl propyl disulfide	3227
813	S0813	二烯丙基硫醚	Allyl sulfide	2042
814	S0814	二烯丙基三硫醚	Diallyl trisulfide	3265
815	S0815	二烯丙基四硫醚(又名二烯丙基聚硫醚)	Diallyl tetrasulfide (Diallyl polysulfide)	3533
816	S0816	2-甲硫甲基-2-丁烯醛	2-(Methylthio)methyl-2-butenal	3601
817	S0817	3-甲硫基己醛	3-Methylthio hexanal	3877
818	S0818	乙酸环己酯	Cyclohexyl acetate	2349
819	S0819	邻-氨基苯乙酮	*o*-Amino acetophenone	3906
820	S0820	2-甲基-3-甲硫基呋喃	2-Methyl-3-(methylthio) furan	3949
821	S0821	甲酸 3-巯基 3-甲基丁酯	3-Mercapto-3-methyl-butyl formate	3855
822	S0822	乙酸 3-甲硫基丙酯	3-(Methylthio) propyl acetate	3883
823	S0823	3-甲基硫代丁酸 *S*-甲酯(又名异戊酸甲硫醇酯)	*S*-Methyl 3-methylbutanethioate (Methylthiol isovalerate)	3864
824	S0824	甲硫磺酸 *S*-甲酯	*S*-Methyl methanethiosulfonate	—
825	S0825	2-甲硫基丁酸甲酯	Methyl 2-methythio butyrate	3708
826	S0826	3-甲硫基-1-己醇乙酸酯	3-(Methylthio)-1-hexyl acetate	3789
827	S0827	甲硫醇乙酸酯	*S*-methyl thioacetate	3876

表 B.3（续）

序号	编码	香料中文名称	香料英文名称	FEMA 编号
828	S0828	(5*H*)-5-甲基-6,7-二氢环戊基并(b)吡嗪	(5*H*)-5-Methyl-6,7-dihydro-cyclopenta(b)pyrazine	3306
829	S0829	2-甲氧基吡嗪	2-Methoxypyrazine	3302
830	S0830	2-,5 或 6-甲氧基-3-甲基吡嗪	2-,5 or 6-Methoxy-3-methylpyrazine	3183
831	S0831	2-乙酰基-3,5(或 6)-二甲基吡嗪	2-Acetyl-3,5(or 6)dimethyl pyrazine	3327
832	S0832	2-乙酰基 3-甲基吡嗪	2-Acetyl 3-methyl pyrazine	3964
833	S0833	四氢吡咯(吡咯烷)	Tetrahydropyrrole (Pyrrolidine)	3523
834	S0834	2-异丁基吡啶	2-Isobutyl pyridine	3370
835	S0835	2-乙基-4,5-二甲基噁唑	2-Ethyl-4,5-dimethyloxazole	3672
836	S0836	硫化铵	Ammonium sulfide	2053
837	S0837	2-巯基丙酸乙酯	Ethyl 2-mercaptopropionate	3279
838	S0838	*N*-(4-羟基-3-甲氧基苄基)壬酰胺	*N*-(4-Hydroxy-3-methoxybenzyl)-nonanamide	2787
839	S0839	1,4-二噻烷	1,4-Dithiane	3831
840	S0840	桃金娘烯醇	Myrtenol	3439
841	S0841	胡椒碱	Piperine	2909
842	S0842	2,3-二甲基苯并呋喃	2,3-Dimethylbenzofuran	3535
843	S0843	4-羟基-5-甲基-3(2*H*)-呋喃酮	4-Hydroxy-5-methyl-3-(2*H*)-furanone	3635
844	S0844	γ-紫罗兰酮	γ-Ionone	3175
845	S0845	α-二氢紫罗兰酮	Dihydro-Alpha-ionone	3628
846	S0846	*d*-胡椒酮(又名对-䓝-1-烯-3-酮)	*d*-Piperitone (*p*-menth-1-en-3-one)	2910
847	S0847	胡椒烯酮[又名对-䓝-1,4(8)-二烯-3-酮]	Piperitenone (*p*-Mentha-1,4(8)-dien-3-one)	3560
848	S0848	L-天冬氨酸	L-Aspartic acid	3656
849	S0849	DL-异亮氨酸	DL-Isoleucine	3295
850	S0850	焦木酸提取物	Pyroligneous acid extract	2968
851	S0851	乙酸钠(又名醋酸钠)	Sodium acetate	3024
852	S0852	双乙酸钠(又名二醋酸钠)	Sodium diacetate	3900
853	S0853	琥珀酸二钠	Disodium succinate	3277
854	S0854	5′-鸟苷酸二钠	Disodium 5′-guanylate	3668
855	S0855	5′-肌苷酸二钠	Disodium 5′-inosinate	3669
856	S0856	磷酸三钙	Tricalcium phosphate	3081
857	S0857	δ-十六内酯	δ-Hexadecalactone	4673
858	S0858	(+/−)二氢薄荷内酯	(+/−)Dihydromintlactone	4032
859	S0859	顺式-4-十二烯醛	(*Z*)-4-Dodecenal	4036

表 B.3（续）

序号	编码	香料中文名称	香料英文名称	FEMA 编号
860	S0860	4,5-环氧反式-2-癸烯醛	4,5-Epoxy *trans*-2-decenal	4037
861	S0861	2-乙基-5-甲基吡嗪	2-Ethyl-5-methylpyrazine	3154
862	S0862	顺式-3-顺式-6-壬二烯-1-醇	*cis*-3-*cis*-6-Nonadien-1-ol	3885
863	S0863	2-甲基-1-丁醇	2-Methyl-1-butanol	3998
864	S0864	异龙脑	Isoborneol	2158
865	S0865	2-壬醇	2-Nonanol	3315
866	S0866	反式-2-辛烯-1-醇	(*E*)-2-Octen-1-ol (*trans*-2-Octen-1-ol)	3887
867	S0867	香芹醇	Carveol	2247
868	S0868	对-盖烷-2-酮(又名对-薄荷烷-2-酮)	*p*-Menthan-2-one	3176
869	S0869	4-甲基-3-戊烯-2-酮	4-Methyl-3-penten-2-one	3368
870	S0870	反式,反式-3,5-辛二烯-2-酮	*trans*,*trans*-3,5-Octadien-2-one	4008
871	S0871	2-甲基呋喃	2-Methyl furan	4179
872	S0872	3-癸烯-2-酮	3-Decen-2-one	3532
873	S0873	2-辛烯-4-酮	2-Octen-4-one	3603
874	S0874	2-呋喃基-2-丙酮	(2-Furyl)-2-propanone	2496
875	S0875	5-甲基-2,3-已二酮	5-Methyl-2,3-hexanedione	3190
876	S0876	2-甲基-3-戊烯酸	2-Methyl-3-pentenoic acid	3464
877	S0877	L-酪氨酸	L-Tyrosine	3736
878	S0878	2-氧代戊二酸	2-Oxopentanedioic acid	3891
879	S0879	4-茴香酸	4-Anisic acid	3945
880	S0880	亚油酸	Linoleic acid	3380
881	S0881	甘草酸	Glycyrrhizic acid	—
882	S0882	L-胱氨酸	L-Cystine	—
883	S0883	L-蛋氨酸	L-Methionine	—
884	S0884	L-谷氨酰胺	L-Glutamine	3684
885	S0885	2-丙硫醇	2-Propanethiol	3897
886	S0886	4-巯基-4-甲基-2-戊酮	4-Mercapto-4-methyl-2-pentanone	3997
887	S0887	1,2-乙二硫醇	1,2-Ethanedithiol	3484
888	S0888	异戊烯基硫醇	Prenyl mercaptan	3896
889	S0889	*d*,*l*-(3-氨基-3-羧基丙基)二甲基氯化锍(又名甲基蛋氨酸-氯化锍)	*d*, *l*-(3-Amino-3-carboxypropyl) dimethylsulfonium chloride (*d*, *l*-Methylmethionine sulfonium chloride)	3445
890	S0890	2-甲基-3-硫代乙酰氧基-4,5-二氢呋喃	2-Methyl-3-thioacetoxy-4,5-dihydrofuran	3636
891	S0891	异丁基硫醇	Isobutyl mercaptan	3874

表 B.3（续）

序号	编码	香料中文名称	香料英文名称	FEMA 编号
892	S0892	苯硫酚(原名称为苄基硫醇)	Benzenethiol	3616
893	S0893	异硫氰酸苄酯	Benzyl isothiocyanate	—
894	S0894	甲基烯丙基三硫醚	Allyl methyl trisulfide	3253
895	S0895	2-戊基噻吩	2-Pentyl thiophene	4387
896	S0896	3,5-二乙基-1,2,4-三硫杂环戊烷	3,5-Diethyl-1,2,4-trithiolane	4030
897	S0897	噻吩	Thiophene	—
898	S0898	2,4,6-三甲基二氢-4*H*-1,3,5-二噻嗪	2,4,6-Trimethyldihydro-4*H*-1,3,5-dithiazine	4018
899	S0899	异硫氰酸 3-甲硫基丙酯	3-Methylthiopropyl isothiocyanate	3312
900	S0900	3-甲基丁基硫醇	3-Methylbutanethiol	3858
901	S0901	2-乙酰基-2-噻唑啉	2-Acetyl-2-thiazoline	3817
902	S0902	甲基丙基三硫醚	Methyl propyl trisulfide	3308
903	S0903	噻唑	Thiazole	3615
904	S0904	吡嗪	Pyrazine	4015
905	S0905	甲基 1-丙烯基二硫醚	Methyl 1-propenyl disulfide	3576
906	S0906	甲酸丙酯	Propyl formate	2943
907	S0907	香兰素 3-(*l*-盖氧基)丙-1,2-二醇缩醛[又名香兰素 3-(*l*-薄荷烷氧基)丙-1,2-二醇缩醛]	Vanillin 3-(*l*-menthoxy) propane-1,2-diol acetal	3904
908	S0908	3-戊烯-2-酮	3-Penten-2-one	3417
909	S0909	十二酸甲酯(又名月桂酸甲酯)	Methyl dodecanoate (Methyl laurate)	2715
910	S0910	乙酸紫苏酯(又名对-1,8-盖二烯-7-醇乙酸酯)	Perillyl acetate(*p*-Mentha-1,8-dien-7-yl acetate)	3561
911	S0911	苹果酸二乙酯	Diethyl malate	2374
912	S0912	甲硫基乙酸甲酯	Methyl (methylthio) acetate	4003
913	S0913	2-乙酰基-1-吡咯啉	2-Acetyl-1-pyrroline	4249
914	S0914	甲酸异丙酯	Isopropyl formate	2944
915	S0915	4-甲基-2-戊烯醛	4-Methyl-2-pentenal	3510
916	S0916	亚油酸乙酯	Ethyl linoleate	—
917	S0917	2,4,6-三异丁基-5,6-二氢-4*H*-1,3,5-二噻嗪	2,4,6-Triisobutyl-5,6-dihydro-4*H*-1,3,5-dithiazine	4017
918	S0918	乙酸十二醇酯	Dodecyl acetate	2616
919	S0919	2-乙基丁醛	2-Ethyl butyraldehyde	2426
920	S0920	辛酸辛酯	Octyl caprylate	2811
921	S0921	己醛二乙缩醛	Hexanal diethyl acetal	—
922	S0922	丙酸异丙酯	Isopropyl propionate	2959

表 B.3（续）

序号	编码	香料中文名称	香料英文名称	FEMA 编号
923	S0923	丁酸反式-2-己烯酯	*trans*-2-Hexenyl butyrate	3926
924	S0924	异硫氰酸丁酯	Butyl Isothiocyanate	4082
925	S0925	*N*-葡糖酰基乙醇胺	*N*-Gluconyl ethanolamine	4254
926	S0926	*N*-乳酰基乙醇胺	*N*-Lactoyl ethanolamine	4256
927	S0927	1-庚烯-3-醇	1-Hepten-3-ol	4129
928	S0928	乙硫醇	Ethanethiol	4258
929	S0929	六偏磷酸钠	Sodium hexameta phosphate	3027
930	S0930	乙酸 *l*-龙脑酯	*l*-Bornyl acetate	4080
931	S0931	反式-*α*-突厥酮	*trans*-*α*-Damascone	4088
932	S0932	二乙基二硫醚	Diethyl disulfide	4093
933	S0933	2,5-二甲基-3(2*H*)-呋喃酮	2,5-Dimethyl-3(2*H*)-furanone	4101
934	S0934	香叶酸	Geranic acid	4121
935	S0935	1-(3-羟基-5-甲基-2-噻吩)乙酮	1-(3-Hydroxy-5-methyl-2-thienyl) ethanone	4142
936	S0936	异黄葵内酯	Isoambrettolide	4145
937	S0937	异丁酸异龙脑酯	Isobornyl isobutyrate	4146
938	S0938	*N*-甲基邻氨基苯甲酸异丁酯	Isobutyl *N*-methylanthranilate	4149
939	S0939	丁酸 3-(甲硫基)丙酯	Methionyl butyrate [3-(Methylthio) propyl butyrate]	4160
940	S0940	(S1)-甲氧基-3-庚硫醇	(S1)-Methoxy-3-heptanethiol	4162
941	S0941	5-*Z*-辛烯酸甲酯	Methyl 5-*Z*-octenoate	4165
942	S0942	*N*-乙酰基邻氨基苯甲酸甲酯	Methyl *N*-acetylanthranilate	4170
943	S0943	3-甲基-2-(3-甲基-2-丁烯)呋喃	3-Methyl-2-(3-methylbut-2-enyl) furan	4174
944	S0944	乙酸植醇酯	Phytyl acetate	4197
945	S0945	3,7,11-三甲基十二碳-2,6,10-三烯醇乙酸酯	3,7,11-Trimethyldodeca-2,6,10-trienyl acetate	4213
946	S0946	三乙胺	Triethylamine	4246
947	S0947	丙酸茴香酯	Anisyl propionate	2102
948	S0948	丁酸 3-丁酮-2-醇酯	Butan-3-one-2-yl butanoate	3332
949	S0949	异喹啉	Isoquinoline	2978
950	S0950	2-丙酰噻唑	2-Propionylthiazole	3611
951	S0951	2(4)-异丙基-4(2),6-二甲基二氢(4*H*)-1,3,5-二噻嗪	2(4)-Isopropyl-4(2),6-dimethyldihydro(4*H*)-1,3,5-dithiazine	3782
952	S0952	丁酸松油酯	Terpinyl butyrate	3049
953	S0953	3-正丁基苯酞	3-*n*-Butylphthalide	3334

表 B.3（续）

序号	编码	香料中文名称	香料英文名称	FEMA 编号
954	S0954	2,2-二甲基-5-(1-甲基-1-丙烯基)四氢呋喃	2,2-Dimethyl-5-(1-methylpropen-1-yl) tetrahydrofuran	3665
955	S0955	(6*R*)-3-甲基-6-(1-甲基乙基)-2-环己烯-1-酮	2-Cyclohexen-1-one, 3-methyl-6-(1-methylethyl)-,(6*R*)-	4200
956	S0956	3-甲基-2-丁烯-1-醇	3-Methyl-2-buten-1-ol	3647
957	S0957	对-蓋-1-烯-9-醇乙酸酯（又名对-1-薄荷烯-9-醇乙酸酯）	1-*p*-Menthen-9-yl acetate	3566
958	S0958	乙酸 2-辛烯醇酯	2-Octen-1-yl acetate	3516
959	S0959	1-(对-甲氧基苯基)-2-丙酮	1-(*p*-Methoxyphenyl)-2-propanone	2674
960	S0960	十八酸丁酯(又名硬脂酸丁酯)	Butyl octadecanoate (Butyl stearate)	2214
961	S0961	(+/−)-1-苯乙基硫醇	(+/−)-1-Phenylethylmercaptan	4061
962	S0962	4-异丙基-2-环己烯酮	4-Isopropyl-2-cyclohexenone	3939
963	S0963	邻-甲氧基苯甲酸甲酯	Methyl *o*-methoxybenzoate	2717
964	S0964	丙酮醛	Pyruvaldehyde	2969
965	S0965	甲基乙基三硫醚	Methyl ethyl trisulfide	3861
966	S0966	2-甲基-2-(甲二硫基)-丙醛	2-Methyl-2-(methyldithio) propanal	3866
967	S0967	二(甲硫基)甲烷	Bis-(Methylthio) methane	3878
968	S0968	2,3,5-三硫杂己烷	2,3,5-Trithiahexane	4021
969	S0969	4-乙基辛酸	4-Ethyl octanoic acid	3800
970	S0970	二氢诺卡酮	Dihydronootkatone	3776
971	S0971	1-乙氧基-3-甲基-2-丁烯	1-Ethoxy-3-methyl-2-butene	3777
972	S0972	2-乙烯基-2-甲基-5-(1-甲基乙烯基)四氢呋喃	2-Ethenyl-2-methyl-5-(1-methylethenyl)-tetrahydrofuran	3759
973	S0973	异戊酸糠酯	Furfuryl isovalerate	3283
974	S0974	异戊酸芳樟酯	Linalyl isovalerate	2646
975	S0975	3-甲基-2-丁醇	3-Methyl-2-butanol	3703
976	S0976	3-甲基-1-戊醇	3-Methyl-1-pentanol	3762
977	S0977	4-甲基-2-戊酮	4-Methyl-2-pentanone	2731
978	S0978	反式-3-顺式-6-壬二烯醇	*trans*-3-*cis*-6-Nonadienol	3884
979	S0979	庚酸甲酯	Methyl heptanoate	2705
980	S0980	顺式-3-己烯醇丙酸酯	(*Z*)-3-Hexenyl propionate	3933

表 B.3（续）

序号	编码	香料中文名称	香料英文名称	FEMA 编号
981	S0981	反式-2-癸烯酸乙酯	Ethyl *trans*-2-decenoate	3641
982	S0982	2-乙基苯酚	2-Ethyl phenol	—
983	S0983	盐酸硫胺素	Thiamine hydrochloride	3322
984	S0984	*N*-甲基吡咯-2-甲醛	*N*-Methyl pyrrol-2-carboxaldehyde	4332
985	S0985	乙酸香兰素酯	Vanillin acetate	3108
986	S0986	L-组氨酸	L-Histidine	3694
987	S0987	δ-突厥酮	δ-Damascone	3622
988	S0988	2-甲基戊酸乙酯	Ethyl 2-methylpentanoate	3488
989	S0989	4-甲硫基-2-丁酮	4-Methylthio-2-butanone	3375
990	S0990	乳酸 *l*-薄荷酯	*l*-Menthyl lactate	3748
991	S0991	甲基 3-甲基-1-丁烯基二硫醚	Methyl 3-methyl-1-butenyl disulfide	3865
992	S0992	1-巯基-2-丙酮	1-Mercapto-2-propanone	3856
993	S0993	乙酸正戊酯	Pentyl acetate	—
994	S0994	胡薄荷酮	Pulegone	2963
995	S0995	1-苯基丙醇-1	1-Phenylpropan-1-ol	2884
996	S0996	4-苯基 2-丁醇	4-Phenyl-2-butanol	2879
997	S0997	庚醇-3	Heptan-3-ol	3547
998	S0998	3-乙酰氧基己酸甲酯	Methyl 3-acetoxy hexanoate	—
999	S0999	对-盖-1-烯-3-醇（又名对-1-薄荷烯-3-醇）	*p*-Menth-1-en-3-ol	3179
1000	S1000	4-苧醇(又名 4-侧柏醇)	4-Thujanol	3239
1001	S1001	丙酮酸顺式-3-己烯酯(又名丙酮酸叶醇酯)	*cis*-3-Hexenyl pyrovate (Leaf pyrovate)	3934
1002	S1002	联苯	Biphenyl	3129
1003	S1003	顺式-4-羟基-6-十二烯酸内酯	(*Z*)-4-Hydroxy-6-dodecenoic acid lactone	3780
1004	S1004	甲基亚磺酰甲烷	Methylsulfinylmethane	3875
1005	S1005	3,7-二甲基-2,6-辛二烯酸甲酯(又名香叶酸甲酯)	Methyl 3,7-dimethyl-2,6-octadienoate (methyl geranate)	—
1006	S1006	反式和顺式-4,8-二甲基-3,7-壬二烯-2-酮	(*E*) and (*Z*)-4, 8-Dimethyl-3, 7-nonadien-2-one	3969
1007	S1007	异亚戊基异戊胺	Isopentylidene isopentylamine	3990

表 B.3（续）

序号	编码	香料中文名称	香料英文名称	FEMA 编号
1008	S1008	戊酸异戊酯	Isoamyl valerate	—
1009	S1009	丙酸反式-2-己烯酯	*trans*-2-Hexenyl propionate 2-Hexen-1-ol, propanoate, (*E*)	3932
1010	S1010	硫化氢(仅用于热反应香料)	Hydrogen sulfide	3779
1011	S1011	戊酸甲酯	Methyl valerate	2752
1012	S1012	丁酸异丙酯	Isopropyl butyrate	2935
1013	S1013	烯丙基甲基二硫醚	Allyl methyl disulfide	3127
1014	S1014	3-壬酮	3-Nonanone	3440
1015	S1015	二苄基二硫醚	Benzyl disulfide	3617
1016	S1016	苯乙酸顺式-3-己烯酯(又名苯乙酸叶醇酯)	*cis*-3-Hexenyl phenylacetate (Leaf phenylacetate)	3633
1017	S1017	乙酸 3-(乙酰巯基)己酯	3-Acetylmercaptohexyl acetate	3816
1018	S1018	己酸甲硫醇酯	S-Methyl hexanethioate(methyl thiohexanoate)	3862
1019	S1019	反式-2-丁烯酸(又名巴豆酸)	(*E*)-2-Butenoic acid (Crotonic acid)	3908
1020	S1020	戊酸顺式-3-己烯酯(又名戊酸叶醇酯)	(*Z*)-3-Hexenyl valerate (Leaf valerate)	3936
1021	S1021	己酸苄酯	Benzyl hexanoate	4026
1022	S1022	烯丙基丙基二硫醚	Allyl propyl disulfide	4073
1023	S1023	2,8-表硫-顺式-对-蓋烷 4,7,7-三甲基-6-硫杂双环[3.2.1]辛烷 硫代桉叶素	2,8-Epithio-*cis*-*p*-menthane 4,7,7-Trimethyl-6-thiabicyclo[3.2.1]octane Thiocineole	4108
1024	S1024	癸酸甲酯	Methyl decanoate	—
1025	S1025	甲酸异丁酯	Isobutyl formate	2197
1026	S1026	4-庚酮	4-Heptanone	2546
1027	S1027	戊酸丁酯	Butyl valerate	2217
1028	S1028	丁酸环己酯	Cyclohexyl butyrate	2351
1029	S1029	山梨酸乙酯(又名 2,4-己二烯酸乙酯)	Ethyl sorbate (Ethyl 2,4-hexadiencate)	2459
1030	S1030	单油酸甘油酯	Glyceryl monooleate	2526
1031	S1031	5-羟基-4-辛酮	5-Hydroxy-4-octanone	2587
1032	S1032	壬酸甲酯	Methyl nonanoate	2724
1033	S1033	丙酸橙花酯	Neryl propionate	2777
1034	S1034	肉桂酸丙酯	Propyl cinnamate	2938
1035	S1035	丁酸玫瑰酯	Rhodinyl butyrate	2982
1036	S1036	异丁酸玫瑰酯	Rhodinyl isobutyrate	2983

表 B.3（续）

序号	编码	香料中文名称	香料英文名称	FEMA 编号
1037	S1037	丙酸松油酯	Terpinyl propionate	3053
1038	S1038	丙酸糠酯	Furfuryl propionate	3346
1039	S1039	戊酸糠酯	Furfuryl pentanoate	3397
1040	S1040	异茉莉酮	Isojasmone	3552
1041	S1041	苄基甲基硫醚	Benzyl methyl sulfide	3597
1042	S1042	3-甲基-2-丁烯醛	3-Methyl-2-butenal	3646
1043	S1043	2,4-癸二烯酸丙酯	Propyl 2,4-decadienoate	3648
1044	S1044	反式-2-己烯酸己酯	Hexyl *trans*-2-hexenoate	3692
1045	S1045	4-烯丙基-2,6-二甲氧基苯酚	4-Allyl-2,6-dimethoxyphenol	3655
1045	S1046	2-羟基-4-甲基戊酸甲酯	Methyl 2-hydroxy-4-methylpentanoate	3706
1047	S1047	反式-2-辛烯酸甲酯	Methyl *trans*-2-octenoate	3712
1048	S1048	2,2,6-三甲基-6-乙烯基四氢吡喃	2,2,6-Trimethyl-6-vinyltetrahydropyran	3735
1049	S1049	香紫苏内酯	Sclareolide[Decahydro-3a,6,6,9a-tetramethylnaphtho(2,1b)furan-2(1*H*)-one]	3794
1050	S1050	苯甲酸甲硫醇酯	*S*-Methyl benzothioate	3857
1051	S1051	反式-2-己烯酸顺式-3-己烯酯	(*Z*)-3-Hexenyl(*E*)-2-hexenoate	3928
1052	S1052	2-巯基苯甲醚	2-Mercaptoanisole	4159
1053	S1053	香兰素苏和赤-2,3-丁二醇缩醛	Vanillin erythro and threo-butan-2,3-diol acetal	4023
1054	S1054	反式 6-甲基-3-庚烯-2-酮	(*E*)-6-Methyl-3-hepten-2-one	4001
1055	S1055	(±)3-巯基丁酸乙酯	(±)-Ethyl 3-mercaptobutyrate	3977
1056	S1056	3-巯基-2-甲基戊醇	3-Mercapto-2-methylpentan-1-ol	3996
1057	S1057	乙醛二异戊醇缩醛	Acetaldehyde diisoamyl acetal	4024
1058	S1058	(+/-)-2-苯基-4-甲基-2-己烯醛	(+/-)-2-Phenyl-4-methyl-2-hexenal	4194
1059	S1059	2-庚硫醇	2-Heptanethiol	4128
1060	S1060	2-(2-羟基-4-甲基-3-环己烯基)-丙酸γ-内酯	2-(2-Hydroxy-4-methyl-3-cyclohexenyl)-propionic acid γ-lactone (Wine Lactone)	4140
1061	S1061	*l*-蓋基甲基醚(又名 2-异丙基-5-甲基环己基甲基醚)	*l*-Menthyl methyl ether (2-Isopropyl-5-methylcyclohexyl methyl ehter)	4054
1062	S1062	己酸异丙酯	Isopropyl hexanoate	2950
1063	S1063	2,4-己二烯-1-醇	2,4-Hexadien-1-ol	3922
1064	S1064	十六烷酸甲酯	Methyl hexadecanoate	—
1065	S1065	5-甲基-2-噻吩甲醛	5-Methyl-2-thiophenecarboxaldehyde	3209
1066	S1066	4-甲基-2,6-二甲氧基苯酚	4-Methyl-2,6-dimethoxyphenol	3704

表 B.3（续）

序号	编码	香料中文名称	香料英文名称	FEMA 编号
1067	S1067	对-甲氧基肉桂醛	*p*-Methoxycinnamaldehyde	3567
1068	S1068	2,4,5-三甲基噁唑	2,4,5-Trimethyloxazole	4394
1069	S1069	苯甲醛二乙缩醛	Benzaldehyde diethyl acetal	—
1070	S1070	*d*-新薄荷醇	*d*-Neo-Menthol	2666
1071	S1071	2-壬烯酸 γ-内酯	2-Nonenoic acid gamma-lactone	4188
1072	S1072	反式-4-癸烯酸乙酯	Ethyl *trans*-4-decenoate	3642
1073	S1073	晚香玉内酯{又名二氢-5-[(*Z*,*Z*)-2,5-辛二烯-2(3*H*)-呋喃酮}	Tuberose Lactone {Dihydro-5-[(*Z*,*Z*)-octa-2,5-dienyl]-2(3*H*)-furanone}	4067
1074	S1074	4-甲基-2-戊基-1,3-二氧戊环(又名己醛1,2-丙二醇缩醛)	4-Methyl-2-pentyl-1, 3-dioxolane (Hexanal propylene glycol acetal)	3630
1075	S1075	乙酸 3-巯基庚酯	3-Mercaptoheptyl acetate	4289
1076	S1076	甲基纤维素	Methyl cellulose	2696
1077	S1077	植醇(又名叶绿醇、叶黄烯醇)(3,7,11,15-四甲基-2-十六烯-1-醇)	phytol(3,7,11,15-Tetramethyl-2-hexadecen-1-ol)	4196
1078	S1078	异戊醛二乙缩醛	Isovaleraldehyde diethyl acetal	4371
1079	S1079	异硫氰酸 3-丁烯酯	3-Butenyl isothiocyanate	4418
1080	S1080	异硫氰酸 4-戊烯酯	4-Pentenyl isothiocyanate	4427
1081	S1081	异硫氰酸 5-己烯酯	5-Hexenyl isothiocyanate	4421
1082	S1082	顺式-9-十八烯醇乙酸酯(又名乙酸油醇酯)	*cis*-9-Octadecenyl acetate (Oleyl acetate)	4359
1083	S1083	糠基甲基醚	Furfuryl methyl ether	3159
1084	S1084	3-己酮	3-Hexanone	3290
1085	S1085	异硫氰酸 2-丁酯	2-Butyl isothiocyanate	4419
1086	S1086	异硫氰酸异丁酯	Isobutyl isothiocyanate	4424
1087	S1087	异硫氰酸 6-(甲硫基)己酯	6-(Methylthio) hexyl isothiocyanate	4415
1088	S1088	异硫氰酸 5-(甲硫基)戊酯	5-(Methylthio) pentyl isothiocyanate	4416
1089	S1089	异硫氰酸戊酯	Amyl isothiocyanate	4417
1090	S1090	异硫氰酸异丙酯	Isopropyl isothiocyanate	4425
1091	S1091	异硫氰酸异戊酯	Isoamyl isothiocyanate	4423
1092	S1092	2,5-二甲基呋喃	2,5-Dimethylfuran	4106
1093	S1093	环紫罗兰酮	Cycloionone	3822
1094	S1094	2-异丁基-4-甲基-1,3-二氧戊环(又名异戊醛 1,2-丙二醇缩醛)	2-Isobutyl-4-methyl-1,3-dioxolane (Isovaleraldehyde propylene glycol acetal)	4286

表 B.3（续）

序号	编码	香料中文名称	香料英文名称	FEMA 编号
1095	S1095	顺式和反式-2-异丙基-4-甲基-1,3-二氧戊环(又名异丁醛 1,2-丙二醇缩醛)	*cis*-and *trans*-2-Isopropyl-4-methyl-1,3-dioxolane (Isobutyraldehyde propylene glycol acetal)	4287
1096	S1096	4-氨基丁酸(又名 γ-氨基丁酸)	4-Aminobutyric acid (Gamma-Aminobutyric acid)	4288
1097	S1097	*N*-[2-(3,4-二甲氧基苯基)乙基]-3,4-二甲氧基肉桂酸酰胺	*N*-[2-(3,4-Dimethoxyphenyl) ethyl]-3,4-dimethoxycinnamic acid amide	4310
1098	S1098	二-(1-丙烯基)硫醚(异构体混合物)	Di-(1-propenyl)-sulfide (mixture of isomers)	4386
1099	S1099	乙酸 2-戊酯	2-Pentyl acetate	4012
1100	S1100	乙胺	Ethylamine	4236
1101	S1101	2,8-二硫杂-4-壬烯-4-甲醛[5-(甲硫基)-2-(甲硫基甲基)-2-戊烯醛]	2,8-Dithianon-4-en-4-carboxaldehyde 5-(Methylthio)-2-(methylthiomethyl)-2-pentenal Methialdol	3483
1102	S1102	1-丁烯-1-基甲基硫醚	1-Buten-1-yl methyl sulfide	3820
1103	S1103	二异丙基二硫醚	Diisopropyl disulfide	3827
1104	S1104	(*E*)-2-癸烯酸	(*E*)-2-Decenoic acid	3913
1105	S1105	*l*-苧烯	*l*-Limonene	—
1106	S1106	正己硫醇	1-Hexanethiol	3842
1107	S1107	2-癸酮	2-Decanone	4271
1108	S1108	二糠基醚	Difurfuryl ether	3337
1109	S1109	异丁酸乙基香兰素酯	Ethyl vanillin isobutyrate	3837
1110	S1110	8-罗勒烯醇乙酸酯(又名 2,6-二甲基-2,5,7-辛三烯-1-醇乙酸酯)	8-Ocimenyl acetate (2,6-Dimethyl-2,5,7-octatriene-1-yl acetate)	3886
1111	S1111	丁胺	Butylamine	3130
1112	S1112	1-氨基-2-丙醇	1-Amino-2-propanol	3965
1113	S1113	反式-1,5-辛二烯-3-酮	(*E*)-1,5-Octadien-3-one	4405
1114	S1114	2,5-二甲基-4-乙氧基-3(2*H*)-呋喃酮	2,5-dimethyl-4-ethoxy-3(2*H*)-furanone	4104
1115	S1115	反式-2-顺式-4-顺式-7-十三碳三烯醛	2-*trans*-4-*cis*-7-*cis*-Tridecatrienal	3638
1116	S1116	反式-2-顺式-4-癸二烯酸甲酯	Methyl (*E*)-2-(*Z*)-4-decadienoate	3859
1117	S1117	2-(4-甲基-2-羟基苯基)-丙酸-γ-内酯	2-(4-Methyl-2-hydroxyphenyl) propionic acid-γ-lactone	3863
1118	S1118	丙酸顺式-5-辛烯酯	(*Z*)-5-Octenyl propionate	3890
1119	S1119	3-甲基-2-丁烯硫醇乙酸酯	3-Methyl-2-butenyl thioacetate (Prenyl thioacetate)	3895

表 B.3（续）

序号	编码	香料中文名称	香料英文名称	FEMA 编号
1120	S1120	1-吡咯啉	1-Pyrroline	3898
1121	S1121	2,3,4-三甲基-3-戊醇	2,3,4-Trimethyl-3-pentanol	3903
1122	S1122	二异丙基三硫醚	Diisopropyl trisulfide	3968
1123	S1123	2-丙酰基-1-吡咯啉	2-Propionyl-1-pyrroline	4063
1124	S1124	3,6-二乙基-1,2,4,5-四硫杂环己烷与3,5-二乙基-1,2,4-三硫杂环戊烷的混合物	Mixture of 3,6-Diethyl-1,2,4,5-tetra thiane and 3,5-diethyl-1,2,4-trithiolane	4094
1125	S1125	2,5-二羟基-1,4-二噻烷(又名巯基乙醛二聚体)	2,5-Dihydroxy-1,4-dithiane (Mercaptoacetaldehyde dimer)	3826
1126	S1126	3-己烯醛(反式/顺式混合物)	3-Hexenal (*trans*/*cis* mix)	3923
1127	S1127	4-羟基-3,5-二甲氧基苯甲醛	4-Hydroxy-3,5-dimethoxybenzaldehyde	4049
1128	S1128	2-十一烯-1-醇	2-Undecen-1-ol	4068
1129	S1129	2-(4-羟基苯基)-乙胺(又名酪胺)	2-(4-hydroxyphenyl)ethylamine (Tyramine)	4215
1130	S1130	4[(2-呋喃甲基)硫基]-2-戊酮(又名4-糠硫基-2-戊酮)	4-[(2-Furanmethyl) thio]-2-pentanone (4-Furfurylthio-2-pentanone)	3840
1131	S1131	己酸甲硫基甲酯	Methylthiomethyl hexanoate	3880
1132	S1132	2,6-二甲基-4-庚酮	2,6-Dimethyl-4-heptanone (Diisobutyl ketone)	3537
1133	S1133	*d*-香芹酮	*d*-carvone	2249
1134	S1134	反式-3-己烯醇	*trans*-3-hexenol	4356
1135	S1135	甲酸松油酯	terpinyl formate	3052
1136	S1136	脱氢圆柚酮	dehydronootkatone	4091
1137	S1137	己酸香叶酯	geranyl hexanoate	2515
1138	S1138	3-甲基己醛	3-methyl hexanal	4261
1139	S1139	(反式,反式)-2,4-壬二烯	(*E*,*E*)-2,4-nonadiene	4292
1140	S1140	1-辛烯	1-octene	4293
1141	S1141	2-甲基苯乙酮	2-methyl acetophenone	4316
1142	S1142	1-乙基-2-甲酰基吡咯(又名茶吡咯)	1-ethyl-2-formylpyrrole (Tea pyrrole)	4317
1143	S1143	2-(4-甲基-5-噻唑基)乙醇辛酸酯	2-(4-methyl-5-thiazolyl) ethyl octanoate	4280
1144	S1144	2-乙基-6-甲基吡嗪	2-ethyl-6-methylpyrazine	3919
1145	S1145	对-丙基苯酚	*p*-propylphenol	3649
1146	S1146	3,5-二乙基-2-甲基吡嗪	3,5-diethyl-2-methylpyrazine	3916
1147	S1147	马鞭草烯酮	verbenone	4216
1148	S1148	4-戊烯醛	4-pentenal	4262
1149	S1149	乙酰乙酸乙酯丙二醇缩酮	ethyl acetoacetate propylene glycol ketal	4294

表 B.3（续）

序号	编码	香料中文名称	香料英文名称	FEMA 编号
1150	S1150	山梨酸甲酯	methyl sorbate	3714
1151	S1151	2,5-二乙基四氢呋喃	2,5-diethyl tetrahydrofurane	3743
1152	S1152	脱氢薄荷呋喃内酯	dehydromenthofurolactone	3755
1153	S1153	乙酸桃金娘烯酯	myrtenyl acetate	3765
1154	S1154	2-(4-甲基-5-噻唑基)乙醇己酸酯	2-(4-methyl-5-thiazolyl) ethyl hexanoate	4279
1155	S1155	2-(4-甲基-5-噻唑基)乙醇丁酸酯	2-(4-methyl-5-thiazolyl)ethyl butyrate	4277
1156	S1156	吡咯	pyrrole	3386
1157	S1157	*S*-烯丙基-L-半胱氨酸	S-allyl-L-cysteine	4322
1158	S1158	2-巯基-3-丁醇	2-Mercapto-3-butanol	3502
1159	S1159	硫代香叶醇	Thiogeraniol	3472
1160	S1160	蒎烷硫醇	Pinanyl mercaptan	3503
1161	S1161	α-甲基-β-羟基丙基 α-甲基-β-巯丙基硫醚	α-Methyl-β-hydroxypropylα-methyl-β-mercaptopropyl sulfide	3509
1162	S1162	乙基麦芽酚	Ethyl maltol	3487
1163	S1163	柠檬醛二乙缩醛	Citral diethyl acetal	2304
1164	S1164	3-丙烯基-6-乙氧基苯酚(又名丙烯基乙基愈创木酚)	3-Propenyl-6-ethoxyphenol (Propenylguaethol)	2922
1165	S1165	β-甲基紫罗兰酮	Methyl-β-ionone	2712
1166	S1166	δ-甲基紫罗兰酮	Methyl-δ-ionone	2713
1167	S1167	2,6-壬二烯醛二乙缩醛	2,6-Nonadienal diethyl acetal	3378
1168	S1168	9-十一烯醛	9-Undecenal	3094
1169	S1169	10-十一烯醛	10-Undecenal	3095
1170	S1170	十六醛(又名杨梅醛)	Aldehyde C-16 pure (so called) (Strawberry aldehyde)	2444
1171	S1171	乙基香兰素	Ethyl vanillin	2464
1172	S1172	兔耳草醛(又名仙客来醛)	Cyclamen aldehyde	2743
1173	S1173	羟基香茅醛	Hydroxycitronellal	2583
1174	S1174	β-环高柠檬醛	β-Homocyclocitral	3474
1175	S1175	*l*-薄荷酮甘油缩酮	*l*-Menthone 1,2-glycerol Ketal	3807
1176	S1176	4-甲硫基-4-甲基-2-戊酮	4-(Methylthio)-4-methyl-2-pentanone	3376
1177	S1177	3-巯基-2-戊酮	3-Mercapto-2-pentanone	3300
1178	S1178	*d*,*l*-薄荷酮甘油缩酮	*d*,*l*-Menthone1,2-glycerol Ketal	3808
1179	S1179	α-甲基紫罗兰酮	Methyl-α-ionone	2711
1180	S1180	α-异甲基紫罗兰酮	α-*iso*-Methylionone	2714

表 B.3（续）

序号	编码	香料中文名称	香料英文名称	FEMA 编号
1181	S1181	烯丙基 α-紫罗兰酮	Allyl α-ionone	2033
1182	S1182	6-甲基香豆素	6-Methylcoumarin	2699
1183	S1183	2-巯基丙酸	2-Mercaptopropionic acid	3180
1184	S1184	2-甲基-4-戊烯酸	2-Methyl-4-pentenoic acid	3511
1185	S1185	乙酸二甲基苄基原酯	Benzyl dimethyl carbinyl acetate	2392
1186	S1186	环己基乙酸烯丙酯	Allyl cyclohexaneacetate	2023
1187	S1187	乙酸玫瑰酯	Rhodinyl acetate	2981
1188	S1188	3-(2-呋喃基)丙酸乙酯	Ethyl 3(2-furyl)propanoate	2435
1189	S1189	丙酸烯丙酯	Allyl propionate	2040
1190	S1190	3-环己基丙酸烯丙酯	Allyl 3-cyclohexylpropionate	2026
1191	S1191	3-(2-呋喃基)丙酸异丁酯	Isobutyl 3-(2-furan)propionate	2198
1192	S1192	硫代丙酸糠酯	Furfuryl thiopropionate	3347
1193	S1193	丁酸二甲基苄基原酯	Dimethyl benzyl carbinyl butyrate	2394
1194	S1194	环己基丁酸烯丙酯	Allyl cyclohexanebutyrate	2024
1195	S1195	1,3-壬二醇乙酸酯(混合酯)	1,3-Nonanediol acetate(mixed esters)	2783
1196	S1196	丁酸苏合香酯	Styralyl butyrate	2686
1197	S1197	乙酸柏木酯	Cedryl acetate	—
1198	S1198	异丁酸麦芽酚酯	Maltol isobutyrate	3462
1199	S1199	2-甲基-4-戊烯酸乙酯	Ethyl 2-methyl-4-pentenoate	3489
1200	S1200	乙酸四氢糠酯	Tetrahydrofurfuryl acetate	3055
1201	S1201	庚炔羧酸甲酯	Methyl heptine carbonate	2729
1202	S1202	辛炔羧酸甲酯	Methyl octyne carbonate	2726
1203	S1203	癸二酸二乙酯	Diethyl sebacate	2376
1204	S1204	10-十一烯酸乙酯	Ethyl 10-undecenoate	2461
1205	S1205	苯乙酸烯丙酯	Allyl phenylacetate	2039
1206	S1206	三乙酸甘油酯	Triacetin	2007
1207	S1207	苯乙酸香叶酯	Geranyl phenylacetate	2516
1208	S1208	苯乙酸对-甲酚酯	*p*-Cresyl phenylacetate	3077
1209	S1209	4-苯基丁酸甲酯(又名苯丁酸甲酯)	Methyl 4-phenylbutyrate	2739
1210	S1210	4-苯基丁酸乙酯(又名苯丁酸乙酯)	Ethyl 4-phenylbutyrate	2453
1211	S1211	肉桂酸烯丙酯	Allyl cinnamate	2022
1212	S1212	2-甲基-3-戊烯酸乙酯	Ethyl 2-methyl-3-pentenoate	3456
1213	S1213	亚硝酸乙酯	Ethyl nitrite	2446
1214	S1214	庚酸戊酯	Amyl heptanoate	2073

表 B.3（续）

序号	编码	香料中文名称	香料英文名称	FEMA 编号
1215	S1215	3-乙酰基-2,5-二甲基呋喃	3-Acetyl-2,5-dimethylfuran	3391
1216	S1216	2,5-二甲基-3-氧代(2*H*)-4-呋喃丁酸酯	2,5-Dimethyl-3-Oxo-(2*H*)-fur-4-yl butyrate	3970
1217	S1217	2-甲氧基-3(5或6)-异丙基吡嗪	2-Methoxy-3(5 or 6)-isopropylpyrazine	3358
1218	S1218	2-甲基-3(5或6)-糠硫基吡嗪	2-Methyl-3,5-or 6-(furfurylthio)-pyrazine(mixture of isomers)	3189
1219	S1219	2-甲基(或乙基)-3(5或6)-甲氧基吡嗪	2-Methyl(or ethyl)-3(5 or 6)-methoxy-pyrazine	3280
1220	S1220	2,5-二甲基-2,5-二羟基-1,4-二硫代环己烷	2,5-Dimethyl-2,5-dihydroxy-1,4-dithiane	3450
1221	S1221	5,7-二氢-2-甲基噻吩并(3,4-d)嘧啶	5,7-Dihydro-2-methylthieno(3,4-d)-pyrimidine	3338
1222	S1222	2-乙氧基噻唑	2-Ethoxythiazole	3340
1223	S1223	2,4-二甲基-5-乙酰基噻唑	2,4-Dimethyl-5-acetylthiazole	3267
1224	S1224	乙酸异丁香酯	Isoeugenyl acetate	2470
1225	S1225	3-甲基丁酸对-甲酚酯(又名异戊酸对甲酚酯)	*p*-Methylphenyl 3-methylbutyrate (*p*-Cresyl isovalerate)	3387
1226	S1226	*l*-薄荷醇乙二醇碳酸酯	*l*-Menthol ethylene glycol carbonate	3805
1227	S1227	3-(2-甲基丙基)吡啶	3-(2-Methylpropyl) pyridine	3371
1228	S1228	乙基香兰素1,2-丙二醇缩醛	Ethylvanillin propylene glycol acetal	3838
1229	S1229	人造康乃克油	Artificial cognac oil	—
1230	S1230	山楂核烟熏香味料Ⅰ号	Smoking flavorings No. Ⅰ made from hawthorn kernels	—
1231	S1231	山楂核烟熏香味料Ⅱ号	Smoking flavorings No. Ⅱ made from hawthorn kernels	—
1232	S1232	苄基异丁基原醇(又名α-异丁基苯乙醇)	Isobutyl benzyl carbinol (α-Butyl iso phenethyl alcohol)	2208
1233	S1233	4-苯基-3-丁烯-2-醇	4-Phenyl-3-buten-2-ol	2880
1234	S1234	2-甲基-4-苯基-2-丁醇	2-Methyl-4-phenyl-2-butanol	3629
1235	S1235	*l*-薄荷醇丙二醇碳酸酯	*l*-Menthol 1-(or 2-)-propylene glycol carbonate	3806
1236	S1236	辛酸烯丙酯	Allyl octanoate	2037
1237	S1237	α-丙基苯乙醇	α-Propylphenethyl alcohol	2953
1238	S1238	龙葵醇(又名β-甲基苯乙醇)	Hydratropyl alcohol (β-Methylphenethyl alcohol)	2732

表 B.3（续）

序号	编码	香料中文名称	香料英文名称	FEMA 编号
1239	S1239	四氢芳樟醇	Tetrahydrolinalool	3060
1240	S1240	2,3-二巯基丁烷	2,3-Dimercaptobutane	3477
1241	S1241	β-萘乙醚	β-Naphthyl ethyl ether	2768
1242	S1242	异丁基 β-萘醚	β-Naphthyl isobutyl ether	3719
1243	S1243	邻-丙基苯酚	o-Propylphenol	3522
1244	S1244	苄基异丁香酚	Isoeugenyl benzyl ether	3698
1245	S1245	2-甲基-3(5 或 6)-甲硫基吡嗪	2-Methyl-3(5 or 6)-(methylthio) pyrazine	3208
1246	S1246	香茅氧基乙醛	Citronellyloxyacetaldehyde	2310
1247	S1247	乙醛苯乙醇丙醇缩醛	Acetaldehyde phenylethyl propyl acetal	2004
1248	S1248	2-甲基-3-(对甲基苯基)丙醛	2-Methyl-3-(p-methylphenyl) propanal Satinaldehyde	2748
1249	S1249	2-苯基-3-(2-呋喃基)丙-2-烯醛	2-Phenyl-3-(2-furyl)prop-2-enal	3586
1250	S1250	3,5,5-三甲基己醛	3,5,5-Trimethylhexanal	3524
1251	S1251	2-甲基-3(5 或 6)-乙氧基吡嗪	2-Methyl-3(5 or 6)-ethoxypyrazine	3569
1252	S1252	庚醛甘油缩醛	Heptanal glyceryl acetal	2542
1253	S1253	苯乙醛甘油缩醛	Phenylacetaldehyde glyceryl acetal	2877
1254	S1254	对-异丙基苯乙醛	p-Isopropyl phenylacetaldehyde	2954
1255	S1255	2-甲基-4-苯丁醛	2-Methyl-4-phenylbutyraldehyde	2737
1256	S1256	龙葵醛	Hydratropic aldehyde	2886
1257	S1257	龙葵醛二甲缩醛	Hydratropic aldehyde dimethyl acetal	2888
1258	S1258	羟基香茅醛二乙缩醛	Hydroxycitronellal diethyl acetal	2584
1259	S1259	柠檬醛二甲缩醛	Citral dimethyl acetal	2305
1260	S1260	4-甲基-5-(2-乙酰氧乙基)-噻唑	4-Methyl-5-(2-acetoxyethyl) thiazole	3205
1261	S1261	α-丁基肉桂醛	α-Butylcinnamaldehyde	2191
1262	S1262	4-庚烯-3-酮	4-Heptene-3-one	—
1263	S1263	4-甲基-1-苯基-2-戊酮	4-Methyl-1-phenyl-2-pentanone	2740
1264	S1264	1-(对-甲氧基苯基)-1-戊烯-3-酮	1-(p-Methoxyphenyl)-1-penten-3-one	2673
1265	S1265	α-己叉基环戊酮	α-Hexylidenecyclopentanone	2573
1266	S1266	四甲基乙基环己烯酮	Tetramethyl ethylcyclohexenone	3061
1267	S1267	糠硫醇甲酸酯	Furfurylthiol formate	3158
1268	S1268	甲基 β-萘酮	Methyl β-naphthyl ketone	2723
1269	S1269	2-(3-苯丙基)四氢呋喃	2-(3-Phenylpropyl)tetrahydrofuran	2898
1270	S1270	烯丙基乙酸	Allyl acetic acid	2843
1271	S1271	甲酸二甲基苄基原酯	Dimethyl benzyl carbinyl formate	2395

表 B.3（续）

序号	编码	香料中文名称	香料英文名称	FEMA 编号
1272	S1272	4-乙酰基-6-叔丁基-1,1-二甲基茚满	4-Acetyl-6-*t*-butyl-1,1-dimethylindane	3653
1273	S1273	癸醛二甲缩醛(又名 1,1-二甲氧基癸烷)	Decanal dimethyl acetal (1,1-Dimethoxydecane)	2363
1274	S1274	乙酸环己基乙酯	Cyclohexaneethyl acetate	2348
1275	S1275	对-甲苯氧基乙酸乙酯	Ethyl (*p*-tolyloxy) acetate	3157
1276	S1276	乙酸二甲基苯乙基原酯	Dimethyl phenethyl carbinyl acetate	2735
1277	S1277	丙酸甲基苯基原酯	Methyl phenylcarbinyl propionate	2689
1278	S1278	2-呋喃基丙烯酸丙酯	Propyl 2-furanacrylate	2945
1279	S1279	异丁酸二甲基苯乙基原酯	Dimethyl phenethyl carbinyl isobutyrate	2736
1280	S1280	异丁酸 2-苯氧基乙酯	2-Phenoxyethyl isobutyrate	2873
1281	S1281	十三碳二酸环乙二醇二酯	Ethylene brassylate	3543
1282	S1282	邻氨基苯甲酸异丁酯	Isobutyl anthranilate	2182
1283	S1283	对-叔丁基苯乙酸甲酯	Methyl *p*-*tert*-butylphenylacetate	2690
1284	S1284	苯氧乙酸烯丙酯	Allyl phenoxyacetate	2038
1285	S1285	苯乙酸辛酯	Octyl phenylaceteate	2812
1286	S1286	苯乙酸苄酯	Benzyl phenylacetate	2149
1287	S1287	苯乙酸芳樟酯	Linalyl phenylacetate	3501
1288	S1288	苯乙酸香茅酯	Citronellyl phenylacetate	2315
1289	S1289	苯乙酸愈创木酚酯	Guaiacyl phenylacetate	2535
1290	S1290	3-甲基 2-丁烯酸 2-苯乙酯(又名千里酸苯乙酯)	2-phenethyl 3-Methyl-2-butenoate (Phenethyl senecioate)	2869
1291	S1291	3-苯基缩水甘油酸乙酯	Ethyl 3-phenylglycidate	2454
1292	S1292	肉桂酸芳樟酯	Linalyl cinnamate	2641
1293	S1293	1,2-二[(1′-乙氧基)-乙氧基]丙烷	1,2-Di[(1′-ethoxy) ethoxy]propane	3534
1294	S1294	*N*,2,3-三甲基-2-异丙基丁酰胺	2-Isopropyl-*N*,2,3-trimethylbutyramide	3804
1295	S1295	*N*-乙基-2-异丙基-5-甲基-环己烷甲酰胺	*N*-Ethyl-2-isopropyl-5-methylcyclohexane carboxamide	3455
1296	S1296	3-*l*-盖氧基-1,2-丙二醇(又名 3-*l*-薄荷烷氧基-1,2-丙二醇)	3-*l*-Menthoxypropane-1,2-diol	3784
1297	S1297	香兰基丁醚	Vanillyl butyl ether	3796
1298	S1298	9-癸烯醛	9-Decenal	3912
1299	S1299	2-仲丁基环己酮	2-*sec*-Butylcyclohexanone	3261
1300	S1300	2,3-十一碳二酮	2,3-Undecadione	3090

表 B.3（续）

序号	编码	香料中文名称	香料英文名称	FEMA 编号
1301	S1301	环己烷基甲酸	Cyclohexanecarboxylic acid	3531
1302	S1302	5 和 6-癸烯酸(又名牛奶内酯)	5-and6-Decenoic acid (Milk lactone)	3742
1303	S1303	八乙酸蔗糖酯	Sucrose octaacetate	3038
1304	S1304	丁酸烯丙酯	Allyl butyrate	2021
1305	S1305	异丁酸香兰素酯	Vanillin isobutyrate	3754
1306	S1306	戊二酸单 *l*-薄荷醇酯	*l*-Monomenthyl glutarate	4006
1307	S1307	苯甲酰基乙酸乙酯	Ethyl benzoylacetate	2423
1308	S1308	ε-十二内酯	ε-Dodecalactone	3610
1309	S1309	八氢香豆素	Octahydrocoumarin	3791
1310	S1310	2,5-二甲基-3-呋喃硫醇	2,5-Dimethyl-3-furathiol	3451
1311	S1311	1,2-丁二硫醇	1,2-Butanedithiol	3528
1312	S1312	双-(2,5-二甲基-3-呋喃基)二硫醚	Bis(2,5-dimethyl-3-furyl) disufide	3476
1313	S1313	丙基 2-甲基-3-呋喃基二硫醚	Propyl 2-methyl-3-furyl disulfide	3607
1314	S1314	二环己基二硫醚	Dicyclohexyl disulfide	3448
1315	S1315	糠基异丙基硫醚	Furfuryl isopropyl sulfide	3161
1316	S1316	2-乙基苯硫酚	2-Ethyl thiophenol	3345
1317	S1317	2-(乙酰氧基)丙酸甲硫醇酯	Methylthio 2-(acetyloxy) propionate	3788
1318	S1318	2-(丙酰氧基)丙酸甲硫醇酯	Methylthio 2-(propionyloxy) propionate	3790
1319	S1319	3-糠硫基丙酸乙酯	Ethyl 3-(furfurylthio)propionate	3674
1320	S1320	2-甲硫基吡嗪	2-Methylthiopyrazine	3231
1321	S1321	异硫氰酸苯乙酯	Phenethyl isothiocyanate	4014
1322	S1322	2-(3-苯丙基)吡啶	2-(3-Phenylpropyl) pyridine	3751
1323	S1323	4,5-二甲基-2-乙基-3-噻唑啉	4,5-Dimethyl-2-ethyl-3-thiazoline	3620
1324	S1324	2-仲丁基-4,5-二甲基-3-噻唑啉	2-(2-Butyl)-4,5-dimethyl-3-thiazoline	3619
1325	S1325	吡嗪乙硫醇	Pyrazine ethanethiol	3230
1326	S1326	水杨酸苯酯	Phenyl salicylate	3960
1327	S1327	庚醛二甲缩醛	Heptanal dimethyl acetal	2541
1328	S1328	羟基香茅醛二甲缩醛	Hydroxy citronellal dimethyl acetal	2585
1329	S1329	对-丙基茴香醚	*p*-Propyl anisole	2930
1300	S1330	异丁酸对-甲酚酯	*p*-Tolyl isobutyrate	3075
1331	S1331	异丁酸邻-甲酚酯	*o*-Tolyl isobutyrate	3753
1332	S1332	柠檬醛丙二醇缩醛	Citral propylene glycol acetal	—
1333	S1333	反式-2-己烯醛二乙缩醛	*trans*-2-Hexenal diethyl acetal	4047
1334	S1334	2-巯基噻吩	2-Mercaptothiophene	3062

表 B.3（续）

序号	编码	香料中文名称	香料英文名称	FEMA 编号
1335	S1335	对-蓋-3,8-二醇（又名对-3,8-薄荷烷二醇）	*p*-Menth-3,8-diol	4053
1336	S1336	1,8-辛二硫醇	1,8-Octanedithiol	3514
1337	S1337	螺[2,4-二硫杂-1-甲基-8-氧杂双环[3.3.0]-辛烷-3,3′-(1′-氧杂-2′-甲基)环戊烷]	spiro[2,4-Dithia-1-methyl-8-oxabicyclo[3.3.0]octane-3,3′-(1′-oxa-2′-methyl) cyclopentane]	3270
1338	S1338	3-壬烯-2-酮	3-Nonen-2-one	3955
1339	S1339	3-甲基-2,4-壬二酮	3-Methyl-2,4-nonadione	4057
1340	S1340	2,5-二甲基-3-硫代乙酰氧基呋喃	2,5-Dimethyl-3-thioacetoxyfuran	4034
1341	S1341	反式-4-己烯醛	*trans*-4-Hexenal	4046
1342	S1342	3-[(2-甲基-3-呋喃)硫基]-2-丁酮	(+/−)-3-[(2-Methyl-3-furyl) thio]-2-butanone	4056
1343	S1343	3-巯基-2-甲基戊醛	3-Mercapto-2-methylpentanal	3994
1344	S1344	2-(*l*-蓋氧基)乙醇[又名 2-(*l*-薄荷烷氧基乙醇)]	2-(*l*-Menthoxy) ethanol	4154
1345	S1345	丙酸四氢糠酯	Tetrahydrofurfuryl propionate	3058
1346	S1346	异戊酸烯丙酯	Allyl isovalerate	2045
1347	S1347	3-辛酮-1-醇	3-Octanon-1-ol	2804
1348	S1348	三丙酸甘油酯	Glyceryl tripropanoate	3286
1349	S1349	辛酸 α-糠酯	α-Furfuryl octanoate	3396
1350	S1350	丁酸反式-2-辛烯醇酯	*trans*-2-Octen-1-yl butanoate	3517
1351	S1351	苯乙醛二异丁缩醛	Phenylacetaldehyde diisobutyl acetal	3384
1352	S1352	1,3-二苯基-2-丙酮	1,3-Diphenyl-2-propanone	2397
1353	S1353	10-十一烯酸丁酯	Butyl 10-undecylenate	2216
1354	S1354	乙酸檀香酯	Santalyl acetate	3007
1355	S1355	2-乙基丁酸香叶酯	Geranyl 2-ethylbutyrate	3339
1356	S1356	3-羟甲基-2-辛酮	3-Hydroxymethyl-2-octanone	3292
1357	S1357	1,2-环己二酮	1,2-Cyclohexanedione	3458
1358	S1358	松香甘油酯	Glycerol ester of rosin	4226
1359	S1359	赤、苏-3-巯基-2-甲基丁-1-醇（又名 3-巯基-2-甲基丁醇）	rythro and threo-3-Mercapto-2-methylbutan-1-ol (3-Mercapto-2-methylbutyl alcohol)	3993
1360	S1360	4-甲基联苯	4-Methyl biphenyl	3186
1361	S1361	α-戊基肉桂醇	α-Amylcinnamyl alcohol	2065
1362	S1362	1-苯基-3-甲基-戊醇-3	1-phenyl-3-methyl-3-pentanol	2883

表 B.3（续）

序号	编码	香料中文名称	香料英文名称	FEMA 编号
1363	S1363	5-苯基戊醇	5-Phenylpentanol	3618
1364	S1364	对-蓋烷醇-2(又名对-薄荷烷醇-2)	*p*-Menthan-2-ol	3562
1365	S1365	脱氢二氢紫罗兰醇	Dehydrodihydroionol	3446
1366	S1366	乙基葑醇	Ethyl fenchol	3491
1367	S1367	辛烯基琥珀酸单阿拉伯胶酯	Gum Arabic,hydrogen octenylbutane dioate	4227
1368	S1368	*N*1-(2-甲氧基-4-甲基苄基)-*N*2-[2-(5-甲基-2-吡啶基)乙基]草酰胺	*N*1-(2-methoxy-4-methylbenzyl)-*N*2-[2-(5-methylpyridin-2-yl)ethyl]oxalamide	4234
1369	S1369	*N*1-(2,4-二甲氧基苄基)-*N*2-[2-(2-吡啶基)乙基]草酰胺	*N*1-(2,4-dimethoxybenzyl)-*N*2-[2-(pyridin-2-yl)ethyl]oxalamide	4233
1370	S1370	*N*-(4-庚基)-(3,4-亚甲二氧基)苯甲酰胺	*N*-(heptan-4-yl) benzo [d] [1, 3] dioxole-5-carboxamide	4232
1371	S1371	二苄醚	Dibenzyl ether	2371
1372	S1372	5-羟基-十二酸甘油酯	Glyceryl 5-hydroxydodecanoate	3686
1373	S1373	三丁酸甘油酯	Tributyrin	2223
1374	S1374	壬酸烯丙酯	Allyl nonanoate	2036
1375	S1375	5-羟基癸酸甘油酯	Glyceryl 5-hydroxydecanoate	3685
1376	S1376	丙酸 3-苯基丙酯	3-Phenylpropyl propionate	2897
1377	S1377	肉桂酸异丙酯	Isopropyl cinnamate	2939
1378	S1378	2-酮基-4-丁硫醇	2-Keto-4-butanethiol	3357
1379	S1379	甲基-对-甲苯缩水甘油酸乙酯	Ethyl methyl-*p*-toly glycidate	3757
1380	S1380	5-羟基-8-十一碳烯酸 δ-内酯	5-Hydroxy-8-undecenoic acid delta-lactone	3758
1381	S1381	*N*-环丙基-反式-2-顺式-6-壬二烯酰胺	*N*-Cyclopropyl-(*E*)2,(*Z*)6-nonadienamide	4087
1382	S1382	*N*-乙基-反式-2-顺式-6-壬二烯酰胺	*N*-Ethyl-(*E*)2,(*Z*)6-nonadienamide	4113
1383	S1383	2,4-二甲基-1,3-二氧戊环(又名乙醛1,2-丙二醇缩醛)	2, 4-Dimethyl-1, 3-dioxolane (Acetaldehyde propylene glycol acetal)	4099
1384	S1384	β-萘甲醚	β-Naphthyl methyl ether	4704
1385	S1385	二羟基丙酮	Dihydroxyacetone	4033
1386	S1386	二苯基二硫醚	Phenyl disulfide	3225
1387	S1387	乙基香芹酚	Ethyl carvacrol	2246
1388	S1388	甲基苯甲醛甘油缩醛(邻、间、对异构体混合物)	Tolualdehyde glyceryl acetal (*o*-, *m*-, *p*-mixed isomers)	3067
1389	S1389	(+/—)-反式和顺式-4,8-二甲基-3,7-壬二烯-2-醇	(+/—)-*trans*-and *cis*-4,8-Dimethyl-3,7-nona-dien-2-ol	4102

表 B.3（续）

序号	编码	香料中文名称	香料英文名称	FEMA 编号
1390	S1390	(+/−)-反式和顺式-4,8-二甲基-3,7-壬二烯-2-醇乙酸酯	(+/−)-*trans*-and *cis*-4,8-Dimethyl-3,7-nona-dien-2-yl acetate	4103
1391	S1391	(反式和顺式)-1-甲氧基-1-癸烯	*trans*-and *cis*-1-Methoxy-1-decene	4161
1392	S1392	2-(4-甲基-5-噻唑基)乙醇癸酸酯	2-(4-Methyl-5-thiazolyl)ethyl decanoate	4281
1393	S1393	2-(4-甲基-5-噻唑基)乙醇异丁酸酯	2-(4-Methyl-5-thiazolyl)ethyl isobutyrate	4278
1394	S1394	2-(4-甲基-5-噻唑基)乙醇甲酸酯	2-(4-Methyl-5-thiazolyl)ethyl formate	4275
1395	S1395	异戊酸 3-苯丙酯	3-Phenylpropyl isovalerate	2899
1396	S1396	*dl*-薄荷脑(+/−)-1,2-丙二醇碳酸酯	*dl*-Metho(+/−)-propylene glycol carbonate	3992
1397	S1397	乙酸 1-乙氧基乙醇酯	1-Ethoxyethyl acetate	4069
1398	S1398	*N*-异丁基-反-2-反-4-癸二烯酸酰胺	*N*-Isobutyldeca-trans-2-trans-4-dienamide	4148
1399	S1399	二苯乙醇酮(又名 2-羟基-2-苯基苯乙酮)	Benzoin(2-Hydroxy-2-phenylacetophenone)	2132
1400	S1400	甲基异戊基二硫醚	Methyl isopentyl disulfide	4168
1401	S1401	邻氨基苯甲酸烯丙酯	Allyl anthranilate	2020
1402	S1402	6-环己基己酸烯丙酯	Allyl cyclohexanehexanoate	2025
1403	S1403	5-环己基戊酸烯丙酯	Allyl cyclohexanevalerate	2027
1404	S1404	2-乙基丁酸烯丙酯	Allyl 2-ethylbutyrate	2029
1405	S1405	惕各酸烯丙酯(又名反式-2-甲基-2-丁烯酸烯丙酯)	Allyl tiglate (Allyl *trans*-2-methyl-2-butenoate)	2043
1406	S1406	10-十一烯酸烯丙酯	Allyl 10-undecenoate	2044
1407	S1407	α-戊基肉桂醛二甲缩醛	α-Amylcinnamaldehyde dimethyl acetal	2062
1408	S1408	乙酸 α-戊基肉桂酯	α-Amylcinnamyl acetate	2064
1409	S1409	甲酸 α-戊基肉桂酯	α-Amylcinnamyl formate	2066
1410	S1410	异戊酸 α-戊基肉桂酯	α-Amylcinnamyl isovalerate	2067
1411	S1411	4(2-呋喃基)丁酸异戊酯	Isoamyl 4(2-furan) butyrate	2070
1412	S1412	3(2-呋喃基)丙酸异戊酯	Isoamyl 3(2-furan) propionate	2071
1413	S1413	2-戊基-5 或 6-酮-1,4-二噁烷	2-Amyl-5 or 6-keto-1,4-dioxane	2076
1414	S1414	丙酮酸异戊酯	Isoamyl pyruvate	2083
1415	S1415	苄基丁基醚	Benzyl butyl ether	2139
1416	S1416	*N*-3,7-二甲基-2,6-辛二烯-环丙基甲酰胺	*N*-3, 7-Dimethyl-2, 6-octadienylcyclopropyl-carboxamide	4267

表 B.3（续）

序号	编码	香料中文名称	香料英文名称	FEMA 编号
1417	S1417	N-(乙氧羰基甲基)-对-蓋烷-3-甲酰胺[又名 N-(乙氧羰基甲基)-对-薄荷烷-3-甲酰胺]	[N-(Ethoxycarbonyl) methyl]-p-menthane-3-carboxamide	4309
1418	S1418	硬木烟熏香味料 SmokEz C-10	SmokEz C-10	—
1419	S1419	硬木烟熏香味料 SEF 7525	Scansmoke SEF 7525	—
1420	S1420	(反式,顺式)-2,6-壬二烯-1-醇乙酸酯	(E,Z)-2,6-Nonadien-1-ol acetate	3952
1421	S1421	邻氨基苯甲酸苯乙酯	Phenylethyl anthranilate	2859
1422	S1422	2-丙酰基-2-噻唑啉	2-Propionyl-2-thiazoline	4064
1423	S1423	顺式-8-十四烯醛	(Z)-8-Tetradecenal	4066
1424	S1424	烯丙硫醇己酸酯	Allyl thiohexanoate	4076
1425	S1425	双香兰素	Divanillin	4107
1426	S1426	顺式和反式-2-庚基环丙烷羧酸	cis-and trans-2-Heptylcyclopropane carboxylic acid	4130
1427	S1427	5-羟基-4-甲基己酸 δ-内酯	5-Hydroxy-4-methylhexanoic acid δ-lactone	4141
1428	S1428	4-巯基-2-戊酮	4-Mercapto-2-pentanone	4157
1429	S1429	2,4,6-三硫杂庚烷	2,4,6-Trithiaheptane	4214
1430	S1430	1-(4-甲氧苯基)-4-甲基-1-戊烯-3-酮	1-(4-Methoxyphenyl)-4-methyl-1-penten-3-one	3760
1431	S1431	3(2)-羟基-5-甲基-2(3)-己酮	3(2)-Hydroxy-5-methyl-2(3)-hexanone	3989
1432	S1432	二巯基甲烷	Dimercaptomethane	4097
1433	S1433	4-羟基-2-丁烯酸 γ-内酯[又名2(5H)-呋喃酮]	4-Hydroxy-2-butenoic acid γ-lactone[2(5H)-furanone]	4138
1434	S1434	(+/—)-3-甲硫基丁酸异丁酯	(+/—)-Isobutyl 3-methylthiobutyrate	4150
1435	S1435	3-甲硫基-2-丁酮	3-(Methylthio)-2-butanone	4181
1436	S1436	顺式和反式-5-乙基-4-甲基-2-(2-甲基丙基)-噻唑啉	cis-and trans-5-Ethyl-4-methyl-2-(2-methylpropyl)-thiazoline	4319
1437	S1437	1-戊硫醇	1-Pentanethiol	4333
1438	S1438	(+/—)-4-巯基-4-甲基-2-戊醇	(+/—)-4-Mercapto-4-methyl-2-pentanol	4158
1439	S1439	异戊酸环己酯	Cyclohexyl isovalerate	2355
1440	S1440	2-噻吩基二硫醚	2-Thienyl disulfide	3323
1441	S1441	双(2-甲基-3-呋喃基)四硫醚	Bis(2-methyl-3-furyl) tetrasulfide	3260
1442	S1442	辛酸对-甲酚酯	p-Tolyl octanoate	3733
1443	S1443	丙酸麦芽酚酯	Maltol propionate	3941
1444	S1444	顺式-2-己烯-1-醇	(Z)-2-Hexen-1-ol	3924

表 B.3（续）

序号	编码	香料中文名称	香料英文名称	FEMA 编号
1445	S1445	(+/-)反式和顺式-2-己烯醛丙二醇缩醛	(+/-) *trans*-and *cis*-2-Hexenal propylene glycol acetal	4272
1446	S1446	乙酸 2-乙基丁酯	2-Ethylbutyl acetate	2425
1447	S1447	2,5-二乙基-3-甲基吡嗪	2,5-Diethyl-3-methylpyrazine	3915
1448	S1448	4-(甲硫基)-2-戊酮	4-(Methylthio)-2-pentanone	4182
1449	S1449	甲硫基甲硫醇	Methylthiomethylmercaptan	4185
1450	S1450	顺式和反式-5-乙基-4-甲基-2-(1-甲基丙基)-噻唑啉	*cis*-and *trans*-5-Ethyl-4-methyl-2-(1-methylpropyl)-thiazoline	4318
1451	S1451	辛醛二甲缩醛	Octanal dimethyl acetal	2798
1452	S1452	3-巯基-3-甲基-1-丁醇乙酸酯	3-Mercapto-3-methyl-1-butyl acetate	4324
1453	S1453	(*R*,*S*)-3-羟基丁酸 *l*-薄荷酯	*l*-Menthyl (*R*,*S*)-3-hydroxybutyrate	4308
1454	S1454	异戊酸异丙酯	Isopropyl isovalerate	2961
1455	S1455	顺式-4-癸烯醇乙酸酯	*cis*-4-Decenyl acetate	3967
1456	S1456	惕各酸香叶酯	Geranyl tiglate	4044
1457	S1457	*N*-苯甲酰邻氨基苯甲酸	*N*-Benzoylanthranilic acid	4078
1458	S1458	2,6,10-三甲基-2,6,10-十五碳三烯-14-酮	2,6,10-Trimethyl-2,6,10-pentadecatrien-14-one	3442
1459	S1459	2,5-二甲基噻唑	2,5-Dimethylthiazole	4035
1460	S1460	甲硫基甲醇丁酸酯	Methylthiomethyl butyrate	3879
1461	S1461	2-甲硫基乙醇	2-(Methylthio) ethanol	4004
1462	S1462	二乙基三硫醚	Diethyl trisulfide	4029
1463	S1463	顺式和反式-1-巯基-对-蓋烷-3-酮(又名顺式和反式-1-巯基-对-薄荷烷-3-酮)	*cis*-and *trans*-1-Mercapto-*p*-menthan-3-one	4300
1464	S1464	4-羟基-4-甲基-7-顺式-癸烯酸 *γ*-内酯	4-Hydroxy-4-methyl-7-*cis*-decenoic acid gamma lactone	3937
1465	S1465	2-甲基辛醛	2-Methyloctanal	2727
1466	S1466	3-甲基-5-丙基-2-环己烯-1-酮	3-Methyl-5-propyl-2-cyclohexen-1-one	3577
1467	S1467	2,4-壬二烯-1-醇	2,4-Nonadien-1-ol	3951
1468	S1468	环戊硫醇	Cyclopentanethiol	3262
1469	S1469	*N*-对苯乙腈基薄荷烷基甲酰胺	*N*-*p*-Benzeneacetonitrile menthanecarboxamide	4496
1470	S1470	*N*-[2-(吡啶-2-基)乙基]薄荷烷基甲酰胺	*N*-[2-(Pyridin-2-yl)ethyl]-3-*p*-menthanecarboxamide	4549

表 B.3（续）

序号	编码	香料中文名称	香料英文名称	FEMA 编号
1471	S1471	4-氨基-5,6-二甲基噻吩并[2,3-d]嘧啶-2(1*H*)-酮盐酸盐	4-Amino-5,6-dimethylthieno[2,3-d]pyrimidin-2(1*H*)-one hydrochloride	4669
1472	S1472	3-[(4-氨基-2,2-二氧-1*H*-2,1,3-苯并噻二嗪-5-基)氧]-2,2-二甲基-*N*-丙基丙酰胺	3-[(4-Amino-2,2-dioxido-1*H*-2,1,3-benzothiadiazin-5-yl) oxy]-2, 2-dimethyl-*N*-propylpropanamide	4701
1473	S1473	L-蛋氨酰基甘氨酸盐酸盐	L-Methionylglycine.HCl	4692
1474	S1474	5-戊基-3*H*-呋喃-2-酮	5-Pentyl-3*H*-furan-2-one	4323
1475	S1475	2,5-二硫杂己烷	2,5-Dithiahexane	4298
1476	S1476	(2*S*,5*R*)-*N*-[4-(2-氨基-2-氧代乙基)苯基]-5-甲基-2-(丙基-2-)环己烷甲酰胺	(2*S*,5*R*)-*N*-[4-(2-Amino-2-oxoethyl)phenyl]-5-methyl-2-(propan-2-yl)cyclohexanecarboxamide	4684
1477	S1477	5-甲基-2-呋喃甲硫醇(又名 5-甲基糠硫醇)	5-Methyl-2-furanmethanethiol (5-Methylfurfurylmercaptan)	4697

注 1：凡列入合成香料目录的香料，其对应的天然物(即结构完全相同的对应物)应视作已批准使用的香料。

注 2：凡列入合成香料目录的香料，若存在相应的铵盐、钠盐、钾盐、钙盐和盐酸盐、碳酸盐、硫酸盐，且具有香料特性的化合物，应视作已批准使用的香料。

注 3：如果列入合成香料目录的香料为消旋体，那么其左旋和右旋结构应视作已批准使用的香料。如果列入合成香料目录的香料为左旋结构，则其右旋结构不应视作已批准使用的香料，反之亦然。

附 录 C

食品工业用加工助剂使用规定

C.1 食品工业用加工助剂(以下简称“加工助剂”)的使用原则

C.1.1 加工助剂应在食品生产加工过程中使用,使用时应具有工艺必要性,在达到预期目的前提下应尽可能降低使用量。

C.1.2 加工助剂一般应在制成最终成品之前除去,无法完全除去的,应尽可能降低其残留量,其残留量不应对健康产生危害,不应在最终食品中发挥功能作用。

C.1.3 加工助剂应该符合相应的质量规格要求。

C.2 食品工业用加工助剂的使用规定

C.2.1 表C.1以加工助剂名称汉语拼音排序规定了可在各类食品加工过程中使用,残留量不需限定的加工助剂名单(不含酶制剂)。

C.2.2 表C.2以加工助剂名称汉语拼音排序规定了需要规定功能和使用范围的加工助剂名单(不含酶制剂)。

C.2.3 表C.3以酶制剂名称汉语拼音排序规定了食品加工中允许使用的酶。各种酶的来源和供体应符合表中的规定。

表C.1 可在各类食品加工过程中使用,残留量不需限定的加工助剂名单(不含酶制剂)

序号	助剂中文名称	助剂英文名称
1	氨水(包括液氨)	ammonia
2	甘油(又名丙三醇)	glycerine (glycerol)
3	丙酮	acetone
4	丙烷	propane
5	单,双甘油脂肪酸酯	mono-and diglycerides of fatty acids
6	氮气	nitrogen
7	二氧化硅	silicon dioxide
8	二氧化碳	carbon dioxide
9	硅藻土	diatomaceous earth
10	过氧化氢	hydrogen peroxide
11	活性炭	activated carbon
12	磷脂	phospholipid
13	硫酸钙	calcium sulfate
14	硫酸镁	magnesium sulfate
15	硫酸钠	sodium sulfate

表 C.1（续）

序号	助剂中文名称	助剂英文名称
16	氯化铵	ammonium chloride
17	氯化钙	calcium chloride
18	氯化钾	potassium chloride
19	柠檬酸	citric acid
20	氢气	hydrogen
21	氢氧化钙	calcium hydroxide
22	氢氧化钾	potassium hydroxide
23	氢氧化钠	sodium hydroxide
24	乳酸	lactic acid
25	硅酸镁	magnesium silicate
26	碳酸钙(包括轻质和重质碳酸钙)	calcium carbonate (light,heavy)
27	碳酸钾	potassium carbonate
28	碳酸镁(包括轻质和重质碳酸镁)	magnesium carbonate (light,heavy)
29	碳酸钠	sodium carbonate
30	碳酸氢钾	potassium hydrogen carbonate
31	碳酸氢钠	sodium hydrogen carbonate
32	纤维素	cellulose
33	盐酸	hydrochloric acid
34	氧化钙	calcium oxide
35	氧化镁(包括重质和轻质)	magnesium oxide (heavy,light)
36	乙醇	ethanol
37	冰乙酸(又名冰醋酸)	acetic acid
38	植物活性炭	vegetable carbon(activated)

表 C.2　需要规定功能和使用范围的加工助剂名单(不含酶制剂)

序号	助剂中文名称	助剂英文名称	功能	使用范围
1	1,2-二氯乙烷	1,2-dichloroethane	提取溶剂	咖啡、茶的加工工艺
2	1-丁醇	1-butanol	萃取溶剂	发酵工艺
3	6号轻汽油(又名植物油抽提溶剂)	solvent No. 6	浸油溶剂、提取溶剂	发酵工艺、提取工艺
4	D-甘露糖醇	D-mannitol	防粘剂	糖果的加工工艺
5	DL-苹果酸钠	DL-disodium malate	发酵用营养物质	发酵工艺
6	L-苹果酸	L-malic acid	发酵用营养物质	发酵工艺

表 C.2（续）

序号	助剂中文名称	助剂英文名称	功能	使用范围
7	β-环状糊精	β-cyclodextrin	胆固醇提取剂	巴氏杀菌乳、灭菌乳和调制乳、发酵乳和风味发酵乳、稀奶油（淡奶油）及其类似品、干酪和再制干酪及其类似品的加工工艺
8	阿拉伯胶	arabic gum	澄清剂	葡萄酒加工工艺
9	凹凸棒粘土	attapulgite clay	脱色剂	油脂加工工艺
10	丙二醇	1,2-propanediol	冷却剂、提取溶剂	啤酒加工工艺、提取工艺
11	巴西棕榈蜡	carnauba wax	脱模剂	焙烤食品加工工艺、膨化食品加工工艺、蜜饯果糕的加工工艺
12	白油（液体石蜡）	white mineral oil	消泡剂、脱模剂、被膜剂	薯片的加工工艺、油脂加工工艺、糖果的加工工艺、胶原蛋白肠衣的加工工艺、膨化食品加工工艺、粮食加工工艺（用于防尘）
13	不溶性聚乙烯聚吡咯烷酮	insoluble polyvinylpolypyrrolidone (PVPP)	吸附剂	啤酒、葡萄酒、果酒、黄酒、配制酒的加工工艺和发酵工艺
14	丁烷	butane	提取溶剂	提取工艺
15	蜂蜡	beeswax	脱模剂	焙烤食品加工工艺、膨化食品加工工艺
16	高岭土	kaolin	澄清剂、助滤剂	葡萄酒、果酒、黄酒、配制酒的加工工艺和发酵工艺
17	高碳醇脂肪酸酯复合物	higher alcohol fatty acid ester complex	消泡剂	发酵工艺、大豆蛋白加工工艺
18	固化单宁	immobilized tannin	澄清剂	配制酒的加工工艺和发酵工艺
19	硅胶	silica gel	澄清剂	啤酒、葡萄酒、果酒、配制酒和黄酒的加工工艺
20	滑石粉	talc	脱模剂、防粘剂	糖果的加工工艺、发酵提取工艺
21	活性白土	activated clay	澄清剂、食用油脱色剂、吸附剂	配制酒的加工工艺和发酵工艺、油脂加工工艺、水处理工艺
22	甲醇钠	sodium methylate	油脂酯交换催化剂	油脂加工工艺
23	酒石酸氢钾	potassium bitartarate	结晶剂	葡萄酒加工工艺
24	聚苯乙烯	polytyrene	助滤剂	啤酒的加工工艺
25	聚丙烯酰胺	polyacrylamide	絮凝剂、助滤剂	饮料（水处理）的加工工艺、制糖工艺和发酵工艺

表 C.2（续）

序号	助剂中文名称	助剂英文名称	功能	使用范围
26	聚二甲基硅氧烷及其乳液	polydimethyl siloxane	消泡剂、脱模剂	豆制品工艺(最大使用量 0.3 g/kg,以每千克黄豆的使用量计)、肉制品、啤酒加工工艺(上述加工工艺最大使用量 0.2 g/kg)、焙烤食品工艺(在模具中的最大使用量 30 mg/dm²)、油脂加工工艺(最大使用量 0.01 g/kg)、果冻、果汁、浓缩果汁粉、饮料、速溶食品、冰淇淋、果酱、调味品和蔬菜加工工艺(上述加工工艺最大使用量 0.05 g/kg)、发酵工艺(最大使用量 0.1 g/kg)、薯片加工工艺
27	聚甘油脂肪酸酯	polyglycerol esters of fatty acid	消泡剂	制糖工艺
28	聚氧丙烯甘油醚	Polyoxypropylene glycerol ether (GP)	消泡剂	发酵工艺
29	聚氧丙烯氧化乙烯甘油醚	Polyoxypropylene oxyethylene glycolether (GPE)	消泡剂	发酵工艺
30	聚氧乙烯(20)山梨醇酐单月桂酸酯(又名吐温 20),聚氧乙烯(20)山梨醇酐单棕榈酸酯(又名吐温 40),聚氧乙烯(20)山梨醇酐单硬脂酸酯(又名吐温 60),聚氧乙烯(20)山梨醇酐单油酸酯(又名吐温 80)	polyoxyethylene (20) sorbitan monolaurate, polyoxyethylene (20) sorbitan monopalmitate, polyoxyethylene (20) sorbitan monostearate, polyoxyethylene (20) sorbitan monooleat	分散剂、提取溶剂、消泡剂	制糖工艺、发酵工艺、提取工艺、果蔬汁(浆)饮料(最大使用量为 0.75 g/kg)、植物蛋白饮料(最大使用量为 2.0 g/kg)
31	聚氧乙烯聚氧丙烯胺醚	polyoxyethylene polyoxypropylene amine ether (BAPE)	消泡剂	发酵工艺
32	聚氧乙烯聚氧丙烯季戊四醇醚	polyoxyethylene polyoxypropylene pentaerythritol ether (PPE)	消泡剂	发酵工艺
33	卡拉胶	carrageenan	澄清剂	啤酒加工工艺
34	抗坏血酸	ascorbate acid	防褐变	葡萄酒的加工工艺
35	抗坏血酸钠	sodium ascorbate	防褐变	葡萄酒的加工工艺
36	矿物油	mineral oil	消泡剂、脱模剂、防粘剂、润滑剂	发酵工艺、糖果、薯片和豆制品的加工工艺

表 C.2（续）

序号	助剂中文名称	助剂英文名称	功能	使用范围
37	离子交换树脂	ion exchange resins	脱色剂、吸附剂	啤酒、葡萄酒、果酒、配制酒、黄酒、罐头食品的加工工艺、水处理工艺、制糖工艺和发酵工艺
38	磷酸	phosphoric acid	澄清剂、精炼脱胶、发酵用营养物质	制糖工艺和油脂加工工艺、发酵工艺
39	磷酸二氢铵	ammouium dihydrogen phosphate	发酵用营养物质	发酵工艺
40	磷酸氢二铵	diammouium hydrogen phosphate	发酵用营养物质	发酵工艺
41	磷酸铵	ammouium phosphate	发酵用营养物质	发酵工艺
42	磷酸二氢钾	potassium phosphate，monobasic	发酵用营养物质	发酵工艺
43	磷酸二氢钠	sodium dihydrogen phosphate	发酵用营养物质	发酵工艺
44	磷酸三钙	tricalcium orthophosphate（calcium phosphate）	分散剂	乳制品加工工艺
45	磷酸氢二钠	disodium hydrogen phosphate	絮凝剂、发酵用营养物质	饮料（水处理）的加工工艺、发酵工艺
46	磷酸三钠	trisodium phosphate	絮凝剂、发酵用营养物质	饮料（水处理）的加工工艺、发酵工艺
47	硫磺	sulfur	澄清剂	制糖工艺
48	硫酸	sulfuric acid	絮凝剂、发酵用营养物质	啤酒的加工工艺、发酵工艺、淀粉加工工艺、乳制品加工工艺
49	硫酸铵	ammonium sulfate	发酵用营养物质	发酵工艺
50	硫酸铜	copper sulphate	澄清剂、螯合剂、发酵用营养物质	葡萄酒的加工工艺、皮蛋的加工工艺、发酵工艺
51	硫酸锌	zinc sulphate	螯合剂、絮凝剂、发酵用营养物质	皮蛋的加工工艺、啤酒的加工工艺、发酵工艺
52	硫酸亚铁	ferrous sulfate	絮凝剂	饮料（水处理）和啤酒的加工工艺
53	氯化镁	magnesium chloride	发酵用营养物质	发酵工艺
54	明胶	gelatin	澄清剂	果酒的加工工艺、葡萄酒的加工工艺
55	镍	nickel	催化剂	发酵工艺、油脂加工工艺、糖醇加工工艺
56	膨润土	bentonite	吸附剂、助滤剂、澄清剂、脱色剂	葡萄酒、果酒、黄酒和配制酒、油脂、调味品、果蔬汁、茶饮料、固体饮料的加工工艺、发酵工艺

表 C.2（续）

序号	助剂中文名称	助剂英文名称	功能	使用范围
57	石蜡	paraffin	脱模剂	糖果、焙烤食品加工工艺
58	石油醚	petroleum ether	提取溶剂	配制酒的加工工艺、提取工艺
59	食用单宁	edible tannin	助滤剂、澄清剂、脱色剂	黄酒、啤酒、葡萄酒和配制酒的加工工艺、油脂脱色工艺
60	松香甘油酯	glycerol ester of rosin	脱毛剂	畜禽脱毛处理工艺
61	脱乙酰甲壳素	deacetylated chitin(chitosan)	澄清剂	果蔬汁类加工工艺、植物饮料类的加工工艺、啤酒和麦芽饮料的加工工艺
62	维生素 B 族	vitamin B family	发酵用营养物质	发酵工艺
63	五碳双缩醛（又名戊二醛）	glutaraldehyde	交联剂	胶原蛋白肠衣的加工工艺
64	辛，癸酸甘油酯	octyl and decyl glycerate	防粘剂	糖果加工工艺、蜜饯果糕、胶原蛋白肠衣的加工工艺
65	辛烯基琥珀酸淀粉钠	starch sodium octenylsuccinate	防粘剂	胶基糖果加工工艺
66	氧化亚氮	nitrous oxide	推进剂、起泡剂	水油状脂肪乳化制品（仅限植脂乳）和 02.02 类以外的脂肪乳化制品，包括混合的和（或）调味的脂肪乳化制品（仅限植脂奶油）的加工工艺
67	异丙醇	isopropyl alcohol	提取溶剂	提取工艺
68	乙二胺四乙酸二钠	disodium EDTA	吸附剂、螯合剂	熟制坚果与籽类、啤酒和配制酒的加工工艺、发酵工艺、饮料的加工工艺
69	乙醚	ether	提取溶剂	配制酒的加工工艺
70	乙酸钠（又名醋酸钠）	sodium acetate	螯合剂	发酵工艺、淀粉加工工艺
71	乙酸乙酯	ethyl actetate	提取溶剂	配制酒的加工工艺、酵母抽提物的加工工艺
72	月桂酸	lauric acid	脱皮剂	果蔬脱皮
73	蔗糖聚丙烯醚	sucrose polyoxypropylene ester	消泡剂	发酵工艺和制糖工艺
74	蔗糖脂肪酸酯	sucrose esters of fatty acid	消泡剂	制糖工艺、豆制品加工工艺
75	珍珠岩	pearl rock	助滤剂	啤酒、葡萄酒、果酒和配制酒的加工工艺，发酵工艺，油脂加工工艺，淀粉糖加工工艺
76	正己烷	*n*-hexane	提取溶剂	提取工艺、大豆蛋白加工工艺
77	植物活性炭（稻壳活性炭）	Vegetable activated carbon(Rice husk activated carbon)	助滤剂	油脂加工工艺

表 C.3　食品用酶制剂及其来源名单

序号	酶	来源[a]	供体[b]
1	α-半乳糖苷酶 Alpha-galactosidase	黑曲霉 *Aspergillus niger*	
2	α-淀粉酶 Alpha-amylase	地衣芽孢杆菌 *Bacillus licheniformis*	
		地衣芽孢杆菌 *Bacillus licheniformis*	地衣芽孢杆菌 *Bacillus licheniformis*
		地衣芽孢杆菌 Bacillus *licheniformis*	嗜热脂解地芽孢杆菌 *Geobacillus stearothermophilus*(原名为嗜热脂解芽孢杆菌 *Bacillus stearothermophilus*)
		黑曲霉 *Aspergillus niger*	
		解淀粉芽孢杆菌 *Bacillus amyloliquefaciens*	
		枯草芽孢杆菌 *Bacillus subtilis*	
		枯草芽孢杆菌 *Bacillus subtilis*	嗜热脂解地芽孢杆菌 *Geobacillus stearothermophilus*(原名为嗜热脂解芽孢杆菌 *Bacillus stearothermophilus*)
		米根霉 *Rhizopus oryzae*	
		米曲霉 *Aspergillus oryzae*	
		嗜热脂解地芽孢杆菌 *Geobacillus stearothermophilus*(原名为嗜热脂解芽孢杆菌 *Bacillus stearothermophilus*)	
		猪或牛的胰腺 hog or bovine pancreas	
3	α-乙酰乳酸脱羧酶 Alpha-acetolactate decarboxylase	枯草芽孢杆菌 *Bacillus subtilis*	短小芽孢杆菌 *Bacillus brevis*
4	β-淀粉酶 beta-amylase	大麦、山芋、大豆、小麦和麦芽 barley, taro, soya, wheat and malted barley	
		枯草芽孢杆菌 *Bacillus subtilis*	
5	β-葡聚糖酶 beta-glucanase	地衣芽孢杆菌 *Bacillus licheniformis*	
		孤独腐质霉 *Humicola insolens*	
		哈次木霉 *Trichoderma harzianum*	
		黑曲霉[c] *Aspergillus niger*	
		枯草芽孢杆菌 *Bacillus subtilis*	
		李氏木霉 *Trichoderma reesei*	
		解淀粉芽孢杆菌 *Bacillus amyloliquefaciens*	解淀粉芽孢杆菌 *Bacillus amyloliquefaciens*
		Disporotrichum dimorphosporum	
		埃默森篮状菌 *Talaromyces emersonii*	
		绿色木霉 *Trichoderma viride*	

表 C.3（续）

序号	酶	来源[a]	供体[b]
6	阿拉伯呋喃糖苷酶 Arabinofuranosidease	黑曲霉 *Aspergillus niger*	
7	氨基肽酶 Aminopeptidase	米曲霉 *Aspergillus oryzae*	
8	半纤维素酶 Hemicellulase	黑曲霉 *Aspergillus niger*	
9	菠萝蛋白酶 Bromelain	菠萝 *Ananas* spp.	
10	蛋白酶（包括乳凝块酶）Protease (including milk clotting enzymes)	寄生内座壳（栗疫菌）*Cryphonectria parasitica*（*Endothia parasitica*）	寄生内座壳（栗疫菌）*Cryphonectria parasitica*（*Endothia parasitica*）
		地衣芽孢杆菌 *Bacillus licheniformis*	
		黑曲霉 *Aspergillus niger*	
		黑曲霉 *Aspergillus niger*	黑曲霉 *Aspergillus niger*
		解淀粉芽孢杆菌 *Bacillus amyloliquefaciens*	
		解淀粉芽孢杆菌 *Bacillus amyloliquefaciens*	解淀粉芽孢杆菌 *Bacillus amyloliquefaciens*
		枯草芽孢杆菌 *Bacillus subtilis*	
		寄生内座壳（栗疫菌）*Cryphonectria parasitica*（*Endothia parasitica*）	
		米黑根毛霉 *Rhizomucor miehei*	
		米曲霉 *Aspergillus oryzae*	
		乳克鲁维酵母 *Kluyveromyces lactis*	小牛胃 Calf stomach
		微小毛霉 *Mucor pusillus*	
		蜂蜜曲霉 *Aspergillus melleus*	
		嗜热脂解地芽孢杆菌 *Geobacillus stearothermophilus*（原名为嗜热脂解芽孢杆菌 *Bacillus stearothermophilus*）	
11	单宁酶 Tannase	米曲霉 *Aspergillus oryzae*	
12	多聚半乳糖醛酸酶 Polygalacturonase	黑曲霉[c] *Aspergillus niger*	
		米根霉 *Rhizopus oryzae*	
13	甘油磷脂胆固醇酰基转移酶 Glycerophospholipid Cholesterol Acyltransferase (GCAT)	地衣芽孢杆菌 *Bacillus licheniformis*	杀鲑气单胞菌杀鲑亚种 Aeromonas salmonicida subsp. Salmonicida
14	谷氨酰胺酶 Glutaminase	解淀粉芽孢杆菌 *Bacillus amyloliquefaciens*	
15	谷氨酰胺转氨酶 Glutamine Transaminase	茂原链轮丝菌（又名茂源链霉菌）*Streptomyces mobaraensis*）	
16	果胶裂解酶 Pectinlyase	黑曲霉 *Aspergillus niger*	
		黑曲霉 Aspergillus niger	黑曲霉 *Aspergillus niger*

表 C.3（续）

序号	酶	来源[a]	供体[b]
17	果胶酶 Pectinase	黑曲霉 *Aspergillus niger*	
		米根霉 *Rhizopus oryzae*	
18	果胶酯酶(果胶甲基酯酶) Pectinesterase (Pectin methylesterase)	黑曲霉 *Aspergillus niger*	
		黑曲霉 *Aspergillus niger*	黑曲霉 *Aspergillus niger*
		米曲霉 *Aspergillus oryzae*	针尾曲霉 *Aspergillus aculeatus*
19	过氧化氢酶 Catalase	黑曲霉 *Aspergillus niger*	
		牛、猪或马的肝脏 bovine, pig or horse liver	
		溶壁微球菌 *Micrococcus lysodeicticus*	
20	核酸酶 Nuclease	橘青霉 *penicillium citrinum*	
21	环糊精葡萄糖苷转移酶 Cyclomaltodextin glucanotransferase	地衣芽孢杆菌 *Bacillus licheniformis*	高温厌氧杆菌 *Thermoanaerobacter* sp.
22	己糖氧化酶 Hexose oxidase	(多形)汉逊酵母 *Hansenula polymorpha*	皱波角叉菜 *Chondrus crispus*
23	菊糖酶 Inulinase	黑曲霉 *Aspergillus niger*	
24	磷脂酶 Phospholipase	胰腺 pancreas	
25	磷脂酶 A2 Phospholipase A2	猪胰腺组织 porcine pancreas	
		黑曲霉 *Aspergillus niger*	猪胰腺组织 porcine pancreas
26	磷脂酶 C Phospholipase C	巴斯德毕赤酵母 *Pichia pastoris*	从土壤中分离的编码磷脂酶 C 基因的微生物
27	麦芽碳水化合物水解酶(α-,β-麦芽碳水化合物水解酶) Malt carbohydrases (alpha-and beta-amylase)	麦芽和大麦 malted barley & barley	
28	麦芽糖淀粉酶 Maltogenic amylase	枯草芽孢杆菌 *Bacillus subtilis*	嗜热脂解芽孢杆菌 *Bacillus stearothermophilus*
29	木瓜蛋白酶 Papain	木瓜 *Carica papaya*	
30	木聚糖酶 Xylanase	*Fusarium venenatum*	棉状嗜热丝孢菌 *Thermomyces lanuginosus*
		巴斯德毕赤酵母 *Pichia pastoris*	
		孤独腐质霉 *Humicola insolens*	
		黑曲霉 *Aspergillus niger*	
		黑曲霉 *Aspergillus niger*	黑曲霉 *Aspergillus niger*
		李氏木霉 *Trichoderma reesei*	
		绿色木霉 *Trichoderma viride*	
		枯草芽孢杆菌 *Bacillus subtilis*	枯草芽孢杆菌 *Bacillus subtilis*
		米曲霉 *Aspergillus oryzae*	棉状嗜热丝孢菌 *Thermomyces lanuginosus*
		米曲霉 *Aspergillus oryzae*	黑曲霉[c] *Aspergillus niger*

表 C.3（续）

序号	酶	来源[a]	供体[b]
31	凝乳酶 A Chymosin A	大肠杆菌 K-12 *Eschorichia Coli* K-12	小牛前凝乳酶 A 基因 calf prochymosin A gene
32	凝乳酶 B Chymosin B	黑曲霉泡盛变种 *Aspergillus niger* var. *awamori*	小牛前凝乳酶 B 基因 calf prochymosin B gene
		乳克鲁维酵母 *Kluyveromyces lactis*	小牛前凝乳酶 B 基因 calf prochymosin B gene
33	凝乳酶或粗制凝乳酶 Chymosin or Rennet	小牛、山羊或羔羊的皱胃 calf, kid, or lamb abomasum	
34	葡糖淀粉酶(淀粉葡糖苷酶) Glucoamylase (amyloglucosidase)	戴尔根霉 *Rhizopus delemar*	
		黑曲霉 *Aspergillus niger*	
		黑曲霉 *Aspergillus niger*	黑曲霉 *Aspergillus niger*
		黑曲霉 *Aspergillus niger*	埃默森篮状菌 *Talaromyces emersonii*
		米根霉 *Rhizopus oryzae*	
		米曲霉 *Aspergillus oryzae*	
		雪白根霉 *Rhizopus niveus*	
35	葡糖氧化酶 Glucose oxidase	黑曲霉 *Aspergillus niger*	
		米曲霉 *Aspergillus oryzae*	黑曲霉 *Aspergillus niger*
36	葡糖异构酶(木糖异构酶) Glucose isomerase (xylose isomerase)	橄榄产色链霉菌 *Streptomyces olivochromogenes*	
		橄榄色链霉菌 *Streptomyces olivaceus*	
		密苏里游动放线菌 *Actinoplanes missouriensis*	
		凝结芽孢杆菌 *Bacillus coagulans*	
		锈棕色链霉菌 *Streptomyces rubiginosus*	
		紫黑吸水链霉菌 *Streptomyces violaceoniger*	
		鼠灰链霉菌 *Streptomyces murinus*	
37	普鲁兰酶 Pullulanase	产气克雷伯氏菌 *Klebsiella aerogenes*	
		枯草芽孢杆菌 *Bacillus subtilis*	
		枯草芽孢杆菌 *Bacillus subtilis*	嗜酸普鲁兰芽孢杆菌 *Bacillus acidopullulyticus*
		嗜酸普鲁兰芽孢杆菌 *Bacillus acidopullulyticus*	
		枯草芽孢杆菌 *Bacillus subtilis*	*Bacillus deramificans*
		地衣芽孢杆菌 *Bacillus licheniformis*	*Bacillus deramificans*
		长野解普鲁兰杆菌 *Pullulanibacillus naganoensis*	

表 C.3（续）

序号	酶	来源[a]	供体[b]
38	漆酶 Laccase	米曲霉 *Aspergillus oryzae*	嗜热毁丝霉 *Myceliophthora thermophila*
39	溶血磷脂酶(磷脂酶 B) Lysophospholipase (lecithinase B)	黑曲霉 *Aspergillus niger*	
		黑曲霉 *Aspergillus niger*	黑曲霉 *Aspergillus niger*
40	乳糖酶(β-半乳糖苷酶) Lactase (beta-galactosidase)	脆壁克鲁维酵母 *Kluyveromyces fragilis*	
		黑曲霉 *Aspergillus niger*	
		米曲霉 *Aspergillus oryzae*	
		乳克鲁维酵母 *Kluyveromyces lactis*	
		乳克鲁维酵母 *Kluyveromyces lactis*	乳克鲁维酵母 *Kluyveromyces lactis*
		巴斯德毕赤酵母 *Pichia pastoris*	米曲霉 *Aspergillus oryzae*
41	天门冬酰胺酶 Asparaginase	黑曲霉 *Aspergillus niger*	黑曲霉 *Aspergillus niger*
		米曲霉 *Aspergillus oryzae*	米曲霉 *Aspergillus oryzae*
42	脱氨酶 Deaminase	蜂蜜曲霉 *Aspergillus melleus*	
43	胃蛋白酶 Pepsin	猪、小牛、小羊、禽类的胃组织 hog, calf, goat(kid) or poultry stomach	
44	无花果蛋白酶 Ficin	无花果 *Ficus* spp.	
45	纤维二糖酶 Cellobiase	黑曲霉 *Aspergillus niger*	
46	纤维素酶 Cellulase	黑曲霉 *Aspergillus niger*	
		李氏木霉 *Trichoderma reesei*	
		绿色木霉 *Trichoderma viride*	
47	右旋糖酐酶 Dextranase	无定毛壳菌 *Chaetomium erraticum*（又名细丽毛壳 *Chaetomium gracile*）	
48	胰蛋白酶 Typsin	猪或牛的胰腺 porcine or bovine pancreas	
49	胰凝乳蛋白酶(糜蛋白酶) Chymotrypsin	猪或牛的胰腺 porcine or bovine pancreas	
50	脂肪酶 Lipase	黑曲霉 *Aspergillus niger*	
		黑曲霉 *Aspergillus niger*	南极假丝酵母 *Candida antarctica*
		米根霉 *Rhizopus oryzae*	
		米黑根毛霉 *Rhizomucor miehei*	
		米曲霉 *Aspergillus oryzae*	
		米曲霉 *Aspergillus oryzae*	尖孢镰刀菌 *Fusarium oxysporum*
		米曲霉 *Aspergillus oryzae*	棉状嗜热丝孢菌 *Thermomyces lanuginosus*

表 C.3（续）

序号	酶	来源[a]	供体[b]
50	脂肪酶 Lipase	小牛或小羊的唾液腺或前胃组织 salivary glands or forestomach of calf, kid, or lamb	
		雪白根霉 *Rhizopus niveus*	
		羊咽喉 goat gullets	
		猪或牛的胰腺 hog or bovine pancreas	
		米曲霉 *Aspergillus oryzae*	米黑根霉 *Rhizomucor miehei*
		柱晶假丝酵母 *Candida cylindracea*	
51	酯酶 Esterase	黑曲霉 *Aspergillus niger*	
		李氏木霉 *Trichoderma reesei*	
		米黑根毛霉 *Rhizomucor miehei*	
52	植酸酶 phytase	黑曲霉 *Aspergillus niger*	
53	转化酶（蔗糖酶）Invertase (saccharase)	酿酒酵母 *Saccharomyces cerevisiae*	
54	转葡糖苷酶 Transglucosidase	黑曲霉 *Aspergillus niger*	

[a] 指用于提取酶制剂的动物、植物或微生物。

[b] 指为酶制剂的生物技术来源提供基因片段的动物、植物或微生物。

[c] 包括针尾曲霉 *Aspergillus aculeatus* 和泡盛曲霉 *A. awamori*。

附　录　D

食品添加剂功能类别

注：每个添加剂在食品中常常具有一种或多种功能。在本标准每个食品添加剂的具体规定中，列出了该食品添加剂常用的功能，并非详尽的列举。

D.1　酸度调节剂：用以维持或改变食品酸碱度的物质。

D.2　抗结剂：用于防止颗粒或粉状食品聚集结块，保持其松散或自由流动的物质。

D.3　消泡剂：在食品加工过程中降低表面张力，消除泡沫的物质。

D.4　抗氧化剂：能防止或延缓油脂或食品成分氧化分解、变质，提高食品稳定性的物质。

D.5　漂白剂：能够破坏、抑制食品的发色因素，使其褪色或使食品免于褐变的物质。

D.6　膨松剂：在食品加工过程中加入的，能使产品发起形成致密多孔组织，从而使制品具有膨松、柔软或酥脆的物质。

D.7　胶基糖果中基础剂物质：赋予胶基糖果起泡、增塑、耐咀嚼等作用的物质。

D.8　着色剂：使食品赋予色泽和改善食品色泽的物质。

D.9　护色剂：能与肉及肉制品中呈色物质作用，使之在食品加工、保藏等过程中不致分解、破坏，呈现良好色泽的物质。

D.10　乳化剂：能改善乳化体中各种构成相之间的表面张力，形成均匀分散体或乳化体的物质。

D.11　酶制剂：由动物或植物的可食或非可食部分直接提取，或由传统或通过基因修饰的微生物（包括但不限于细菌、放线菌、真菌菌种）发酵、提取制得，用于食品加工，具有特殊催化功能的生物制品。

D.12　增味剂：补充或增强食品原有风味的物质。

D.13　面粉处理剂：促进面粉的熟化和提高制品质量的物质。

D.14　被膜剂：涂抹于食品外表，起保质、保鲜、上光、防止水分蒸发等作用的物质。

D.15　水分保持剂：有助于保持食品中水分而加入的物质。

D.16　防腐剂：防止食品腐败变质、延长食品储存期的物质。

D.17　稳定剂和凝固剂：使食品结构稳定或使食品组织结构不变，增强粘性固形物的物质。

D.18　甜味剂：赋予食品甜味的物质。

D.19　增稠剂：可以提高食品的黏稠度或形成凝胶，从而改变食品的物理性状、赋予食品黏润、适宜的口感，并兼有乳化、稳定或使呈悬浮状态作用的物质。

D.20　食品用香料：能够用于调配食品香精，并使食品增香的物质。

D.21　食品工业用加工助剂：有助于食品加工能顺利进行的各种物质，与食品本身无关。如助滤、澄清、吸附、脱模、脱色、脱皮、提取溶剂等。

D.22　其他：上述功能类别中不能涵盖的其他功能。

附　录　E

食品分类系统

食品分类系统见表 E.1。

表 E.1　食品分类系统

食品分类号	食品类别/名称
01.0	乳及乳制品(13.0 特殊膳食用食品涉及品种除外)
01.01	巴氏杀菌乳、灭菌乳和调制乳
01.01.01	巴氏杀菌乳
01.01.02	灭菌乳
01.01.03	调制乳
01.02	发酵乳和风味发酵乳
01.02.01	发酵乳
01.02.02	风味发酵乳
01.03	乳粉(包括加糖乳粉)和奶油粉及其调制产品
01.03.01	乳粉和奶油粉
01.03.02	调制乳粉和调制奶油粉
01.04	炼乳及其调制产品
01.04.01	淡炼乳(原味)
01.04.02	调制炼乳(包括加糖炼乳及使用了非乳原料的调制炼乳等)
01.05	稀奶油(淡奶油)及其类似品
01.05.01	稀奶油
01.05.02	—
01.05.03	调制稀奶油
01.05.04	稀奶油类似品
01.06	干酪和再制干酪及其类似品
01.06.01	非熟化干酪
01.06.02	熟化干酪
01.06.03	乳清干酪
01.06.04	再制干酪
01.06.04.01	普通再制干酪
01.06.04.02	调味再制干酪
01.06.05	干酪类似品
01.06.06	乳清蛋白干酪
01.07	以乳为主要配料的即食风味食品或其预制产品(不包括冰淇淋和风味发酵乳)

表 E.1（续）

食品分类号	食品类别/名称
01.08	其他乳制品(如乳清粉、酪蛋白粉等)
02.0	脂肪,油和乳化脂肪制品
02.01	基本不含水的脂肪和油
02.01.01	植物油脂
02.01.01.01	植物油
02.01.01.02	氢化植物油
02.01.02	动物油脂(包括猪油、牛油、鱼油和其他动物脂肪等)
02.01.03	无水黄油,无水乳脂
02.02	水油状脂肪乳化制品
02.02.01	脂肪含量80%以上的乳化制品
02.02.01.01	黄油和浓缩黄油
02.02.01.02	人造黄油(人造奶油)及其类似制品(如黄油和人造黄油混合品)
02.02.02	脂肪含量80%以下的乳化制品
02.03	02.02类以外的脂肪乳化制品,包括混合的和(或)调味的脂肪乳化制品
02.04	脂肪类甜品
02.05	其他油脂或油脂制品
03.0	冷冻饮品
03.01	冰淇淋、雪糕类
03.02	—
03.03	风味冰、冰棍类
03.04	食用冰
03.05	其他冷冻饮品
04.0	水果、蔬菜(包括块根类)、豆类、食用菌、藻类、坚果以及籽类等
04.01	水果
04.01.01	新鲜水果
04.01.01.01	未经加工的鲜果
04.01.01.02	经表面处理的鲜水果
04.01.01.03	去皮或预切的鲜水果
04.01.02	加工水果
04.01.02.01	冷冻水果
04.01.02.02	水果干类
04.01.02.03	醋、油或盐渍水果
04.01.02.04	水果罐头
04.01.02.05	果酱

表 E.1（续）

食品分类号	食品类别/名称
04.01.02.06	果泥
04.01.02.07	除 04.01.02.05 以外的果酱(如印度酸辣酱)
04.01.02.08	蜜饯凉果
04.01.02.08.01	蜜饯类
04.01.02.08.02	凉果类
04.01.02.08.03	果脯类
04.01.02.08.04	话化类
04.01.02.08.05	果糕类
04.01.02.09	装饰性果蔬
04.01.02.10	水果甜品，包括果味液体甜品
04.01.02.11	发酵的水果制品
04.01.02.12	煮熟的或油炸的水果
04.01.02.13	其他加工水果
04.02	蔬菜
04.02.01	新鲜蔬菜
04.02.01.01	未经加工鲜蔬菜
04.02.01.02	经表面处理的新鲜蔬菜
04.02.01.03	去皮、切块或切丝的蔬菜
04.02.01.04	豆芽菜
04.02.02	加工蔬菜
04.02.02.01	冷冻蔬菜
04.02.02.02	干制蔬菜
04.02.02.03	腌渍的蔬菜
04.02.02.04	蔬菜罐头
04.02.02.05	蔬菜泥(酱)，番茄沙司除外
04.02.02.06	发酵蔬菜制品
04.02.02.07	经水煮或油炸的蔬菜
04.02.02.08	其他加工蔬菜
04.03	食用菌和藻类
04.03.01	新鲜食用菌和藻类
04.03.01.01	未经加工鲜食用菌和藻类
04.03.01.02	经表面处理的鲜食用菌和藻类
04.03.01.03	去皮、切块或切丝的食用菌和藻类
04.03.02	加工食用菌和藻类

表 E.1（续）

食品分类号	食品类别/名称
04.03.02.01	冷冻食用菌和藻类
04.03.02.02	干制食用菌和藻类
04.03.02.03	腌渍的食用菌和藻类
04.03.02.04	食用菌和藻类罐头
04.03.02.05	经水煮或油炸的藻类
04.03.02.06	其他加工食用菌和藻类
04.04	豆类制品
04.04.01	非发酵豆制品
04.04.01.01	豆腐类
04.04.01.02	豆干类
04.04.01.03	豆干再制品
04.04.01.03.01	炸制半干豆腐
04.04.01.03.02	卤制半干豆腐
04.04.01.03.03	熏制半干豆腐
04.04.01.03.04	其他半干豆腐
04.04.01.04	腐竹类(包括腐竹、油皮等)
04.04.01.05	新型豆制品(大豆蛋白及其膨化食品、大豆素肉等)
04.04.01.06	熟制豆类
04.04.02	发酵豆制品
04.04.02.01	腐乳类
04.04.02.02	豆豉及其制品(包括纳豆)
04.04.03	其他豆制品
04.05	坚果和籽类
04.05.01	新鲜坚果与籽类
04.05.02	加工坚果与籽类
04.05.02.01	熟制坚果与籽类
04.05.02.01.01	带壳熟制坚果与籽类
04.05.02.01.02	脱壳熟制坚果与籽类
04.05.02.02	—
04.05.02.03	坚果与籽类罐头
04.05.02.04	坚果与籽类的泥(酱),包括花生酱等
04.05.02.05	其他加工的坚果与籽类(如腌渍的果仁)
05.0	可可制品、巧克力和巧克力制品(包括代可可脂巧克力及制品)以及糖果
05.01	可可制品、巧克力和巧克力制品,包括代可可脂巧克力及制品

表 E.1（续）

食品分类号	食品类别/名称
05.01.01	可可制品(包括以可可为主要原料的脂、粉、浆、酱、馅等)
05.01.02	巧克力和巧克力制品、除05.01.01以外的可可制品
05.01.03	代可可脂巧克力及使用可可脂代用品的巧克力类似产品
05.02	糖果
05.02.01	胶基糖果
05.02.02	除胶基糖果以外的其他糖果
05.03	糖果和巧克力制品包衣
05.04	装饰糖果(如工艺造型,或用于蛋糕装饰)、顶饰(非水果材料)和甜汁
06.0	粮食和粮食制品,包括大米、面粉、杂粮、块根植物、豆类和玉米提取的淀粉等(不包括07.0类焙烤制品)
06.01	原粮
06.02	大米及其制品
06.02.01	大米
06.02.02	大米制品
06.02.03	米粉(包括汤圆粉等)
06.02.04	米粉制品
06.03	小麦粉及其制品
06.03.01	小麦粉
06.03.01.01	通用小麦粉
06.03.01.02	专用小麦粉(如自发粉、饺子粉等)
06.03.02	小麦粉制品
06.03.02.01	生湿面制品(如面条、饺子皮、馄饨皮、烧麦皮)
06.03.02.02	生干面制品
06.03.02.03	发酵面制品
06.03.02.04	面糊(如用于鱼和禽肉的拖面糊)、裹粉、煎炸粉
06.03.02.05	油炸面制品
06.04	杂粮粉及其制品
06.04.01	杂粮粉
06.04.02	杂粮制品
06.04.02.01	杂粮罐头
06.04.02.02	其他杂粮制品
06.05	淀粉及淀粉类制品
06.05.01	食用淀粉
06.05.02	淀粉制品

表 E.1（续）

食品分类号	食品类别/名称
06.05.02.01	粉丝、粉条
06.05.02.02	虾味片
06.05.02.03	藕粉
06.05.02.04	粉圆
06.06	即食谷物，包括碾轧燕麦(片)
06.07	方便米面制品
06.08	冷冻米面制品
06.09	谷类和淀粉类甜品(如米布丁、木薯布丁)
06.10	粮食制品馅料
07.0	焙烤食品
07.01	面包
07.02	糕点
07.02.01	中式糕点(月饼除外)
07.02.02	西式糕点
07.02.03	月饼
07.02.04	糕点上彩装
07.03	饼干
07.03.01	夹心及装饰类饼干
07.03.02	威化饼干
07.03.03	蛋卷
07.03.04	其他饼干
07.04	焙烤食品馅料及表面用挂浆
07.05	其他焙烤食品
08.0	肉及肉制品
08.01	生、鲜肉
08.01.01	生鲜肉
08.01.02	冷却肉(包括排酸肉、冰鲜肉、冷鲜肉等)
08.01.03	冻肉
08.02	预制肉制品
08.02.01	调理肉制品(生肉添加调理料)
08.02.02	腌腊肉制品类(如咸肉、腊肉、板鸭、中式火腿、腊肠)
08.03	熟肉制品
08.03.01	酱卤肉制品类
08.03.01.01	白煮肉类

表 E.1（续）

食品分类号	食品类别/名称
08.03.01.02	酱卤肉类
08.03.01.03	糟肉类
08.03.02	熏、烧、烤肉类
08.03.03	油炸肉类
08.03.04	西式火腿(熏烤、烟熏、蒸煮火腿)类
08.03.05	肉灌肠类
08.03.06	发酵肉制品类
08.03.07	熟肉干制品
08.03.07.01	肉松类
08.03.07.02	肉干类
08.03.07.03	肉脯类
08.03.08	肉罐头类
08.03.09	其他熟肉制品
08.04	肉制品的可食用动物肠衣类
09.0	水产及其制品(包括鱼类、甲壳类、贝类、软体类、棘皮类等水产及其加工制品等)
09.01	鲜水产
09.02	冷冻水产品及其制品
09.02.01	冷冻水产品
09.02.02	冷冻挂浆制品
09.02.03	冷冻鱼糜制品(包括鱼丸等)
09.03	预制水产品(半成品)
09.03.01	醋渍或肉冻状水产品
09.03.02	腌制水产品
09.03.03	鱼子制品
09.03.04	风干、烘干、压干等水产品
09.03.05	其他预制水产品(如鱼肉饺皮)
09.04	熟制水产品(可直接食用)
09.04.01	熟干水产品
09.04.02	经烹调或油炸的水产品
09.04.03	熏、烤水产品
09.04.04	发酵水产品
09.04.05	鱼肉灌肠类
09.05	水产品罐头
09.06	其他水产品及其制品

表 E.1（续）

食品分类号	食品类别/名称
10.0	蛋及蛋制品
10.01	鲜蛋
10.02	再制蛋(不改变物理性状)
10.02.01	卤蛋
10.02.02	糟蛋
10.02.03	皮蛋
10.02.04	咸蛋
10.02.05	其他再制蛋
10.03	蛋制品(改变其物理性状)
10.03.01	脱水蛋制品(如蛋白粉、蛋黄粉、蛋白片)
10.03.02	热凝固蛋制品(如蛋黄酪、松花蛋肠)
10.03.03	蛋液与液态蛋
10.04	其他蛋制品
11.0	甜味料,包括蜂蜜
11.01	食糖
11.01.01	白糖及白糖制品(如白砂糖、绵白糖、冰糖、方糖等)
11.01.02	其他糖和糖浆[如红糖、赤砂糖、冰片糖、原糖、果糖(蔗糖来源)、糖蜜、部分转化糖、槭树糖浆等]
11.02	淀粉糖(果糖、葡萄糖、饴糖、部分转化糖等)
11.03	蜂蜜及花粉
11.03.01	蜂蜜
11.03.02	花粉
11.04	餐桌甜味料
11.05	调味糖浆
11.05.01	水果调味糖浆
11.05.02	其他调味糖浆
11.06	其他甜味料
12.0	调味品
12.01	盐及代盐制品
12.02	鲜味剂和助鲜剂
12.03	醋
12.03.01	酿造食醋
12.03.02	配制食醋
12.04	酱油

表 E.1（续）

食品分类号	食品类别/名称
12.04.01	酿造酱油
12.04.02	配制酱油
12.05	酱及酱制品
12.05.01	酿造酱
12.05.02	配制酱
12.06	—
12.07	料酒及制品
12.08	—
12.09	香辛料类
12.09.01	香辛料及粉
12.09.02	香辛料油
12.09.03	香辛料酱(如芥末酱、青芥酱)
12.09.04	其他香辛料加工品
12.10	复合调味料
12.10.01	固体复合调味料
12.10.01.01	固体汤料
12.10.01.02	鸡精、鸡粉
12.10.01.03	其他固体复合调味料
12.10.02	半固体复合调味料
12.10.02.01	蛋黄酱、沙拉酱
12.10.02.02	以动物性原料为基料的调味酱
12.10.02.03	以蔬菜为基料的调味酱
12.10.02.04	其他半固体复合调味料
12.10.03	液体复合调味料(不包括 12.03、12.04)
12.10.03.01	浓缩汤(罐装、瓶装)
12.10.03.02	肉汤、骨汤
12.10.03.03	调味清汁
12.10.03.04	蚝油、虾油、鱼露等
12.11	其他调味料
13.0	特殊膳食用食品
13.01	婴幼儿配方食品
13.01.01	婴儿配方食品
13.01.02	较大婴儿和幼儿配方食品
13.01.03	特殊医学用途婴儿配方食品

表 E.1（续）

食品分类号	食品类别/名称
13.02	婴幼儿辅助食品
13.02.01	婴幼儿谷类辅助食品
13.02.02	婴幼儿罐装辅助食品
13.03	—
13.04	—
13.05	其他特殊膳食用食品
14.0	饮料类
14.01	包装饮用水
14.01.01	饮用天然矿泉水
14.01.02	饮用纯净水
14.01.03	其他类饮用水
14.02	果蔬汁类及其饮料
14.02.01	果蔬汁(浆)
14.02.02	浓缩果蔬汁(浆)
14.02.03	果蔬汁(浆)类饮料
14.03	蛋白饮料
14.03.01	含乳饮料
14.03.01.01	发酵型含乳饮料
14.03.01.02	配制型含乳饮料
14.03.01.03	乳酸菌饮料
14.03.02	植物蛋白饮料
14.03.03	复合蛋白饮料
14.03.04	其他蛋白饮料
14.04	碳酸饮料
14.04.01	可乐型碳酸饮料
14.04.02	其他型碳酸饮料
14.05	茶、咖啡、植物(类)饮料
14.05.01	茶(类)饮料
14.05.02	咖啡(类)饮料
14.05.03	植物饮料
14.06	固体饮料
14.06.01	—
14.06.02	蛋白固体饮料
14.06.03	速溶咖啡
14.06.04	其他固体饮料
14.07	特殊用途饮料
14.08	风味饮料
14.09	其他类饮料

表 E.1(续)

食品分类号	食品类别/名称
15.0	酒类
15.01	蒸馏酒
15.01.01	白酒
15.01.02	调香蒸馏酒
15.01.03	白兰地
15.01.04	威士忌
15.01.05	伏特加
15.01.06	朗姆酒
15.01.07	其他蒸馏酒
15.02	配制酒
15.03	发酵酒
15.03.01	葡萄酒
15.03.01.01	无汽葡萄酒
15.03.01.02	起泡和半起泡葡萄酒
15.03.01.03	调香葡萄酒
15.03.01.04	特种葡萄酒(按特殊工艺加工制作的葡萄酒,如在葡萄原酒中加入白兰地,浓缩葡萄汁等)
15.03.02	黄酒
15.03.03	果酒
15.03.04	蜂蜜酒
15.03.05	啤酒和麦芽饮料
15.03.06	其他发酵酒类(充气型)
16.0	其他类(01.0~15.0 除外)
16.01	果冻
16.02	茶叶、咖啡和茶制品
16.02.01	茶叶、咖啡
16.02.02	茶制品(包括调味茶和代用茶)
16.03	胶原蛋白肠衣
16.04	酵母及酵母类制品
16.04.01	干酵母
16.04.02	其他酵母及酵母类制品
16.05	—
16.06	膨化食品
16.07	其他

附 录 F

附录A中食品添加剂使用规定索引
(按食品添加剂名称汉语拼音顺序排列)

A

B

C

D

E

F

G

H

J

K

L

M

N

O

P

Q

R

S

T

Z

ICS 71.100.60
X 44

中华人民共和国国家标准

GB/T 14156—2009
代替 GB/T 14156—1993

食品用香料分类与编码

Classification and code of flavoring substances

2009-04-08 发布　　2009-07-01 实施

中华人民共和国国家质量监督检验检疫总局
中国国家标准化管理委员会　发布

前　言

本标准代替 GB/T 14156—1993《食品用香料分类与编码》。

本标准与 GB/T 14156—1993 的主要差异如下：

——按 GB/T 1.1—2000《标准化工作导则　第 1 部分：标准的结构和编写规则》的要求编写本标准；

——对近年来批准使用的食品用新香料名单进行增补；

——有些品种根据毒理学评价结果作了修改。

本标准由中国轻工业联合会提出。

本标准由全国香料香精化妆品标准化技术委员会归口。

本标准由上海香料研究所和中国香料香精化妆品工业协会负责起草。

本标准主要起草人：金其璋、杜世祥、郭振艺、徐易、康薇、曹怡。

本标准所代替标准的历次版本发布情况为：

——GB/T 14156—1993。

食品用香料分类与编码

1 范围

本标准规定了食品用香料分类与编码的术语和定义、编码原则和具体编码表。

本标准适用于研制、生产、使用、管理以及一切涉及食品用香料的场合。

2 术语和定义

下列术语和定义适用于本标准。

2.1

香料 fragrance/flavor substance

适合人类消费的具有香气和/或香味的物质。前者指能被人类嗅觉感知的物质,后者指使人类产生滋味(香气、味道和口感的综合效果)的物质。相对分子质量一般小于300,具有相当大的挥发性,一般不直接消费,而是配制成香精用于加香产品后间接消费。按用途可将香料分为日用和食用两大类。

2.2

食品用香料(香味物质) flavoring substance

能够用于调配食品用香精的香料。包括天然香味物质、天然等同香味物质和人造香味物质三类。

2.3

天然食品用香料(天然香味物质) natural flavoring substance

化学结构明确的应用其香味性质的物质,通常不直接用于消费。在其应用浓度上适合人类消费,是用适当的物理法、微生物法或酶法从食物或动植物材料(未经加工或经过食品制备过程加工)获得的。含 NH_4^+、Na^+、K^+、Ca^{2+}、Fe^{3+} 阳离子或 Cl^-、SO_4^{2-}、CO_3^{2-} 阴离子的天然香味物质的盐类通常被划为天然香味物质。

2.4

天然等同食品用香料(天然等同香味物质) natural-identical flavoring substance

化学合成的或用化学手段(工艺)从天然芳香原料中分离得到的香味物质,它与存在于用作人类消费的天然产品(不管其是否加工过)中的物质在化学结构上完全一样。含 NH_4^+、Na^+、K^+、Ca^{2+}、Fe^{3+} 阳离子或 Cl^-、SO_4^{2-}、CO_3^{2-} 阴离子的天然等同香味物质的盐类通常被划为天然等同香味物质。

2.5

人造食品用香料(人造香味物质) artificial flavoring substance

尚未从用于人类消费的天然产品(不管其是否加工过)中鉴定出的香味物质。

3 编码原则

3.1 采用食品添加剂和污染物法规委员会即CCFAC(Codex Committee on Food Additives and Contaminants)、食品香料工业国际组织即IOFI(International Organization of the Flavor Industry)和欧洲理事会即CoE(Council of Europe)等对食品用香料的分类。即把食品用香料分为天然、天然等同和人造香料三类,分别以"N"、"I"和"A"字母表示,写在号码前面。每一种香料对应有一个编码。

3.2 编码表把编码、香料中英文名称(包括化学名称、俗名、商业名称)、食品添加剂联合专家委员会(JECFA)编号、美国香味料和萃取物制造者协会(FEMA)编号和化学文摘登记号(CAS)一一对应列出,便于查阅。

3.3 天然食品用香料编码从N001开始;天然等同食品用香料编码从I1001开始;人造食品用香料编码从A3001开始(中间有空号)。

4 食品用香料编码表

4.1 天然食品用香料编码表

见表1。

表1 天然食品用香料编码表

编码	中文名称	英文名称	JECFA	FEMA	CAS号
N001	丁香叶油	clove leaf oil (*Eugenia* spp.)	—	2325	8000-34-8 8015-97-2
N002	丁香花蕾酊(提取物)	clove bud tincture(extract)(*Eugenia* spp.)	—	2322	84961-50-2 8000-34-8
N003	丁香花蕾油	clove bud oil (*Eugenia* spp.)	—	2323	8000-34-8 84691-50-2
N004	罗勒油	basil oil (*Ocimum basilicum* L.)	—	2119	8015-73-4 84775-71-3
N005	八角茴香油	anise star oil, star anise oil (*Illicum verum* Hook, F.)	—	2096	8007-70-3 84650-59-9
N006	九里香浸膏	common jasminorange concrete (*Murraya paniculata*)	—	—	—
N007	广藿香油	patchouli oil (*Pogostemon cablin*)	—	2838	8014-9-3 84238-39-1
N008	万寿菊油	tagetes oil (*Tagetes* spp.)	—	3040	8016-84-091 770-75-1
N009	大茴香脑	*trans*-anethole anise camphor	—	2086	4180-23-8
N010	小豆蔻油	cardamom oil (cardamom seed oil)	—	2241	8000-66-6 85940-32-5
N011	小豆蔻酊	cardamom tincture (*Elettaria cardamomum*)	—	2240	85940-32-5
N012	小茴香酊	fennel tincture (*Foeniculum vulgare* Mill.)	—	—	8006-84-6 93685-73-5
N013	山苍籽油	*Litsea cubeba* berry oil	—	3846	68855-99-2 90063-59-5
N014	山楂酊	hawthorn fruit tincture (*Crataegus* spp.)	—	—	—
N015	大蒜油	garlic oil (*Allium sativum* L.)	—	2503	8000-78-0 8008-99-9
N016	大蒜油树脂	garlic oleoresin (*Allium sativum* L.) garlic and its derivatives	—	FDA 184.1317	8000-78-0
N017	天然康酿克油	cognac oil, green	—	2331	8016-21-5
N018	天然薄荷脑	*l*-menthol, natural	427	2665	2216-51-5
N019	云木香油	costus root oil (*Saussures lappa* Clanke)	—	2336	8023-88-9 90106-55-1
N020	月桂叶油	bay, sweet, oil (*Laurus nobilis* L.)	—	2125	8007-48-5 84603-73-6
N021	乌梅酊	wumei tincture (*Prunus mume*)	—	—	—
N022	布枯叶油	buchu leaves oil (*Barosma* spp.)	—	2169	68650-46-4 84649-93-4

表 1（续）

编码	中文名称	英文名称	JECFA	FEMA	CAS 号
N023	可可酊	cocoa tincture（*Theobroma cacao* Linn.）	—	—	84649-99-0
N024	可可壳酊	cocoa husk tincture（*Theobroma cacao* Linn.）	—	—	—
N025	甘松油	Chinese nardostachys' oil spikenard（*Nardostachys chinensis* Batal.）	—	—	—
N026	甘草酊	licorice tincture（*Glycyrrhiza* spp.）	—	—	97676-23-8
N027	甘草流浸膏	licorice extract（*Glycyrrhiza* spp.）	—	2628	97676-23-8 84775-66-6
N028	冬青油	wintergreen oil（*Gaultheria procumbens* L.）	—	3113	90045-28-6 90045-28-6
N029	白兰花油	*Michelia alba* flower oil	—	3950	92457-18-6
N030	白兰叶油	*Michelia alba* leaf oil	—	3950	92457-18-6
N031	白兰净油	*Michelia alba* flower absolute	—	—	—
N032	白兰浸膏	*Michelia alba* flower concrete	—	—	—
N033	白芷酊	*Angelica dahurica* tincture	—	—	—
N034	白柠檬油	lime oil [*Citrus aurantifolia* (Christman) Swingle]	—	2631	8008-26-2 90063-52-8
N035	白柠檬萜烯	lime oil terpene	—	—	68917-71-5
N036	生姜油树脂	ginger oleoresin（*Zingiber officinale* Rosc.）	—	2523	84696-15-1 8002-60-6
N037	肉豆蔻油	nutmeg oil（*Myristica fragrans* Houtt.）	—	2793	8008-45-5 84082-68-8
N038	肉豆蔻酊	nutmeg tincture（*Myristica fragrans* Houtt.）	—	—	84082-68-8
N039	中国肉桂油	cassia oil（*Cinnamomum cassia* Blume)	—	2258	8007-80-5 84961-46-6
N040	中国肉桂皮酊（提取物）	cassia bark tincture (extract)(*Cinnamomum cassia* Blume)	—	2257	84961-46-6
N041	红茶酊	black tea tincture（*Camellia sinensis*）	—	—	—
N042	印蒿油	davana oil（*Artemisia pallens* wall.）	—	2359	8016-3-3 91844-86-9
N043	吐鲁酊(提取物)	tolu balsam tincture（extract）(*Myroxylon* spp.）	—	3069	9000-64-0
N044	吐鲁香膏	tolu balsam gum (*Myroxylon* spp.）	—	3070	9000-64-0
N045	豆豉酊	soya bean fermented tincture	—	—	—
N046	杜松籽油（又名刺柏子油）	juniper berry oil（*Juniperus communis* L.）	—	2604	8002-68-4 84603-69-0
N047	芫荽籽油	coriander oil（*Coriandrum sativum* L.）	—	2334	8008-52-4 84775-50-8
N048	芹菜花油	celery flower oil（*Apium graveolens* L.）	—	—	—

表 1（续）

编　码	中　文　名　称	英　文　名　称	JECFA	FEMA	CAS 号
N049	芹菜籽油	celery seed oil（*Apium graveolens* L.）	—	2271	8015-90-5 89997-35-3
N050	牡荆叶油	*Vitex cannabifolia* leaf oil	—	—	—
N051	圆柚油	grapefruit oil, expressed（*Citrus paradisi* Mact.）	—	2530	8016-20-4 90045-43-5
N052	苍术脂（苍术硬脂，苍术油）	atractylodes oil（*Atractylodes lancea*）	—	—	—
N053	枣子酊	Chinese date（common jujube）tincture（*Ziziphus jujuba* Mill.）	—	—	—
N054	玫瑰花油	rose oil（*Rosa* spp.）	—	2989	8007-01-0 90106-38-0
N055	玫瑰净油	rose absolute（*Rosa* spp.）	—	2988	8007-01-0 84604-12-6
N056	玫瑰浸膏	rose concrete（*Rose* spp.）	—	—	8007-01-0
N057	鸢尾浸膏	orris root concrete（*Iris florentina* L.）	—	2829	8002-73-1
N058	鸢尾脂（又名鸢尾凝脂）	orris root extract（*Iris florentina* L.）	—	2830	8002-73-1
N059	杭白菊油	chrysanthemum Hang Zhou flower oil（*Dendranthema morifolium* 或 *Chrysanthemum morifolium*）	—	—	—
N060	杭白菊浸膏（又名杭菊花流浸膏）	chrysanthemum Hang Zhou flower extract（*Dendranthema morifolium* 或 *Chrysanthemum morifolium*）	—	—	—
N061	枫槭油	maple oil（*Acer saccharum* L.）	—	—	—
N062	枫槭浸膏	maple extract（*Acer saccharum* L.）	—	—	—
N063	岩蔷薇浸膏（又名赖百当浸膏）	labdanum extract（*Cistus ladaniferus*）	—	2610	8016-26-0 84775-64-4
N064	咖啡酊	coffee tincture（*Coffee* spp.）	—	—	84650-00-0
N065	罗汉果酊	luohanfruit tincture［*Siraitia grosvenorii*（Swingle）C. Jeffrey］	—	—	—
N066	金合欢浸膏	cassie concrete（*Acacia farnesiana* Willd.）	—	—	—
N067	依兰依兰油	ylang ylang oil（*Cananga odorata* Hook. f. and Thomas）	—	3119	8006-81-3 93686-30-7
N068	大花茉莉净油	*Jasminum grandiflorum* absolute	—	2598	8022-96-6
N069	大花茉莉浸膏	*Jasminum grandiflorum* concrete（*Jasminum gradiflorum* L.）	—	2599	8022-96-6
N070	小花茉莉净油	*Jasminum sambac* absolute	—	—	—
N071	小花茉莉浸膏	*Jasminum sambac* concrete	—	—	—
N072	佛手油	sarcodactylis oil（*Citrus medicus* L. var. *Sarcodactylus* Swingle）	—	3899	85085-28-5

表 1（续）

编 码	中 文 名 称	英 文 名 称	JECFA	FEMA	CAS 号
N073	独活酊	angelica root tincture (extract) (*Angelica archangelica* L.)	—	2087	84775-41-7
N074	洋葱油	onion oil(*Allium cepa* L.)	—	2817	8002-72-0 8054-39-5
N075	姜油(生姜油)	ginger oil (*Zingiber officinale* Rosc.)	—	2522	8007-8-7 84696-15-1
N076	姜黄油	turmeric oil (*Curcuma longa* L.)	—	3085	8024-37-1 84775-52-0
N077	姜黄油树脂	turmeric oleoresin (*Curcuma longa* L.)	—	3087	84775-52-0
N078	姜黄浸膏	turmeric extract (*Curcuma longa* L.)	—	3086	8024-37-1
N079	胡芦巴酊	fenugreek tincture (extract)(*Trigonella foenum graecum* L.)	—	2485	84625-40-1
N080	玳玳花油	daidai flower oil (*Citrus aurantium* var. *amara* Engl.)	—	—	—
N081	玳玳花浸膏	daidai flower concrete (*Citrus aurantium* var. *amara* Engl.)	—	—	—
N082	玳玳果油	daidai fruit oil (*Citrus aurantium* var. *amara* Engl.)	—	—	—
N083	柚皮油	pummelo peel oil [*Citrus grandis* (L.)Osbeck]	—	—	—
N084	柏木油(又名北美香柏)	cedar leaf oil (*Thuja occidentalis* L.)	—	2267	8007-20-3 90131-58-1
N085	枯茗籽油(又名孜然油)	cumin seed oil (*Cuminum cyminum* L.)	—	2343	8014-13-9 84775-51-9
N086	柠檬油	lemon oil [*Citrus limon* (L.) Burm. f.]	—	2625	84929-31-7
N087	无萜柠檬油	lemon oil, terpeneless [*Citrus limon*(L.)Burm. f.]	—	2626	68648-39-5
N088	柠檬油萜烯	terpenes of lemon oil	—	—	68917-33-9
N089	柠檬叶油	petitgrain lemon oil[*Citrus limon* (L.)Burm. f.]	—	2853	8008-56-8 84929-31-7
N090	柠檬草油	lemongrass oil (*Cymbopogon citratus* DC. and *C. flexuosus*)	—	2624	8007-2-1 89998-14-1
N091	栀子花浸膏	gardenia flower concrete (*Gardenia jasminoides* Ells)	—	—	—
N092	树兰油	*Aglaia odorata* flower oil	—	—	—
N093	树兰花酊	*Aglaia odorata* flower tincture	—	—	—
N094	树兰花浸膏	*Aglaia odorata* flower concrete	—	—	—
N095	树苔净油	treemoss absolute (*Evernia furfuraceae*)	—	—	68648-41-9
N096	树苔浸膏	treemoss concrete (*Evernia furfuraceae*)	—	—	68648-41-9

表 1（续）

编码	中文名称	英文名称	JECFA	FEMA	CAS 号
N097	香叶油（又名玫瑰香叶油）	geranium oil (geranium, rose, oil) (*Pelargonium graveolens* L'Her)	—	2508	8000-46-2 90082-51-2
N098	除萜香叶油	geranium oil terpeneless	—	2508	8000-46-2 90082-51-2
N099	香风茶油	Xiang Feng cha oil (*Rabdosia* spp.)	—	—	—
N100	香芹醇	carveol, natural	381	2247	99-48-9 2102-59-2
N101	香柠檬油	bergamot oil (*Citrus aurantium* L. subsp. *bergamia*)	—	2153	8007-75-8 89957-91-5
N102	香根油	vertiver oil (*Vetiveria zizanioides* Nash.)	—	—	8016-96-4 84238-29-9
N103	香根浸膏	vertiver concrete (*Vetiveria zizanioides* Nash.)	—	—	—
N104	香荚兰豆酊	vanilla bean tincture (*Vanilla* spp.)	—	—	8024-6-4 84650-63-5
N105	香荚兰豆浸膏	vanilla bean concrete (extract) (*Vanilla* spp.)	—	3105	8024-6-4 84650-63-5
N106	香附子油	cyperus oil(*Cupressus sempervirens*)	—	—	—
N107	香葱油	chives oil (*Allium schoenoprasum*)	—	—	—
N108	香紫苏油	clary sage oil (*Salvia sclarea* L.)	—	2321	8016-63-5 84775-83-7
N109	香榧子壳浸膏	*Torreya grandis* shell concrete	—	—	—
N110	桔子油	mandarin oil (*Citrus reticulata blanco*)	—	2657	8008-31-9
N111	除萜桔子油	mandarin oil, terpeneless	—	—	68917-20-4
N112	酒花酊	hops tincture (extract) (*Humulus lupulus* L.)	—	2578	8060-28-4
N113	酒花浸膏	hops extract, solid (*Humulus lupulus* L.)	—	2579	8060-28-4
N114	桉叶油（又名蓝桉油）	eucalyptus oil (*Eucalyptus globulus* Labille)	—	2466	8000-48-4 84625-32-1
N115	海狸酊	castoreum tincture (extract) (*Castor* spp.)	—	2261	8023-83-4
N116	斯里兰卡桂皮油	cinnamon bark oil (Srilsnka) (*Cinnamomum* spp.)	—	2291	8015-91-6 84649-98-9
N117	斯里兰卡桂叶油	cinnamon leaf oil (Srilsnka) (*Cinnamomum* spp.)	—	2292	8007-80-5 8015-91-6
N118	桂花净油	*Osmanthus fragrans* flower absolute (*Osmanthus fragrans* Lour)	—	3750	68917-05-5
N119	桂花酊	*Osmanthus fragrans* flower tincture	—	—	68917-05-5
N120	桂花浸膏	*Osmanthus fragrans* flower concrete	—	—	68917-05-5

表 1（续）

编 码	中 文 名 称	英 文 名 称	JECFA	FEMA	CAS 号
N121	桂圆酊	longan fruit tincture (*Dimocarpus longan*)	—	—	—
N122	留兰香油	spearmint oil (*Mentha spicate*)	—	3032	8008-79-5 84696-51-5
N123	核桃壳浸膏	walnut hull extract (*Juglans* spp.)	—	3111	84012-43-1 8024-9-7
N124	素方花净油	common white jasmine flower absolute (*Jasminum jasminunm officinale* L.)	—	—	—
N125	桦焦油	birch sweet oil (*Betula lenta* L.)	—	2154	68917-50-0 85251-66-7
N126	蚕豆花酊	broad bean flower tincture (*Vicia faba* Linn.)	—	—	—
N127	绿茶酊	green tea tincture (*Thea sinensis* 或 *Camellia sinensis*)	—	—	—
N128	野玫瑰浸膏	wild rose concrete (*Rosa multiflora*)	—	—	—
N129	甜小茴香油	fennel oil, sweet (*Foeniculum vulgare* Mill. var. *dulce* D. C.)	—	2483	8006-84-6 84455-29-8
N130	甜叶菊油	*Stevia rebaudiana* oil	—	—	—
N131	甜橙油	orange oil [*Citrus sinensis* (L.) Osbeck]	—	2821	68606-94-0
N132	除萜甜橙油	orange oil, terpeneless [*Citrus sinensis* (L.) Osbeck]	—	2822	8008-57-9 8028-48-6
N133	甜橙油萜烯	terpenes of orange oil	—	—	8028-48-6
N134	菊苣浸膏	chicory concrete (extract) (*Cichorium intybus* L.)	—	2280	68650-43-1
N135	晚香玉浸膏	tuberose concrete (*Polianthes tuberosa*)	—	3084	8024-5-3
N136	紫罗兰浸膏	violet leaf concrete (*Viola odorata*)	—	3110	8024-8-6
N137	椒样薄荷油	peppermint oil (*Mentha piperita* L.)	—	2848	8006-90-4 98306-02-6
N138	黑加仑酊	black currant tincture (*Ribes nigrum* L.)	—	2346	97676-19-2 68606-81-5
N139	黑加仑浸膏	black currant concrete (*Ribes nigrum* L.)	—	2346	97676-19-2 68606-81-5
N140	槐树花净油	*Sophora japonica* flower absolute	—	—	—
N141	槐树花浸膏	*Sophora japonica* flower concrete	—	—	—
N142	辣椒酊	capsicum tincture (extract) (*Capsicum* spp.)	—	2233	8023-77-6
N143	辣椒油树脂(又名灯笼辣椒油树脂)	paprika oleoresin (*Capsicum annuum* L.)	—	2834	84625-29-6
N144	愈创木油	guaiac wood oil (*Bulnesia sarmienti* Lor.)	—	2534	8016-23-7 89958-10-1

表 1（续）

编　码	中　文　名　称	英　文　名　称	JECFA	FEMA	CAS 号
N145	缬草油	valerian root oil (*Valeriana officinalis* L.)	—	3100	8008-88-6 97927-02-1
N146	墨红花净油	*Rose crimson glory* flower absolute	—	—	—
N147	墨红花浸膏	*Rose crimson glory* flower concrete	—	—	—
N148	橡苔浸膏	oakmoss concrete (*Evernia prunastri*)	—	—	9000-50-4 90028-68-5
N149	橙叶油	petitgrain bigarade oil (*Citrus aurantium* L.)	—	2855	8014-17-3 72968-50-4
N150	亚洲薄荷油	*Mentha arvensis* oil	—	4219	68917-18-0 90063-97-1
N151	亚洲薄荷素油	*Mentha arvensis* oil, partially dementholized	—	—	—
N152	檀香油	sandalwood oil (*Santalum album* L.)	—	3005	8006-87-9 84787-70-2
N153	薰衣草油	lavender oil (*Lavandula angustifolia*)	—	2622	8000-28-0 84776-65-8
N154	头状百里香油	origanum oil (*Thymus capitatus*)	—	2828	8007-11-2 90131-59-2
N155	可乐果提取物	kolas nut extract (*Cola acuminate* Schott et Endl.)	—	2607	89997-82-0
N156	加州胡椒油	schinus molle oil (*Schinus molle* L.)	—	3018	68917-52-2 94335-31-3
N157	卡黎皮油	cascarilla bark oil (*Croton* spp.)	—	2255	8007-6-5 84836-99-7
N158	百里香油	thyme oil (*Thymus vulgarisor zigis* L.)	—	3064	8007-46-3 84929-51-1
N159	奶油发酵起子蒸馏物（黄油蒸馏物）	butter starters distillate	—	2173	91745-88-9
N160	卡南伽油	cananga oil (*Cananga odorata* Hook. F. and Thoms)	—	2232	68606-83-7 93686-30-7
N161	月桂叶净油	laurel leaves extract/oleoresin (*Laurus nobilis* L.)	—	2613	84603-73-6
N162	生姜提取物（生姜浸膏）	ginger extract (ginger concrete) (*Zingiber officinale*)	—	2521	84696-15-1 8007-8-2
N163	白栎木屑提取物	oak chips extract (*Quercus alba* L.)	—	2794	68917-11-3 97676-29-4
N164	龙蒿油	estragon oil (*Artemisia dracunculus* L.)	—	2412	8016-88-4 90131-45-6
N165	白樟油	camphor oil, white [*Cinnamomum Camphora* (L.) Presl]	—	2231	8008-51-3 91745-89-0
N166	肉豆蔻衣油	mace oil (*Myristica fragrans* Houtt.)	—	2653	8007-12-3 84082-68-8
N167	众香叶油	pimento leaf oil (*Pimenta officinalis* Lindl.)	—	2901	8006-77-7 84929-57-7
N168	西班牙鼠尾草油	sage oil, Spanish (*Salvia lavandulaefolia* Vahl.)	—	3003	8016-65-7 90106-49-3

表 1（续）

编 码	中 文 名 称	英 文 名 称	JECFA	FEMA	CAS 号
N169	红桔油	tangerine, oil (*Citrus reticulata blanco*)	—	3041	8008-31-9
N170	杂薰衣草油	lavandin oil (*Lavandula hydrida*)	—	2618	8022-15-9 91722-69-9
N171	杏仁油	apricot kernel oil (*Prunus armeniaca* L.)	—	2105	72869-69-3
N172	苏合香油	styrax oil (*Liquidambar* spp.)	—	—	8046-19-3 9000-5-9
N173	苏合香提取物	styrax extract (*Liquidambar* spp.)	—	3037	—
N174	长角豆油	locust bean oil (*Certonia siliqua* L.)	—	—	—
N175	角豆提取物	carob bean extract (*Ceratonia siliqua* L.)	—	2243	9000-40-2 84961-45-5
N176	皂树皮提取物	quillaia (*Quillaja saponaria* Molina)	—	2973	68990-67-0
N177	乳香油	olibanum oil (*Boswellia* spp.)	—	2816	8016-36-2 8050-7-5
N178	没药油	myrrh oil (*Commiphora* spp.)	—	2766	8016-37-3 9000-45-7
N179	良姜根提取物	galangal root extract (*Alpinia* spp.)	—	2499	8024-40-6
N180	苏格兰松油	pine oil, scotch (*Pinus sylvestris* L.)	—	2906	8023-99-2 84012-35-1
N181	小茴香油（普通小茴香油）	fennel oil (common) (*Foeniculum vulgare* Mill.)	—	2481	84625-39-8
N182	苦杏仁油	almond oil, bitter (*Prunus amygdalus*)	—	2046	8013-76-1 90320-35-7
N183	阿魏油	asafoetida oil (*Ferula asafoetida* L.)	—	2108	9000-4-8
N184	金合欢净油	cassie absolute [*Acacia farnesiana* (L.) Willd.]	—	2260	8023-82-3 89958-31-6
N185	欧芹叶油	parsley leaf oil (*Petroselinum* Crispum.)	—	2836	8000-68-8 84012-33-9
N186	松针油	pine needle oil (*Abies* spp.)	—	2905	8021-29-2 91697-89-1
N187	波罗尼花净油	boronia absolute (*Boronia megastigma* Nees)	—	2167	91771-36-7
N188	玫瑰木油	bois de rose oil (*Aniba rosaeodora* Ducke)	—	2156	8015-77-8 83863-32-5
N189	玫瑰草油	palmarosa oil [*Cymbopogon martini* (Roxb.) stapf]	—	2831	8014-19-5 84649-81-0
N190	香茅油	citronella oil (*Cymbopogon nardus* Rendle)	—	2308	8000-29-1 89998-15-2
N191	迷迭香油	rosemary oil (*Rosemarinus officinalis* L.)	—	2992	8000-25-7 84604-14-8
N192	香脂冷杉油	balsam fir oil [*Abies balsamea* (L.) Mill.]	—	2114	8016-42-0
N193	香脂冷杉油树脂	balsam fir oleoresin [*Abies balsamea* (L.) Mill.]	—	2115	8016-42-0

表 1（续）

编 码	中 文 名 称	英 文 名 称	JECFA	FEMA	CAS 号
N194	胡萝卜籽油	carrot seed oil (*Daucus carota* L.)	—	2244	8015-88-1 84929-61-3
N195	春黄菊花油(罗马)	chamomile flower oil (Roman) (*Anthemis nobilis* L.)	—	2275	8015-92-7 84649-86-5
N196	春黄菊净油(提取物)(罗马)	chamomile flower absolute(extract) (Roman) (*Anthemis nobilis* L.)	—	2274	8015-92-7
N197	药鼠李提取物	cascara extract (*Rhamnus purshiana* DC.)	—	2253	8007-6-5
N198	荜澄茄油	cubeb oil (*Piper cubeba* L. f.)	—	2339	8007-87-2 90082-59-0
N199	胡薄荷油(又名唇萼薄荷油)	pennyroyal oil (*Mentha pulegium* L.)	—	2839	8013-99-8 90064-00-9
N200	圆叶当归油(又名欧当归油)	lovage oil (*Levisticum officinale* Koch.)	—	2651	8016-31-7 84837-06-9
N201	夏至草提取物	horehound extract (*Marrubium vulgare* L.)	—	2581	84696-20-8
N202	莫哈弗丝兰提取物	yucca mohave extract (*Yucca* spp.)	—	3121	90147-57-2
N203	海草(藻)提取物	kelp (*Laminaria and Kereocystis* spp.)	—	2606	92128-82-0
N204	海索草油	hyssop oil (*Hyssopus officinalis* L.)	—	2591	8006-83-5 84603-66-7
N205	莳萝草油(又名莳萝油)	dill herb oil (*Anethum graveolens* L.)	—	2383	8006-75-5 90028-03-8
N206	秘鲁香脂	balsam peru (*Myroxylon pereirae* Klotzsch)	—	2116	8007-00-9
N207	格蓬油	galbanum oil (*Ferula galbaniflua* L.)	—	2501	8023-91-4 9000-24-2
N208	脂檀油	amyris oil (*Amyris balsamifera* L.)	—	—	8015-65-4
N209	银白金合欢净油(又名含羞草净油)	mimosa absolute (*Acacia decurrens* Will. Var. *dealbata*)	—	2755	8031-3-6 93685-96-2
N210	接骨木花净油	elder flower absolute (*Sambucus canadensis* L. and *S. nigra* L.)	—	—	68916-55-2
N211	甘牛至油	marjoram oil, sweet [*Majorana hortensis* Moench (*Origanum majorana* L.)]	—	2663	8015-1-8 84082-58-6
N212	黄龙胆根提取物	gentian root extract (*Gentiana lutea* L.)	—	2506	72968-42-4
N213	黄葵籽油	ambrette seed oil (*Hibiscus abelmoschus* L.)	—	2051	8015-62-184 455-19-6
N214	野黑樱桃树皮提取物	cherry bark, wild, extract (*Prunus serotina* Ehrh.)	—	2276	84604-07-9
N215	黑胡椒油	pepper oil, black (*Piper nigrum* L.)	—	2845	8006-82-4 84929-41-9
N216	葛缕籽油	caraway seed oil (*Carum carvi* L.)	—	2238	8000-42-8 85940-31-4

表 1（续）

编 码	中 文 名 称	英 文 名 称	JECFA	FEMA	CAS 号
N217	榄香香树脂	elemi resinoid (*Canarium* ssp.)	—	2407	8023-89-0 9000-75-3
N218	蜡菊提取物	immortelle extract (*Helichrysum angustifolium* DC.)	—	2592	8023-95-8 90045-56-0
N219	蜜蜂花油	balm oil (*Melissa officinalis* L.)	—	2113	8014-71-9
N220	*d*-樟脑	*d*-camphor	1395	2230	464-49-3 76-22-2
N221	橙花净油	orange flower absolute (*Citrus aurantium* L. subsp. *amara*)	—	2818	8016-38-4 72968-50-4
N222	橙苷(柚皮甙提取物)	naringin extract (*Citrus paradisi* Macf.)	—	2769	14259-46-2
N223	穗薰衣草油	spike lavender oil (*Lavandula latifolia* L.)	—	3033	8016-78-2
N224	鹰爪豆净油	genet absolute (*Spartium junceum* L.)	—	2504	8023-80-1
N225	玳玳果皮油	daidai peel oil (*Citrus aurantium* L. sub. *cyathifera* Y.)	—	3823	—
N226	甜橙油(橙皮压榨法)	orange oil, sweet cold pressed [*Citrus sinensis*(L.)Osbeck]	—	2825	8028-48-6 8008-57-9
N227	小米辣椒油树脂	bush red pepper oleoresin (*Capsicum frutescens* L.)	—	2234	8023-77-6 84603-55-4
N228	丁香茎油	clove stem oil (*Eugenia* spp.)	—	2328	8000-34-8 84691-50-2
N229	大茴香油(又名茴芹油)	anise oil (*Pimpinella anisum* L.)	—	2094	84775-42-8
N230	*l*-天冬酰胺	*l*-asparagine	—	—	70-47-3
N231	巴拉圭茶净油/提取物	mate absolute/extract (*Ilex paraguariensis* St. Hil.)	—	—	68916-96-1
N232	白山核桃树皮提取物	hickory bark extract (*Carya* spp.)	—	2577	91723-46-5
N233	瓜拉纳提取物	guarana extract (*Paullinia cupana* HBK)	—	2536	—
N234	甘草根	licorice root (*Glycyrrhiza glabra* L.)	—	2630	68916-91-6
N235	白百里香油	thyme oil, white (*Thymus zygis* L.)	—	3065	8007-46-3
N236	白胡椒油	pepper oil, white (*Piper nigrum* L.)	—	2851	8006-82-4
N237	白胡椒油树脂	pepper oleoresin, white (*Piper nigrum* L.)	—	2852	84929-41-9
N238	白康酿克油	cognac oil, white	—	2332	8016-21-5
N239	白脱酯	butter esters	—	2172	97926-23-3
N240	白脱酸	butter acids	—	2171	91745-88-9
N241	众香果油	pimenta oil, pimento oil, allspice oil (*Pimenta officinalis*)	—	2018	8006-77-7 84929-57-7

表 1（续）

编码	中文名称	英文名称	JECFA	FEMA	CAS 号
N242	安息香树脂	benzoin resinoid（*Styrax tonkinensis* Pierre）	—	2133	9000-5-9
N243	当归籽油	angelica seed oil（*Angelica archangelica* L.）	—	2090	8015-64-3 84775-41-7
N244	当归根油	angelica root oil（*Angelica archangelica* L.）	—	2088	8015-64-3 84775-41-7
N245	肉豆蔻衣油树脂/提取物	mace oleoresin/extract（*Myristica fragrans* Houtt）	—	2654	8007-12-3
N246	西印度月桂叶提取物	bay leaves，west Indian，extract（*Pimenta acris* Kostel）	—	2121	91721-75-4
N247	西印度月桂叶油	bay leaves，west Indian，oil（*Pimenta acris* Kostel）	—	2122	91721-75-4
N248	*l*-阿戊糖	*l*-arabinose	—	3255	5328-37-0
N249	阿拉伯胶	arabic gum	—	2001	9000-1-5
N250	欧当归提取物（又名圆叶当归提取物）	lovage extract（*Levisticum officinde* Koch）	—	2650	8016-31-7
N251	欧芹油树脂	parsley oleoresin（*Petroselium* spp.）	—	2837	8000-68-8 84012-33-9
N252	油酸	oleic acid	333	2815	112-80-1
N253	苦木提取物	quassia extract［*Picrasma excelsa*（sw.）planch. *Quassia amara* L.］	—	2971	68915-32-2
N254	苦橙叶净油	orange leaf absolute（*Citrus aurantium* L.）	—	2820	8016-38-4 72968-50-4
N255	苦橙油	orange oil，bitter（*Citrus aurantium* L.）	—	2823	68916-04-1 72968-50-4
N256	金鸡纳树皮	cinchona bark（yellow）（*Cinchona* spp.）	—	2283	89997-71-7
N257	金钮扣油树脂	jambu oleoresin（*Spilanthes acmelia* Oleracea）	—	3783	90131-24-1
N258	奎宁盐酸盐	quinine hydrochloride	—	2976	130-89-2
N259	枯茗油	cumin oil（*Cuminum cyminum* L.）	—	2340	8014-13-9
N260	洋葱油树脂	onion oleoresin（*Allium cepa* L.）	—	—	—
N261	茶树油	tea tree oil（*Melaleuca alternifolia*）	—	3902	68647-73-4 85085-48-9
N262	除萜白柠檬油	lime oil terpeneless（*Citrus aurantifolia* Swingle）	—	2632	68916-84-7
N263	除萜甜橙皮油	orange peel oil，sweet，terpeneless（*Citrus sinensis* L. Osbeck）	—	2826	68606-94-0 94266-47-4
N264	莳萝籽	dill seed，Indian（*Anethum* spp.）	—	2384	8006-75-5
N265	黄芥末提取物/黄芥末油树脂	mustard extract/oleoresin，yellow（*Brassica* spp.）	—	—	—
N266	棕芥末提取物	mustard extract，brown（*Brassica* spp.）	—	—	8007-40-7

表 1（续）

编码	中文名称	英文名称	JECFA	FEMA	CAS 号
N267	焦木酸	pyroligneous acid	—	2967	8030-97-5
N268	紫苏油	perilla leaf oil, shiso oil (*Perilla frutescens*)	—	4013	68132-21-8 90082-61-4
N269	葡萄柚油萜烯	grapefruit oil terpenes (*Citrus paradisi* Macf)	—	—	—
N270	黑胡椒油树脂/黑胡椒油提取物	pepper oleoresin/extract black (*Piper nigrum* L.)	—	2846	84929-41-9
N271	榄香油/提取物/香树脂	elemi oil/extract/resinoid (*Canarium cimmune or Iuzonicum* Miq)	—	2408	8023-89-0 9000-75-3
N272	蜂蜡净油	beeswax absolute (*Apis mellifera* L.)	—	2126	8012-89-3
N273	赖百当净油（又名岩蔷薇净油）	labdanum absolute (*Cistus* spp.)	—	2608	8016-26-0
N274	鼠尾草油	sage oil (*Salvia officinalis* L.)	—	3001	8022-56-8
N275	蜡菊净油	helichrysum absolute (*Helichrysum augustifolium*)	—	—	8023-95-8
N276	糖蜜提取物	molasses extract	—	—	—
N277	檀香醇(α,β)	santalol, α and β	984	3006	11031-45-1
N278	山达草流浸膏	yerba santa fluid extract[*Eriodictyon californicum* (Hook and Arn) Torr]	—	3118	—
N279	苜蓿提取物	alfalfa extract (*Medicago sativa* L.)	—	2013	84082-36-0
N280	众香子	allspice (*Pimenta officinalis* Lind L.)	—	2017	8006-77-7 84929-57-7
N281	众香子油树脂/提取物	allspice oleoresin/extract (*Pimenta officinalis* Lind L.)	—	2019	8006-77-7
N282	黄葵籽净油	ambrette seed absolute (*Hibiscus abelmoschus* L.)	—	2050	8015-62-1
N283	秘鲁香膏油	balsam oil, Peru (*Myroxylon pereirae* Klotzsch)	—	2117	8007-00-9
N284	罗勒提取物	basil extract(*Ocimum basilicum* L.)	—	2120	8015-73-4 84775-71-3
N285	芹菜籽提取物(固体)	celery seed extract solid (*Apium graveolens* L.)	—	2269	89997-35-3
N286	芹菜籽(CO_2)提取物	celery seed (CO_2) extract (*Apium graveolens* L.)	—	2270	89997-35-3
N287	母菊油（又名匈牙利春黄菊油）	chamomile flower oil (Hungarian) (*Matricaria chamomilla* L.)	—	2273	8022-66-2 84082-60-0
N288	黄色金鸡纳树皮提取物	cinchona bark extract (yellow) (*Cinchona* spp.)	—	2284	68990-12-5
N289	丁香花蕾油树脂	clove bud oleoresin (*Eugenia* spp.)	—	2324	84961-50-2 8000-34-8
N290	红三叶草提取物(固体)	clover tops red extract solid (*Trifolium pratense* L.)	—	2326	85085-25-2

表 1（续）

编码	中文名称	英文名称	JECFA	FEMA	CAS 号
N291	蒲公英流浸膏	dandelion fluid extract(*Taraxacum* spp.)	—	2357	68990-74-9
N292	蒲公英根固体提取物	dandelion root solid extract (*Taraxacum* spp.)	—	2358	68990-74-9
N293	加拿大飞蓬草油	fleabane oil(*Erigeron canadensis*)	—	2409	8007-27-0
N294	穗花槭提取物(固体)	mountain maple extract solid (*Acer spicatum* Lam.)	—	2757	91770-23-9
N295	芸香油	rue oil (*Ruta graveolens* L.)	—	2995	8014-29-7 84929-47-5
N296	鼠尾草油树脂/提取物	sage oleoresin/extract (*Salvia officinalis* L.)	—	3002	8022-56-8 97952-71-1
N297	菝葜提取物	sarsaparilla extract (*Smilax* spp.)	—	3009	91770-66-0
N298	水蒸气蒸馏松节油	turpentine, steam-distilled(*Pinus* spp.)	—	3089	8006-64-2
N299	缬草根提取物	valerian root extract(*Valeriana officinalis* L.)	—	3099	97927-02-1
N300	香荚兰油树脂	vanilla oleoresin (*Vanilla fragrans*)	—	3106	8024-6-4 84650-63-5
N301	紫罗兰叶净油	violet leaves absolute (*Viola odorata* L.)	—	3110	8024-8-6
N302	洋艾油	wormwood oil (*Artemisia absinthium* L.)	—	3116	8008-93-3 84929-19-1
N303	玫瑰茄	roselle (*Hibiscus sabdariffa* L.)	—	—	84775-96-2
N304	桔柚油(克里曼丁红桔和葡萄柚杂交种)	tangelo oil	—	—	72869-73-9
N305	晚香玉净油	tuberose absolute (*Polianthes tuberosa* L.)	—	—	8024-5-3
N306	美国栗树叶提取物	chestnut leaves extract [*Castanea dentata* (Marsh.)Borkh.]	—	—	—
N307	古巴香脂油	copaiba oil (south American spp. of *Copaifera*)	—	—	8013-97-6
N308	达迷草叶	damiana leaves (*Turnera diffusa* Willd.)	—	—	84696-52-6
N309	匈牙利春黄菊(母菊)花净油	chamomile flower absolute (Hungarian) (*Matricaria chamomilla* L.)	—	—	—
N310	接骨木花提取物	elder flowers extract (*Sambucus canadensis* L. and *S. nigra* L.)	—	—	—
N311	防风根油(没药油)	opoponax oil (*Commiphorn* ssp.)	—	—	8021-36-1 9000-78-6
N312	藏红花提取物	saffron extract (*Crocus sativus* L.)	—	2999	84604-17-1
N313	香叶提取物	geranium extract (*Pelargonlium* spp.)	—	—	8000-46-2
N314	胡芦巴油树脂	fenugreek oleoresin (*Trigonella foenum-graecum* L.)	—	2486	84625-40-1
N315	柠檬提取物	lemon extract [*Citrus limon* (L.) Burm. f.]	—	2623	84929-31-7

表 1（续）

编 码	中 文 名 称	英 文 名 称	JECFA	FEMA	CAS 号
N316	德国鸢尾树脂	orris resinoid (*Iris germanical* L.)	—	—	—
N317	罗望子提取物(浸膏)	tamarind extract (*Tamarindus indica* L.)	—	—	—
N318	辣根油	horseradish oil (*Armoracia lapathifolia* Gilib)	—	—	84775-62-2
N319	胡芦巴籽浸膏	fenugreek seed extract (*Trigonella foenum-graecum* L.)	—	2485	84625-40-1
N320	芹菜叶油	celery leaf oil (*Apium graveolens* L.)	—	—	73049-53-3
N321	柏木油萜烯	cedarwood oil terpenes	—	—	68608-32-2
N322	肉豆蔻油树脂	nutmeg oleoresin (*Myristica fragrans* Houtt)	—	—	84082-68-8
N323	八角茴香	anise star (*Illicum verum* Hook. F.)	—	2095	8007-70-3
N324	芫荽油	coriander oil(*Coriandrum sativum* L.)	—	2334	8008-52-4 84775-50-8
N325	胡芦巴	fenugreek (*Trigonella foenum-graecum* L.)	—	2484	68990-15-8
N326	韭葱油	leek oil (*Allium porrum*)	—	—	84650-15-7
N327	甜橙皮提取物	orange peel extract, sweet[*Citrus sinensis*(L.)Osbeck]	—	2824	8028-48-6
N328	牛至油	*Origanum vulgare* oil	—	2660	84012-24-8
N329	香橙皮油	*Citrus junos* peel oil	—	2318	94266-47-4
N330	海藻净油	*Algues* absolute	—	—	84696-13-9
N331	西班牙牛至油树脂	origanum oleoresin (*Thymus capitatus*)	—	2828	8007-11-2
N332	甘草酸胺	glycyrrhizin, ammoniated (*Glycyrrhiza* spp.)	—	2528	53956-04-0
N333	冬香草油	savory winter oil (*Satureja montana* L.)	—	3016	8016-68-0
N334	安息香	styrax (*Liquidambar* spp.)	—	3036	8046-19-3
N335	阿魏液态提取物(流浸膏)	asafoetida fluid extract (*Ferula assafoetida* L.)	—	2106	9000-04-8
N336	桃树叶净油	peach tree leaf absolute (*Prunus persica* L. Batsch)	—	—	84012-34-0
N337	白藓牛至	Dittany of crete (*Origanum dictamnus* L.)	—	2399	89998-27-6
N338	酒花油	hops oil (*Humulus lupulus* L.)	—	2580	8007-04-3
N339	赖百当油	labdanum oil (*Cistus ladaniferus*)	—	2609	8016-26-0
N340	熏衣草净油	lavender absolute (*Lavandula angustidolia*)	—	2620	8000-28-0
N341	没药树脂提取物	opoponax extract resinoid (*Commiphora* ssp.)	—	—	8021-36-1 9000-78-6

表 1（续）

编　码	中　文　名　称	英　文　名　称	JECFA	FEMA	CAS 号
N342	花椒提取物	ash bark, prickly, extract (*Xanthoxylum* spp.)	—	2110	—
N343	蓖麻油	castor oil (*Ricinus* communis)	—	2263	8001-79-4
N344	儿茶粉	catechu powder (*Acacia catechu* Willd.)	—	2265	8001-76-1
N345	苦艾	wormwood(*Artemisia absinthium* L.)	—	3114	8008-93-3
N346	苦橙花油	neroli bigarade oil (*Citrus aurantium* L.)	—	2771	8016-38-4
N347	达瓦树胶	ghatti gum (*Anogeissus latifolia* Wall.)	—	2519	9000-28-6

4.2 天然等同食品用香料编码表

见表 2。

表 2 天然等同食品用香料编码表

编　码	中　文　名　称	英　文　名　称	JECFA	FEMA	CAS 号
I1001	丙二醇 甲基乙二醇 1,2-丙二醇 1,2-二羟基丙烷	propylene glycol methyl glycol 1,2-propanediol 1,2-dihydroxypropane	925	2940	57-55-6
I1002	丙三醇 1,2,3-丙三醇 三羟基丙烷 甘油	glycerol 1,2,3-propanetriol trihydroxypropane glycerine	909	2525	56-81-5
I1003	异丙醇 二甲基原醇 2-丙醇	isopropyl alcohol dimethylcarbinol 2-propanol propyl(iso)alcohol propanol(iso) petrohol *sec*-propyl alcohol	277	2929	67-63-0
I1004	丁醇 正丁醇 1-丁醇 丙基原醇	butyl alcohol 1-butanol propyl carbinol	85	2178	71-36-3
I1005	异丁醇 丁(异)醇 丁醇（异） 异丙基原醇 2-甲基-1-丙醇	isobutyl alcohol butyl(iso)alcohol butanol(iso) propyl(iso)carbinol 2-methyl-1-propanol isopropyl carbinol	251	2179	78-83-1
I1006	戊醇 1-戊醇 正丁基原醇	amyl alcohol 1-pentanol *n*-butyl carbinol	88	2056	71-41-0

表 2（续）

编　码	中 文 名 称	英 文 名 称	JECFA	FEMA	CAS 号
I1007	2-戊醇 甲基正丙基原醇 丙基甲基原醇 α-甲基丁醇 仲戊醇	2-pentanol methyl *n*-propyl carbinol propyl methyl carbinol α-methylbutanol *sec*-amyl alcohol	280	3316	6032-29-7
I1008	异戊醇 异丁基原醇 3-甲基-1-丁醇	isoamyl alcohol isobutyl carbinol butyl(iso)carbinol amyl(iso)alcohol 3-methyl-1-butanol pentyl(iso) alcohol isopentyl alcohol	52	2057	123-51-3
I1009	1-戊烯-3-醇 乙烯基乙基原醇 乙基乙烯基原醇	1-penten-3-ol vinyl ethyl carbinol ethyl vinyl carbinol	1150	3584	616-25-1
I1010	己醇 正己醇 1-己醇	hexyl alcohol 1-hexanol caproic alcohol	91	2567	111-27-3
I1011	2-己烯-1-醇 3-丙基烯丙醇 反式-2-己烯-1-醇	2-hexen-1-ol 3-propylallyl alcohol *trans*-2-hexen-1-ol	1354	2562	2305-21-7
I1012	4-己烯-1-醇	4-hexen-1-ol	318	3430	6126-50-7
I1013	庚醇 正庚醇 1-庚醇 羟基庚烷 C-7 醇 伯庚醇 己基原醇	heptyl alcohol 1-heptanol hydroxyheptane enanthyl alcohol enanthic alcohol alcohol C-7 *pri*-heptyl alcohol hexyl carbinol	94	2548	111-70-6
I1014	辛醇 正辛醇 1-辛醇 庚基原醇 C-8 醇 伯辛醇	octyl alcohol 1-octanol heptyl carbinol caprylic alcohol capryl alcohol alcohol C-8 *pri*-octyl alcohol	97	2800	111-87-5
I1015	2-辛醇 仲辛醇 甲基己基原醇	2-octanol octyl alcohol secondary methyl hexyl carbinol capryl alcohol secondary hexyl methyl carbinol *sec*-capryl alcohol *sec*-caprylic alcohol *sec*-octyl alcohol	289	2801	123-96-6

表 2（续）

编　码	中　文　名　称	英　文　名　称	JECFA	FEMA	CAS 号
I1016	1-辛烯-3-醇 戊基乙烯基原醇 3-辛烯醇	1-octen-3-ol amyl vinyl carbinol 3-octenol pentyl vinyl carbinol	1152	2805	3391-86-4
I1017	顺式-5-辛烯-1-醇 (*Z*)-5-辛烯-1-醇	*cis*-5-octen-1-ol (*Z*)-5-octen-1-ol	322	3722	64275-73-6
I1018	壬醇 正壬醇 1-壬醇 C-9 醇 辛基原醇	nonyl alcohol 1-nonanol nonalol alcohol C-9 octyl carbinol pelargonic alcohol	100	2789	143-08-8
I1019	顺式-6-壬烯-1-醇 顺式-6-壬烯醇	*cis*-6-nonen-1-ol *cis*-6-nonenol	324	3465	35854-86-5
I1020	反式-2-壬烯-1-醇	*trans*-2-nonen-1-ol	1365	3379	31502-14-4
I1021	2,6-壬二烯-1-醇 反式-2-顺式-6-壬二烯-1-醇	2,6-nonadien-1-ol *trans*-2-*cis*-6-nonadien-1-ol	1184	2780	7786-44-9
I1022	癸醇 正癸醇 1-癸醇 C-10 醇 壬基原醇	*n*-decyl alcohol 1-decanol alcohol C-10 nonyl carbinol decylic alcohol	103	2365	112-30-1
I1023	十一醇 1-十一醇 C-11 醇 癸基原醇	undecyl alcohol 1-undecanol alcohol C-11 undecylic decyl carbinol 1-hendecanol	106	3097	112-42-5
I1024	十二醇 月桂醇 C-12 醇 1-十二醇 十一烷基原醇	dodecyl alcohol lauryl alcohol alcohol C-12 1-dodecanol undecyl carbinol	109	2617	112-53-8
I1025	1-十六醇 鲸蜡醇 C-16 醇 棕榈醇	1-hexadecanol cetyl alcohol alcohol C-16 palmityl alcohol	114	2554	36653-82-4

表 2（续）

编　码	中　文　名　称	英　文　名　称	JECFA	FEMA	CAS 号
I1026	小茴香醇 葑醇 2-小茴香醇 1,3,3-三甲基-2-降冰片 1,3,3-三甲基双环[2,2,1]庚-2-醇	fenchyl alcohol fenchol 2-fenchanol 1,3,3-trimethyl-2-norbornanol 1,3,3-trimethylbicyclo[2,2,1]heptan-2-ol	1397	2480	1632-73-1
I1027	叶醇 顺式-3-己烯-1-醇	leaf alcohol *cis*-3-hexen-1-ol blatteralkohol	315	2563	928-96-1
I1028	龙脑 *d*-莰烷醇 2-羟基莰烷 2-莰烷醇 冰片 1,7,7-三甲基双环[2,2,1]庚-2-醇	borneol baros camphor *d*-camphanol 2-hydroxycamphane 2-camphanol bornyl alcohol borneo camphor camphol endo-2-camphanol endo-2-bornanol 2-bornanol endo-2-hydroxycamphane 2-hydroxybornane 1,7,7-trimethylbicyclo[2,2,1]heptan-2-ol	1385	2157	507-70-0
I1029	杂醇油(精制过)	fusel oil,refined	—	2497	8013-75-0
I1030	芳樟醇 3,7-二甲基-1,6-辛二烯-3-醇 芫荽醇 2,6-二甲基-2,7-辛二烯-6-醇	linalool 3,7-dimethyl-1,6-octadien-3-ol linalol 2,6-dimethyl-2,7-octadien-6-ol	356	2635	78-70-6
I1031	氧化芳樟醇	linalool oxide	1454	3746	5989-33-3
I1032	异胡薄荷醇 对- -8-烯-3-醇 1-甲基-4-异丙烯基环己-3-醇 对-8(9)- 烯-3-醇	isopulegol pulegol(iso) *p*-menth-8-en-3-ol 1-methyl-4-isopropenylcyclohexan-3-ol *p*-8(9)-menthen-3-ol	755	2962	89-79-2

表 2（续）

编　码	中　文　名　称	英　文　名　称	JECFA	FEMA	CAS 号
I1033	苏合香醇 α-甲基苄醇 甲基苯基原醇 α-苯乙醇 1-苯乙醇 1-苯基乙烷-1-醇 1-苯基-1-羟基乙烷	styralyl alcohol α-methylbenzyl alcohol methyl phenyl carbinol α-phenylethyl alcohol 1-phenylethanol 1-phenylethan-1-ol 1-phenyl-1-hydroxyethane	799	2685	98-85-1
I1034	苯甲醇 苄醇 α-羟基甲苯	benzyl alcohol phenyl carbinol α-hydroxytoluene phenylmethanol phenylmethyl alcohol	25	2137	100-51-6
I1035	苯乙醇 2-苯乙醇 β-苯乙醇 苄基原醇 苄基甲醇 1-苯基-2-乙醇	phenethyl alcohol 2-phenylethyl alcohol β-phenylethyl alcohol benzyl carbinol benzylmethanol 1-phenyl-2-ethanol	987	2858	60-12-8
I1036	苯丙醇 3-苯基-1-丙醇 氢化肉桂醇 苄基乙醇 二氢肉桂醇	phenylpropyl alcohol 3-phenyl-1-propanol hydrocinnamyl alcohol benzylethyl alcohol dihydrocinnamyl alcohol	636	2885	122-97-4
I1037	玫瑰醇 3，7-二甲基-7-辛烯-1-醇	rhodinol 3,7-dimethyl-7-octen-1-ol	1222	2980	6812-78-8
I1038	α-松油醇 对-　-1-烯-8-醇 1-甲基-4-异丙基-1-环己烯-8-醇 1-对　烯-8-醇	α-terpineol p-menth-1-en-8-ol 1-methyl-4-isopropyl-1-cyclohexen-8-ol 1-p-menthen-8-ol terpineol schlechthin 1-methyl-4-propyl(iso)-1-cyclohex-en-8-ol	366	3045	98-55-5
I1039	金合欢醇 3,7,11-三甲基-2,6,10-十二碳三烯-1-醇	farnesol 3,7,11-trimethyl-2,6,10-dodeca-trien-1-ol	1230	2478	4602-84-0
I1040	香叶醇 反式-3,7-二甲基-2,6-辛二烯-1-醇 2,6-二甲基-2,6-辛二烯-8-醇	geraniol *trans*-3，7-dimethyl-2，6-octadien-1-ol 2,6-dimethyl-2,6-octadien-8-ol	1223	2507	106-24-1

表 2（续）

编　码	中　文　名　称	英　文　名　称	JECFA	FEMA	CAS 号
I1041	*dl*-香茅醇 3，7-二甲基-6-辛烯-1-醇	*dl*-citronellol 3,7-dimethyl-6-octen-1-ol	1219	2309	106-22-9
I1042	茴香醇 对-甲氧基苄醇	anisyl alcohol *p*-methoxybenzyl alcohol anisic alcohol benzyl alcohol，*p*-methoxy anisalcohol anise alcohol	871	2099	105-13-5
I1043	肉桂醇 γ-苯基烯丙醇 苯乙烯原醇 3-苯基-2-丙烯-1-醇 桂醇	cinnamyl alcohol cinnamic alcohol γ-phenylallyl alcohol 3-phenyl-2-propen-1-ol styrtyl carbinol zimtalcohol	647	2294	104-54-1
I1044	α-紫罗兰醇 4-(2,6,6-三甲基-2-环己烯)-3-丁烯-2-醇	α-ionol 4-(2，6，6-trimethyl-2-cyclohexenyl)-3-buten-2-ol	391	3624	25312-34-9
I1045	β-紫罗兰醇 4-(2,6,6-三甲基-1-环己烯)-3-丁烯-2-醇	β-ionol 4-(2，6，6-trimethyl-1-cyclohexenyl)-3-buten-2-ol	392	3625	22029-76-1
I1046	二氢-β-紫罗兰醇 β-二氢紫罗兰醇 4-(2,6,6-三甲基-1-环己烯)丁-2-醇	dihydro-β-ionol β-dihydroionol 4-(2，6，6-trimethyl-1-cyclohexenyl)butan-2-ol	395	3627	3293-47-8
I1047	橙花醇 顺式-3,7-二甲基-2,6-辛二烯-1-醇 顺式-2,6-二甲基-2,6-辛二烯-8-醇	nerol nerosol *cis*-3,7-dimethyl-2,6-octadien-1-ol allerol *cis*-2,6-dimethyl-2,6-octadien-8-ol nerogenol nerodol nerolol neraniol	1224	2770	106-25-2
I1048	橙花叔醇 3,7,11-三甲基-1,6,10-十二碳三烯-3-醇 甲基乙烯基高香叶基原醇	nerolidol 3,7,11-trimethyl-1,6,10-dodecatrien-3-ol peruviol methylvinyl homogeranyl carbinol melaleucol	—	2772	7212-44-4

表 2（续）

编码	中文名称	英文名称	JECFA	FEMA	CAS号
I1049	二甲基苄基原醇 α,α-二甲基苯乙醇 2-苄基-2-丙醇 2-羟基-2-甲基-1-苯丙烷 2-甲基-1-苯基-2-丙醇 苄基二甲基原醇	dimethyl benzyl carbinol α,α-dimethylphenethyl alcohol 2-benzyl-2-propanol 2-hydroxy-2-methyl-1-phenylpropane 2-methyl-1-phenyl-2-propanol benzyl dimethyl carbinol α,α-dimethylphenethanol	—	2393	100-86-7
I1050	丙醇 1-丙醇 乙基原醇	propyl alcohol 1-propanol propylic alcohol optal albacol ethyl carbinol	82	2928	71-23-8
I1051	3-己醇 乙基丙基原醇	3-hexanol ethyl propyl carbinol	282	3351	623-37-0
I1052	1-己烯-3-醇 乙烯基丙基原醇 1-乙烯基丁-1-醇	1-hexen-3-ol vinyl propyl carbinol 1-vinylbutan-1-ol	1151	3608	4798-44-1
I1053	2-乙基-1-己醇	2-ethyl-1-hexanol	267	3151	104-76-7
I1054	2-庚醇 2-羟基庚烷 戊基甲基原醇 仲-庚醇	2-heptanol 2-hydroxyheptane amyl methyl carbinol *sec*-heptyl alcohol	284	3288	543-49-7
I1055	3-辛醇 乙基正-戊基原醇 戊基乙基原醇	3-octanol ethyl *n*-amyl carbinol amyl ethyl carbinol	291	3581	589-98-0
I1056	顺式-3-辛烯-1-醇 顺式-3-辛烯醇	*cis*-3-octen-1-ol *cis*-3-octenol	321	3467	20125-84-2
I1057	2-十一醇 仲-十一醇 甲基壬基原醇	2-undecanol *sec*-undecylic alcohol methyl nonyl carbinol	297	3246	1653-30-1
I1058	对,α-二甲基苄醇 对-甲苯基甲基原醇 1-对-甲苯基-1-乙醇 4-(α-羟乙基)甲苯	*p*,α-dimethylbenzyl alcohol *p*-tolyl methyl carbinol 1-*p*-tolyl-1-ethanol 4-(α-hydroxyethyl) toluene	805	3139	536-50-5
I1059	对异丙基苄醇 枯茗醇 对-异丙基苯甲醇	*p*-isopropylbenzyl alcohol *p*-iso-propylbenzyl alcohol cuminol cuminic alcohol cumin alcohol *p*-cymen-7-ol cuminyl alcohol	864	2933	536-60-7

表 2（续）

编　码	中　文　名　称	英　文　名　称	JECFA	FEMA	CAS 号
I1060	对,α,α-三甲基苄醇 二甲基对-甲苯基原醇 2-对-甲苯基-2-丙醇 2-(4-甲苯基)-2-丙醇 8-羟基对-异丙基甲苯	*p*,α,α-trimethylbenzyl alcohol dimethyl *p*-tolyl carbinol *p*-cymen-8-ol 2-*p*-tolyl-2-propanol 2-(4-methylphenyl)-2-propanol 8-hydroxy *p*-cymene	—	3242	1197-01-9
I1061	乙位-石竹烯醇 β-石竹烯醇	β-caryophyllene alcohol	—	—	472-97-9
I1062	龙蒿脑 对-烯丙基茴香醚 甲基黑椒酚 对-甲氧基烯丙苯 异大茴香脑 1-甲氧基-4-(2-丙烯基)苯	estragole *p*-allylanisole methyl chavicol estragol chavicyl methyl ether *p*-methoxyallylbenzene isoanethole 1-methoxy-4-(2-propenyl)benzene	—	2411	140-67-0
I1063	四氢香叶醇 3,7-二甲基-1-辛醇 二氢香茅醇	tetrahydrogeraniol 3,7-dimethyl-1-octanol dihydrocitronellol	272	2391	106-21-8
I1064	二氢香芹醇 8-对- 烯-2-醇 6-甲基-3-异丙烯基环己醇	dihydrocarveol 8-*p*-menthen-2-ol 6-methyl-3-isopropenyl cyclohexanol	378	2379	619-01-2
I1065	1-对- 烯-4-醇 4-松油烯醇 1-甲基-4-异丙基-1-环己烯-4-醇 香芹 烯醇 香芹薄荷烯醇	1-*p*-menthen-4-ol 4-terpinenol 1-methyl-4-isopropyl-1-cyclohexene-4-ol 4-carvomenthenol origanol terpineol	439	2248	562-74-3
I1066	紫苏醇 对- -1,8-二烯-7-醇 1-羟基甲基-4-异丙烯-1-环己烯 二氢枯茗醇 氢化枯茗醇 二烯-7-原醇 4-异丙烯基-1-环己烯原醇 异-香芹醇	perilla alcohol *p*-mentha-1,8-dien-7-ol 1-hydroxymethyl-4-isopropenyl-1-cyclohexene dihydrocuminic alcohol menthadien-7-carbinol 4-isopropenyl-1-cyclohexene carbinol iso-carveol perillyl alcohol	974	2664	536-59-4
I1067	*dl*-薄荷脑	*dl*-menthol	427	2665	15356-70-4
I1068	3-(*l*-薄荷氧基)-2-甲基-1,2-丙二醇	3-(*l*-menthoxy)-2-methylpropane-1,2-diol	1411	3849	195863-84-4

表 2（续）

编码	中文名称	英文名称	JECFA	FEMA	CAS 号
I1069	3,5,5-三甲基环己醇	3,5,5-trimethylcyclohexanol	1099	3962	116-02-9
I1070	顺式-2-壬烯-1-醇	*cis*-2-nonen-1-ol	1369	3720	41453-56-9
I1071	反式,反式-2,4-癸二烯-1-醇	*E*,*E*-2,4-decadien-1-ol (*trans*,*trans*-2,4-decadien-1-ol)	1189	3911	18409-21-7
I1072	(*E*)-2-辛烯-4-醇 丁基丙烯基原醇	(*E*)-2-octen-4-ol butyl propenyl carbinol	1141	3888	4798-61-2
I1073	对-　-3-烯-1-醇 1-甲基-4-异丙基-3-环己烯-1-醇	*p*-menth-3-en-1-ol 1-methyl-4-isopropyl-3-cyclohexen-1-ol terpinen-1-ol	373	3563	586-82-3
I1074	对-　-1,8(10)二烯-9-醇	menthadienol *p*-mentha-1,8(10)-dien-9-ol	—	—	3269-90-7
I1075	柏木烯醇 8-柏木烯-13-醇	cedrenol 8-cedren-13-ol	—	—	28231-03-0
I1076	脱氢芳樟醇 反式-3,7-二甲基-1,5,7-辛三烯-3-醇	dehydrolinalool (*E*)-3,7-dimethyl-1,5,7-octatrien-3-ol	1154	3830	20053-88-7
I1077	*d*-木糖	*d*-xylose	—	3606	58-86-6
I1078	*d*-核糖	*d*-ribose	—	3793	50-69-1
I1079	*l*-鼠李糖 6-脱氧-*l*-甘露糖	*l*-rhamnose 6-deoxy-*l*-mannose	—	3730	3615-41-6
I1080	二苯醚	diphenyl ether diphenyl oxide phenyl ether	1255	3667	101-84-8
I1081	对甲酚甲醚 对-甲基大茴香醚 4-甲氧基甲苯 对-甲氧基甲苯	*p*-cresyl methyl ether *p*-methylanisole 4-methoxytoluene *p*-methoxytoluene methyl *p*-tolyl ether 1-methyl-*p*-cresol	1243	2681	104-93-8
I1082	异丁香酚甲醚 4-丙烯基藜芦醚 甲基异丁香酚 1,2-二甲氧基-4-(1-丙烯-1-基)苯 3,4-二甲氧基-1-(1-丙烯-1-基)苯	isoeugenyl methyl ether 4-propenylveratrole methyl isoeugenol iso-eugenyl methyl ether isoeugenol methyl ether 1,2-dimethoxy-4-(1-propen-1-yl) benzene 3,4-dimethoxy-1-(1-propen-1-yl) benzene	1266	2476	93-16-3
I1083	甲基苯乙醚 苯乙基甲基醚	methyl phenethyl ether phenethyl methyl ether	1254	3198	3558-60-9

表 2（续）

编　码	中　文　名　称	英　文　名　称	JECFA	FEMA	CAS 号
I1084	朗姆醚	rum ether ethyl oxyhydrate	—	2996	8030-89-5
I1085	仲丁基乙醚 乙基仲-丁基醚	*sec*-butyl ethyl ether ethyl *sec*-butyl ether	1231	3131	2679-87-0
I1086	乙基苄基醚 苄基乙醚	ethyl benzyl ether benzyl ethyl ether	1252	2144	539-30-0
I1087	大茴香醚 甲氧基苯 甲基苯基醚 苯基甲基醚	anisole methoxybenzene methyl phenyl ether phenyl methyl ether benzene,methoxy	1241	2097	100-66-3
I1088	邻位甲基大茴香醚 2-甲氧基甲苯 甲基邻-甲苯基醚 邻-甲酚甲醚 邻-甲氧基甲苯	*o*-methylanisole 2-methoxytoluene methyl *o*-tolyl ether *o*-cresyl methyl ether *o*-methoxytoluene	1242	2680	578-58-5
I1089	橙花醚 3,6-二氢-4-甲基-2-(2-甲基丙烯基)-2(*H*)吡喃	nerol oxide 3,6-dihydro-4-methyl-2-(2-methyl propen-1-yl)-2(*H*)pyran	1235	3661	1786-08-9
I1090	2,4-二甲基大茴香醚 1,3-二甲基-4-甲氧基苯	2,4-dimethylanisole 1,3-dimethyl-4-methoxybenzene	1245	3828	6738-23-4
I1091	香兰基乙醚 4-(乙氧甲基)-2-甲氧基苯酚	vanillyl ethyl ether 4-(ethoxymethyl)-2-methoxyphenol	887	3815	13184-86-6
I1101	丁香酚 4-烯丙基愈创木酚 4-烯丙基-2-甲氧基苯酚 4-羟基-3-甲氧基-1-烯丙苯 丁香酸 2-甲氧基-4-(2-丙烯-1-基)苯酚 1-羟基-2-甲氧基-4-(2-丙烯基)苯 4-烯丙基儿茶酚-2-甲醚 2-甲氧基-4-烯丙基苯酚	eugenol 4-allylguaiacol 4-allyl-2-methoxyphenol 4-hydroxy-3-methoxy-1-allylbenzene eugenic acid 2-methoxy-4-(2-propen-1-yl) phenol 1-hydroxy-2-methoxy-4-(2-propenyl) benzene 4-allylcatechol-2-methyl ether 2-methoxy-4-allylphenol	1245	2467	6738-23-4

表 2（续）

编　码	中　文　名　称	英　文　名　称	JECFA	FEMA	CAS 号
I1102	异丁香酚 2-甲氧基-4-丙烯基苯酚 4-丙烯基愈创木酚 4-羟基-3-甲氧基-1-丙烯-1-基苯 1-羟基-2-甲氧基-4-丙烯-1-基苯 3-甲氧基-4-羟基-1-丙烯-1-基苯	isoeugenol 2-methoxy-4-propenylphenol iso-eugenol 4-propenylguaiacol 4-hydroxy-3-methoxy-1-propen-1-ylbenzene 1-hydroxy-2-methoxy-4-propen-1-ylbenzene 3-methoxy-4-hydroxy-1-propen-1-ylbenzene	1260	2468	97-54-1
I1103	甲基丁香酚 丁香酚甲醚 4-烯丙基藜芦醚 1,2-二甲氧基-4-烯丙基苯 4-烯丙基-1,2-二甲氧基苯 1,2-二甲氧基-4-(2-丙烯-1-基)苯 邻-甲基丁香酚 甲基丁香酚醚 3,4-二甲氧基烯丙苯	methyl eugenol eugenyl methyl ether 4-allylveratrole 1,2-dimethoxy-4-allylbenzene 4-allyl-1,2-dimethoxybenzene 1,2-dimethoxy-4-(2-propen-1-yl)-benzene *o*-methyl eugenol methyl eugenol ether eugenol methyl ether 3,4-dimethoxyallylbenzene	—	2475	93-15-2
I1104	对甲酚 4-甲酚 1-甲基-4-羟基苯 1-羟基-4-甲基苯 对-羟基甲苯	*p*-cresol 4-cresol 1-methyl-4-hydroxybenzene 1-hydroxy-4-methylbenzene *p*-hydroxytoluene *p*-cresylic acid *p*-methylphenol	693	2337	106-44-5
I1105	邻甲酚 邻甲基苯酚 邻-羟基甲苯 2-羟基-1-甲基苯 1-羟基-2-甲基苯	*o*-cresol *o*-methylphenol *o*-hydroxytoluene 2-hydroxy-1-methylbenzene 1-hydroxy-2-methylbenzene *o*-cresylic acid	691	3480	95-48-7
I1106	间甲酚 1-甲基-3-羟基苯 3-羟基甲苯 3-甲基苯酚 1-羟基-3-甲基苯 间-甲基苯酚	*m*-cresol 1-methyl-3-hydroxybenzene 3-hydroxytoluene 3-methylphenol 1-hydroxy-3-methylbenzene *m*-cresylic acid *m*-methylphenol	692	3530	108-39-4

表 2（续）

编　码	中　文　名　称	英　文　名　称	JECFA	FEMA	CAS 号
I1107	百里香酚 麝香草酚 5-甲基-2-异丙基苯酚 2-异丙基-5-甲基苯酚 1-甲基-3-羟基-4-异丙基苯 3-甲基-6-异丙基苯酚 6-异丙基-间-甲酚 5-甲基-2-(1-甲基乙基)苯酚 3-羟基-对-异丙基甲苯	thymol thyme camphor 5-methyl-2-isopropylphenol 2-isopropyl-5-methylphenol 1-methyl-3-hydroxy-4-isopropyl-benzene α-cymophenol 3-methyl-6-isopropylphenol 6-isopropyl-*m*-cresol 5-methyl-2-(1-methylethyl)phenol 3-hydroxy-*p*-cymene	709	3066	89-83-8
I1108	麦芽酚 3-羟基-2-甲基(4*H*)吡喃-4-酮 3-羟基-2-甲基-γ-吡喃酮 落叶松酸 3-羟基-2-甲基-4-吡喃酮 2-甲基焦炔糠酸	maltol 3-hydroxy-2-methyl (4*H*) pyran-4-one 3-hydroxy-2-methyl-γ-pyrone palatone larixinic acid corps praline 3-hydroxy-2-methyl-4-pyrone 2-methylpyromeconic acid	1480	2656	118-71-8
I1109	苯酚 羟基苯 石炭酸	phenol hydroxybenzene carbolic acid	690	3223	108-95-2
I1110	2-甲氧基-4-甲基苯酚 4-甲基愈创木酚 4-羟基-3-甲氧基-1-甲基苯 2-甲氧基-对-甲酚 3-甲氧基-4-羟基甲苯 高儿茶酚单甲醚 1-羟基-2-甲氧基-4-甲基苯	2-methoxy-4-methylphenol 4-methylguaiacol 4-hydroxy-3-methoxy-1-methyl-benzene 2-methoxy-*p*-cresol 3-methoxy-4-hydroxytoluene homocatechol monomethyl ether 1-hydroxy-2-methoxy-4-methyl-benzene valspice	715	2671	93-51-6
I1111	对-乙基苯酚 4-羟基乙苯	*p*-ethylphenol 4-hydroxyethylbenzene	694	3156	123-07-9
I1112	2-甲氧基-4-乙烯基苯酚 4-羟基-3-甲氧基苯乙烯 对-乙烯基愈创木酚 对-乙烯基儿茶酚-邻-甲醚	2-methoxy-4-vinylphenol 4-hydroxy-3-methoxystyrene *p*-vinylguaiacol *p*-vinylcatechol-*o*-methyl ether	725	2675	7786-61-0

表 2（续）

编　码	中　文　名　称	英　文　名　称	JECFA	FEMA	CAS 号
I1113	对-二甲氧基苯 对苯二酚二甲醚 二甲基氢醌 1,4-二甲氧基苯	*p*-dimethoxybenzene hydroquinone dimethyl ether dimethyl hydroquinone 1,4-dimethoxybenzene	1250	2386	150-78-7
I1114	愈创木酚 邻-羟基大茴香醚 甲基儿茶酚 邻甲氧基苯酚 1-羟基-2-甲氧基苯 焦儿茶酚单甲醚 邻-甲基儿茶酚	guaiacol *o*-hydroxyanisole methylcatechol *o*-methoxyphenol 1-hydroxy-2-methoxybenzene pyrocatechol monomethyl ether *o*-methylcatechol	713	2532	90-05-1
I1115	4-乙基愈创木酚 4-乙基-2-甲氧基苯酚 2-甲氧基-4-乙基苯酚 1-羟基-2-甲氧基-4-乙基苯	4-ethylguaiacol 4-ethyl-2-methoxyphenol 2-methoxy-4-ethylphenol 1-hydroxy-2-methoxy-4-ethyl-benzene homocreosol	716	2436	2785-89-9
I1116	苯甲醛丙二醇缩醛 4-甲基-2-苯基-间-二氧戊环 4-甲基-2-苯基-1,3-二氧戊环	benzaldehyde propylene glycol acetal 4-methyl-2-phenyl-*m*-dioxolane 4-methyl-2-phenyl-1,3-dioxolane	839	2130	2568-25-4
I1117	2-异丙基苯酚 邻-枯茗醇 1-羟基-2-异丙基苯 邻-异丙基苯酚	2-isopropylphenol *o*-cumenol 1-hydroxy-2-isopropylbenzene *o*-isopropylphenol	697	3461	88-69-7
I1118	2,6-二甲基苯酚 2-羟基-1,3-二甲基苯	2,6-xylenol 2,6-dimethylphenol 2-hydroxy-1,3-dimethylbenzene	707	3249	576-26-1
I1119	2,6-二甲氧基苯酚 2-羟基-1,3-二甲氧基苯 焦棓酚二甲醚	2,6-dimethoxyphenol 2-hydroxy-1,3-dimethoxybenzene syringol pyrogallol dimethyl ether	721	3137	91-10-1
I1120	间苯二酚 间-二羟基苯 1,3-苯二醇	resorcinol *m*-dihydroxybenzene 1,3-benzenediol	712	3589	108-46-3

表 2（续）

编　码	中　文　名　称	英　文　名　称	JECFA	FEMA	CAS 号
I1121	香芹酚 2-甲基-5-异丙基苯酚 2-羟基-对-异丙基甲苯 异百里香酚 异麝香草酚 异丙基邻甲酚 对-异丙基甲苯-2-酚	carvacrol 2-methyl-5-isopropylphenol 2-hydroxy-*p*-cymene 2-*p*-cymenol cymophenol thymol(iso) propyl iso *o*-cresol isothymol isopropyl-*o*-cresol *p*-cymene-2-ol	710	2245	499-75-2
I1122	2-甲氧基-4-丙基苯酚 二氢丁香酚	2-methoxy-4-propylphenol dihydroeugenol	717	3598	2785-87-7
I1123	2,5-二甲基苯酚	2,5-xylenol 2,5-dimethylphenol	706	3595	95-87-4
I1124	对乙烯基苯酚	*p*-vinylphenol	711	3739	2628-17-3
I1131	乙醛	acetaldehyde ethanal acetic aldehyde	80	2003	75-07-0
I1132	乙醛二乙缩醛 1,1-二乙氧基乙烷	acetal acetaldehyde diethyl acetal ethylidine diethyl ether diethyl acetal 1,1-diethoxyethane	941	2002	105-57-7
I1133	丙醛 甲基乙醛	propionaldehyde propyl aldehyde propanal methylacetaldehyde	83	2923	123-38-6
I1134	3-(2-呋喃基)丙烯醛 3-(2-呋喃基)-2-丙烯-1-醛 2-呋喃丙烯醛	3-(2-furyl)acrolein 3-(2-furyl)-2-propen-1-al 2-furanacrolein furylacrolein (so called)	1497	2494	623-30-3
I1135	丁醛	butyraldehyde butyl aldehyde butanal butyric aldehyde	86	2219	123-72-8
I1136	2-甲基丁醛 甲基乙基乙醛	2-methylbutyraldehyde methyl ethyl acetaldehyde 2-methylbutanal	254	2691	96-17-3
I1137	2-甲基-2-丁烯醛 2-甲基巴豆醛 惕各醛	2-methyl-2-butenal 2-methylcrotonaldehyde tiglaldehyde	1201	3407	497-03-0

表 2（续）

编 码	中 文 名 称	英 文 名 称	JECFA	FEMA	CAS 号
I1138	2-苯基-2-丁烯醛 2-苯基巴豆醛	2-phenyl-2-butenal 2-phenylcrotonaldehyde	1474	3224	4411-89-6
I1139	戊醛	valeraldehyde amyl aldehyde valeric aldehyde valeral pentanal	89	3098	110-62-3
I1140	异戊醛 3-甲基丁醛	isoamyl aldehyde 3-methylbutyraldehyde amyl(iso)aldehyde isovaleric aldehyde isovaleraldehyde isovaleral isopentaldehyde valeric(iso)aldehyde	258	2692	590-86-3
I1141	2-甲基戊醛	2-methylpentanal 2-methylvaleraldehyde	260	3413	123-15-9
I1142	2-戊烯醛 3-乙基-2-丙烯醛	2-pentenal 3-ethyl-2-propenal	1364	3218	764-39-6
I1143	2-甲基-2-戊烯醛 2,4-二甲基巴豆醛 *α*-甲基-*β*-乙基丙烯醛	2-methyl-2-pentenal 2,4-dimethylcrotonaldehyde *α*-methyl-*β*-ethylacrolein	1209	3194	623-36-9
I1144	4-甲基-2-苯基-2-戊烯醛	4-methyl-2-phenyl-2-pentenal	1473	3200	26643-91-4
I1145	2,4-戊二烯醛	2,4-pentadienal	1173	3217	764-40-9
I1146	己醛	hexanal hexoic aldehyde hexaldehyde caproic aldehyde caproaldehyde	92	2557	66-25-1
I1147	2-己烯醛 *β*-丙基丙烯醛 叶醛 反式-2-己烯醛	2-hexenal *β*-propylacrolein leaf aldehyde *trans*-2-hexenal	1353	2560	6728-26-3
I1148	顺式-3-己烯醛	*cis*-3-hexenal	316	2561	6789-80-6
I1149	5-甲基-2-苯基-2-己烯醛 可卡醛	5-methyl-2-phenyl-2-hexenal cocal	1472	3199	21834-92-4
I1150	2-异丙基-5-甲基-2-己烯醛	2-isopropyl-5-methyl-2-hexenal	1215	3406	35158-25-9

表 2（续）

编　码	中　文　名　称	英　文　名　称	JECFA	FEMA	CAS 号
I1151	反式，反式-2，4-己二烯醛 2-丙烯基丙烯醛 山梨醛	*trans*,*trans*-2,4-hexadienal sorbic aldehyde 2-propylene acrolein	1175	3429	142-83-6
I1152	庚醛 C-7 醛	heptanal heptyl aldehyde heptaldehyde enanthaldehyde enanthal aldehyde C-7 oenanthal	95	2540	111-71-7
I1153	4-庚烯醛 正丙叉基丁醛	4-heptenal *n*-propylidenebutyraldehyde	320	3289	6728-31-0
I1154	反式-2-庚烯醛 3-丁基-丙烯醛 *β*-丁基丙烯醛	*trans*-2-heptenal 3-butylacrolein *β*-butylacrolein	1360	3165	18829-55-5
I1155	2,6-二甲基-5-庚烯醛 甜瓜醛 2，6-二甲基-2-庚烯-7-醛	2,6-dimethyl-5-heptenal melonal 2,6-dimethyl-2-hepten-7-al	349	2389	106-72-9
I1156	反式，反式-2，4-庚二烯醛	*trans*,*trans*-2,4-heptadienal	1179	3164	4313-03-5
I1157	辛醛 C-8 醛	octanal caprylic aldehyde caprylaldehyde aldehyde C-8 octylaldehyde	98	2797	124-13-0
I1158	2-辛烯醛 反式-2-辛烯醛	2-octenal *trans*-2-octenal	1363	3215	2363-89-5
I1159	反式，反式-2，4-辛二烯醛 (*E*,*E*)-2,4-辛二烯醛	*trans*,*trans*-2,4-octadienal (*E*,*E*)-2,4-octadienal	1181	3721	30361-28-5
I1160	反式，反式-2，6-辛二烯醛	2-*trans*-6-*trans*-octadienal	1182	3466	56767-18-1
I1161	壬醛 C-9 醛	nonanal pelargonaldehyde aldehyde C-9 pelargonic aldehyde nonanoic aldehyde nonoic aldehyde nonyl aldehyde	101	2782	124-19-6

表 2（续）

编　码	中 文 名 称	英 文 名 称	JECFA	FEMA	CAS 号
I1162	甲基壬乙醛 2-甲基十一醛 C-12 醛 MNA	methylnonylacetaldehyde 2-methylundecanal 2-methylhendecanal aldehyde C-12 MNA	275	2749	110-41-8
I1163	2-壬烯醛 3-己基-2-丙烯醛 3-己基丙烯醛 庚叉基乙醛	2-nonenal 3-hexyl-2-propenal 3-hexylacrolein heptylideneacetaldehyde	1362	3213	2463-53-8
I1164	顺式-6-壬烯醛	*cis*-6-nonenal	325	3580	2277-19-2
I1165	2,4-壬二烯醛 反式-2-反式-4-壬二烯醛	2,4-nonadienal *trans*-2-*trans*-4-nonadienal	1185	3212	6750-03-4
I1166	反式-2-顺式-6-壬二烯醛	nona-2-*trans*-6-*cis*-dienal	1186	3377	557-48-2
I1167	甲酸桃金娘烯酯 2-羟甲基-6,6-二甲基二环[3.1.1]庚烯-2-醇甲酸酯	myrtenyl formate 2-hydroxymethyl-6,6-dimethylbicy-clo-[3.1.1]hept-2-enyl formate	983	3405	72928-52-0
I1168	癸醛 C-10 醛 正癸醛	decanal capraldehyde aldehyde C-10 caprinaldehyde capric aldehyde *n*-decyl aldehyde	104	2362	112-31-2
I1169	2-癸烯醛 癸烯醛 3-庚基丙烯醛	2-decenal decenaldehyde 3-heptylacrolein decylenic aldehyde	1349	2366	3913-71-1
I1170	2,4-癸二烯醛	2,4-decadienal	1190	3135	25152-84-5
I1171	十一醛 正十一醛 C-11 醛	undecanal undecylic aldehyde hendecanal aldehyde C-11 undecyl *n*-undecylaldehyde	107	3092	112-44-7
I1172	2-十一烯醛 2-十一烯-1-醛	2-undecenal 2-undecen-1-al	1366	3423	2463-77-6
I1173	2,4-十一碳二烯醛	2,4-undecadienal	1195	3422	13162-46-4
I1174	月桂醛 十二醛 C-12 醛	lauric aldehyde dodecanal aldehyde C-12 lauric lauraldehyde lauryl aldehyde dodecyl aldehyde	110	2615	112-54-9

表 2（续）

编　码	中　文　名　称	英　文　名　称	JECFA	FEMA	CAS 号
I1175	2-十二碳烯醛 3-壬基丙烯醛	2-dodecenal 3-nonylacrolein	1350	2402	4826-62-4
I1176	反式-2,顺式-6-十二碳二烯醛	2-*trans*-6-*cis*-dodecadienal	1197	3637	21662-13-5
I1177	十四醛 肉豆蔻醛 C-14 醛	tetradecyl aldehyde myristaldehyde tetradecanal aldehyde C-14 (myristic)	112	2763	124-25-4
I1178	桃醛 γ-十一烷内酯 γ-庚基丁内酯 4-羟基十一烷酸，γ 内酯 十四醛(所谓) 1,4-十一内酯 4-正庚基-4-羟基丁酸内酯 十一内酯-1,4 4-羟基十一酸内酯 γ-正庚基-γ-丁内酯 丙位-十一内酯	peach aldehyde γ-undecalactone γ-undecyl lactone γ-heptyl butyrolactone 4-hydroxyundecanoic acid, γ-lactone aldehyde C-14 pure (so called) 1,4-hendecanolide 4-*n*-heptyl-4-hydroxybutanoic acid lactone undecanolide-1,4 4-hydroxyundecanoic acid lactone γ-*n*-heptyl-γ-butyrolactone	233	3091	104-67-6
I1179	大茴香醛 对-甲氧基苯甲醛 对-茴香醛 茴香醛	anisic aldehyde *p*-methoxybenzaldehyde aubepine para cresol (GR) *p*-anisaldehyde	878	2670	123-11-5
I1180	水杨醛 邻-羟基苯甲醛 2-羟基苯甲醛	salicylaldehyde *o*-hydroxybenzaldehyde 2-hydroxybenzaldehyde salicylal	897	3004	90-02-8
I1181	苯甲醛 合成苦杏仁油	benzaldehyde benzenemethylal benzenecarbonal benzoic aldehyde bitter almond oil, synthetic benzene carboxaldehyde	22	2127	100-52-7
I1182	甲基苯甲醛(邻、对、间位混合物) 甲苯甲醛	tolualdehydes(mixed *o*, *m*, *p*) toluic aldehyde(mixed 2,3,4) methylbenzaldehyde(mixed 2,3,4)	866	3068	1334-78-7

表 2（续）

编 码	中 文 名 称	英 文 名 称	JECFA	FEMA	CAS号
I1183	3,4-二甲氧基苯甲醛 藜芦醛 原儿茶醛二甲醚 香兰素甲醚 甲基香兰素	3,4-dimethoxybenzenecarbonal veratraldehyde dimethyl ether rotocatechualdehyde veratric aldehyde vanillin methyl ether methylvanillin 3,4-dimethoxybenzaldehyde protocatechualdehyde dimethyl ether	877	3109	120-14-9
I1184	苯乙醛 α-甲苯甲醛 苯基乙醛 苄基甲醛	phenylacetaldehyde α-toluic aldehyde α-tolualdehyde hyacinthin phenylacetic aldehyde benzylcarboxaldehyde 1-oxo-2-phenylethane	1002	2874	122-78-1
I1185	苯乙醛二甲缩醛 1,1-二甲氧基-2-苯基乙烷	phenylacetaldehyde dimethyl acetal viridine rosal 1,1-dimethoxy-2-phenylethane PADMA vertodor	1003	2876	101-48-4
I1186	苯丙醛 3-苯基丙醛 苄基乙醛 氢化肉桂醛	phenylpropyl aldehyde 3-phenylpropionaldehyde hydrocinnamaldehyde benzylacetaldehyde 3-phenylpropanal	645	2887	104-53-0
I1187	枯茗醛 对-异丙基苯甲醛 4-异丙基苯甲醛 4-(1-甲基乙基)-苯甲醛	cuminaldehyde cuminic aldehyde cuminal cumaldehyde *p*-propyl(iso)benzaldehyde *p*-isopropylbenzaldehyde 4-isopropylbenzene carboxaldehyde 4-(1-methylethyl)-benzaldehyde	868	2341	122-03-2
I1188	香兰素 4-羟基-3-甲氧基苯甲醛 香兰醛 甲基原儿茶醛 原儿茶醛-3-甲醚	vanillin 4-hydroxy-3-methoxybenzaldehyde vanillic aldehyde methylprotocatechuic aldehyde protocatechualdehyde-3-methyl ether vanillaldehyde	889	3107	121-33-5

表 2（续）

编 码	中 文 名 称	英 文 名 称	JECFA	FEMA	CAS 号
I1189	香茅醛 3,7-二甲基-6-辛烯醛 玫瑰醛	citronellal 3,7-dimethyl-6-octenal rhodinal	1220	2307	106-23-0
I1190	柠檬醛 香叶醛 3,7-二甲基-2,6-辛二烯醛 橙花醛	citral geranial 3,7-dimethyl-2,6-octadienal neral	1225	2303	5392-40-5
I1191	洋茉莉醛 胡椒醛 3,4-亚甲基二氧苯甲醛 二氧亚甲基原儿茶醛 原儿茶醛亚甲基醚	heliotropin piperonyl aldehyde piperonal 3,4-methylenedioxybenzaldehyde dioxymethylene protocatechuic aldehyde protocatechualdehyde methylene ether	896	2911	120-57-0
I1192	肉桂醛 桂醛 苯基丙烯醛 3-苯基丙烯醛 3-苯基-2-丙烯-1-醛 β-苯基丙烯醛	cinnamaldehyde phenylacrolein cinnamic aldehyde cinnamal 3-phenylpropenal 3-phenyl-2-propen-1-al β-phenylacrolein	656	2286	104-55-2
I1193	肉桂醛乙二醇缩醛 2-苯乙烯-间-二氧戊环 2-苯乙烯-1,3-二氧戊环 乙二醇缩肉桂醛 乙二醇肉桂缩醛	cinnamaldehyde ethylene glycol acetal cinncloval cinnamic aldehyde ethylene glycol acetal 2-styryl-*m*-dioxolane 2-styry-1,3-dioxolane	648	2287	5660-60-6
I1194	紫苏醛 对- -1,8-二烯-7-醛 4-异丙烯基-1-环己烯-1-甲醛	perillaldehyde *p*-mentha-1,8-dien-7-al 4-isopropenyl-1-cyclohexene-1-carboxaldehyde	973	3557	2111-75-3
I1195	对- -1-烯-9-醛	*p*-menth-1-ene-9-al	971	3178	29548-14-9

表 2（续）

编　码	中　文　名　称	英　文　名　称	JECFA	FEMA	CAS 号
I1196	糠醛 2-糠醛 2-呋喃甲醛 2-甲酰呋喃 α-糠醛	furfural 2-furaldehyde pyromucic aldehyde furfuraldehyde 2-furylcarboxaldehyde fural 2-furancarbonal 2-formylfuran α-furfuraldehyde	450	2489	98-01-1
I1197	5-甲基糠醛 5-甲基-2-糠醛	5-methylfurfural 5-methyl-2-furaldehyde	745	2702	620-02-0
I1198	乙醛二甲缩醛 二甲基缩醛 1,1-二甲氧基乙烷 亚乙基二甲醚	dimethyl acetal 1,1-dimethoxyethane acetaldehyde dimethyl acetal ethylidene dimethyl ether	940	3426	534-15-6
I1199	(2,6,6-三甲基环己-1,3-二烯基)-甲醛 藏红花醛 2,2,6-三甲基-1,3-环己二烯-1-醛 2,2,6-三甲基-4,6-环己二烯-1-醛 脱氢-β-环柠檬醛 1,1,3-三甲基-2-甲酰基-2,4-环己二烯	(2,6,6-trimethylcyclohexa-1,3-dienyl)-methanal 2,2,6-trimethyl-1,3-cyclohexadien-1-carboxaldehyde 2,2,6-trimethyl-4,6-cyclohexadien-1-carboxaldehyde dehydro-β-cyclocitral 1,1,3-trimethyl-2-formylcyclohexa-2,4-diene safranal	977	3389	116-26-7
I1200	异丁醛 α-甲基丙醛	isobutyraldehyde butyraldehyde(iso) butyl (iso)aldehyde 2-methylpropanal isobutyric aldehyde isobutyl aldehyde butyric(iso)aldehyde	252	2220	78-84-2
I1201	顺式-4-己烯醛	*cis*-4-hexenal	319	3496	4634-89-3
I1202	顺式-5-辛烯醛	*cis*-5-octenal	323	3749	41547-22-2
I1203	4-癸烯醛	4-decenal	326	3264	30390-50-2
I1204	反式,反式-2,4-十二碳二烯醛	*trans*,*trans*-2,4-dodecadienal *E*,*E*-2,4-dodecadienal	1196	3670	21662-16-8
I1205	反式-2-十三碳烯醛 3-癸基丙烯醛 2-十三烯醛	*trans*-2-tridecenal 3-decylacrolein 2-tridecenal	1359	3082	7774-82-5
I1206	4-乙基苯甲醛	4-ethylbenzaldehyde benzaldehyde,4-ethyl	865	3756	4748-78-1

表 2（续）

编码	中文名称	英文名称	JECFA	FEMA	CAS 号
I1207	2-羟基-4-甲基苯甲醛 4-甲基水杨醛 2,4-甲酚醛	2-hydroxy-4-methylbenzaldehyde 4-methylsalicyaldehyde 4-methylsalicylic aldehyde 2,4-cresotaldehyde	898	3697	698-27-1
I1208	邻-甲氧基肉桂醛 β-(邻-甲氧基苯基)丙烯醛 3-(2-甲氧基苯基)-2-丙烯醛	*o*-methoxycinnamaldehyde β-(*o*-methoxyphenyl)acrolein 3-(2-methoxyphenyl)-2-propenal heliopan	688	3181	1504-74-1
I1209	龙脑烯醛 2,2,3-三甲基环戊-3-烯-乙醛	campholenic aldehyde (2,2,3-trimethylcyclopent-3-en-1-y-2)-acetaldehyde	967	3592	4501-58-0
I1210	α-己基肉桂醛 α-己基桂醛 茉莉醛 H. α-正己基-β-苯基丙烯醛	α-hexylcinnamaldehyde H. C. A jasmonal H. α-*n*-hexyl-β-phenylacrolein	686	2569	101-86-0
I1211	香兰素 1,2-丙二醇缩醛 2-(3-甲氧基-4-羟基苯基)-4-甲基-1,3-二氧杂环戊烷	vanillin propylene glycol aceral 2-(3-methoxy-4-hydroxyphenyl)-4-methyl-1,3-dioxolane	—	3905	68527-74-2
I1212	乙醛乙醇顺式-3-己烯醇缩醛 乙醛乙醇叶醇缩醛	acetaldehyde ethyl *cis*-3-hexenyl acetal	943	3775	28069-74-1
I1213	反式-2,6-壬二烯醛	2-*trans*-6-*trans*-nonadienal	1187	3766	17587-33-6
I1214	2-反式-4-反式-7-顺式-癸三烯醛	2-*trans*-4-*trans*-7-*cis*-decatrienal	—	4089	66642-86-2
I1215	β-甜橙醛 2,6-二甲基-10-亚甲基-2,6,11-十二碳三烯醛	β-sinensal 2,6-dimethyl-10-methylene-2,6,11-dodecatrienal	1227	3141	60066-88-8
I1216	4-羟基苯甲醛	4-hydroxy benzaldehyde	956	3984	123-08-0
I1217	邻-甲氧基苯甲醛	*o*-methoxy benzaldehyde	—	—	135-02-4
I1218	12-甲基十三醛	12-methyltridecanal	1229	4005	75853-49-5
I1231	甲乙酮 2-丁酮 乙基甲基酮 丁酮	methyl ethyl ketone 2-butanone MEK ethyl methyl ketone	278	2170	78-93-3

表 2（续）

编 码	中 文 名 称	英 文 名 称	JECFA	FEMA	CAS 号
I1232	2-羟基-丁-3-酮 甲基乙酰基原醇 2,3-丁醇酮 乙酰基甲基原醇 γ-羟基-β-氧代丁烷 3-羟基-2-丁酮	2-hydroxy-3-butanone acetoin 2,3-butanolone dimethylketol acetyl methyl carbinol γ-hydroxy-β-oxobutane	405	2008	513-86-0
I1233	4-(对甲氧基苯基)-2-丁酮 大茴香基丙酮 对-甲氧基苄基丙酮 覆盆子酮甲醚	4-(*p*-methoxyphenyl)-2-butanone anisylacetone *p*-methoxybenzylacetone raspberry ketone methyl ether methyl oxanone	818	2672	104-20-1
I1234	4-苯基-3-丁烯-2-酮 苄基丙酮 苄叉丙酮 甲基苯乙烯基酮	4-phenyl-3-buten-2-one benzylacetone benzylidene acetone methyl styryl ketone	820	2881	122-57-6
I1235	丁二酮 双乙酰 2,3-丁二酮 二甲基代乙二醛 二甲基二酮	diacetyl biacetyl 2,3-diketobutane 2,3-butanedione dimethylglyoxal dimethyl diketone	408	2370	431-03-8
I1236	2-戊酮 乙基丙酮 甲基丙基酮 丙基甲基酮	2-pentanone ethyl acetone methyl propyl ketone propyl methyl ketone	279	2842	107-87-9
I1237	1-戊烯-3-酮 乙基乙烯基酮	1-penten-3-one ethyl vinylketone	1147	3382	1629-58-9
I1238	2,3-戊二酮 乙酰基丙酰 β,γ-二氧代戊烷	2,3-pentanedione acetyl propionyl β,γ-dioxopentane	410	2841	600-14-6
I1239	3-乙基 2-羟基-2-环戊烯-1-酮	3-ethyl-2-hydroxy-2-cyclopenten-1-one	419	3152	21835-01-8
I1240	3-甲基-2-羟基-2-环戊烯-1-酮 甲基环戊烯醇酮 3-甲基环戊烷-1,2-二酮 3-甲基-2-环戊烯-2-醇酮	3-methyl-2-cyclopenten-2-ol-one methylcyclopentenolone 3-methylcyclopentane-1,2-dione kentonarome cyclotene maple lactone	418	2700	80-71-7
I1241	4-己烯-3-酮 2-己烯-4-酮	4-hexene-3-one 2-hexene-4-one	1125	3352	2497-21-4
I1242	5-甲基-3-己烯-2-酮	5-methyl-3-hexene-2-one	1132	3409	5166-53-0

表 2（续）

编　码	中　文　名　称	英　文　名　称	JECFA	FEMA	CAS 号
I1243	3,4-己二酮 二乙基二酮 双丙酰	3,4-hexanedione diethyl diketone dipropionyl	413	3168	4437-51-8
I1244	2-庚酮 C-7 酮 甲基戊基酮 戊基甲基酮	2-heptanone ketone C-7 methyl amyl ketone amyl methyl ketone	283	2544	110-43-0
I1245	3-庚烯-2-酮 甲基戊烯基酮	3-hepten-2-one methyl pentenyl ketone	1127	3400	1119-44-4
I1246	6-甲基-5-庚烯-2-酮 2-甲基-2-庚烯-6-酮	6-methyl-5-hepten-2-one 2-methyl-2-hepten-6-one	1120	2707	110-93-0
I1247	1-辛烯-3-酮 乙烯基戊基酮 戊基乙烯基酮	1-octen-3-one vinyl amyl ketone amyl vinyl ketone	1148	3515	4312-99-6
I1248	2-壬酮 甲基庚基酮	2-nonanone methyl heptyl ketone nonan-2-one	292	2785	821-55-6
I1249	2-十一酮 甲基壬基酮 2-氧代十一烷 壬基甲基酮	2-undecanone methyl nonyl ketone M. N. K. 2-hendecanone 2-oxoundecane nonyl methyl ketone “rue ketone”	296	3093	112-12-9
I1250	2-十三酮 甲基十一烷基酮	2-tridecanone methyl undecyl ketone hendencyl methyl ketone	298	3388	593-08-8
I1251	圆柚酮 5,6-二甲基-8-异丙烯基双环[4. 4. 0]癸-1-烯-3-酮	nootkatone 5, 6-dimethyl-8-isopropenylbicyclo-[4. 4. 0]dec-1-en-3-one	1398	3166	4674-50-4
I1252	*l*-香芹酮 6,8(9)-对- 二烯-2-酮 1-甲基-4-异丙烯基-6-环己烯-2-酮 对-6,8- 二烯-2-酮	carvone carvol 6,8(9)-*p*-menthadien-2-one 1-methyl-4-isopropenyl-6-cyclohex-en-2-one *p*-mentha-6,8-dien-2-one	380. 2	2249	6485-40-1
I1253	苯乙酮 甲基苯基酮 苯基甲基酮 乙酰基苯	acetophenone methyl phenyl ketone phenyl methyl ketone acetylbenzene	806	2009	98-86-2

表 2（续）

编　码	中　文　名　称	英　文　名　称	JECFA	FEMA	CAS 号
I1254	对-甲基苯乙酮 4-甲基苯乙酮 甲基对-甲苯基酮 对-乙酰基甲苯	*p*-methylacetophenone 4-methylacetophenone methyl *p*-tolyl ketone *p*-acetyltoluene	807	2677	122-00-9
I1255	对甲氧基苯乙酮 乙酰基茴香醚 4-甲氧基苯乙酮 对-乙酰基大茴香醚 甲基 4-甲氧基苯基酮 4-乙酰基大茴香醚	*p*-methoxyacetophenone acetanisole 4-methoxyacetophenone *p*-acetylanisole methyl 4-methoxyphenyl ketone 4-acetylanisole	810	2005	100-06-1
I1256	顺式茉莉酮 茉莉酮 3-甲基-2-(2-戊烯基)-2-环戊烯-1-酮	*cis*-jasmone jasmone 3-methyl-2-(2-pentenyl)-2-cyclopenten-1-one	1114	3196	488-10-8
I1257	覆盆子酮(又名悬钩子酮) 4-(对-羟基苯基)-2-丁酮 对-羟基苄基丙酮 1-(对-羟基苯基)-3-丁酮 悬钩子酮	frambinon 4-(*p*-hydroxyphenyl)-2-butanone *p*-hydroxybenzylacetone 1-(*p*-hydroxyphenyl)-3-butanone raspberry ketone	728	2588	5471-51-2
I1258	α-突厥酮 4-(2,6,6-三甲基-2-环己烯基)-2-丁烯-4-酮	α-damascone 4-(2, 6, 6,-trimethyl-2-cyclohexenyl)-2-butene-4-one	385	3659	43052-87-5
I1259	突厥烯酮 4-(2,6,6-三甲基-1,3-环己二烯-1-基)-2-丁烯-4-酮 1-(2,6,6-三甲基-1,3-环己二烯基)-2-丁烯-1-酮	damascenone 4-(2, 6, 6-trimethyl-1, 3-cyclohexen-1-yl)-2-buten-4-one 1-(2, 6, 6-trimethyl-1, 3-cyclohexadienyl)-2-buten-1-one	387	3420	23696-85-7
I1260	苯甲醛甘油缩醛(1,2 和 1,3-混合缩醛) 2-苯基-间-二噁烷-5-醇 2-苯基-1, 3-二噁烷-5-醇 4-羟甲基-2-苯基-间-二氧戊环 5-羟基-2-苯基-1, 3-二噁烷	benzaldehyde glyceryl acetal 2-phenyl-*m*-dioxan-5-ol 2-phenyl-1,3-dioxan-5-ol benzaldehyde, cyclic acetal with glycerol 4-hydroxymethyl-2-phenyl-*m*-dioxolane benzalglycerin 5-hydroxy-2-phenyl-1,3-dioxane	838	2129	1319-88-6

表 2（续）

编　码	中　文　名　称	英　文　名　称	JECFA	FEMA	CAS 号
I1261	α-鸢尾酮 6-甲基紫罗兰酮 4-(2,5,6,6-四甲基-2-环己烯-1-基)-3-丁烯-2-酮 顺式-(2,6)-顺式-[2(1),2(2)]-α 鸢尾酮 6-甲基-α-紫罗兰酮	α-irone 6-methylionone 4-(2, 5, 6, 6-tetramethyl-2-cyclohexen-1-yl)-3-buten-2-one *cis*-(2,6)-*cis*-[2(1),2(2)]-α-irone 6-methyl-α-lonone	403	2597	79-69-6
I1262	α-紫罗兰酮 4-(2,6,6-三甲基-2-环己烯-1-基)-3-丁烯-2-酮 α-环柠檬叉丙酮	α-ionone 4-(2,6,6,-trimethyl-2-cyclohexen-1-yl)-3- buten-2-one α-irisone α-cyclocitrylideneacetone	388	2594	127-41-3
I1263	β-紫罗兰酮 4-(2,6,6-三甲基-1-环己烯-1-基)-3-丁烯-2-酮	β-ionone β-irisone 4-(2,6,6-trimethyl-1-cyclohexen-1-yl)-3- buten-2-one	389	2595	14901-07-6
I1264	*dl*-樟脑	*dl*-camphor	—	—	—
I1265	薄荷酮 对-　烷-3-酮 2-异丙基-5-甲基环己酮 4-异丙基-1-甲基环己烷-3-酮	menthone *p*-menthan-3-one 2-isopropyl-5-methylcyclohexanone 2-propyl (iso)-5-methylcyclohexanone 4-isopropyl-1-methylcyclohexan-3-one	429	2667	89-80-5
I1266	*d*,*l*-异薄荷酮 顺式-1-甲基-4-异丙基-3-环己酮 顺式-对-　烷-3-酮	*d*,*l*-isomenthone *cis*-1-methyl-4-isopropyl-3-cyclohexanone *cis*-para-menthan-3-one	430	3460	491-07-6
I1267	4-(2-呋喃基)-3-丁烯-2-酮 糠叉丙酮 糠醛缩丙酮	4-(2-furyl)-3-buten-2-one furfurylidene acetone furfuralacetone	1511	2495	623-15-4
I1268	2-乙基-4-羟基-5-甲基-3(2*H*)-呋喃酮 5-乙基-4-羟基-2-甲基-3(2*H*)-呋喃酮	2-ethyl-4-hydroxy-5-methyl-3(2*H*)-furanone 5-ethyl-4-hydroxy-2-methyl-3(2*H*)-furanone	1449	3623	27538-09-6

表 2（续）

编码	中文名称	英文名称	JECFA	FEMA	CAS 号
I1269	4,5-二甲基-3-羟基-2,5-二氢呋喃-2-酮 2,3-二甲基-4-羟基-2,5-二氢呋喃-5-酮 3-羟基-4,5-二甲基-2(5*H*)呋喃酮	4,5-dimethyl-3-hydroxy-2,5-dihydrofuran-2- one 2,3-dimethyl-4-hydroxy-2,5-dihydrofuran-5- one 2-hydroxy-3-methyl-2-penten-4-olide 3-hydroxy-4,5-dimethyl-2(5*H*) furan-one	243	3634	28664-35-9
I1270	5-乙基-3-羟基-4-甲基-2(5*H*)-呋喃酮 2-乙基-3-甲基-4-羟基二氢-2,5-呋喃-5-酮 2,4-二羟基-3-甲基-2-己烯酸,*γ*-内酯	5-ethyl-3-hydroxyl-4-methyl-2(5*H*)-furanone 2-ethyl-3-methyl-4-hydroxydihydro-2,5-furan-5-one 2,4-dihydroxy-3-methyl-2-hexenoic acid,*γ*-lactone 2-hydroxy-3-methyl-*γ*-2-hexenolactone	222	3153	698-10-2
I1271	四氢噻吩-3-酮 4,5-二氢-3(2*H*)噻吩酮 3-噻吩酮 3-四氢噻吩酮	tetrahydrothiophen-3-one 4,5-dihydro-3(2*H*)thiophenone 3-thiophenone 3-tetrahydrothiophenone	498	3266	1003-04-9
I1272	2-乙基呋喃	2-ethylfuran 2-ethyloxole	1489	3673	3208-16-0
I1273	2-乙酰基呋喃 2-呋喃基甲基酮 甲基 2-呋喃基酮 乙酰基呋喃	2-acetylfuran 2-furyl methyl ketone methyl 2-furyl ketone acetyfuran	1503	3163	1192-62-7
I1274	2-乙酰基-5-甲基呋喃 甲基 5-甲基-2-呋喃酮 1-(3-甲基-2-呋喃基)乙酮	2-acetyl-5-methylfuran methyl 5-methyl-2-furyl ketone 1-(3-methyl-2-furyl)ethanone	1504	3609	1193-79-9
I1275	丙酮 二甲基甲酮 2-氧代丙烷 *β*-酮基丙烷 2-丙酮	acetone dimethyl ketone 2-oxopropane *β*-ketopropane pyroacetic ether 2-propanone	139	3326	67-64-1
I1276	1-苯基-1,2-丙二酮 乙酰基苯甲酰 甲基苯基二酮 甲基苯基代乙二醛	1-phenyl-1,2-propanedione acetyl benzoyl methyl phenyl diketone methyl phenyl glyoxal	833	3226	579-07-7
I1277	3,4-二甲基-1,2-环戊二酮	3,4-dimethyl-1,2-cyclopentadione	420	3268	13494-06-9

表 2（续）

编 码	中 文 名 称	英 文 名 称	JECFA	FEMA	CAS 号
I1278	3,5-二甲基-1,2-环戊二酮	3,5-dimethyl-1,2-cyclopentadione	421	3269	13494-07-0
I1279	2,3-己二酮 乙酰基丁酰 甲基丙基二酮	2,3-hexanedione acetyl butyryl methyl propyl diketone butyryl acetyl	412	2558	3848-24-6
I1280	1-甲基-2,3-环己二酮	1-methyl-2,3-cyclohexadione	425	3305	3008-43-3
I1281	2,2,6-三甲基环己酮	2,2,6-trimethylcyclohexanone	1108	3473	2408-37-9
I1282	2,6,6-三甲基-2-环己烯-1,4-二酮	2,6,6-trimethylcyclohex-2-ene-1,4-dione		3421	1125-21-9
I1283	3-庚酮 乙基丁基(甲)酮 丁基乙基(甲)酮	3-heptanone ethyl butyl ketone butyl ethyl ketone	285	2545	106-35-4
I1284	5-甲基-2-庚烯-4-酮	5-methyl-2-hepten-4-one	1133	3761	81925-81-7
I1285	6-甲基-3,5-庚二烯-2-酮 甲基庚二烯酮 2-甲基庚-2,4-二烯-6-酮	6-methyl-3,5-heptadien-2-one methylheptadienone 2-methylhepta-2,4-dien-6-one	1134	3363	1604-28-0
I1286	2-辛酮 甲基己基(甲)酮 己基甲基(甲)酮	2-octanone methyl hexyl ketone hexyl methyl ketone	288	2802	111-13-7
I1287	3-辛酮 乙基戊基(甲)酮 戊基乙基(甲)酮	3-octanone ethyl amyl ketone EAK amyl ethyl ketone	290	2803	106-68-3
I1288	3-辛烯-2-酮	3-octen-2-one	1128	3416	1669-44-9
I1289	6,10-二甲基-5,9-十一碳二烯-2-酮 香叶基丙酮 2,6-二甲基-2,6-十一碳二烯-10-酮	6,10-dimethyl-5,9-undecadien-2-one geranyl acetone 2,6-dimethyl-2,6-undecadien-10-one	1122	3542	3796-70-1
I1290	2-十五酮 甲基十三烷基(甲)酮	2-pentadecanone methyl tridecyl ketone	299	3724	2345-28-0
I1291	3-甲基-1-环十五酮 *dl*-麝香酮	3-methyl-1-cyclopentadecanone *dl*-muscone 3-methylcyclopentadecanone methylexaltone	1402	3434	541-91-3

表 2（续）

编码	中文名称	英文名称	JECFA	FEMA	CAS号
I1292	环十七碳-9-烯-1-酮 9-环十七烯-1-酮 灵猫酮 α-反式-灵猫酮	cycloheptadeca-9-en-1-one 9-cycloheptadecen-1-one cycloheptadecen-9-one-1 civettone civetone α-*trans*-civettone	1401	3425	542-46-1
I1293	二苯甲酮 二苯酮 苯甲酰苯 α-氧代二苯甲烷	benzophenone diphenyl ketone benzoylbenzene diphenylmethanone α-oxodiphenylmethane phenyl ketone	831	2134	119-61-9
I1294	2-羟基苯乙酮 邻-乙酰基苯酚	2-hydroxyacetophenone *o*-acetylphenol	727	3548	118-93-4
I1295	异佛尔酮 3,5,5-三甲基-2-环己烯-1-酮 异乙酰弗尔酮	isophorone 3,5,5-trimethyl-2-cyclohexen-1-one isoacetophorone	1112	3553	78-59-1
I1296	二氢茉莉酮 2-戊基-3-甲基-2-环戊烯-1-酮	dihydrojasmone 2-pentyl-3-methyl-2-cyclopenten-1-one	1406	3763	1128-08-1
I1297	新甲基橙皮苷二氢查耳酮	neohesperidin dihydrochalcone neohesperidin DHC	—	3811	20702-77-6
I1298	姜油酮 4-(4-羟基-3-甲氧基苯基)丁-2-酮 香兰基丙酮 3-甲氧基-4-羟基苄基丙酮 4-羟基-3-甲氧基苄基丙酮 2-(4-羟基-3-甲氧基苯基)乙基-甲基酮	zingerone 4-(4-hydroxy-3-methoxyphenyl)-2-butanone vanillylacetone 3-methoxy-4-hydroxybenzylacetone 4-hydroxy-3-methoxybenzylacetone 2-(4-hydroxy-3-methoxyphenyl) ethyl-methyl ketone	730	3124	122-48-5
I1299	β-突厥酮 4-(2,6,6-三甲基环己-1-烯基)丁-2-烯-4-酮	β-damascone 4-(2, 6, 6-trimethylcyclohex-1-enyl) but-2-en-4-one	384	3243	23726-92-3
I1300	3-甲硫基丁醛	3-(methylthio)butanal 3-(methylthio)butyraldehyde	467	3374	16630-52-7

表 2（续）

编 码	中 文 名 称	英 文 名 称	JECFA	FEMA	CAS 号
I1301	α-戊基肉桂醛 α-戊基桂醛 茉莉醛 甲位戊基桂醛	α-amylcinnamaldehyde α-pentylcinnamaldehyde α-amyl-β-phenylacrolein buxine amylcinnamic aldehyde α-pentyl-β-phenylacrolein flomine jasmine aldehyde floxine jasmonal flosal amyl cinnamal	685	2061	122-40-7
I1302	d-葑酮 右旋-1,3,3-三甲基-2-降冰片酮 右旋-2-葑酮 右旋-1,3,3-三甲基-2-降莰酮 1,3,3-三甲基双环[2.2.1]-庚烷-2-酮	d-fenchone d-1,3,3-trimethyl-2-norbornanone d-2-fenchanone d-1,3,3-trimethyl-2-norcamphanone 1,3,3-trimethylbicyclo[2.2.1]-heptan-2-one	1396	2479	4695-62-9
I1303	二氢-2-甲基-3(2H)呋喃酮 2-甲基四氢呋喃-3-酮	dihydro-2-methyl-3(2H)-furanone 2-methyltetrahydrofuran-3-one	1448	3373	3188-00-9
I1304	4-羟基-2,5-二甲基-3(2H)呋喃酮 2,5-二甲基-4-羟基-2,3-二氢呋喃-3-酮 呋喃酮(俗称)	4-hydroxy-2,5-dimethyl-3(2H)furanone 2,5-dimethyl-4-hydroxy-2,3-dihydrofuran-3- one furaneol	1446	3174	3658-77-3
I1305	2,5-二甲基-4-甲氧基-3(2H)呋喃酮 4-甲氧基-2,5-二甲基-3(2H)呋喃酮	2,5-dimethyl-4-methoxy-3(2H)-furanone 4-methoxy-2,5-dimethyl-3(2H)-furanone	1451	3664	4077-47-8
I1306	2-戊基呋喃	2-pentylfuran 2-amylfuran	1491	3317	3777-69-3
I1307	4,5,6,7-四氢-3,6-二甲基苯并呋喃 薄荷呋喃	4,5,6,7-tetrahydro-3,6-dimethyl-benzofuran menthofuran	758	3235	494-90-6
I1308	四甲基全氢萘并呋喃 1,5,5,9-四甲基-13-氧杂三环[8.3.0.0(4,9)]十三烷 十二氢-3a,6,6,9a-四甲基萘并(2,1-b)呋喃 龙涎醚	tetra-methyl perhydronaphtofuran 1,5,5,9-tetramethyl-13-oxatricyclo[8.3.0.0(4,9)]tridecane ambrox dodecahydro-3a, 6, 6, 9a-tetramethylnaphtho(2,1-b) furan	1240	3471	3738-00-9

表 2（续）

编 码	中 文 名 称	英 文 名 称	JECFA	FEMA	CAS 号
I1309	顺式-二氢香芹酮 对 -8-烯-2-酮	*cis*-dihydrocarvone *p*-menth-8-en-2-one	377	3565	7764-50-3
I1310	3-巯基-2-丁酮	3-mercapto-2-butanone	558	3298	40789-98-8
I1311	胡椒基丙酮	piperonyl acetone 4-(3,4-methylenedioxyphenyl)-2-butanone dulcinyl	—	2701	55418-52-5
I1312	二氢-β-紫罗兰酮	dihydro-β-ionone 4-(2,6,6-trimethyl-1-cyclohexenyl) butan-2-one	—	3626	17283-81-7
I1313	4-甲基-2,3-戊二酮 乙酰基异丁酰	4-methyl-2,3-pentanedione acetyl isobutyryl	411	2730	7493-58-5
I1314	反式-7-甲基-3-辛烯-2-酮	(*E*)-7-methyl-3-octen-2-one	1135	3868	33046-81-0
I1315	3-乙酰硫基-2-甲基呋喃 硫代乙酸 S-(2-甲基-3-呋喃)酯	3-(acetylthio)-2-methylfuran ethanethioic acid, S-(2-methyl-3-furanyl) ester	1069	3973	55764-25-5
I1316	4-乙酰氧基-2,5-二甲基-3(2*H*)呋喃酮 乙酸 2,5-二甲基-4-氧代-4,5-二氢呋喃-3-基酯 乙酸呋喃酮酯	4-acetoxy-2,5-dimethyl-3(2*H*)-furanone 2,5-dimethyl-4-oxo-4,5-dihydrofur-3-yl acetate furaneol acetate	1456	3797	4166-20-5
I1317	3-乙基-2-羟基-4-甲基环戊-2-烯-1-酮	3-ethyl-2-hydroxy-4-methylcyclopent-2-en-1-one	422	3453	42348-12-9
I1318	环己酮	cyclohexanone	1100	3909	108-94-1
I1319	2,3-庚二酮 乙酰基戊酰	2,3-heptanedione acetylpentanoyl acetylvaleryl	415	2543	96-04-8
I1320	2,3-辛二酮	2,3-octanedione	—	4060	585-25-1
I1321	乙酸 醋酸	acetic acid ethanoic acid	81	2006	64-19-7
I1322	丙酸 甲基乙酸 乙基甲酸	propanoic acid propionic acid methylacetic acid ethylformic acid	84	2924	79-09-4
I1323	丙酮酸 乙酰基甲酸 α-酮基丙酸 2-氧代丙酸 2-酮基丙酸	pyruvic acid pyroracemic acid acetylformic acid α-ketopropionic acid 2-oxopropanoic acid 2-ketopropionic acid	936	2970	127-17-3

表 2（续）

编　码	中　文　名　称	英　文　名　称	JECFA	FEMA	CAS 号
I1324	丁酸 乙基乙酸	butyric acid ethylacetic acid butanoic acid	87	2221	107-92-6
I1325	异丁酸 2-甲基丙酸 异丙基甲酸	isobutyric acid 2-methylpropanoic acid isopropylformic acid butyric(iso)acid	253	2222	79-31-2
I1326	2-甲基丁酸 甲基乙基乙酸	2-methylbutyric acid methylethylacetic acid	255	2695	116-53-0
I1327	2-乙基丁酸 α-乙基丁酸 二乙基乙酸	2-ethylbutyric acid α-ethylbutyric acid diethylacetic acid	257	2429	88-09-5
I1328	戊酸 丙基乙酸	valeric acid pentanoic acid	90	3101	109-52-4
I1329	2-甲基戊酸 甲基丙基乙酸	2-methylvaleric acid 2-methylpentanoic acid methylpropylacetic acid	261	2754	97-61-0
I1330	2-甲基-2-戊烯酸 草莓酸	2-methyl-2-pentenoic acid strawberriff	1210	3195	3142-72-1
I1331	异戊酸 活性戊酸 β-甲基丁酸 异丙基乙酸 异丁基甲酸 3-甲基丁酸	isovaleric acid delphinic acid active valeric acid β-methylbutyric acid valerianic acid isopropylacetic acid isobutyl formic acid 3-methylbutyric acid 3-methylbutanoic acid	259	3102	503-74-2
I1332	己酸	hexanoic acid caproic acid hexoic acid	93	2559	142-62-1
I1333	己二酸 1,4-丁烷二羧酸	adipic acid 1,4-butanedicarboxylic acid hexanedioic acid	623	2011	124-04-9
I1334	反式-2-己烯酸 β-丙基丙烯酸 3-丙基丙烯酸	*trans*-2-hexenoic acid β-propylacrylic acid 3-propylacrylic acid	1361	3169	13419-69-7
I1335	3-己烯酸	3-hexenoic acid	317	3170	4219-24-3

表 2（续）

编码	中文名称	英文名称	JECFA	FEMA	CAS 号
I1336	庚酸	heptanoic acid oenanthic acid *n*-heptylic acid enanthic acid oenanthylic acid	96	3348	111-14-8
I1337	辛酸 C-8 酸	octanoic acid octoic acid caprylic acid acid C-8	99	2799	124-07-2
I1338	壬酸	nonanoic acid pelargonic acid nonylic acid nonoic acid	102	2784	112-05-0
I1339	癸酸	decanoic acid decylic acid capric acid	105	2364	334-48-5
I1340	十二酸 月桂酸	dodecanoic acid lauric acid dodecoic acid laurostearic acid	111	2614	143-07-7
I1341	十四酸 肉豆蔻酸	tetradecanoic acid myristic acid	113	2764	544-63-8
I1342	十六酸 棕榈酸	hexadecylic acid hexadecanoic acid cetylic acid palmitic acid	115	2832	57-10-3
I1343	苯甲酸 安息香酸	phenylformic acid benzenecarboxylic acid dracylic acid carboxybenzene phenyl carboxylic acid benzene formic acid benzoic acid	850	2131	65-85-0
I1344	苯乙酸 α-甲苯基甲酸	phenylacetic acid α-toluic acid benzylcarboxylic acid	1007	2878	103-82-2
I1345	柠檬酸 2-羟基-1,2,3-丙烷三羧酸	citric acid 2-hydroxy-1,2,3-propanetricarboxylic acid β-hydroxytricarballylic acid	INS330	2306	77-92-9

表 2（续）

编　码	中　文　名　称	英　文　名　称	JECFA	FEMA	CAS 号
I1346	肉桂酸 3-苯基丙烯酸 β-苯基丙烯酸 苄叉乙酸 桂酸	cinnamic acid 3-phenylpropenoic acid β-phenylacrylic acid 3-phenylacrylic acid benzylideneacetic acid benzenepropenoic acid cinnamylic acid	657	2288	621-82-9
I1347	富马酸 反式丁烯二酸 别马来酸	fumaric acid allomaleic acid boletic acid *trans*-butenedioic acid *trans*-α,β-ethylene-1,2-dicarboxylic acid	618	2488	110-17-8
I1348	3-甲基戊酸 酐酪酸 2-甲基丁烷-1-羧酸 仲-丁基乙酸 β-甲基戊酸	3-methylpentanoic acid 2-methylbutane-1-carboxylic acid *sec*-butylacetic acid β-methylvaleric acid 3-methylvaleric acid	262	3437	105-43-1
I1349	β-丙氨酸 2-氨基丙酸	β-alanine β-aminopropionic acid 2-aminopropanoic acid	1418	3252	107-95-9
I1350	*l*-苯基丙氨酸 3-苯基-2-氨基丙酸 β-苯基丙氨酸 2-氨基-3-苯基丙酸 α-氨基-β-苯基丙酸 α-氨基氢化肉桂酸	*l*-phenylalanine 3-phenyl-2-aminopropanoic acid β-phenylalanine 2-amino-3-phenylpropionic acid α-amino-β-phenylpropionic acid α-aminohydrocinnamic acid	1428	3585	63-91-2
I1351	*l*-半胱氨酸 2-氨基-3-巯基丙酸 α-氨基-β-巯基丙酸 β-巯基丙氨酸	*l*-cysteine 2-amino-3-mercaptopropanoic acid α-amino-β-mercaptopropionic acid β-mercaptoalanine α-amine-β-mercaptopopanoic acid	1419	3263	52-90-4
I1352	甘氨酸 乙氨酸 氨基乙酸	glycine glycocoll aminoethanoic acid aminoacetic acid	1421	3287	56-40-6
I1353	*l*-谷氨酸 氨基戊二酸	*l*-glutamic acid aminoglutaric acid	1420	3285	56-86-0
I1354	*l*-亮氨酸 2-氨基-4-甲基戊酸 α-氨基-异己酸	*l*-leucine 2-amino-4-methylpentanoic acid α-aminoisocaproic acid 2-amino-4-methylvaleric acid	1423	3297	61-90-5

表 2（续）

编码	中文名称	英文名称	JECFA	FEMA	CAS 号
I1355	*dl*-蛋氨酸 2-氨基-4-甲硫基丁酸 α-氨基-γ-甲硫基丁酸	*dl*-methionine 2-amino-4-(methylthio)-butanoic acid α-amino-γ-(methylthio)-butyric acid	1424	3301	59-51-8
I1356	乙酰丙酸 3-乙酰丙酸 γ-酮基戊酸 3-酮基丁烷-1-羧酸 β-乙酰丙酸 4-氧代戊酸	levulinic acid 3-acetylpropionic acid laevulic acid β-acetylpropionic acid γ-oxovaleric acid γ-oxopentanoic acid 4-oxovaleric acid laevulinic acid	606	2627	123-76-2
I1357	2-氧代丁酸 β-酮基丁酸	2-oxobutyric acid β-ketobutyric acid	589	3723	600-18-0
I1358	2-甲基己酸	2-methylhexanoic acid	265	3191	4536-23-6
I1359	2-甲基庚酸 甲基戊基乙酸	2-methyloenanthic acid 2-methylamylacetic acid methylamylacetic acid	1212	2706	1188-02-9
I1360	4-甲基辛酸	4-methyloctanoic acid	271	3575	54947-74-9
I1361	3,7-二甲基-6-辛烯酸 香茅酸 玫瑰酸	3,7-dimethyl-6-octenoic acid citronellic acid rhodinolic acid	1221	3142	502-47-6
I1362	9-癸烯酸	9-decenoic acid	328	3660	14436-32-9
I1363	十一酸 正-十一酸	undecanoic acid *n*-undecoic acid *n*-undecylic acid hendecanoic acid	108	3245	112-37-8
I1364	10-十一碳烯酸 十一烯酸	10-undecenoic acid undecylenic acid 10-hendecenoic acid	331	3247	112-38-9
I1365	3-苯丙酸 苄基乙酸 氢化肉桂酸 β-苯丙酸	3-phenylpropionic acid benzylacetic acid dihydrocinnamic acid β-phenylpropionic acid	646	2889	501-52-0
I1366	乳酸 2-羟基丙酸 α-羟基丙酸	lactic acid 2-hydroxypropionic acid α-hydroxypropanoic acid 2-hydroxypropanoic acid	930	2611	598-82-3
I1367	*l*-脯氨酸 2-吡咯烷羧酸	*l*-proline 2-pyrrolidinecarboxylic acid	1425	3319	147-85-3

表 2（续）

编　码	中　文　名　称	英　文　名　称	JECFA	FEMA	CAS 号
I1368	*dl*-缬氨酸 2-氨基异戊酸 2-氨基-3-甲基丁酸	*dl*-valine α-aminoisovaleric acid 2-amino-3-methylbutyric acid 2-amino-3-methylbutanoic acid	1426	3444	516-06-3
I1369	2-(4-甲氧基苯氧基)-丙酸钠	sodium 2-(4-methyoxy-phenoxy) propanoate	1029	3773	13794-15-5
I1370	*l*-和 *dl*-丙氨酸 2-氨基丙酸	*l*-and *dl*-alanine 2-aminopropanoic acid	1437	3818	302-72-7 56-41-7
I1371	*l*-精氨酸 2-氨基-5-胍基戊酸	*l*-arginine 2-amino-5-guanidinovaleric acid	1438	3819	74-79-3
I1372	*l*-赖氨酸 2,6-二氨基己酸	*l*-lysine 2,6-diaminohexanoic acid	1439	3847	56-87-1
I1373	3-甲基巴豆酸 3,3-二甲基丙烯酸 3-甲基-2-丁烯酸 β,β-二甲基丙烯酸 千里光酸	3-methylcrotonic acid 3,3-dimethylacrylic acid 3-methyl-2-butenoic acid β,β-dimethylacrylic acid senecioic acid	1204	3187	541-47-9
I1374	甲酸	formic acid	79	2487	64-18-6
I1375	4-甲基壬酸	4-methylnonanoic acid 4-methylpelargonic acid	274	3574	45019-28-1
I1376	异己酸 4-甲基戊酸	isohexanoic acid 4-methyl pentanoic acid	264	3463	646-07-1
I1377	2-羟基苯甲酸 水杨酸 柳酸	2-hydroxybenzoic acid salicylic acid *o*-hydroxybenzoic acid	958	3985	69-72-7
I1378	惕各酸 反式-2-甲基-2-丁烯酸	tiglic acid *trans*-2-methyl-2-butenoic acid	1205	3599	80-59-1
I1379	琥珀酸 丁二酸	succinic acid amber acid butanedionic acid	—	—	110-15-6
I1380	硬脂酸 十八酸	stearic acid octadecanoic acid	116	3035	57-11-4
I1381	甲酸乙酯	ethyl formate formic ether ethyl methanoate	26	2434	109-94-4
I1382	甲酸丁酯	butyl formate butyl methanoate	118	2196	592-84-7
I1383	甲酸戊酯	amyl formate pentyl formate amyl formiate amyl methanoate *n*-pentyl methanoate	119	2068	638-49-3

表 2 (续)

编码	中文名称	英文名称	JECFA	FEMA	CAS 号
I1384	甲酸异戊酯	isoamyl formate amyl(iso)formate pentyl(iso)formate isopentyl formate pentyl(iso)methanoate isopentyl methanoate amyl(iso)methanoate isoamyl methanoate	42	2069	110-45-2
I1385	甲酸己酯	hexyl formate hexyl methanoate	120	2570	629-33-4
I1386	甲酸苄酯	benzyl formate benzyl methanoate formic acid benzyl ester	841	2145	104-57-4
I1387	甲酸香叶酯 反式-3,7-二甲基-2,6-辛二烯-1-醇甲酸酯	geranyl formate geranyl methanoate *trans*-3,7-dimethyl-2,6-octadien-1-yl methanoate *trans*-3,7-dimethyl-2,6-octadien-1-yl formate	54	2514	105-86-2
I1388	甲酸香茅酯 3,7-二甲基-6-辛烯-1-醇甲酸酯	citronellyl formate 3,7-dimethyl-6-octen-1-yl formate	53	2314	105-85-1
I1389	甲酸苯乙酯 甲酸 2-苯基乙酯 甲酸苄基原酯 甲酸苄基甲酯	phenethyl formate 2-phenylethyl formate 2-phenylethyl methanoate benzylcarbinyl formate benzylcarbinyl methanoate	988	2864	104-62-1
I1390	甲酸芳樟酯 3,7-二甲基-1,6-辛二烯-3-醇甲酸酯	linalyl formate linalool formate 3,7-dimethy-1,6-octadien-3-yl formate	358	2642	115-99-1
I1391	乙酸甲酯	methyl acetate methyl ethanoate	125	2676	79-20-9
I1392	乙酸乙酯	ethyl acetate acetic ether vinegar naphtha ethyl ethanoate	27	2414	141-78-6
I1393	乙酰乙酸乙酯 3-氧代丁酸乙酯 β-酮基丁酸乙酯	ethyl acetoacetate ethyl 3-oxobutanoate acetoacetic ester ethyl acetylacetate ethyl β-ketobutyrate	595	2415	141-97-9

表 2（续）

编　码	中 文 名 称	英 文 名 称	JECFA	FEMA	CAS 号
I1394	乙酸丙酯	propyl acetate propyl ethanoate	126	2925	109-60-4
I1395	乙酸异丙酯	isopropyl acetate propyl(iso)acetate	305	2926	108-21-4
I1396	乙酸烯丙酯	allyl acetate	—	—	591-87-7
I1397	乙酰丙酸乙酯 戊酮酸乙酯 4-氧代戊酸乙酯 4-酮基戊酸乙酯	ethyl acetylpropanoate ethyl levulinate ethyl laevulate ethyl 4-oxopentanoate ethyl 4-ketovalerate	607	2442	539-88-8
I1398	乙酸丁酯	butyl acetate butyl ethanoate	127	2174	123-86-4
I1399	乙酸异丁酯 乙酸 2-甲基-1-丙醇酯	isobutyl acetate butyl(iso)acetate butyl(iso)ethanoate 2-methyl-1-propyl acetate isobutyl ethanoate	137	2175	110-19-0
I1400	乙酸异戊酯 乙酸戊酯(俗称) 乙酸 β-甲基丁酯 乙酸 3-甲基丁酯	isoamyl acetate amyl acetate(common) β-methyl butyl acetate amyl(iso)acetate 3-methylbutyl acetate amyl(iso)ethanoate isoamyl ethanoate	43	2055	123-92-2
I1401	乙酸己酯	hexyl acetate hexyl ethanoate	128	2565	142-92-7
I1402	2-己烯-1-醇乙酸酯 乙酸 2-己烯酯	2-hexen-1-yl acetate 2-hexenyl ethanoate	1355	2564	2497-18-9
I1403	乙酸庚酯	heptyl acetate heptyl ethanoate	129	2547	112-06-1
I1404	乙酸辛酯 C-8 乙酸酯 乙酸 2-乙基己酯	octyl acetate acetate C-8 2-ethyl hexyl acetate octyl ethanoate	130	2806	112-14-1
I1405	3-辛醇乙酸酯 乙酸 1-乙基己酯	3-octyl acetate *n*-amyl ethyl carbinyl acetate 1-ethyl hexyl acetate	313	3583	4864-61-3

表 2（续）

编　码	中　文　名　称	英　文　名　称	JECFA	FEMA	CAS 号
I1406	1-辛烯-3-醇乙酸酯 3-乙酰氧基-1-辛烯 乙酸 β-辛烯酯 乙酸辛烯酯	1-octen-3-yl acetate 3-acetoxyoctene *n*-pentyl vinyl carbinol acetate amyl crotonyl acetate β-octenyl acetate octenyl acetate amyl vinyl carbinol acetate	—	3582	2442-10-6
I1407	乙酸壬酯 C-9 醇乙酸酯	nonyl acetate acetate C-9 nonyl ethanoate	131	2788	143-13-5
I1408	2-丁烯酸正己酯 巴豆酸己酯	*n*-hexyl 2-butenoate hexyl crotonate	—	3354	19089-92-0
I1409	乙酸癸酯 C-10 醇乙酸酯	decyl acetate decanyl acetate acetate C-10 decyl ethanoate	132	2367	112-17-4
I1410	乙酸苄酯 乙酸苯甲酯	benzyl acetate benzyl ethanoate acetic acid benzyl ester	23	2135	140-11-4
I1411	乙酸苯乙酯 苄基原醇乙酸酯 乙酸 2-苯乙酯	phenethyl acetate benzyl carbinyl acetate 2-phenethyl acetate	989	2857	103-45-7
I1412	乙酸茴香酯 乙酸对-甲氧基苄酯 乙酸 4-甲氧基苄酯	anisyl acetate *p*-methoxylbenzyl acetate benzyl alcohol, *p*-methoxy, acetate anisyl alcohol, acetate 4-methoxybenzyl acetate cassie ketone	873	2098	104-21-2
I1413	乙酸龙脑酯 乙酸 2-莰酯 乙酸冰片酯 左旋-乙酸冰片酯 右旋-乙酸冰片酯	bornyl acetate terpeneless siberian pine needle oil borneol acetate 2-camphanyl acetate bornyl ethanoate *l*-bornyl acetate *d*-bornyl acetate	1387	2159	76-49-3
I1414	乙酸薄荷酯 对- 烷-3-醇乙酸酯 1-异丙基-4-甲基环己基-2-醇乙酸酯	menthol acetate *p*-menth-3-yl acetate menthyl acetate 1-isopropyl-4-methylcyclohex-2-yl acetate 1-propyl (iso)-4-methylcyclohex-2-yl acetate	431	2668	16409-45-3

表 2（续）

编　码	中　文　名　称	英　文　名　称	JECFA	FEMA	CAS 号
I1415	乙酸肉桂酯 3-苯基-2-丙烯-1-醇乙酸酯 乙酸 3-苯基烯丙酯	cinnamyl acetate 3-phenyl-2-propen-1-yl acetate 3-phenylallyl acetate	650	2293	103-54-8
I1416	乙酸香茅酯 3,7-二甲基-6-辛烯-1-醇乙酸酯	citronellyl acetate 3,7-dimethyl-6-octen-1-yl acetate 3, 7-dimethyl-6-octen-1-yl ethanoate citronellyl ethanoate	57	2311	150-84-5
I1417	乙酸香叶酯 反式-3,7-二甲基-2,6-辛二烯-1-醇乙酸酯	geranyl acetate geranyl ethanoate *trans*-3, 7-dimethyl-2, 6-octadien-1-yl ethanoate *trans*-3, 7-dimethyl-2, 6-octadien-1-yl acetate	58	2509	105-87-3
I1418	乙酸对甲酚酯 乙酰基对甲酚	*p*-tolyl acetate acetyl *p*-cresol *p*-cresylic acetate *p*-cresyl acetate *p*-tolyl ethanoate	699	3073	140-39-6
I1419	乙酸苏合香酯 乙酸 α-甲基苄酯 乙酸 α-苯乙酯	styralyl acetate α-methylbenzyl acetate methyl phenylcarbinyl acetate *sec*-phenylethyl acetate α-phenylethyl acetate	801	2684	93-92-5
I1420	乙酸橙花酯 顺式 3,7-二甲基-2,6-辛二烯-1-醇乙酸酯	neryl acetate *cis*-3,7-dimethyl-2,6-octadien-1-yl ethanoate *cis*-3,7-dimethyl-2,6-octadien-1-yl acetate neryl ethanoate	59	2773	141-12-8
I1421	乙酸松油酯 对-　-1-烯-8-醇乙酸酯	terpinyl acetate *p*-menth-1-en-8-yl acetate	368	3047	8007-35-0
I1422	异丁酸肉桂酯 2-甲基丙酸桂酯 3-苯基-2-丙烯-1-醇异丁酸酯	cinnamyl isobutyrate cinnamyl 2-methylpropanoate 3-phenyl-2-propen-1-yl isobutyrate 3-phenyl-2-propen-1-yl 2-methylpropanoate	653	2297	103-59-3
I1423	顺式-3-己烯-1-醇乙酸酯 乙酸叶醇酯	*cis*-3-hexen-1-yl acetate *cis*-3-hexenyl ethanoate	134	3171	3681-71-8
I1424	乙酸糠酯 2-呋喃基原醇乙酸酯	furfuryl acetate 2-furyl carbinyl acetate	739	2490	623-17-6

表 2（续）

编 码	中 文 名 称	英 文 名 称	JECFA	FEMA	CAS 号
I1425	庚酸烯丙酯	allyl heptanoate allyl heptoate allyl enanthate allyl heptylate	4	2031	142-91-8
I1426	乙酸芳樟酯 3,7-二甲基-1,6-辛二烯-3-醇乙酸酯	linalyl acetate bergamol linalool acetate 3,7-dimethyl-1,6-octadien-3-yl acetate	359	2636	115-95-7
I1427	乙酸葛缕酯 乙酸香芹酯 6,8-对- 二烯-2-醇乙酸酯	carvyl acetate *p*-mentha-6,8-dien-2-yl acetate	382	2250	97-42-7
I1428	乙酸二氢葛缕酯 8-对- 烯-2-醇乙酸酯 乙酸 6-甲基-3-异丙烯基环己酯 1-甲基-4-异丙烯环己烷-2-醇乙酸酯	dihydrocarvyl acetate 8-*p*-menthen-2-yl acetate 6-methyl-3-isopropenylcyclohexyl acetate *p*-menth-8(9)-en-2-yl acetate tuberyl acetate 1-methyl-4-isopropenylcyclohexan-2-yl acetate	379	2380	20777-49-5
I1429	苯乙酸丁酯 α-甲苯甲酸丁酯	butyl phenylacetate butyl α-toluate	1012	2209	122-43-0
I1430	丙酸乙酯	ethyl propionate ethyl propanoate	28	2456	105-37-3
I1431	丙二酸二乙酯	diethyl malonate ethyl malonate malonic ester ethyl propanedioate ethyl methanedicarboxylate	614	2375	105-53-3
I1432	丙酸异丁酯 2-甲基-1-丙醇丙酸酯	isobutyl propionate butyl(iso)propanoate isobutyl propanoate butyl(iso)propanoate 2-methyl-1-propyl propanoate	148	2212	540-42-1

表 2（续）

编　码	中　文　名　称	英　文　名　称	JECFA	FEMA	CAS 号
I1433	丙酸异戊酯 丙酸 3-甲基丁酯	isoamyl propionate isopentyl propionate amyl(iso)propionate pentyl(iso)propionate isopentyl propanoate isoamyl propanoate 3-methylbutyl propanoate 3-methylbutyl propionate pentyl(iso) propanoate amyl(iso)propanoate	44	2082	105-68-0
I1434	顺式-3-己烯醇丙酸酯和反式-2-己烯醇丙酸酯	*cis*-3-hexenyl propionate & *trans*-2-hexenyl propionate	147	3778	33467-74-2
I1435	丙酸香叶酯 反式-3,7-二甲基-2,6-辛二烯-1-醇丙酸酯	geranyl propionate *trans*-3,7-dimethyl-2,6-octadien-1-yl propanoate geranyl propanoate *trans*-3,7-dimethyl-2,6-octadien-1-yl propionate	62	2517	105-90-8
I1436	丙酸香茅酯 3,7-二甲基-6-辛烯-1-醇丙酸酯	citronellyl propionate 3,7-dimethyl-6-octen-1-yl propionate 3,7-dimethyl-6-octen-1-yl propanoate citronellyl propanoate	61	2316	141-14-0
I1437	丙酸苄酯	benzyl propionate benzyl propanoate propionic acid,benzyl ester	842	2150	122-63-4
I1438	丙酸苯乙酯 丙酸 2-苯基乙酯 丙酸苄基甲酯	phenethyl propionate 2-phenylethyl propionate benzylcarbinyl propionate 2-phenylethyl propanoate	990	2867	122-70-3
I1439	丙酸芳樟酯 3,7-二甲基-1,6-辛二烯-3-醇丙酸酯	linalyl propionate 3,7-dimethyl-1,6-octadien-3-yl propanoate linalool propanoate 3,7-dimethyl-1,6-octadien-3-yl propionate	360	2645	144-39-8
I1440	丁酸甲酯	methyl butyrate methyl butanoate	149	2693	623-42-7
I1441	2-甲基丁酸甲酯	methyl 2-methylbutyrate methyl 2-methylbutanoate	205	2719	868-57-5

表 2（续）

编　码	中　文　名　称	英　文　名　称	JECFA	FEMA	CAS 号
I1442	丁酸乙酯	ethyl butyrate ethyl butanoate	29	2427	105-54-4
I1443	异丁酸乙酯 2-甲基丙酸乙酯	ethyl isobutyrate ethyl 2-methylpropanoate	186	2428	97-62-1
I1444	2-甲基丁酸乙酯	ethyl 2-methylbutyrate ethyl 2-methylbytanoate	206	2443	7452-79-1
I1445	3-羟基丁酸乙酯	ethyl 3-hydroxybutyrate ethyl *β*-hydroxybutyrate ethyl 3-hydroxybutanoate	594	3428	5405-41-4
I1446	丁二酸二乙酯 琥珀酸二乙酯	diethyl succinate ethyl succinate diethyl ethanedicarboxylate diethyl butanedioate	617	2377	123-25-1
I1447	异丁酸甲酯	methyl isobutyrate	185	2694	547-63-7
I1448	丁酸丁酯	butyl butyrate butyl butanoate	151	2186	109-21-7
I1449	丁酸异丁酯 2-甲基-1-丙醇丁酸酯	isobutyl butyrate buty(iso)butyrate 2-methyl-1-propyl butyrate butyl(iso)butanoate isobutyl butanoate	158	2187	539-90-2
I1450	2-甲基丁酸丁酯	*n*-butyl 2-methylbutyrate	207	3393	15706-73-7
I1451	2-甲基丁酸 2-甲基丁酯	2-methylbutyl 2-methylbutyrate 2-methylbutyl 2-methylbutanoate	212	3359	2445-78-5
I1452	异丁酸丁酯 2-甲基丙酸丁酯	butyl isobutyrate butyl 2-methylpropanoate	188	2188	97-87-0
I1453	丁酸戊酯	amyl butyrate pentyl butyrate amyl butanoate	152	2059	540-18-1
I1454	丁酸异戊酯 丁酸 3-甲基丁酯	isoamyl butyrate isopentyl butyrate amyl(iso)butyrate pentyl(iso)butyrate isopentyl butanoate isoamyl butanoate pentyl(iso)butanoate amyl(iso)butanoate 3-methylbutyl butanoate	45	2060	106-27-4

表 2（续）

编　码	中　文　名　称	英　文　名　称	JECFA	FEMA	CAS 号
I1455	2-甲基丁酸异戊酯 2-甲基丁酸 3-甲基丁酯	isoamyl 2-methylbutanoate 3-methylbutyl 2-methylbutanoate isopentyl 2-methylbutanoate isoamyl 2-methylbutyrate iso-amyl 2-methylbutanoate	51	3505	27625-35-0
I1456	异丁酸异戊酯 2-甲基丙酸 3-甲基丁酯 2-甲基丙酸异戊酯	isopentyl isobutyrate 3-methylbutyl 2-methylpropanoate isoamyl isobutyrate isoamyl 2-methylpropanoate iso-amyl 2-methylpropanoate iso-amyl isobutyrate isopentyl 2-methylpropanoate	49	3507	2050-01-3
I1457	丁酸己酯	hexyl butyrate hexyl butanoate	153	2568	2639-63-6
I1458	2-甲基丁酸己酯	hexyl 2-methylbutanoate hexyl 2-methylbutyrate	208	3499	10032-15-2
I1459	顺式-3-己烯醇丁酸酯 丁酸叶醇酯	*cis*-3-hexenyl butyrate β,γ-hexenyl *n*-butyrate *cis*-3-hexenyl butanoate leaf butyrate	157	3402	16491-36-4
I1460	2-甲基丁酸 3-己烯酯	3-hexenyl 2-methylbutanoate	211	3497	10094-41-4
I1461	异丁酸庚酯 2-甲基丙酸庚酯	heptyl isobutyrate heptyl2-methylpropanoate	190	2550	2349-13-5
I1462	2-甲基丁酸辛酯	octyl 2-methylbutyrate	209	3604	29811-50-5
I1463	1-辛烯-3-醇丁酸酯	1-octen-3-yl butyrate	—	3612	16491-54-6
I1464	丁酸苄酯	benzyl butyrate benzyl butanoate butyric acid, benzyl ester	843	2140	103-37-7
I1465	异丁酸苄酯 2-甲基丙酸苄酯	benzyl isobutyrate benzyl 2-methylpropanoate isobutyric acid, benzyl ester	844	2141	103-28-6
I1466	丁酸苯乙酯 丁酸 2-苯乙酯 丁酸苄基甲酯	phenethyl butyrate 2-phenylethyl butyrate benzylcarbinyl butyrate 2-phenylethyl butanoate	991	2861	103-52-6
I1467	2-甲基丁酸苯乙酯 α-甲基丁酸 β-苯乙酯 2-甲基丁酸苄基甲酯 2-甲基丁酸 2-苯乙酯	phenethyl 2-methylbutyrate β-phenethyl α-methylbutanoate benzylcarbinyl 2-methylbutyrate 2-phenylethyl 2-methylbutanoate	993	3632	24817-51-4

表 2（续）

编码	中文名称	英文名称	JECFA	FEMA	CAS 号
I1468	异丁酸苯乙酯 异丁酸 2-苯乙酯 异丁酸苄基甲酯 2-甲基丙酸苯乙酯 2-甲基丙酸苄基甲酯	phenethyl isobutyrate 2-phenylethyl isobutyrate benzylcarbinyl isobutyrate phenethyl 2-methylpropanoate benzylcarbinyl 2-methylpropanoate	992	2862	103-48-0
I1469	丁酸香叶酯 反式-3,7-二甲基-2,6-辛二烯-1-醇丁酸酯	geranyl butyrate *trans*-3,7-dimethyl-2,6-octadien-1-yl butanoate	66	2512	106-29-6
I1470	异丁酸香叶酯 2-甲基丙酸香叶酯 反式-3,7-二甲基-2,6-辛二烯-1-醇 2-甲基丙酸酯 反式-3,7-二甲基-2,6-辛二烯-1-醇异丁酸酯	geranyl isobutyrate geranyl 2-methylpropanoate *trans*-3,7-dimethyl-2,6-octadien-1-yl 2-methylpropanoate *trans*-3,7-dimethyl-2,6-octadien-1-yl isobutyrate	72	2513	2345-26-8
I1471	丁酸芳樟酯 3,7-二甲基-1,6-辛二烯-3-醇丁酸酯	linalyl butyrate 3,7-dimethyl-1,6-octadien-3-yl butyrate 3,7-dimethyl-1,6-octadien-3-yl butanoate linalool butanoate	361	2639	78-36-4
I1472	异丁酸芳樟酯 3,7-二甲基-1,6-辛二烯-3-醇异丁酸酯 3,7-二甲基-1,6-辛二烯-3-醇 2-甲基丙酸酯 2-甲基丙酸芳樟酯	linalyl isobutyrate 3,7-dimethyl-1,6-octadien-3-yl isobutanoate linalool isobutyrate 3,7-dimethyl-1,6-octadien-3-yl 2-methylpropanoate linalool 2-methylpropanoate	362	2640	78-35-3
I1473	当归酸异丁酯 顺式-2-甲基-2-丁烯酸异丁酯	isobutyl angelate isobutyl *cis*-2-methyl-2-butenoate	1213	2180	7779-81-9
I1474	异丁酸橙花酯 顺式-3,7-二甲基-2,6-辛二烯-1-醇 2-甲基丙酸酯 顺式-3,7-二甲基-2,6-辛二烯-1-醇异丁酸酯 2-甲基丙酸橙花酯	neryl isobutyrate *cis*-3,7-dimethyl-2,6-octadien-1-yl 2-methylpropanoate *cis*-3,7-dimethyl-2,6-octadien-1-yl isobutyrate neryl 2-methylpropanoate	73	2775	2345-24-6
I1475	戊酸乙酯	ethyl valerate ethyl valerianate ethyl pentanoate	30	2462	539-82-2

表 2（续）

编　码	中　文　名　称	英　文　名　称	JECFA	FEMA	CAS 号
I1476	丁酰乳酸丁酯	butyl butyryllactate lactic acid, butyl ester, butyrate	935	2190	7492-70-8
I1477	异戊酸乙酯 3-甲基丁酸乙酯	ethyl isovalerate ethyl isovalerianate ethyl *β*-methylbutyrate ethyl 3-methylbutanoate ethyl isopentanoate	196	2463	108-64-5
I1478	柳酸丁酯 水杨酸丁酯 邻-羟基苯甲酸丁酯	butyl salicylate *n*-butyl *o*-hydroxybenzoate butyl(2-hydroxyphenyl)formate	901	3650	2052-14-4
I1479	异戊酸丁酯 3-甲基丁酸丁酯	butyl isovalerate butyl isovalerianate butyl 3-methylbutanoate butyl isopentanoate	198	2218	109-19-3
I1480	异戊酸异戊酯 3-甲基丁酸 3-甲基丁酯	isoamyl isovalerate isoamyl isovalerianate amyl(iso)isovalerate pentyl (iso)isovalerate isopentyl isovalerate isopentyl isopentanoate isoamyl 3-methylbutanoate isoamyl isopentanoate 3-methylbutyl 3-methylbutyrate 3-methylbutyl 3-methylbutanoate isopentyl 3-methylbutanoate pentyl(iso)3-methylbutanoate pentyl(iso)isopentanoate amyl(iso)3-methylbutanoate amyl(iso)isopentanoate	50	2085	659-70-1
I1481	异戊酸 3-己烯酯 3-甲基丁酸 3-己烯酯	*cis*-3-hexenyl isovalerate 3-hexenyl 3-methylbutanoate 3-hexenyl isopentanoate 3-hexenyl isovalerate	202	3498	10032-11-8
I1482	异戊酸壬酯 3-甲基丁酸壬酯	nonyl isovalerate nonyl isovalerianate nonyl isopentanoate nonyl 3-methylbutanoate	201	2791	7786-47-2

表 2（续）

编码	中文名称	英文名称	JECFA	FEMA	CAS 号
I1483	异戊酸苯乙酯 异戊酸 2-苯乙酯 3-甲基丁酸苯乙酯 异戊酸苄基甲酯 3-甲基丁酸苄基甲酯 3-甲酸丁酸 2-苯乙酯 异戊酸苄基甲酯	phenethyl isovalerate 2-phenylethyl isovalerate phenethyl 3-methylbutyrate phenethyl isovalerianate benzylcarbinyl isovalerate benzylcarbinyl 3-methylbutanoate 2-phenylethyl 3-methylbutanoate benzylcarbinyl isopentanoate	994	2871	140-26-1
I1484	异戊酸香叶酯 异缬草酸香叶酯 反式-3,7-二甲基-2,6-辛二烯-1-醇 3-甲基丁酸酯 反式-3,7-二甲基-2,6-辛二烯-1-醇异戊酸酯 3-甲基丁酸香叶酯	geranyl isovalerate geranyl isovalerianate *trans*-3,7-dimethyl-2,6-octadien-1-yl 3-methylbutanoate *trans*-3,7-dimethyl-2,6-octadien-1-yl isovalerate *trans*-3,7-dimethyl-2,6-octadien-1-yl isopentanoate geranyl 3-methylbutanoate geranyl isopentanoate	75	2518	109-20-6
I1485	己酸甲酯	methyl hexanoate methyl caproate	—	2708	106-70-7
I1486	2-己烯酸甲酯 *β*-丙基丙烯酸甲酯	methyl 2-hexenoate methyl *β*-propylacrylate	—	2709	2396-77-2
I1487	己酸乙酯	ethyl hexanoate ethyl caproate	31	2439	123-66-0
I1488	3-己烯酸乙酯	ethyl 3-hexenoate	335	3342	2396-83-0
I1489	3-羟基己酸乙酯	ethyl 3-hydroxyhexanoate	601	3545	2305-25-1
I1490	反式-2- 己烯酸乙酯	ethyl trans-2-hexenoate ethyl(*E*)-2-hexenoate	—	3675	27829-72-7
I1491	己酸丙酯	propyl hexanoate propyl caproate	161	2949	626-77-7
I1492	己酸戊酯	amyl hexanoate pentyl hexanoate amyl caproate	163	2074	540-07-8
I1493	己酸异戊酯	isoamyl hexanoate pentyl(iso) hexanoate pentyl(iso)caproate isopentyl hexanoate isopentyl caproate isoamyl caproate	46	2075	2198-61-0
I1494	己酸己酯	hexyl hexanoate hexyl caproate	164	2572	6378-65-0

表 2（续）

编　码	中　文　名　称	英　文　名　称	JECFA	FEMA	CAS 号
I1495	顺式-3-己烯醇己酸酯 己酸叶醇酯	*cis*-3-hexenyl hexanoate *cis*-3-hexenyl caproate	165	3403	31501-11-8
I1496	庚酸乙酯	ethyl heptanoate ethyl heptylate ethyl heptoate	32	2437	106-30-9
I1497	庚酸丙酯	propyl heptanoate propyl heptylate propyl heptoate	168	2948	7778-87-2
I1498	庚酸丁酯	butyl heptanoate butyl heptylate butyl heptoate	169	2199	5454-28-4
I1499	2-甲基-3-巯基呋喃 2-甲基-3-呋喃硫醇	2-methyl-3-furanthiol 2-methyl-3-furylmercaptan	1060	3188	28588-74-1
I1500	辛酸甲酯	methyl octanoate methyl caprylate methyl octylate	173	2728	111-11-5
I1501	辛酸乙酯	ethyl octanoate ethyl caprylate ethyl octylate	33	2449	106-32-1
I1502	顺式-4-辛烯酸乙酯	ethyl *cis*-4-octenoate	338	3344	34495-71-1
I1503	顺式-4，7-辛二烯酸乙酯	ethyl *cis*-4,7-octadienoate ethyl (*Z*)-4,7-octadienoate	339	3682	69925-33-3
I1504	辛酸异戊酯 辛酸 3-甲基丁酯	isoamyl octanoate pentyl(iso) octanoate isopentyl octanoate isoamyl caprylate amyl(iso)octanoate amyl(iso) caprylate pentyl (iso)octylate isopentyl octylate amyl(iso)octylate 3-methylbutyl octanoate isoamyl octylate	47	2080	2035-99-6
I1505	辛酸壬酯	nonyl octanoate nonyl octylate nonyl caprylate	178	2790	7786-48-3
I1506	辛酸苯乙酯 辛酸苄基甲酯 辛酸 2-苯乙酯	phenethyl octanoate benzylcarbinyl octanoate 2-phenylethyl caprylate	996	3222	5457-70-5
I1507	2-壬烯酸甲酯 壬烯酸甲酯	methyl 2-nonenoate neofolione methyl nonylenate	—	2725	111-79-5

表 2（续）

编码	中文名称	英文名称	JECFA	FEMA	CAS 号
I1508	壬酸乙酯	ethyl nonanoate ethyl pelargonate ethyl nonylate	34	2447	123-29-5
I1509	癸酸乙酯	ethyl decanoate ethyl caprate ethyl decylate	35	2432	110-38-3
I1510	反式-2-顺式-4-癸二烯酸乙酯	ethyl *trans*-2,*cis*-4-decadienoate	1192	3148	3025-30-7
I1511	月桂酸乙酯 十二酸乙酯	ethyl laurate ethyl dodecanoate ethyl dodecylate	37	2441	106-33-2
I1512	十四酸甲酯 肉豆蔻酸甲酯	methtyl myristate methyl tetradecanoate	183	2722	124-10-7
I1513	苯甲酸甲酯	methyl benzoate methyl benzenecarboxylate	851	2683	93-58-3
I1514	苯甲酸乙酯	ethyl benzoate ethyl benzenecarboxylate	852	2422	93-89-0
I1515	苯甲酸丙酯	propyl benzoate *n*-propyl benzenecarboxylate	853	2931	2315-68-6
I1516	苯甲酸己酯	hexyl benzoate	854	3691	6789-88-4
I1517	苯甲酸苄酯 苯甲酸苯甲酯	benzyl benzoate benzyl phenylformate benzyl benzenecarboxylate benzoic acid,benzyl ester benzyl alcohol benzoic ester	24	2138	120-51-4
I1518	苯甲酸叶醇酯 顺式-3-己烯醇苯甲酸酯	*cis*-3-hexenyl benzoate (*Z*)-3-hexenyl benzoate	858	3688	25152-85-6
I1519	邻氨基苯甲酸甲酯 2-氨基苯甲酸甲酯	methyl anthranilate *o*-amino methyl benzoate methyl *o*-aminobenzoate methyl 2-aminobenzoate	1534	2682	134-20-3
I1520	苯乙酸甲酯 α-甲苯甲酸甲酯	methyl phenylacetate methyl α-toluate	1008	2733	101-41-7
I1521	苯乙酸乙酯 α-甲苯甲酸乙酯	ethyl phenylacetate α-toluic acid,ethyl ester ethyl α-toluate	1009	2452	101-97-3

表 2（续）

编　码	中　文　名　称	英　文　名　称	JECFA	FEMA	CAS 号
I1522	苯乙酸异戊酯 苯乙酸 3-甲基丁酯	isoamyl phenylacetate isopentyl phenylacetate amyl (iso) phenylacetate pentyl (iso) phenylacetate phenylacetic acid, isopentyl ester isoamyl α-toluate amyl(iso) α-toluate 3-methylbutyl phenylacetate	1014	2081	102-19-2
I1523	苯乙酸苯乙酯 苯乙酸 2-苯乙酯 α-甲苯甲酸 2-苯乙酯 α-甲苯甲酸苄基甲酯 苯乙酸苄基甲酯	phenethyl phenylacetate 2-phenylethyl phenylacetate 2-phenylethyl α-toluate benzylcarbinyl α-toluate benzylcarbinyl phenylacetate	999	2866	102-20-5
I1524	惕各酸乙酯 反式-2-甲基-2-丁烯酸乙酯 反式-2-甲基巴豆酸乙酯	ethyl tiglate ethyl *trans*-2-methyl-2-butenoate ethyl *trans*-2-methylcrotonate	—	2460	5837-78-5
I1525	惕各酸苄酯 反式-2-甲基-2-丁烯酸苄酯	benzyl tiglate benzyl *trans*-2-methyl-2-butenoate	846	3330	37526-88-8
I1526	乳酸乙酯 α-羟基丙酸乙酯 2-羟基丙酸乙酯	ethyl lactate ethyl α-hydroxypropionate ethyl 2-hydroxypropanoate	931	2440	97-64-3
I1527	乳酸丁酯 2-羟基丙酸丁酯	butyl lactate butyl 2-hydroxypropanoate	932	2205	138-22-7
I1528	肉桂酸甲酯 3-苯丙烯酸甲酯 桂酸甲酯	methyl cinnamate methyl 3-phenylpropenoate	658	2698	103-26-4
I1529	肉桂酸乙酯 3-苯丙烯酸乙酯 桂酸乙酯	ethyl cinnamate ethyl 3-phenylpropenoate ethyl phenylacrylate cinnamic acid,ethyl ester	659	2430	103-36-6
I1530	肉桂酸苄酯 β-苯丙烯酸苄酯 3-苯丙烯酸苄酯 桂酸苄酯	benzyl cinnamate cinnamein benzyl β-phenylacrylate cinnamic acid ,benzyl ester benzyl alcohol cinnamic ester benzyl 3-phenylpropenoate 2-propenoic acid,3-phenyl ,phenylmethyl ester	670	2142	103-41-3

表 2（续）

编码	中文名称	英文名称	JECFA	FEMA	CAS 号
I1531	肉桂酸苯乙酯 桂酸苯乙酯 桂酸 2-苯乙酯 β-苯基-丙烯酸 β-苯乙酯 3-苯基-丙烯酸苄基甲酯 3-苯基-丙烯酸 2-苯乙酯	phenethyl cinnamate 2-phenylethyl cinnamate benzylcarbinyl cinnamate β-phenethyl β-phenylacrylate benzylcarbinyl 3-phenylpropenoate 2-phenylethyl 3-phenylpropenoate	671	2863	103-53-7
I1532	肉桂酸肉桂酯 3-苯基-2-丙烯-1-醇-3-苯丙烯酸酯 桂酸桂酯	cinnamyl cinnamate phenylallyl cinnamate 3-phenyl-2-propen-1-yl 3-phenyl-propenoate cinnamyl β-phenylacrylate 3-phenylallyl cinnamate	673	2298	122-69-0
I1533	水杨酸甲酯（柳酸甲酯） 2-羟基苯甲酸甲酯 合成冬青油	methyl salicylate methyl 2-hydroxybenzoate synthetic wintergreen oil	899	2745	119-36-8
I1534	水杨酸乙酯(柳酸乙酯) 2-羟基苯甲酸乙酯	ethyl salicylate ethyl 2-hydroxybenzoate salicylic ether sal ethyl salicylic acid,ethyl ester	900	2458	118-61-6
I1535	水杨酸异戊酯 柳酸异戊酯 邻羟基苯甲酸异戊酯 邻羟基苯甲酸 3-甲基丁酯 水杨酸 3-甲基丁酯	isoamyl salicylate amyl(iso)salicylate amyl(iso)o-hydroxybenzoate pentyl(iso)salicylate isopentyl salicylate isoamyl *o*-hydroxybenzoate 3-methylbutyl *o*-hydroxybenzoate 3-methylbutyl salicylate pentyl(iso)*o*-hydroxybenzoate isopentyl *o*-hydroxybenzoate salicylic acid ,isopentyl ester	903	2084	87-20-7
I1536	肉豆蔻酸乙酯 十四酸乙酯	ethyl myristate ethyl tetradecanoate	38	2445	124-06-1
I1537	油酸乙酯 顺式 9-十八烯酸乙酯	ethyl oleate ethyl *cis*-9-octadecenoate	345	2450	111-62-6
I1538	软脂酸乙酯 棕榈酸乙酯 十六酸乙酯 鲸蜡酸乙酯	ethyl palmitate ethyl hexadecanoate ethyl cetylate	39	2451	628-97-7

表 2（续）

编码	中文名称	英文名称	JECFA	FEMA	CAS号
I1539	二氢茉莉酮酸甲酯 (2-戊基-3-氧代-1-环戊基)-乙酸甲酯	methyl dihydrojasmonate methyl-(2-amyl-3-oxo-1-cyclopentyl)-acetate	—	3408	24851-98-7
I1540	椰子油混合酸乙酯	ethyl ester of coconut oil mixed acid	—	—	—
I1541	柠檬酸三乙酯 2-羟基-1，2，3-丙三羧酸三乙酯	triethyl citrate ethyl citrate triethyl2-hydroxyl-1，2，3-propanetricar boxylate	629	3083	77-93-0
I1542	甲酸大茴香酯 甲酸对-甲氧基苄酯 大茴香醇，甲酸酯 甲酸 4-甲氧基苄酯	anisyl formate *p*-methoxybenzyl formate ester *p*-methoxybenzyl alcohol，formate anisyl methanoate 4-methoxybenzyl formate *p*-methoxybenzyl methanoate anisyl alcohol，formate	872	2101	122-91-8
I1543	顺式-3-己烯醇甲酸酯 甲酸叶醇酯	*cis*-3-hexenyl formate 3-hexenyl methanoate	123	3353	33467-73-1
I1544	乙酸 2-甲基丁酯	2-methylbutyl acetate	138	3644	624-41-9
I1545	乙酸 3-苯丙酯 乙酸氢化肉桂酯 乙酸 *β*-苯丙酯	3-phenylpropyl acetate hydrocinnamyl acetate *β*-phenylpropyl acetate phenylpropyl acetate	638	2890	122-72-5
I1546	乙酸丁香酚酯 乙酰丁香酚 2-甲氧基-4-(2-丙烯-1-基)苯酚乙酸酯 乙酸 4-烯丙基-2-甲氧基苯酯	eugenyl acetate acetyl eugenol 2-methoxy-4-(2-propen-1-yl) phenyl acetate eugenol acetate 4-allyl-2-methoxyphenyl acetate	1531	2469	93-28-7
I1547	4,5-二甲基-2-异丁基-3-噻唑啉 2,5-二氢-4,5-二甲基-2-(2-甲基丙基)噻唑	4,5-dimethyl-2-isobutyl-3-thiazoline 2-isobutyl-4,5-dimethyl-3-thiazoline 2， 5-dihydro-4， 5-dimethyl-2-(2-methylpropyl)thiazole	1045	3621	65894-83-9
I1548	乙酸异胡薄荷酯 1-甲基-4-异丙烯基-3-环己醇乙酸酯 对- -8-烯-3-醇乙酸酯	isopulegyl acetate pulegol iso acetate 1-methyl-4-isopropenylcyclohexan-3-yl acetate *p*-menth-8-en-3-yl acetate isopulegol acetate	756	2965	57576-09-7
I1549	1，3，3-三甲基-2-降龙脑乙酸酯 乙酸葑酯	1,3,3-trimethyl-2-norbornanyl acetate fenchyl acetate	1399	3390	13851-11-1
I1550	丙酸甲酯	methyl propionate methyl propanoate	141	2742	554-12-1

表 2（续）

编码	中文名称	英文名称	JECFA	FEMA	CAS 号
I1551	丙烯酸乙酯	ethyl acrylate ethyl propenoate	1351	2418	140-88-5
I1552	乳酸叶醇酯 2-羟基丙酸顺式-3-己烯酯	*cis*-3-hexenyl lactate *cis*-3-hexenyl 2-hydroxypropanoate	934	3690	61931-81-5
I1553	丙酸癸酯	decyl propionate decyl propanoate	146	2369	5454-19-3
I1554	反式-2-丁烯酸乙酯 巴豆酸乙酯 α-巴豆酸乙酯	ethyl *trans*-2-butenoate ethyl crotonate ethyl α-crotonate	—	3486	10544-63-5 623-70-1
I1555	丁酸丙酯	propyl butyrate propyl butanoate	150	2934	105-66-8
I1556	异丁酸异丙酯 2-甲基丙酸异丙酯	isopropyl isobutyrate propyl iso isobutyrate isopropyl 2-methylpropanoate	309	2937	617-50-5
I1557	2-甲基丁酸异丙酯	isopropyl 2-methylbutyrate	210	3699	66576-71-4
I1558	异丁酸己酯 2-甲基丙酸己酯	hexyl isobutyrate hexyl 2-methylpropanoate	189	3172	2349-07-7
I1559	丁酸庚酯	heptyl butyrate heptyl butanoate	154	2549	5870-93-9
I1560	异丁酸辛酯 2-甲基丙酸辛酯	octyl isobutyrate octyl 2-methylpropanoate	192	2808	109-15-9
I1561	异丁酸 3-苯丙酯 异丁酸氢化肉桂酯 2-甲基丙酸 3-苯丙酯 2-甲基丙酸氢化肉桂酯	3-phenylpropyl isobutyrate hydrocinnamyl isobutyrate 3-phenylpropyl 2-methylpropanoate β-phenylpropyl 2-methylpropanoate hydrocinnamyl 2-methylpropanoate	640	2893	103-58-2
I1562	丁酸香茅酯 3,7-二甲基-6-辛烯-1-醇丁酸酯	citronellyl butyrate 3,7-dimethyl-6-octen-1-yl butyrate citronellyl butanoate	65	2312	141-16-2
I1563	丁酸肉桂酯 3-苯基-2-丙烯-1-醇丁酸酯 丁酸 3-苯基烯丙酯	cinnamyl butyrate 3-phenyl-2-propen-1-yl butanoate butyric acid, 3-phenyl-2-propen-1-yl ester 3-phenylallyl butyrate	652	2296	103-61-7
I1564	异戊酸甲酯 3-甲基丁酸甲酯	methyl isovalerate methyl isovalerianate methyl isopentanoate methyl 3-methylbutyrate methyl 3-methylbutanoate	195	2753	556-24-1
I1565	异戊酸异丁酯	isobutyl isovalerate	203	3369	589-59-3

表 2（续）

编　码	中　文　名　称	英　文　名　称	JECFA	FEMA	CAS 号
I1566	异戊酸 2-甲基丁酯 3-甲基丁酸 2-甲基丁酯 异戊酸 2-甲基丁酯	2-methylbutyl isovalerate 2-methylbutyl 3-methylbutanoate 2-methylbutyl isopentanoate 2-methylbutyl isovalerianate	204	3506	2445-77-4
I1567	异戊酸苄酯 3-甲基丁酸苄酯	benzyl isovalerate benzyl isovalerianate benzyl 3-methylbutanoate benzyl isopentanoate	845	2152	103-38-8
I1568	2-戊基吡啶	2-pentylpyridine 2-amylpyridine	1313	3383	2294-76-0
I1569	异戊酸肉桂酯 异戊酸 3-苯基烯丙酯 3-甲基丁酸 3-苯基烯丙酯 3-苯基-2-丙烯-1-醇-3-甲基丁酸酯 3-甲基丁酸桂酯	cinnamyl isovalerate cinnamyl isovalerianate 3-phenylallyl isovalerate 3-phenylallyl 3-methylbutanoate 3-phenyl-2-propen-1-yl 3-methylbutanoate cinnamyl 3-methylbutanoate	654	2302	140-27-2
I1570	异戊酸薄荷酯 异戊酸对　-3-酯 3-甲基丁酸薄荷酯 异缬草酸薄荷酯 1-异丙基-4-甲基环己基-2-醇-3-甲基丁酸酯	menthyl isovalerate validol *p*-menth-3-yl isovalerate menthyl 3-methylbutanoate menthyl isovalerianate menthyl isopentanoate 1-isopropyl-4-methylcyclohex-2-yl 3-methylbutanoate methyl isovalerianate menthol isovalerate	432	2669	16409-46-4
I1571	3-己烯酸甲酯	methyl3-hexenoate	334	3364	2396-78-3
I1572	正己酸异丁酯 2-甲基-丙-1-醇己酸酯	isobutyl caproate isobutyl hexanoate butyl iso hexanoate butyl iso caproate 2-methyl-1-propyl caproate	166	2202	105-79-3
I1573	己酸烯丙酯 己酸 2-丙烯酯	allyl hexanoate 2-propenyl hexanoate allyl caproate	3	2032	123-68-2
I1574	己酸芳樟酯 3,7-二甲基-1,6-辛二烯-3-醇己酸酯	linalyl hexanoate linalyl caproate linalyl hexoate linalyl capronate 3,7-dimethyl-1,6-octadien-3-yl hexanoate	364	2643	7779-23-9

表 2（续）

编码	中文名称	英文名称	JECFA	FEMA	CAS 号
I1575	3,7-二甲基-6-辛烯酸甲酯 香茅酸甲酯	methyl 3,7-dimethyl-6-octenoate methyl citronellate	354	3361	2270-60-2
I1576	3-壬烯酸甲酯	methyl 3-nonenoate	340	3710	13481-87-3
I1577	9-十一烯酸甲酯	methyl 9-undecenoate methyl undecylenate	342	2750	5760-50-9
I1578	十一酸乙酯	ethyl undecanoate ethyl undecylate ethyl hendecanoate	36	3492	627-90-7
I1579	十四酸异丙酯 肉豆蔻酸异丙酯	isopropyl myristate isopropyl tetradecanoate	311	3556	110-27-0
I1580	*N*-甲基邻氨基苯甲酸甲酯 2-甲基氨基苯甲酸甲酯 甲基代邻氨基苯甲酸甲酯	methyl *N*-methylanthranilate dimethyl anthranilate 2-methylamino methyl benzoate methyl *o*-methylaminobenzoate methyl 2- methylaminobenzoate	1545	2718	85-91-6
I1581	邻氨基苯甲酸乙酯 2-氨基苯甲酸乙酯	ethyl anthranilate ethyl 2-aminobenzoate ethyl *o*-aminobenzoate	1535	2421	87-25-2
I1582	苯甲酸异戊酯 苯甲酸 3-甲基丁酯	isoamyl benzoate pentyl (iso) benzoate isopentyl benzoate amyl (iso) benzoate benzoic acid,isopentyl ester 3-methylbutyl benzoate	857	2058	94-46-2
I1583	苯甲酸苯乙酯 苯甲酸 2-苯乙酯 苯甲酸苄基原酯	phenethyl benzoate 2-phenylethyl benzoate benzyl carbinyl benzoate	—	2860	94-47-3
I1584	苯乙酸异丁酯 α-甲苯甲酸异丁酯 苯乙酸 2-甲基丙酯	isobutyl phenylacetate butyl iso phenylacetate isobutyl α-toluate 2-mthylpropyl phenylacetate	1013	2210	102-13-6
I1585	苯乙酸己酯 α-甲苯甲酸己酯	hexyl phenylacetate phenylacetic acid,hexyl ester hexyl α-toluate	1015	3457	5421-17-0
I1586	苯丙酸乙酯 氢化肉桂酸乙酯 二氢桂酸乙酯	ethyl 3-phenylpropionate ethyl hydrocinnamate ethyl dihydrocinnamate	644	2455	2021-28-5
I1587	环己基羧酸甲酯 环己基甲酸甲酯	methyl cyclohexanecarboxylate	962	3568	4630-82-4
I1588	大茴香酸甲酯 对-甲氧基苯甲酸甲酯	methyl *p*-anisate methyl *p*-methoxybenzoate	884	2679	121-98-2

表 2（续）

编　码	中　文　名　称	英　文　名　称	JECFA	FEMA	CAS 号
I1589	大茴香酸乙酯 对-甲氧基苯甲酸乙酯	ethyl *p*-anisate ethyl *p*-methoxybenzoate	885	2420	94-30-4
I1590	水杨酸苯乙酯 水杨酸 2-苯乙酯 2-羟基苯甲酸 2-苯乙酯 2-羟基苯甲酸苄基甲酯 水杨酸苄基甲酯 柳酸苯乙酯	phenethyl salicylate 2-phenylethyl salicylate 2-phenylethyl 2-hydroxybenzoate benzylcarbinyl 2-hydroxybenzoate benzylcarbinyl salicylate	905	2868	87-22-9
I1591	月桂酸异戊酯 十二酸异戊酯	isoamyl laurate isoamyl dodecanoate amyl (iso) laurate amyl (iso) dodecanoate pentyl (iso) dodecanoate isopentyl laurate isopentyl dodecanoate isopentyl dodecylate	182	2077	6309-51-9
I1592	亚油酸甲酯 亚油酸甲酯(48%)，亚麻酸甲酯（52%）混合物 亚麻酸甲酯	methyl linoleate methyl linoleate(48%)methyl linolenate (52%) mixture methyl linolenate	346	3411	301-00-8
I1593	茉莉酮酸甲酯 (2-戊烯-2-基-3-氧代-1-环戊基)乙酸甲酯	methyl jasmonate methyl (2-pent-2-enyl-3-oxo-1-cyclopentyl) acetate jasmoneige(NIPZ)	1400	3410	1211-29-6 39924-52-2
I1594	柳酸苄酯 水杨酸苄酯 邻-羟基苯甲酸苄酯 2-羟基苯甲酸苄酯	benzyl salicylate benzyl *o*-hydroxybenzoate salicylic acid，benzyl ester benzoic acid, 2-hydroxy, phenylmethyl ester	904	2151	118-58-1
I1595	肉桂酸异丁酯 β-苯丙烯酸 2-甲基丙酯 3-苯丙烯酸 2-甲基丙酯 桂酸 2-甲基丙酯 β-苯丙烯酸异丁酯 3-苯丙烯酸异丁酯	isobutyl cinnamate butyl iso cinnamate 2-methylpropyl β-phenylacrylate 2-methylpropyl 3-phenylacrylate 2-mehylpropyl cinnamate isobutyl β-phenylacrylate isobutyl 3-phenylpropenoate cinnamic acid isobutyl ester labdanol	664	2193	122-67-8

表 2（续）

编　码	中　文　名　称	英　文　名　称	JECFA	FEMA	CAS 号
I1596	肉桂酸 3-苯丙酯 桂酸氢化桂酯 3-苯丙烯酸氢化桂酯 β-苯丙烯酸 3-苯丙酯	3-phenylpropyl cinnamate hydrocinnamyl cinnamate hydrocinnamyl 3-phenylpropenoate 3-phenylpropyl β-phenylacrylate β-phenylpropyl cinnamate 3-phenylpropyl 3-phenylpropenoate	672	2894	122-68-9
I1597	酒石酸二乙酯 2,3-二羟基丁二酸二乙酯 2,3-二羟基琥珀酸二乙酯	diethyl tartrate diethyl 2,3-dihydroxybutanedioate ethyl tartrate diethyl 2,3-dihydroxysuccinate	622	2378	87-91-2
I1598	菸酸甲酯 3-吡啶羧酸甲酯 3-甲氧甲酰基吡啶	methyl nicotinate methyl 3-pyridinecarboxylate 3-carbomethoxypyridine	1320	3709	93-60-7
I1599	惕各酸苯乙酯 惕各酸 2-苯乙酯 反式 2,3-二甲基丙烯酸 2-苯乙酯	phenethyl tiglate 2-phenylethyl tiglate 2-phenylethyl trans-2, 3-dimethylacrylate	997	2870	55719-85-2
I1600	3-乙酰基-2,5-二甲基噻吩	3-acetyl-2,5-dimethylthiophene 2,5-dimethyl-3-acetylthiophene	1051	3527	2530-10-1
I1601	3,5,5-三甲基-1-乙醇 三甲基己醇 异壬醇	3,5,5-trimethyl-1-hexanol trimethylhexyl alcohol isononanol	268	3324	3452-97-9
I1602	丁酸茴香酯 丁酸 4-甲氧基苄酯 丁酸对-甲氧基苄酯	anisyl butyrate 4-methoxybenzyl butanoate p-methoxybenzyl butyrate	875	2100	6963-56-0
I1603	异戊酸龙脑酯 3-甲基丁酸龙脑酯	bornyl isovalerate bornyl 3-isopentanoate bornyl 3-methylbutyrate bornyl isovalerianate bornyval	1393	2165	76-50-6
I1604	2,6-二甲基-4-庚醇 二异丁基原醇	2,6-dimethyl-4-heptanol diisobutyl carbinol	303	3140	108-82-7
I1605	苯甲酸异丁酯	isobutyl benzoate	856	2185	120-50-3
I1606	甲酸橙花酯 顺式-3,7-二甲基-2,6-辛二烯-1-醇甲酸酯	neryl formate cis-3, 7-dimethyl-2, 6-octadien-1-yl formate	55	2776	2142-94-1
I1607	乙酸甲基苄醇酯(邻-、间-、对-混合物	methylbenzyl acetate (mixed o-, m-, p-)	863	3702	30676-70-1

表 2（续）

编　码	中　文　名　称	英　文　名　称	JECFA	FEMA	CAS 号
I1608	顺式和反式-对 1,(7)8-二烯-2-醇乙酸酯	*cis*-and *trans*-p-1,(7)8-menthadien-2-yl acetate menthadienyl acetate	1098	3848	71660-03-2
I1609	乙酸龙脑烯醇酯 2-(2,2,3-三甲基环戊-3-烯基)乙醇乙酸酯	campholene acetate 2-(2, 2, 3-trimethylcyclopent-3-enyl)ethyl acetate	969	3657	36789-59-0
I1610	丙酸丙酯	propyl propionate	142	2958	106-36-5
I1611	丙酸丁酯	*n*-butyl propionate	143	2211	590-01-2
I1612	丙酸己酯	hexyl propionate	144	2576	2445-76-3
I1613	丙酮酸乙酯 乙酰基甲酸乙酯	ethyl pyruvate ethyl acetylformate	938	2457	617-35-6
I1614	丁酸辛酯	octyl butyrate	155	2807	110-39-4
I1615	异丁酸丙酯 2-甲基丙酸丙酯	*n*-propyl isobutyrate propyl 2-methylpropanoate	187	2936	644-49-5
I1616	异丁酸异丁酯	isobutyl isobutyrate	194	2189	97-85-8
I1617	异丁酸香茅酯 3,7-二甲基-6-辛烯-1-醇异丁酸酯	citronellyl isobutyrate 3, 7-dimethyl-6-octen-1-yl isobutyrate	71	2313	97-89-2
I1618	反式-2-丁烯酸叶醇酯	(*Z*)-3-Hexenyl(*E*)-2-butenoate	1276	3982	65405-80-3
I1619	丁二酸单薄荷酯	momo-menthyl succinate	447	3810	77341-67-4
I1620	正戊酸正戊酯	pentyl valerate	—	—	2173-56-0
I1621	异戊酸辛酯 3-甲基丁酸辛酯	octyl isovalerate octyl 3-methyl butyrate	200	2814	7786-58-5
I1622	己酸丁酯	butyl hexanoate butyl caproate	162	2201	626-82-4
I1623	己酸苯乙酯 2-苯基乙醇己酸酯 苄基原醇己酸酯	phenethyl hexanoate 2-phenylethyl caproate 2-phenylethyl hexanoate benzyl carbinyl caproate benzyl carbinyl hexanoate phenethyl caproate	995	3221	6290-37-5
I1624	顺式-3-己烯醇异丁酸酯 异丁酸叶醇酯	(*Z*)-3-hexenyl isobutyrate leaf isobutyrate	1275	3929	41519-23-7
I1625	辛酸己酯	hexyl octanoate	175	2575	1117-55-1
I1626	2-辛烯酸乙酯	ethyl 2-octenoate	—	3643	2351-90-8
I1627	2,4,7-癸三烯酸乙酯	ethyl 2,4,7-decatrienoate	1193	3832	78417-28-4
I1628	苯甲酸芳樟酯 3,7-二甲基-1,6-辛二烯-3-醇苯甲酸酯	linalyl benzoate 3,7-dimethyl-1,6-octadien-3-yl benzoate	859	2638	126-64-7

表 2（续）

编　码	中　文　名　称	英　文　名　称	JECFA	FEMA	CAS 号
I1629	惕各酸叶醇酯 反式-2-甲基-2-丁烯酸顺式-3-己烯醇酯 反式-2-甲基-2-丁烯酸叶醇酯	(*Z*)-3-hexenyl (*E*)-2-methyl2-butenoate *cis*-3-hexenyl tigalate	1277	3931	67883-79-8
I1630	2-丁烯酸异丁酯	isobutyl 2-butenoate	1206	3432	589-66-2
I1631	3-甲基丁酸己酯	hexyl 3-methyl butanoate	199	3500	10032-13-0
I1632	顺式-3-己烯酸顺式-3-己烯醇酯	*cis*-3-hexenyl *cis*-3-hexenoate	336	3689	61444-38-0
I1633	3-羟基己酸甲酯 β-羟基己酸甲酯	methyl 3-hydroxyhexanoate methyl 3-hydroxycaproate methyl β-hydroxyhexanoate methyl β-hydroxycaproate	600	3508	21188-58-9
I1634	苯甲酸香叶酯 反式-3,7-二甲基-2,6-辛二烯-1-醇苯甲酸酯	geranyl benzoate *trans*-3,7-dimethyl-2,6-octadien-1-yl benzoate	860	2511	94-48-4
I1635	琥珀酸二甲酯 丁二酸二甲酯 丁二酸甲酯 琥珀酸甲酯	dimethyl succinate dimethyl butanedioate methyl butanedioate methyl succinate	616	2396	106-65-0
I1636	硬脂酸乙酯 十八酸乙酯	ethyl stearate ethyl octadecanoate	40	3490	111-61-5
I1637	3-甲基-2-丁烯-1-醇乙酸酯	prenyl acetate 3-methyl-2-buten-1-ol acetate 3-methyl-2-butenyl acetate	—	4202	1191-16-8
I1638	己酸反式-2-己烯酯	*trans*-2-hexenyl hexanoate	1381	3983	53398-86-0
I1639	甲酸龙脑酯 2-莰烷醇甲酸酯	bornyl formate 2-camphanyl formate borneol formate bornyl mentanoate endo-2-bornanyl formate	1389	2161	7492-41-3
I1640	顺式-4-庚烯酸乙酯	ethyl *cis*-4- heptenoate 4-heptenoic acid,ethyl ester,(*Z*) ethyl hept-4-enoate,(*Z*)	1281	3975	39924-27-1
I1641	辛酸戊酯 正戊醇辛酸酯	amyl octanoate amyl caprylate amyl octylate *n*-amyl(pentyl) octanoate *n*-pentyl octylate pentyl octanoate	174	2079	638-25-5
I1642	4-甲基戊酸甲酯 异丁基乙酸甲酯 异己酸甲酯	methyl 4-methylvalerate methyl 4-methylpentanoate methyl isobutylacetate methyl isocaproate	216	2721	2412-80-8

表 2（续）

编　码	中　文　名　称	英　文　名　称	JECFA	FEMA	CAS 号
I1643	乙酸胡椒酯 乙酸洋茉莉酯 3,4-亚甲基二氧代苄醇乙酸酯	heliotropin acetate heliotropyl acetate 3,4-methylenedioxybenzyl acetate 1, 3-benzodioxole-5-methanol, acetate	894	2912	326-61-4
I1644	丙酸肉桂酯 丙酸 3-苯基-2-丙烯酯 丙酸 γ-苯基-2-丙烯-1-酯 丙酸 3-苯基-2-丙烯-1-酯 丙酸 3-苯基烯丙酯	cinnamyl propionate 3-phenyl-2-propenyl propanoate γ-phenylallyl propionate 3-phenyl-2-propen-1-yl propionate 3-phenylallyl propionate	651	2301	103-56-0
I1645	异丁酸苏合香酯 异丁酸 α-甲基苄酯 异丁酸甲基苯基原酯 异丁酸 1-苯基-1-乙酯 2-甲基丙酸 α-甲基苄酯 2-甲基丙酸 1-苯基-1-乙酯	styrallyl isobutyrate α-methylbenzyl isobutyrate methyl phenylcarbinyl isobutyrate 1-phenyl-1-ethyl isobutyrate α-methylbenzyl 2-methylpropanoate 1-phenyl-1-ethyl 2-methylpropanoate	804	2687	7775-39-5
I1646	异丁酸十二酯 2-甲基丙酸十二酯 异丁酸月桂酯 2-甲基丙酸月桂酯	dodecyl isobutyrate dodecyl 2-methylpropanoate lauryl isobutyrate lauryl 2-methylpropanoate	193	3452	6624-71-1
I1647	异丁酸松油酯 对- -1-烯-8-醇异丁酸酯	terpinyl isobutyrate *p*-menth-1-en-8-yl isobutyrate	371	3050	7774-65-4
I1648	水杨酸异丁酯 水杨酸 2-甲基-丙-1-醇酯 邻-羟基苯甲酸 2-甲基丙酯 邻-羟基苯甲酸异丁酯	isobutyl salicylate 2-methyl-1-propyl salicylate 2-methylpropyl *o*-hydroxybenzoate iso butyl *o*-hydroxybenzoate	902	2213	87-19-4
I1649	肉桂酸异戊酯 3-苯基丙烯酸异戊酯 β-苯基丙烯酸异戊酯	isoamyl cinnamate isopentyl cinnamate isopentyl 3-phenylpropenoate cinnamic acid, isoamyl ester isopentyl β-phenylacrylate isoamyl β-phenylacrylate	665	2063	7779-65-9

表 2（续）

编码	中文名称	英文名称	JECFA	FEMA	CAS号
I1650	乙酸异龙脑酯 乙酸异冰片酯 乙酸外-2-龙脑酯	isobornyl acetate exo-2-bornyl acetate isobornyl ethanoate	1388	2160	125-12-2
I1701	γ-戊内酯 丙位戊内酯 3-戊内酯 3-甲基丁内酯 4-戊内酯 4-甲基-4-羟基丁酸内酯	γ-valerolactone 4-hydroxypentanoic acid, γ-lactone 3-valerolactone 3-methylbutyrolactone γ-valeryllactone 4-valeryllactone pentanolide-1,4 4-methyl-4-hydroxybutanoic acid lactone γ-methyl-γ-butyrolactone	220	3103	108-29-2
I1702	γ-己内酯 丙位己内酯 乙基丁内酯 4-羟基己酸内酯 1,4-己内酯 4-乙基-4-羟基丁酸内酯	γ-hexalactone 4-hydroxyhexanoic acid, γ-lactone tonkalide ethyl butyrolactone γ-caprolactone 4-ethyl-4-hydroxybutanoic acid lactone hexanolide-1,4 γ-ethyl-γ-butyrolactone	223	2556	695-06-7
I1703	γ-庚内酯 丙位庚内酯 4-羟基庚酸内酯 γ-丙基-γ-丁内酯 4-正丙基-4-羟基丁酸内酯 1,4-庚内酯	γ-heptalactone 4-hydroxyheptanoic acid, γ-lactone γ-*n*-propyl-γ-butyrolactone heptanolide-1,4 4-*n*-propyl-4-hydroxybutanoic acid lactone	225	2539	105-21-5
I1704	γ-辛内酯 丙位辛内酯 4-羟基辛酸内酯 4-正丁基-4-羟基丁酸内酯 γ-正丁基-γ-丁内酯 1,4-辛内酯	γ-octalactone 4-hydroxyoctanoic acid, γ-lactone 4-*n*-butyl-4-hydroxybutyric acid lactone octanolide-1,4 γ-*n*-butyl-γ-butyrolactone	226	2796	104-50-7

表 2（续）

编　码	中　文　名　称	英　文　名　称	JECFA	FEMA	CAS 号
I1705	γ-壬内酯 丙位壬内酯 C-18 醛(所谓的) 椰子醛 4-羟基壬酸内酯 γ-戊基丁内酯 1,4-壬内酯 4-正戊酯-4-羟基丁酸内酯	γ-nonalactone aldehyde C-18(so called) γ-amyl butyrolactone 4-hydroxynonanoic acid, γ-lactone prunolide coconut aldehyde nonanolide-1,4 4-*n*-amyl-4-hydroxybutyric acid lactone γ-pelargolactone γ-nonyllactone	229	2781	104-61-0
I1706	γ-癸内酯 丙位癸内酯 4-羟基癸酸内酯 1,4-癸内酯 4-正己基-4-羟基丁酸内酯 γ-正己基-γ-丁内酯	γ-decalactone 4-hydroxydecanoic acid, γ-lactone decanolide-1,4 4-*n*-hexyl-4-hydroxybutanoic acid lactone γ-*n*-hexyl-γ-butyrolactone	231	2360	706-14-9
I1707	γ-十二内酯 丙位十二内酯 4-羟基十二酸内酯 十二内酯-1,4 γ-辛基-γ丁内酯	γ-dodecalactone dodecanolide-1,4 4-hydroxydodecanoic acid, γ-lactone γ-octyl-γ-bytyrolactone	235	2400	2305-05-7
I1708	γ-丁内酯 丙位丁内酯 4-羟基丁酸内酯	γ-butyrolactone 4-hydroxybutyric acid lactone	219	3291	96-48-0
I1709	δ-己内酯 丁位己内酯 5-羟基己酸内酯 5-甲基-5-羟基戊酸内酯 5-甲基-δ-戊内酯	δ-hexalactone 5-hydroxyhexanoic acid lactone δ-caprolactone 5-methyl-5-hydroxypentanoic acid lactone 5-methyl-δ-valerolactone	224	3167	823-22-3
I1710	δ-辛内酯 丁位辛内酯 5-羟基辛酸内酯 δ-丙基-δ-戊内酯 5-丙基-5-羟基戊酸内酯	δ-octalactone 5-hydroxyoctanoic acid lactone δ-propyl-δ-valerolactone 5-propyl-5-hydroxypentanoic acid lactone	228	3214	698-76-0

表 2（续）

编码	中文名称	英文名称	JECFA	FEMA	CAS 号
I1711	δ-壬内酯 丁位壬内酯 5-正丁基-5-羟基戊酸内酯 5-羟基壬酸内酯 5-正丁基-δ-戊内酯	δ-nonalactone hydroxynonanoic acid,δ-lactone 5-*n*-butyl 5-hydroxypentanoic acid lactone 5-hydroxynonaoic acid lactone 5-*n*-butyl-δ-valerolactone	230	3356	3301-94-8
I1712	δ-癸内酯 丁位癸内酯 5-羟基癸酸内酯 1,5-癸内酯 δ-正戊基-δ-戊内酯 5-正戊基-5-羟基戊酸内酯	δ-decalactone 5-hydroxydecanoic acid,δ-lactone decanolide-1,5 δ-*n*-amyl-δ-valerolactone 5-*n*-amyl-5-hydroxypentanoic acid lactone	232	2361	705-86-2
I1713	δ-十一内酯 丁位十一内酯 5-羟基十一酸内酯	δ-undecalactone 5-hydroxyundecanoic acid lactone δ-*n*-hexyl-δ-valerolactone	234	3294	710-04-3
I1714	δ-十二内酯 丁位十二内酯 十二内酯-1,5 δ-正庚基-δ-戊内酯 5-羟基十二酸内酯	δ-dodecalactone 5-hydroxydodecanoic acid lactone dodecanolide-1,5 δ-*n*-heptyl-δ-valerolactone	236	2401	713-95-1
I1715	十五内酯 ω-十五内酯 环十五内酯 15-羟基十五酸,ω-内酯	omega-pentadecalactone cyclopentadecanolide angelica lactone 15-hydroxypentadecanoic acid, omega-lactone thibetolide pentadecanolide exaltolide muscolactone exaltex	239	2840	106-02-5
I1716	5-羟基-2-癸烯酸 δ-内酯 马索亚内酯	5-hydroxy-2-decenoic acid δ-lactone cocolactone massoia lactone	246	3744	51154-96-2
I1717	3-丙叉基苯酞 3-丙叉基苯并呋喃酮	3-propylidenephthalide propyl 2-furanacrylate	1168	2952	17369-59-4
I1718	3-丁叉基苯酞 3-丁叉酞苯并呋喃酮	3-butylidenephthalide ligusticum lactone	1170	3333	551-08-6
I1719	薄荷内酯 5,6,7,7a-四氢-3,6-二甲基-2(4*H*)-苯并呋喃酮	mintlactone 5,6,7,7a-tetrahydro-3,6-dimethyl-2(4*H*)-benzofuranone menthalactone	1162	3764	13341-72-5

表 2（续）

编码	中文名称	英文名称	JECFA	FEMA	CAS号
I1720	δ-十三内酯 丁位十三内酯	δ-tridecalactone	—	—	7370-92-5
I1721	δ-十四内酯 丁位十四内酯	δ-tetradecalactone lactone C-14-D	238	3590	2721-22-4
I1722	5-羟基-2,4-癸二烯酸内酯 6-戊基-α-吡喃酮	5-hydroxy-2,4-decadienoic acid lactone 6-pentyl-alpha-pyrone	245	3696	27593-23-3
I1723	5-羟基-7-癸烯酸内酯 茉莉内酯	5-hydroxy-7-decenoic acid lactone jasmine lactone	247	3745	25524-95-2
I1724	威士忌内酯 4-羟基-3-甲基辛酸丙位内酯 5-丁基-4-甲基二氢-2(3*H*)-呋喃酮	whiskey lactone 4-hydroxy-3-methyloctanoic acid γ-lactone 5-butyl-4-methyldihydro-2(3*H*)-furanone	437	3803	39212-23-2
I1725	二氢猕猴桃内酯 5,6,7,7a-四氢-4,4,7a-三甲基-2(4*H*)苯并呋喃酮 (+/-)-(2,6,6-三甲基-2-羟基环己叉基)乙酸丙位内酯	dihydroactinidiolide 5,6,7,7a-tetrahydro-4,4,7a-trimethyl-2(4*H*)benzofuranone (+/-)-(2,6,6-trimethyl-2-hydroxycyclohexylidene) acetic acid γ-lactone	1164	4020	15356-74-8
I1726	黄葵内酯	ambrettolide	—	2555	123-69-3
I1727	α-当归内酯 4-羟基-3-戊烯酸内酯 5-甲基-2(3*H*) 呋喃酮	α-angelica lactone 4-hydroxy-3-pentenoic acid lactone 5-methyl-2(3*H*)furanone	221	3293	591-12-8
I1728	γ-甲基癸内酯 4-甲基癸内酯 5-己基-5-甲基二氢-2(3*H*)呋喃酮 二氢茉莉酮内酯	γ-methyldecalactone 4-methyldecanolide 5-hexyl-5-methyldihydro-2(3*H*)furanone dihydrojasmone lactone lactojasmon	250	3786	7011-83-8
I1731	β-石竹烯 2-亚甲基-6,10,10-三甲基双环[7.2.0]十一碳-5-烯	β-caryophyllene 2-methylene-6,10,10-trimethylbicyclo[7.2.0]undec-5-ene	1324	2252	87-44-5
I1732	巴伦西亚桔烯 1,2,3,5,6,7,8,8a-八氢-1,8a-二甲基-7-(1-甲基乙烯基)萘	valencene 1,2,3,5,6,7,8,8a-octahydro-1,8a-dimethyl-7-(1-methylethenyl)-naphthalene	1337	3443	4630-07-3
I1733	月桂烯 7-甲基-3-亚甲基-1,6-辛二烯	myrcene 7-methyl-3-methylene-1,6-octadiene	1327	2762	123-35-3

表 2（续）

编　码	中　文　名　称	英　文　名　称	JECFA	FEMA	CAS 号
I1734	*d*-苧烯 双戊烯 香芹烯 1-甲基-4-异丙烯基-1-环己烯 对-1,8(9)-　二烯	*d*-limonene cinene cajeputene *d*-*p*-mentha-1,8-diene kautschin dipentene citrene carvene 1-methyl-4-isopropenyl-1-cyclohex-ene	1326	2633	5989-27-5
I1735	异松油烯 1,4(8)-萜二烯 对-1,4(8)-　二烯 萜品油烯 1-甲基-4-异亚丙基-1-环己烯 对-　-1,4(8)-二烯	terpinolene 1,4(8)-terpadiene *p*-mentha-1,4(8)-diene tereben 1-methyl-4-isopropylidene-1-cyclo-hexene *p*-mentha-1,4(8)-diene terpinene	1331	3046	586-62-9
I1736	罗勒烯 3,7-二甲基-1,3,6-辛三烯 反式-*β*-罗勒烯	ocimene 3,7-dimethyl-1,3,6-octatriene *trans*-*β*-ocimene	1338	3539	13877-91-3
I1737	莰烯 2,2-二甲基-3-亚甲基降冰片烷 3,3,-二甲基-2-亚甲基降莰烷	camphene 2,2-dimethyl-3-methylenenorbornane 3,3-dimethyl-2-methylenenorcamphane	1323	2229	79-92-5
I1738	*α*-蒎烯 2-蒎烯 2,6,6,-三甲基双环-(3,1,1)-2-庚烯	*α*-pinene 2-pinene 2,6,6-trimethylbicyclo-(3,1,1)-2-heptene pinene	1329	2902	80-56-8
I1739	*β*-蒎烯 2(10)-蒎烯 诺品烯 6,6-二甲基-2-亚甲基双环(3,1,1)-庚烷	*β*-pinene 2-(10)-pinene nopinene 6,6-dimethyl-2-methylenebicyclo (3,1,1)-heptane pseudopinene 6,6-dimethyl-2-methylenenorpinane	1330	2903	127-91-3

表 2（续）

编　码	中　文　名　称	英　文　名　称	JECFA	FEMA	CAS 号
I1740	1,8-桉叶素 1,8-环氧-对- 烷 白千层脑	1,8-cineole eucalyptol 1,8-epoxy-*p*-menthane cineole cajeputol	1234	2465	470-82-6
I1741	1,4-桉叶素	1,4-cineole	1233	3658	470-67-7
I1742	二氢香豆素 1,2-苯并二氢吡喃酮 邻-羟基二氢肉桂酸内酯 3,4-二氢(2*H*)-1-苯并吡喃-2-酮 苯并二氢吡喃-2-酮	dihydrocoumarin 1,2-benzodihydropyrone hydrocoumarin *o*-hydroxydihydrocinnamic acid lactone melilotic acid lactone 3,4-dihydro (2*H*)-1-benzopyran-2-one	1171	2381	119-84-6
I1743	1,4-二甲基-4-乙酰基-1-环己烯 1,4-二甲基环己-3-烯基甲基酮	1,4-dimethyl-4-acetyl-1-cyclohexene 1,4-dimethylcyclohex-3-enyl methyl ketone	402	3449	43219-68-7
I1744	2-甲酰基-6,6-二甲基双环[3.1.1]庚-2-烯 桃金娘烯醛	2-formyl-6,6-dimethylbicyclo[3.1.1]-hept-2-ene myrtenal benihinal	980	3395	564-94-3
I1745	1-氧杂螺-(4,5)-2,6,10,10-四甲基-6-癸烯 茶螺烷	2,6,10,10-tetramethyl-1-oxaspiro(4,5)-dec-6-ene theaspirane spiroxide(G-R flavors)	1238	3774	36431-72-8
I1746	1,3,5-十一碳三烯	1,3,5-undecatriene galbanolene	1341	3795	16356-11-9
I1747	对,α-二甲基苯乙烯 1-甲基-4-异丙烯基苯 对-异丙烯基甲苯 2-对-甲苯基丙烯	*p*, α-dimethylstyrene 1-methyl-4-isopropenylbenzene *p*-isopropenyltoluene 2-*p*-tolylpropene	1333	3144	1195-32-0

表 2（续）

编　码	中　文　名　称	英　文　名　称	JECFA	FEMA	CAS 号
I1748	α-水芹烯 2-甲基-5-异丙基-1,3-环己二烯 对-1,5- 二烯 1-甲基-4-异丙基-1,5-环己二烯 二氢-对-异丙基甲苯 二氢-对-伞花烃	α-phellandrene 2-methyl-5-isopropyl-1,3-cyclohexadiene *p*-mentha-1,5-diene 1-methyl-4-isopropyl-1,5-cyclohexadiene 1-methyl-4-propyl iso-1,5-cyclohexadiene 5-isopropyl-2-methyl-1,3-cyclohexadiene dihydro-p-cymene 4-isopropyl-1-methyl-1,5-cyclohexadiene 1-isopropyl-4-methyl-2,4-cyclohexadiene	1328	2856	99-83-2
I1749	红没药烯 γ-没药烯	bisabolene γ-bisabolene	1336	3331	495-62-5
I1750	γ-松油烯 1-甲基-4-异丙基-1,4-环己二烯 对- -1,4-二烯 石荠苧烯 海茴香烯	γ-terpinene 1-methyl-4-isopropyl-1, 4-cyclohexadiene *p*-mentha-1,4-diene crithmene moslene	1340	3559	99-85-4
I1751	6-羟基二氢茶螺烷 6-羟基-2,6,10,10-四甲基-1-氧杂螺环(4,5)癸烷	6-mydroxydihydrotheaspirane 6-hydroxy-2,6,10,10-tetramethyl-1-oxaspiro-(4,5)-decane	—	3549	65620-50-0
I1752	1-甲基-3-甲氧基-4-异丙基苯 3-甲氧基-对-异丙基甲苯 麝香草酚甲醚	1-methyl-3-methoxy-4-isopropylbenzene 3-methoxy-*p*-cymene thymol methyl ether	1246	3436	1076-56-8
I1753	间二甲氧基苯 1,3-二甲氧基苯 二甲基代间苯二酚	*m*-dimethoxybenzene 1,3-dimethoxybenzene dimethyl resorcinol	1249	2385	151-10-0
I1754	对异丙基甲苯 1-甲基-4-异丙苯 4-甲基-1-异丙苯 对-伞花烃 对-异丙基甲苯 对-甲基枯茗烯	*p*-cymene 1-methyl-4-isopropylbenzene 4-methyl-1-isopropylbenzene cymene cymol *p*-isopropyltoluene *p*-methylcumene	1325	2356	99-87-6

表 2（续）

编 码	中 文 名 称	英 文 名 称	JECFA	FEMA	CAS 号
I1755	1-羟基-3,4-二甲苯 3,4-二甲苯酚 3,4-二甲酚	1-hydroxy-3,4-dimethylbenzene 3,4-xylenol 3,4-dimethylphenol	708	3596	95-65-8
I1756	1-甲基萘	1-methylnaphthalene	1335	3193	90-12-0
I1757	1,2-二甲氧基苯 儿茶酚二甲醚	1,2-dimethoxybenzene catechol dimethyl ether	1248	3799	91-16-7
I1758	α-金合欢烯 2,6,10-三甲基-2,6,9,11-十二碳四烯 3,7,11-三甲基-1,3,6,10-十二碳四烯	α-farnesene 2,6,10-trimethyl-2,6,9,11-dodecatetrene 3,7,11-trimethyl-1,3,6,10-dodecatetraene	1343	3839	502-61-4
I1759	苏合香烯 苯乙烯	styrene phenethylene	—	3233	100-42-5
I1760	α-松油烯 对- -1,3-二烯 1-甲基-4-异丙基-1,3-环己二烯 1-异丙基-4-甲基-1,3-环己二烯	α-terpinene *p*-mentha-1,3-diene 1-methyl-4-isopropyl-1,3-cyclohexandiene 1-isopropyl-4-methyl-1,3-cyclohexadiene	1339	3558	99-86-5
I1761	3-蒈烯 3,7,7-三甲基-双环[4.1.0]庚-3-烯	3-carene 3,7,7-trimethyl-bicyclo[4.1.0]hept-3-ene	1342	3821	13466-78-9
I1762	聚苧烯	polylimonene	—	—	9003-73-0
I1763	香菇素	lenthionine	—	—	292-46-6
I1764	氧化石竹烯 4,12,12-三甲基-9-亚甲基-5-氧杂环[8.2.0.$0^{4,6}$]十二烷(1R,4R,6R,10S)	caryophyllene oxide 5-oxatricyclo[8.2.0.$0^{4,6}$]dodecane,4,12,12-tri-methyl-9-methylene-,(1R,4R,6R,10S)	1575	4085	1139-30-6
I1765	2,4,6-三甲基-1,3,5-三氧杂环已烷 三聚乙醛 S-三甲基三氧亚甲基 S-三噁烷	paraldehyde 2,4,6-trimethyl paraacetaldehyde S-trimethyltrioxymethylene S-trioxane	—	4010	123-63-7
I1781	甲硫醇 巯基甲烷	methyl mercaptan methanethiol thiomethyl alcohol methyl sulfhydrate mercaptomethane	508	2716	74-93-1

表 2（续）

编　码	中　文　名　称	英　文　名　称	JECFA	FEMA	CAS 号
I1782	3-甲硫基丙醇 γ-羟丙基甲基硫醚 γ-(甲硫基)丙醇 甲基 3-羟丙基硫醚	3-(methylthio)propanol methionol γ-hydroxypropylmethyl sulfide 3-(methylthio)propyl alcohol γ-(methylmercapto)propyl acohol methyl 3-hydroxypropyl sulfide	461	3415	505-10-2
I1783	正丁硫醇	1-butanethiol *n*-butyl mercaptan	511	3478	109-79-5
I1784	2-甲基-1-丁硫醇	2-methyl-1-butanethiol	515	3303	1878-18-8
I1785	3-甲硫基-1-己醇 3-(甲硫基)-1-己醇	3-(methylthio)-1-hexanol 3-(methylmercapto)-1-hexanol	463	3438	51755-66-9
I1786	1,6-己二硫醇 六亚甲基二硫醇 1,6-二巯基己烷	1,6-hexanedithiol hexamethylene dimercaptan 1,6-dimercaptohexane	540	3495	1191-43-1
I1787	糠基硫醇 2-呋喃基甲硫醇 α-糠硫醇 咖啡醛	furfuryl mercaptan 2-furanmethanethiol 2-furylmethanethiol α-furfuryl mercaptan	1072	2493	98-02-2
I1788	二甲基硫醚 甲硫醚 2-硫杂丙烷	dimethyl sulfide methyl dulfide 2-thiapropane	452	2746	75-18-3
I1789	二甲基二硫醚 甲基二硫醚	dimethyl disulfide methyl disulfide	564	3536	624-92-0
I1790	二甲基三硫醚 甲基三硫醚	dimethyl trisulfide methyl trisulfide	582	3275	3658-80-8
I1791	二丁基硫醚 丁基硫代丁烷	dibutyl sulfide butyl sulfide butylthiobutane	455	2215	544-40-1
I1792	二糠基硫醚 2,2′-(硫代二亚甲基)-二呋喃	2,2′-(thiodimethylene)-difuran 2-furfuryl monosufide bis(2-furfuryl)sulfide difurfuryl sulphide	1080	3238	13678-67-6
I1793	二糠基二硫醚 2,2′-(二硫代二亚甲基)-二呋喃 2-糠基二硫化物 二糠基二硫化物	2,2′-(dithiodimethylene)-difuran 2-furfuryl disulfide difurfuryl disulphide	1081	3146	4437-20-1

表 2（续）

编　码	中　文　名　称	英　文　名　称	JECFA	FEMA	CAS 号
I1794	邻-甲硫基-苯酚 2-甲硫基-苯酚 硫代愈创木酚	*o*-(methylthio)-phenol 2-(methylthio)-phenol thioguaiacol 2-methylmercaptophenol methyl(2-hydroxyphenyl)sulfide 1-hydroxy-2-methylmercapto-benzene	503	3210	1073-29-6
I1795	3-甲硫基丙醛 甲硫基丙醛 *β*-甲硫基丙醛	3-(methylthio)propionaldehyde methylmercaptopropionaldehyde methional 3-(methylmercapto) propionalde-hyde *β*-methiopropionaldehyde *β*-(methylthio)propionaldehyde *β*-(methylmercapto) propionalde-hyde	466	2747	3268-49-3
I1796	8-巯基薄荷酮 对- 烷-3-酮-8-硫醇 8-巯基-对- 烷-3-酮 硫代薄荷酮	*p*-mentha-8-thiol-3-one 8-mercapto-*p*-menthane-3-one thiomenthone	561	3177	38462-22-5
I1797	硫代乙酸糠酯	furfuryl thioacetate furfurylthiol acetate	1074	3162	13678-68-7
I1798	3-甲硫基丙酸甲酯 *β*-甲硫基丙酸甲酯	methyl 3-methylthiopropionate methyl *β*-(methylmercapto) propio-nate methyl *β*-methylthiopropionate	472	2720	13532-18-8
I1799	3-甲硫基丙酸乙酯	ethyl 3-methylthiopropionate	476	3343	13327-56-5
I1800	吲哚 2,3-苯并吡咯 1-苯并(b)吡咯 1-氮茚	indole 2,3-benzopyrrole 1-benzo(b)pyrrole benzopyrrole 1-benzazole	1301	2593	120-72-9
I1801	三甲基胺	trimethylamine	1610	3241	75-50-3
I1802	玫瑰醚 四氢-4-甲基-2-(2-甲基-1-丙烯基)(2*H*)吡喃	rose oxide tetrahydro-4-methyl-2-(2-methyl-1-propenyl)-(2*H*)pyran	1237	3236	16409-43-1

表 2（续）

编码	中文名称	英文名称	JECFA	FEMA	CAS号
I1803	羟基香茅醇 3，7-二甲基-1，7-辛二醇 羟基二氧香茅醇 3,7-二甲基辛烷-1,7-二醇 水合香茅醇	hydroxycitronellol 3,7-dimethyl-1,7-octanediol hydroxydihydrocitronellol 3,7-dimethyloctan-1,7-diol citronellolhydrate	610	2586	107-74-4
I1804	3,5-二甲基-1,2,4-三硫杂环戊烷	3,5-dimethyl-1,2,4-trithiolane	573	3541	23654-92-4
I1805	2-甲基吡嗪 2-甲基-1,4-二嗪	2-methylpyrazine 2-methyl-1,4-diazine	761	3309	109-08-0
I1806	2,3-二甲基吡嗪 2,3-二甲基-1,4-二嗪	2,3-dimethylpyrazine 2,3-dimethyl-1,4-diazine	765	3271	5910-89-4
I1807	2,5-二甲基吡嗪 2,5-二甲基-1,4-二嗪	2,5-dimethylpyrazine 2,5-dimethyl -1,4-diazine 2,5-dimethylpiazine 2,5-dimethylparadiazine	766	3272	123-32-0
I1808	2,3,5-三甲基吡嗪	2,3,5-trimethylpyrazine	774	3244	14667-55-1
I1809	对甲苯基乙醛 对甲基苯乙醛 丁香醛	*p*-tolylacetaldehyde *p*-methylphenylacetaldehyde syringa aldehyde	1023	3071	104-09-6
I1810	2,6,6-三甲基-1或2-环己烯-1-甲醛 α和β-环柠檬醛(50-50)	2,6,6-trimethyl-lor 2-cyclohexen-1-carbox aldehyde α&β-cyclocitral(50-50)	979	3639	432-25-7
I1811	2-甲基-3-异丁基吡嗪 2-异丁基-3-甲基吡嗪	2-isobutyl 3-methylpyrazine 2-butyl(iso)-3-methylpyrazine 2-methyl-3-isobutylpyrazine	773	3133	13925-06-9
I1812	2-甲氧基-3-仲丁基吡嗪 2-甲氧基-3-(1-甲基丙基)吡嗪	2-methoxy-3-(1-methylpropyl)pyrazine 2-methoxy-3-*sec*-butylpyrazine	791	3433	24168-70-5
I1813	2,3-二乙基吡嗪	2,3-diethylpyrazine	771	3136	15707-24-1
I1814	3-乙基-2,6-二甲基吡嗪	3-ethyl-2,6-dimethylpyrazine	776	3150	13925-07-0
I1815	乙酰基吡嗪 甲基吡嗪基酮	acetylpyrazine methyl pyrazinyl ketone	784	3126	22047-25-2
I1816	2-乙酰基-3-乙基吡嗪 2-乙酰基-3-乙基-1,4-二嗪	2-acetyl-3-ethylpyrazine 2-acetyl-3-ethyl-1,4-diazine	785	3250	32974-92-8
I1817	2,3-二乙基-5-甲基吡嗪	2,3-diethyl-5-methylpyrazine	777	3336	18138-04-0

表 2（续）

编　码	中　文　名　称	英　文　名　称	JECFA	FEMA	CAS 号
I1818	5-异丙基-2-甲基吡嗪	5-isopropyl-2-methylpyrazine 2-methyl-5-isopropyl pyrazine	772	3554	13925-05-8
I1819	2,6-二甲基吡啶	2,6-dimethylpyridine	1317	3540	108-48-5
I1820	4-甲基噻唑	4-methylthiazole	1043	3716	693-95-8
I1821	α-甲基肉桂醛 2-甲基-3-苯基-2-丙烯醛	α-methylcinnamaldehyde 2-methyl-3-phenyl-2-propenal 3-phenyl-2-methylacrolein α-methylcinnamic aldehyde	683	2697	101-39-3
I1822	4-甲基-5-噻唑乙醇 4-甲基-5-(β-羟乙基)噻唑 5-羟乙基-4-甲基噻唑 硫噻唑(俗称)	4-methyl-5-thiazolylethanol 4-methyl-5-(β-hydroxyethyl) thiazole 5-hydroxyethyl-4-methylthiazole 5-(2-hydroxyethyl)-4-methylthiazole sulfurol	1031	3204	137-00-8
I1823	2,4,5-三甲基噻唑	2,4,5-trimethylthiazole	1036	3325	13623-11-5
I1824	2-乙基-4-甲基噻唑	2-ethyl-4-methylthiazole	1044	3680	15679-12-6
I1825	5-乙烯基-4-甲基噻唑	4-methyl-5-vinylthiazole	1038	3313	1759-28-0
I1826	2-乙酰基噻唑 甲基 2-噻唑基酮 2-噻唑基甲基酮	2-actylthiazole methyl 2-thiazolyl ketone 2-thiazolyl methyl ketone	1041	3328	24295-03-2
I1827	2-异丙基-4-甲基噻唑	2-isopropyl-4-methylthiazole	1037	3555	15679-13-7
I1828	2-异丁基噻唑	2-isobutylthiazole 2-butyl(iso)thiazole	1034	3134	18640-74-9
I1829	苯并噻唑	benzothiazole	1040	3256	95-16-9
I1830	N-糠基吡咯 1-(2-糠基)吡咯	N-furfuryl pyrrole 1-(2-furfuryl)pyrrole	1310	3284	1438-94-4
I1831	2-乙酰基吡咯 甲基 2-吡咯基酮	methyl 2-pyrrolyl ketone 2-acetylpyrrole 2-pyrrolyl methyl ketone 2-acetopyrrole	1307	3202	1072-83-9
I1832	5,6,7,8-四氢喹喔啉 环己吡嗪(俗称)	5,6,7,8-tetrahydroquinoxaline cyclohexapyrazine"so called" tetrahydroquinoxaline	952	3321	34413-35-9
I1833	2,4,5-三甲基-δ-3-噁唑啉 2,4,5-三甲基-2,5-二氢噁唑	2,4,5-trimethyl-δ-3-oxazoline 2,4,5-trimethyl-2,5-dihydrooxazole	1559	3525	22694-96-8

表 2（续）

编　码	中　文　名　称	英　文　名　称	JECFA	FEMA	CAS 号
I1834	2-甲基-4-丙基-1，3-噁唑烷	2-methyl-4-propyl-1,3-oxathiane	464	3578	67715-80-4
I1835	吡啶	pyridine azine	—	2966	110-86-1
I1836	二丙基二硫醚 丙基二硫代丙烷	propyl disulfide propyldithiopropane dipropyl disulfide	566	3228	629-19-6
I1837	2-戊基硫醇 仲戊硫醇	2-pentanethiol *sec*-amylmercaptan	514	3792	2084-19-7
I1838	邻甲苯硫醇 2-甲基硫代苯酚	*o*-toluenethiol 2-methylthiophenol *o*-tolylmercaptan	528	3240	137-06-4
I1839	苄基硫醇 苯甲硫醇 硫代苄醇 α-甲苯硫醇 苄基硫化氢 α-硫醇甲苯	benzyl mercaptan benzylthiol benzenemethanethiol thiobenzyl alcohol α-toluenethiol benzyl hydrosulfide α-mercaptotoluene phenylmethanethiol	526	2147	100-53-8
I1840	1-对-　烯-8-硫醇 α,α,4-三甲基-3-环己烯-1-甲硫醇 硫代松油醇	1-*p*-menthene-8-thiol α, α, 4-trimethyl-3-cyclohexene-1-methanethiol	523	3700	71159-90-5
I1841	甲基丙基二硫醚 甲基二硫代丙烷	methyl propyl disulfide methyldithiopropane	565	3201	2179-60-4
I1842	甲基苄基二硫醚 甲基苄基二硫化物 苄基二硫代甲烷	methyl benzyl disulfide benzyl methyl disulfide methyl phenylmethyl disulfide benzyldithiomethane	577	3504	699-10-5
I1843	甲基糠基二硫醚 甲基 2-呋喃基甲基二硫醚 糠基甲基二硫醚	methyl furfuryl disulfide methyl 2-furylmethyl disulfide furfuryl methyl disulfide	1078	3362	57500-00-2
I1844	烯丙基二硫醚 二硫化二烯丙基 二硫化 2-丙烯基	allyl disulfide diallyl disulfide 2-propenyl disulfide	572	2028	2179-57-9

表 2（续）

编　码	中　文　名　称	英　文　名　称	JECFA	FEMA	CAS 号
I1845	双(2-甲基-3-呋喃)二硫醚 3,3′-二硫代-γ-双(2-甲基呋喃) 2-甲基-3-呋喃基二硫醚 3,3′-二硫代-2,2′-二甲基二呋喃	bis(2-methyl-3-furyl)disulfide 3,3′-dithio-γ-bis(2-methylfuran) 2-methyl-3-furyl disulfide 3,3′-dithio-2,2′-dimethyldifuran	1066	3259	28588-75-2
I1846	糠甲基硫醚 甲基糠基硫醚	furfuryl methyl sulfide methylfurfuryl sulfide	1076	3160	1438-91-1
I1847	2,6-二甲基硫代苯酚 2,6-二甲基苯基硫醇	2,6-dimethylthiophenol 2,6-xylenethiol 2,6-dimethylbenzenethiol	530	3666	118-72-9
I1848	2-甲基-3(2-糠基)丙烯醛 α-甲基-β-呋喃基丙烯醛 2-糠叉丙醛 2-甲基-3-(2-呋喃基)丙烯醛 2-甲基-3-呋喃基丙烯醛 α-甲基呋喃丙烯醛	2-methyl-3(2-furyl)acrolein α-methyl-β-furylacrolein furfurylidene-2-propanal 2-methyl-3-(2-furyl) propenal 2-methyl-3-furylacrolein "so called" α-methylfurylacrolein	1498	2704	874-66-8
I1849	2-甲基四氢噻吩-3-酮 2-甲基-4,5-二氢-(2*H*)3-噻吩酮 2-甲基-硫杂环戊-3-酮	2-methyltetrahydrothiophen-3-one 2-methyl-4,5-dihydro-(2*H*)3-thiophenone 2-methylthiolan-3-one	499	3512	13679-85-1
I1850	2-甲基-5-(甲硫基)呋喃 2-甲基-5-硫代甲基呋喃	2-methyl-5-(methylthio)furan 2-methyl-5-thiomethylfuran	1062	3366	13678-59-6
I1851	2-羟基-3,5,5-三甲基-2-环己烯酮	2-hydroxy-3, 5, 5-trimethyl-2-cyclohexenone 3,5,5-trimethyl-1,2-cyclohexanedione	426	3459	4883-60-7
I1852	糠酸甲酯 2-糠酸甲酯	methyl 2-furoate methyl pyromucate methyl furoate	746	2703	611-13-2
I1853	硫代乙酸乙酯	ethyl thioacetate acetic acid,thioethyl ester	483	3282	625-60-5
I1854	硫代乙酸丙酯	propyl thioacetate acetic acid,thiopropyl ester	485	3385	2307-10-0
I1855	3-巯基丙酸乙酯 3-硫代丙酸乙酯	ethyl 3-mercaptopropionate ethyl 3-thiopropionate	553	3677	5466-06-8

表2(续)

编码	中文名称	英文名称	JECFA	FEMA	CAS号
I1856	硫代丁酸甲酯 丁酸甲硫醇酯	methyl thiobutyrate thiobutyric acid, methyl ester methanethiol *n*-butyrate	484	3310	2432-51-1
I1857	异硫氰酸烯丙酯 异硫氰酸2-丙烯酯	allyl isothiocyanate 2-propenyl isothiocyanate allyl isosulfocyanate allyl thiocarbonimide allinat(H&R)	1560	2034	57-06-7
I1858	2-硫代糠酸甲酯 糠酸甲硫醇酯 硫代糠酸甲酯	methyl 2-thiofuroate methanethiol furoate thiofuroic acid, methyl ester methyl thiofuroate "so called"	1083	3311	13679-61-3
I1859	3-甲基-1,2,4-三硫杂环己烷 3-甲基-1,2,4-三噻烷	3-methyl-1,2,4-trithiane	574	3718	43040-01-3
I1860	2,3,5,6-四甲基吡嗪	2,3,5,6-tetramethylpyrazine	780	3237	1124-11-4
I1861	2-乙基吡嗪 2-乙基-1,4-二嗪	2-ethylpyrazine 2-ethyl-1,4-diazine	762	3281	13925-00-3
I1862	2-乙基-3,(5或6)-二甲基吡嗪	2-ethyl-3(5 or 6)-dimethylpyrazine	775	3149	13925-07-0
I1863	2-甲氧基-3-异丁基吡嗪	2-methoxy-3-isobutyl pyrazine	792	3132	24683-00-9
I1864	1-甲基-2-乙酰基吡咯 甲基1-甲基吡咯-2-基(甲)酮 1-甲基吡咯-2-基甲基(甲)酮	1-methyl-2-acetylpyrrole methyl 1-methylpyrrol-2-yl ketone 1-methylpyrrol-2-yl methyl ketone 2-acetyl-*N*-methyl pyrrol	1306	3184	932-16-1
I1865	1-乙基-2-乙酰吡咯 1-(*N*-乙基吡咯-2-基)乙酮	1-ethyl-2-acetylpyrrole 1-*N*-ethylpyrrol-2-yl ethanone 1-ethyl-2-acetylazole	1305	3147	39741-41-8
I1866	喹啉 2,3-苯并吡啶	quinoline 1-benzazine leucoline chinoleine 2,3-benzopyridine	—	3470	91-22-5
I1867	6-甲基喹啉 对-甲基喹啉	6-methylquinoline *p*-methylquinoline *p*-toluquinoline	1302	2744	91-62-3
I1868	5-甲基喹噁啉	5-methylquinoxaline	798	3203	13708-12-8

表 2（续）

编　码	中　文　名　称	英　文　名　称	JECFA	FEMA	CAS 号
I1869	哌啶 六氢吡啶	piperidine hexahydropyridine hexazane pentamethylenimine	1607	2908	110-89-4
I1870	β-甲基吲哚 3-甲基吲哚 3-甲基-4,5-苯并吡咯 甲基吲哚	β-methylindole skatole 3-methyl-1*H*-indole 3-methyl-4,5-benzopyrrole	1304	3019	83-34-1
I1871	5-乙基-2-甲基吡啶 2-甲基-5-乙基吡啶	5-ethyl-2-methylpyridine 2-methyl-5-ethylpyridine	1318	3546	104-90-5
I1872	3-乙基吡啶 β-乙基吡啶	3-ethylpyridine β-ethylpyridine β-lutidine	1315	3394	536-78-7
I1873	2-乙酰基吡啶 甲基 2-吡啶基(甲)酮	2-acetylpyridine methyl 2-pyridyl ketone 2-acetopyridine	1309	3251	1122-62-9
I1874	3-乙酰基吡啶 β-乙酰基吡啶 甲基 3-吡啶基(甲)酮 1-(3-吡啶基)乙酮	3-acetylpyridine β-acetylpyridine methyl pyridyl ketone methyl β-pyridyl ketone 1-(3-pyridinyl) ethanone	1316	3424	350-03-8
I1875	甲酸肉桂酯 3-苯基-2-丙烯-1-醇甲酸酯 甲酸 3-苯基烯丙酯	cinnamyl formate 3-phenyl-2-propen-1-yl formate 3-phenylallyl formate cinnamyl methanoate	649	2299	104-65-4
I1876	异戊胺 3-甲基丁胺 1-氨基异戊烷	isopentylamine isoamylamine 3-methylbutylamine 1-aminoisopentane isobutyl carbylamine	1587	3219	107-85-7
I1877	苯乙胺 2-氨基乙基苯 2-苯基乙胺 1-氨基-2-苯基乙烷	phenethylamine 2-aminoethylbenzene 2-phenylethylamine 1-amino-2-phenylethane	1589	3220	64-04-0
I1878	2-甲基-1,3-二硫杂环戊烷	2-methyl-1,3-dithiolane	534	3705	5616-51-3
I1879	6-乙酰氧基二氢茶螺烷 2,6,10,10-四甲基-1-氧杂螺[4.5]-癸-6-醇乙酸酯	6-acetoxydihydrotheaspirane 2,6,10,10-tetramethyl-1-oxaspiro[4.5]-*dec*-6 -yl acetate	—	3651	57893-27-3
I1880	4,5-二甲基噻唑	4,5-dimethyl thiazole	1035	3274	3581-91-7

表 2（续）

编　码	中　文　名　称	英　文　名　称	JECFA	FEMA	CAS 号
I1881	3-巯基己醇	3-mercaptohexanol 3-thiohexan-1-ol 3-thiohexanol	545	3850	51755-83-0
I1882	三硫丙酮 2,2,4,4,6,6-六甲基-1,3,5-三硫杂环己烷	trithioacetone 2,2,4,4,6,6-hexamethyl-1,3,5-trithiane	543	3475	828-26-2
I1883	2,6-二甲基吡嗪	2,6-dimethylpyrazine	767	3273	108-50-9
I1884	2-(甲硫基)乙酸乙酯	ethyl 2-(methylthio)acetate	475	3835	4455-13-4
I1885	3-巯基己醇乙酸酯 乙酸 3-巯基己酯	3-mercaptohexyl acetate 3-thiohexyl acetate 3-thiohexyl ethanoate	554	3851	136954-20-6
I1886	2-(甲基二硫基)丙酸乙酯	ethyl 2-(methyldithio)propionate	581	3834	23747-43-5
I1887	3-(甲硫基)丁酸乙酯	ethyl 3-(methylthio)butyrate	480	3836	—
I1888	丁酸 3-巯基己酯 3-巯基己醇丁酸酯	3-mercaptohexyl butyrate 3-thiohexyl butanoate 3-thiohexyl butyrate	555	3852	136954-21-7
I1889	己酸-3-巯基己酯 3-巯基己醇己酸酯	3-mercaptohexyl hexanoate 3-mercaptohexyl caproate 3-thio-1-hexyl caproate 3-thiohexyl caproate	556	3853	136954-22-8
I1890	糠醇	furfuryl alcohol	451	2491	98-00-0
I1891	四氢糠醇	tetrahydro furfuryl alcohol tetrahydro-2-furan carbinol tetrahydro-2-furanmethanol tetrahydro-2-furylmethanol	1443	3056	97-99-4
I1892	牛磺酸 2-氨基乙基磺酸	taurine 2-aminoethylsulfonic acid	1435	3813	107-35-7
I1893	2-乙基-3-甲基吡嗪	2-ethyl-3-methylpyrazine	768	3155	15707-23-0
I1894	3-甲基-2-丁硫醇	3-methyl-2-butanethiol	517	3304	2084-18-6
I1895	2-甲基-3-四氢呋喃硫醇	2-methyl-3-tetrahydrofuranthiol	1090	3787	57124-87-5
I1896	丙硫醇 1-巯基丙烷	propanethiol 1-mercaptopropane propyl mercaptan	509	3521	107-03-9
I1897	1,3-丙二硫醇 1,3-巯基丙烷 三亚甲基二硫醇	1,3-propanedithiol 1,3-dimercaptopropane trimethylene dimercaptan	535	3588	109-80-8
I1898	烯丙基硫醇 2-丙烯基-1-硫醇	allyl mercaptan(2-propene-1-thiol) allyl sulfhydrate allylthiol	521	2035	870-23-5

表 2（续）

编　码	中　文　名　称	英　文　名　称	JECFA	FEMA	CAS 号
I1899	4-甲氧基-2-甲基-2-丁硫醇	4-methoxy-2-methyl-2-butanethiol	548	3785	94087-83-9
I1900	2-苯乙硫醇	phenylethyl mercaptan 2-phenylethanethiol 2-phenylethyl mercaptan 2-phenylethylthiol	527	3894	4410-99-5
I1901	3-巯基-3-甲基-1-丁醇	3-mercapto-3-methyl-1-butanol 1-mercapto-3-methylbutyl alcohol 3-methyl-3-mercaptobutyl alcohol	544	3854	34300-94-2
I1902	甲基 2-甲基-3-呋喃基二硫醚	methyl 2-methyl-3-furyl disufide	1064	3573	65505-17-1
I1903	甲基乙基硫醚 甲硫基乙烷	methyl ethyl sulfide (methylthio)ethane	453	3860	624-89-5
I1904	甲基苯基二硫醚	methyl phenyl disulfide	576	3872	14173-25-2
I1905	二乙基硫醚 乙硫醚 1,1-硫代二乙烷 3-硫杂戊烷	diethyl sulfide ethyl sulfide 1,1-thiobisethane 3-thiapentane diethyl thioether ethyl monosulfide ethyl thioether sulfodor thioethyl ether	454	3825	352-93-2
I1906	二丙基三硫醚 丙基三硫醚	dipropyl trisulfide propyl trisulfide	585	3276	6028-61-1
I1907	丙烯基丙基二硫醚	propenyl propyl disulfide	570	3227	5905-46-4
I1908	二烯丙基硫醚 2-丙烯基硫醚	allyl sulfide diallyl sulfide 2-propenyl sulfide thioallyl ether	458	2042	592-88-1
I1909	二烯丙基三硫醚	diallyl trisulfide allyl trisulfide	587	3265	2050-87-5
I1910	二烯丙基四硫醚 二烯丙基多硫醚 二烯丙基二,三,四,五硫醚混合物	diallyl tetrasulfide diallyl polysulfide mixture of diallyl di-, tri-, tetra-, and pentasulfides	588	3533	72869-75-1
I1911	2-甲硫甲基-2-丁烯醛 2-乙叉基甲硫基丙醛	2-(methylthio)methyl-2-butenal 2-ethylidenemethional	470	3601	40878-72-6
I1912	3-甲硫基己醛	3-methylthio hexanal	469	3877	38433-74-8
I1913	乙酸环己酯	cyclohexyl acetate cyclohexane acetate	1093	2349	622-45-7

表 2（续）

编　码	中　文　名　称	英　文　名　称	JECFA	FEMA	CAS号
I1914	邻氨基苯乙酮 1-乙酰基-2-氨基苯 2-乙酰基苯胺	*o*-amino acetophenone 1-acetyl-2-aminobenzene 2-acetylanaline	—	3906	551-93-9
I1915	2-甲基-3-甲硫基呋喃	2-methyl-3-(methylthio)furan	1061	3949	63012-97-5
I1916	3-巯基 3-甲基丁醇甲酸酯	3-mercapto-3-methyl-butyl formate	549	3855	50746-10-6
I1917	乙酸 3-甲硫基丙酯 3-乙酰氧基丙基甲基硫醚	3-(methylthio)propyl acetate 3-acetoxypropyl methyl sulfide	478	3883	16630-55-0
I1918	异戊酸甲硫醇酯 3-甲基丁酸甲硫醇酯	S-methyl 3-methylbutanethioate methylthiol isovalerate	487	3864	23747-45-7
I1919	甲硫磺酸 S-甲酯	methyl methanethiosulfonate	—	—	2949-92-0
I1920	2-甲硫基丁酸甲酯	methyl 2-methythio butyrate	486	3708	42075-45-6
I1921	3-甲硫基-1-己醇乙酸酯	3-(methylthio)-1-hexyl acetate	481	3789	51755-85-2
I1922	甲硫醇乙酸酯	S-methyl thioacetate	482	3876	1534-08-3
I1923	(5*H*)-5-甲基-6,7-二氢环戊基并(b)吡嗪 6,7-二氢-5-甲基(5*H*)环戊基吡嗪	(5*H*)-5-methyl-6, 7-dihydro-cyclopenta(b)pyrazine 6, 7-dihydro-5-methyl (5*H*) cyclopentapyrazine	781	3306	23747-48-0
I1924	2-甲氧基吡嗪 2-甲氧基-1,4-二嗪	2-methoxypyrazine 2-methoxy-1,4-diazine	787	3302	3149-28-8
I1925	2-,5 或 6-甲氧基-3-甲基吡嗪	2-,5 or 6-methoxy-3-methyl-pyrazine	788	3183	2847-30-5
I1926	2-乙酰基-3,5(或 6)-二甲基吡嗪	2-acetyl-3,5(or 6)dimethyl pyrazine	786	3327	54300-08-2
I1927	2-乙酰基 3-甲基吡嗪	2-acetyl 3-methyl pyrazine	950	3964	23787-80-6
I1928	四氢吡咯 吡咯烷 四亚甲基亚胺	pyrrolidine tetrahydropyrrole tetramethylenimine	1609	3523	123-75-1
I1929	2-异丁基吡啶 2-(2-甲基丙基)吡啶	2-isobutyl pyridine 2-(2-methylpropyl)pyridine	1311	3370	6304-24-1
I1930	2-乙基-4,5-二甲基噁唑	2-ethyl-4,5-dimethyloxazole	1555	3672	53833-30-0
I1931	硫化铵	ammonium sulfide diammonium sulfide	—	2053	12135-76-1
I1932	2-巯基丙酸乙酯 硫代乳酸乙酯	ethyl 2-mercaptopropionate 2-mercaptopropionic acid, ethyl ester ethyl thiolactate	552	3279	19788-49-9

表 2（续）

编码	中文名称	英文名称	JECFA	FEMA	CAS 号
I1933	*N*-(4-羟基-3-甲氧基苄基)壬酰胺 香兰基壬酰胺	*N*-(4-hydroxy-3-methoxybenzyl)-nonanamide *N*-nonanoyl vanillylamide pelargonyl vanillylamide vanillylnonanamide	1599	2787	2444-46-4
I1934	1,4-二噻烷 1,4-硫杂环己烷	1,4-dithiane 1,4-dithiacyclohexane	456	3831	505-29-3
I1935	桃金娘烯醇 6,6-二甲基双环[3.1.1]庚-2-烯-2-甲醇 10-羟基-2-蒎烯 2-蒎烯-10-醇	myrtenol 6,6-dimethylbicyclo[3.1.1] hept-2-ene-2-methanol 10-hydroxy-2-pinene 2-pinen-10-ol	981	3439	515-00-4
I1936	胡椒碱	piperine	1600	2909	94-62-2
I1937	2,3-二甲基苯并呋喃	2,3-dimethylbenzofuran	1495	3535	3782-00-1
I1938	4-羟基-5-甲基-3(2*H*)呋喃酮(菊苣酮) 4-羟基-5-甲基-2,3-二氢呋喃-3-酮 5-甲基-4-羟基-3(2*H*)呋喃酮	4-hydroxy-5-methyl-3-(2*H*)-furanone 4-hydroxy-5-methyl2,3-dihydrofuran-3-one 5-methyl-4-hydroxy-3(2*H*) furanone	1450	3635	19322-27-1
I1939	γ-紫罗兰酮 4-(2,2-二甲基-6-亚甲基-环己基)-3-丁烯-2-酮 4-(2-亚甲基-6,6-二甲基-环己基)-3-丁烯-2-酮	γ-ionone 4-(2, 2-dimethyl-6-methylene-cyclohexyl)-3-buten-2-one 4-(2-methylene-6, 6-dimethyl-cyclohexyl)-3-buten-2-one	390	3175	79-76-5
I1940	二氢-α-紫罗兰酮 4-(2,6,6-三甲基-2-环己烯-1-基)丁-2-酮	dihydro-alpha-ionone 4-(2,6,6-trimethyl-2-cyclohexen-1-yl)butan-2-one	393	3628	31499-72-6
I1941	*d*-胡椒酮(对- -1烯-3-酮) 4-异丙基-1-甲基-1-环己烯-3-酮	*d*-piperitone(*p*-menth-1-en-3-one) 4-isopropyl-1-methyl-1-cyclohexen-3-one	435	2910	6091-50-5
I1942	胡椒烯酮 对- -1,4(8)-二烯-3-酮 1-甲基-4-异亚丙基-1-环己烯-3-酮	piperitenone *p*-mentha-1,4(8)-dien-3-one 1-methyl-4-isopropylidene-1-cyclohexen-3-one	757	3560	491-09-8
I1943	*l*-天冬氨酸 2-氨基丁二酸	*l*-aspartic acid 2-aminobutanedioc acid	1429	3656	56-84-8

表 2（续）

编码	中文名称	英文名称	JECFA	FEMA	CAS 号
I1944	*d*,*l*-异亮氨酸 2-氨基-3-甲基戊酸	*d*,*l*-isoleucine 2-amino-3-methylpentanoic acid	1422	3295	443-79-8
I1945	焦木酸提取物 木醋酸	pyroligneous acid extract wood vinegar	—	2968	8030-97-5
I1946	醋酸钠	sodium acetate	INS262 (i)	3024	127-09-3
I1947	二醋酸钠	sodium diacetate sodium acid acetate	INS262 (ii)	3900	126-96-5
I1948	琥珀酸二钠	disodium succinate	—	3277	150-90-3
I1949	5′-鸟苷酸二钠	disodium 5-guanylate	INS627	3668	5550-12-9
I1950	5′-肌苷酸二钠	disodium 5-inosinate	INS631	3669	4691-65-0
I1951	磷酸三钙	tricalcium phosphate calcium phosphate, tribase	—	3081	7758-87-4
I1952	δ-十六内酯 5-羟基十六酸内酯	δ-hexadecalactone	—	—	7370-44-7
I1953	(+/−)二氢薄荷内酯	(+/−)dihydromintlactone	1161	4032	92015-65-1
I1954	顺式-4-十二烯醛	(*Z*)-4-dodecenal	—	4036	30390-51-3
I1955	4,5-环氧反式-2-癸烯醛	4,5-epoxy *trans*-2-decenal	1570	4037	188590-62-7
I1956	2-乙基-5-甲基吡嗪	2-ethyl-5-methylpyrazine 2-methyl-5-ethylpyrazine	770	3154	13360-64-0
I1957	顺式-3-顺式-6-壬二烯-1-醇	*cis*-3-*cis*-6-nonadien-1-ol	1283	3885	53046-97-2
I1958	2-甲基-1-丁醇	2-methyl-1- butanol	1199	3998	137-32-6
I1959	异龙脑 外挂-1,7,7-三甲基双环[2.2.1]-庚-2-醇 外挂-2-龙脑 异龙脑基醇	isoborneol exo-1,7,7-trimethylbicyclo[2.2.1] heptan-2-ol exo-2-bornanol exo-2-camphanol isobornyl alcohol	1386	2158	124-76-5
I1960	2-壬醇	2-nonanol	293	3315	628-99-9
I1961	反式-2-辛烯-1-醇	(*E*)-2-octen-1-ol(*trans*-2-octen-1-ol)	1370	3887	18409-17-1
I1962	香芹醇 1-甲基-4-异丙烯基-6-环己烯-2-醇 对 -6,8-二烯-2-醇	carveol 1-methyl-4-isopropenyl-6-cyclohexen-2-ol *p*-mentha-6,8-dien-2-ol	381	2247	99-48-9
I1963	对 烷-2-酮 葛缕薄荷酮 四氢香芹酮	*p*-menthan-2-one carvomenthone tetrahydrocarvone	375	3176	499-70-7

表 2（续）

编　码	中　文　名　称	英　文　名　称	JECFA	FEMA	CAS 号
I1964	4-甲基-3-戊烯-2-酮 异丙叉基丙酮 甲基异丁烯基（甲）酮	4-methyl-3-penten-2-one isopropylideneacetone mesityl oxide methyl isobutenyl ketone	1131	3368	141-79-7
I1965	反式，反式-3，5 辛二烯-2-酮	*trans*，*trans*-3，5-octadien-2-one	1139	4008	30086-02-3
I1966	2-甲基呋喃	2-methyl furan	1487	4179	534-22-5
I1967	3-癸烯-2-酮 庚叉基丙酮	3-decen-2-one heptylideneacetone oenanthylideneacetone	1130	3532	10519-33-2
I1968	2-辛烯-4-酮	2-octen-4-one	1129	3603	4643-27-0
I1970	2-呋喃基-2-丙酮 糠基甲基（甲）酮 呋喃基丙酮	(2-furyl)-2-propanone furfuryl methyl ketone furylacetone methyl furfuryl ketone	1508	2496	6975-60-6
I1972	5-甲基-2，3-己二酮 乙酰基异戊酰	5-methyl-2，3-hexanedione acetylisopentanoyl acetylisovaleryl	414	3190	13706-86-0
I1973	2-甲基-3-戊烯酸	2-methyl-3-pentenoic acid	—	3464	37674-63-8
I1974	*l*-酪氨酸	*l*-tyrosine	1434	3736	60-18-4
I1975	2-氧代戊二酸	2-oxopentanedioic acid	634	3891	328-50-7
I1976	4-茴香酸	4-anisic acid	883	3945	100-09-4
I1977	亚油酸	linoleic acid	332	3380	60-33-3
I1978	甘草酸	glycyrrhizic acid	—	—	1405-86-3
I1979	*l*-胱氨酸	*l*-cystine	—	—	56-89-3
I1980	*l*-蛋氨酸	*l*-methionine	—	—	63-68-3
I1981	*l*-谷氨酰胺	*l*-glutamine	1430	3684	56-85-9
I1982	2-丙硫醇	2-propanethiol isopropyl mercaptan	510	3897	75-33-2
I1983	4-巯基-4-甲基-2-戊酮	4-mercapto-4-methyl-2-pentanone	1293	3997	19872-52-7
I1984	1，2-乙二硫醇 1，2-二巯基乙烷 亚乙基二硫醇	1，2-ethanedithiol 1，2-dimercaptoethane dithioglycol ethylene dimercaptan ethylenedithioglygol ethylene mercaptan	532	3484	540-63-6
I1985	异戊烯基硫醇 3-甲基-2-丁烯-1-硫醇	prenylthiol 3-methyl-2-buten-1-thiol 3-methyl-2-butenthiol-1 3-methyl-2-butenyl mercaptan prenyl mercaptan	522	3896	5287-45-6

表 2（续）

编码	中文名称	英文名称	JECFA	FEMA	CAS号
I1986	甲基蛋氨酸-氯化锍 *d*,*l*-(3-氨基-3-羧基丙基)二甲基氯化锍 维生素 U	*d*,*l*-(3-amino-3-carboxypropyl) dimethylsulfonium chloride *d*,*l*-methylmethionine sulfonium chloride vitamin U	1427	3445	1115-84-0
I1987	2-甲基-3-硫代乙酰氧基-4,5-二氢呋喃 2-甲基-4,5-二氢-3-呋喃硫醇乙酸酯	2-methyl-3-thioacetoxy-4,5-dihydrofuran 2-methyl-4,5-dihydro-3-furanthiol acetate	1089	3636	26486-14-6
I1988	异丁基硫醇 2-甲基-1-丙硫醇	isobutyl mercaptan 2-methyl-1-propanethiol	512	3874	513-44-0
I1989	苯硫酚	benzenethiol thiophenol	525	3616	108-98-5
I1990	异硫氰酸苄酯	benzyl isothiocyanate	1562	—	622-78-6
I1991	甲基烯丙基三硫醚	allyl methyl trisulfide	586	3253	34135-85-8
I1992	2-戊基噻吩	2-pentyl thiophene	—	4387	4861-58-9
I1993	3,5-二乙基-1,2,4-三硫杂环戊烷	3,5-diethyl-1,2,4-trithiolane	—	4030	54644-28-9
I1994	噻吩	thiophene	—	—	110-02-1
I1995	2,4,6-三甲基二氢-4*H*-1,3,5-二噻嗪 5,6-二氢-2,4,6-三甲基-1,3,5-二噻嗪 二氢-2,4,6-三甲基-1,3,5(4*H*) 二噻嗪	2,4,6-trimethyldihydro-4*H*-1,3,5-dithiazine 5,6-dihydro-2,4,6-trimethyl-1,3,5-dithiazine dihydro-2,4,6-trimethyl-1,3,5(4*H*)-dithiazine	1049	4018	638-17-5
I1996	异硫氰酸 3-甲硫基丙酯 3-甲硫基丙醇异硫氰酸酯	3-methylthiopropyl isothiocyanate 3-methylmercaptopropyl isothiocyanate	1564	3312	505-79-3
I1997	3-甲基丁(基)硫醇	3-methylbutanethiol	513	3858	541-31-1
I1998	2-乙酰基-2-噻唑啉 2-乙酰基-4,5-二氢噻唑 乙酰基噻唑啉-2	2-acetyl-2-thiazoline 2-acetyl-4,5-dihydrothiazole acetylthiazoline-2	—	3817	29926-41-8
I1999	甲基丙基三硫醚	methyl propyl trisulfide	584	3308	17619-36-2
I2000	噻唑	thiazole	1032	3615	288-47-1
I2001	吡嗪	pyrazine	951	4015	290-37-9
I2002	甲基 1-丙烯基二硫醚 1-丙烯基甲基二硫醚 甲二硫基-1-丙烯	methyl 1-propenyl disulfide 1-propenyl methyl disulfide methyldithio-1-propene	569	3576	5905-47-5
I2003	甲酸丙酯	propyl formate propyl methanoate	117	2943	110-74-7

表 2（续）

编　码	中　文　名　称	英　文　名　称	JECFA	FEMA	CAS 号
I2004	香兰素 3-(L-　氧基)丙-1,2-二醇缩醛 4-(L-　氧甲基)-2-(3-甲氧基-4-羟苯基)-1,3-二氧杂环戊烷 4-[(2-(甲基乙基)-5-甲基环己氧亚甲基)-2,5-二氧杂环戊烷基]-2-甲氧基苯酚	vanlillin 3-(l-menthoxy)propane-1,2-diol acetal 4-(l-menthoxymethyl)-2 (3-methoxy-4-hydroxyphenyl)-1, 3-dioxolane 4-[2-(methylethyl)-5-methylcycllohexyloxy-methylene-2, 5-dioxolanyl]-2-methoxyphenol	—	3904	180964-47-0
I2005	3-戊烯-2-酮	3-penten-2-one	1124	3417	625-33-2
I2006	十二酸甲酯 月桂酸甲酯	methyl laurate methyl dodecanoate methyl dodecylate	180	2715	111-82-0
I2007	乙酸紫苏酯 对-1,8-　二烯-7-醇乙酸酯	perillyl acetate *p*-mentha-1,8-dien-7-yl acetate 1,8-papa-methadien-7-yl acetate 4-isopropenyl-1-cyclohexenyl carbinol acetate acetic acid,perillyl ester dihydrocuminyl acetate menthadien-7-carbinyl acetate	975	3561	15111-96-3
I2008	苹果酸二乙酯 2-羟基丁二酸二乙酯 羟基琥珀酸二乙酯	diethyl malate diethyl 2-hydroxybutanedioate diethyl hydroxysuccinate ethyl malate	620	2374	7554-12-3
I2009	甲硫基乙酸甲酯	methyl(methylthio)acetate	—	4003	16630-66-3
I2010	2-乙酰基-1-吡咯啉	2-acetyl-1-pyrroline	1604	4249	99583-29-6
I2011	甲酸异丙酯	isopropyl formate isopropyl methanoate	304	2944	625-55-8
I2012	4-甲基-2-戊烯醛	4-methyl-2-pentenal	1208	3510	5362-56-1
I2013	亚油酸乙酯	ethyl linoleate	—	—	544-35-4
I2014	2,4,6-三异丁基-5,6-二氢-4*H*-1,3,5-二噻嗪	2,4,6-triisobutyl-5,6-dihydro-4*H*-1,3,5-dithia zine	1048	4017	74595-94-1
I2015	乙酸十二醇酯 乙酸月桂醇酯	dodecyl acetate acetate C-12 dodecanyl acetate dodecanyl ethanoate lauryl ethanoate	133	2616	112-66-3
I2016	2-乙基丁醛	2-ethyl butyraldehyde 2-ethylbutanal diethylacetaldehyde	256	2426	97-96-1

表 2（续）

编　码	中　文　名　称	英　文　名　称	JECFA	FEMA	CAS 号
I2017	辛酸辛酯	octyl caprylate octyl octanoate octyl octylate	177	2811	2306-88-9
I2018	己醛二乙缩醛 1,1-二乙氧基己烷	hexanal diethyl acetal 1,1-diethoxyhexane	—	—	3658-93-3
I2019	丙酸异丙酯	isopropyl propionate isopropyl propanoate	306	2959	637-78-5
I2020	丁酸反式-2-己烯酯	*trans*-2-hexenyl butyrate	1375	3926	53398-83-7
I2021	异硫氰酸丁酯 丁基芥末油	butyl isothiocyanate 1-isothiocyanatobutane butane,1-isothiocyanato butyl mustard oil isothiocyanic acid,butyl ester *n*-butyl isothiocyanate	1561	4082	592-82-5
I2022	*N*-葡糖酰基乙醇胺	*N*-gluconyl ethanolamine	—	4254	—
I2023	*N*-乳酰基乙醇胺	*N*-lactoyl ethanolamine	—	4256	—
I2024	1-庚烯-3-醇	1-hepten-3-ol	—	4129	4938-52-7
I2025	乙硫醇	ethanethiol	—	—	75-08-1
I2026	六偏磷酸钠	sodium hexametaphosphate calgon giltex hagan phosphate micromet quadrafos sodium metaphosphates	INS452 (i)	3027	10124-56-8
I2027	L-乙酸龙脑酯 (1S-内向)-1,7-三甲基双环[2. 2. 1]-庚烷-2-醇乙酸酯 1,7,7-三甲基-双环[2. 2. 1]-庚-2-醇乙酸酯(1S,2R,4S)	L-bornyl acetate (1S-endo)-1,7-trimethylbicyclo[2. 2. 1]heptan-2-ol acetate bicycle[2. 2. 1]heptan-2-ol,1,7,7-trimethyl-,acetate,(1S,2R,4S)-	—	4080	5655-61-8
I2028	反式-α-突厥酮 1-(2,6,6-三甲基-2-环己烯-1-基)-2-丁烯-1-酮	*trans*-α-damascone 2-buten-1-one,1-(2,6,6-trimethyl-2-cyclohexe *n*-1-yl)-,(2*E*)-trans-1-(2,6,6-trimethyl-2-cyclo hexen-1-yl)but-2-en-1-one	—	4088	24720-09-0

表 2（续）

编码	中文名称	英文名称	JECFA	FEMA	CAS 号
I2029	二乙基二硫醚 3,4-二硫杂己烷 乙二硫基乙烷	diethyl disulfide 3,4-dithiahexane disulfide,diethyl ethyl disulfide ethyl disulphide ethyldithioethane	—	4093	110-81-6
I2030	2,5-二甲基-3(2*H*)呋喃酮	2,5-dimethyl-3(2*H*)furanone	—	4101	14400-67-0
I2031	香叶酸	geranic acid	—	4121	459-80-3
I2032	1-(3-羟基-5-甲基-2-噻吩)乙酮 2-乙酰基-3-羟基-5-甲基噻吩	1-(3-hydroxy-5-methyl-2-thienyl)ethanone 2-acetyl-3-hydroxy-5-methylthiophene	—	4142	133860-42-1
I2033	异黄葵内酯 氧杂环十七碳-10-烯-2-酮	isoambrettolide oxacycloheptadec-10-en-2-one	—	4145	28645-51-4
I2034	异丁酸异龙脑酯	isobornyl isobutyrate	—	4146	85586-67-0 50277-27-5
I2035	*N*-甲基邻氨基苯甲酸异丁酯 2-甲氨基苯甲酸异丁酯	isobutyl *N*-methylanthranilate 2-methylpropyl 2-methylamino-benzoate isobutyl 2-methylaminobenzoate	1548	4149	65505-24-0
I2036	丁酸 3-(甲硫基)丙酯 3-甲硫基丙醇丁酸酯	methionyl butyrate 3-(methylthio)propyl butyrate	—	4160	16630-60-7
I2037	(S1)-甲氧基-3-庚硫醇 1-甲氧基-3-庚硫醇(3S)	(S1)-methoxy-3-heptanethiol 3-heptanethiol, 1-methoxy-,(3S)	—	4162	400052-49-5
I2038	5-Z-辛烯酸甲酯 顺式-5-辛烯酸甲酯	methyl 5-*Z*-octenoate	—	4165	41654-15-3
I2039	*N*-乙酰基邻氨基苯甲酸甲酯 2-乙酰氨基苯甲酸甲酯	methyl *N*-acetylanthranilate benzoic acid, 2-(acetylamino)-, methyl ester	1550	4170	2719-08-6
I2040	3-甲基-2-(3-甲基-2-丁烯基)呋喃	3-methyl-2-(3-methylbut-2-enyl)furan	1494	4174	15186-51-3
I2041	乙酸植醇酯	phytyl acetate	—	4197	10236-16-5
I2042	3,7,11-三甲基十二碳-2,6,10-三烯醇乙酸酯 金合欢醇乙酸酯 乙酸金合欢酯	3, 7, 11-trimethyldodeca-2, 6, 10-trienyl acetate farnesol acetate farnesyl acetate	—	4213	29548-30-9 4218-17-0
I2043	三乙胺 (二乙氨基)乙烷 *N*,*N*-二乙基乙胺	triethylamine (diethylamino) ethane *N*,*N*-diethylethanamine	1600	4246	121-44-8

表 2（续）

编 码	中 文 名 称	英 文 名 称	JECFA	FEMA	CAS 号
I2044	丙酸茴香酯 对甲氧基苄醇丙酸酯	anisyl propionate anisyl propanoate *p*-methoxybenzyl propionate	874	2102	7549-33-9
I2045	丁酸 3-丁酮-2-醇酯	butan-3-one-2-yl butanoate	407	3332	84642-61-5
I2046	异喹啉 2-氮杂萘 3,4-苯并吡啶	isoquinoline 2-azanaphthalene 2-benzazine 3,4-benzopyridine benzopyridine	1303	2978	119-65-3
I2047	2-丙酰噻唑 1-(2-噻唑基)-1-丙酮	2-propionylthiazole 1-(2-thiazolyl)-1-propanone	1042	3611	43039-98-1
I2048	2(4)-异丙基-4(2),6-二甲基二氢(4*H*)-1,3,5-二噻嗪	2(4)-isopropyl-4(2),6-dimethyl-dihydro(4*H*)-1,3,5-dithiazine dimethylisopropyldihydro-1,3,5-dithiazine	1047	3782	104691-41-0
I2049	丁酸松油酯 对 -1-烯-8-醇丁酸酯	terpinyl butyrate *p*-menth-1-en-8-ol butyrate *p*-menth-1-en-8-yl butyrate	370	3049	2153-28-8
I2050	3-正丁基苯酞	3-*n*-butylphthalide	1169	3334	6066-49-5
I2051	2,2-二甲基-5-(1-甲基-1-丙烯基)四氢呋喃	2,2-dimethyl-5-(1-methylpropen-1-yl)tetrahy drofuran ocimen quintoxide	1452	3665	7416-35-5
I2052	L-胡椒酮 (6R)-3-甲基-6-(1-甲基乙基)-2-环己烯-1-酮	L-piperitone 2-cyclohexen-1-one, 3-methyl-6-(1-methyleth yl)-,(6R)-	—	4200	4573-50-6
I2053	3-甲基-2-丁烯-1-醇	3-methyl-2-buten-1-ol prenol	1200	3647	556-82-1
I2054	对 -1-烯-9-醇乙酸酯 9-乙氧基-1-对 烯	1-*p*-menthen-9-yl acetate 9-acetoxy-1-*p*-menthene *p*-menth-1-en-9-yl acetate	972	3566	17916-91-5
I2055	乙酸 2-辛烯醇酯	2-octen-1-yl acetate	1367	3516	3913-80-2
I2056	1-(对-甲氧基苯基)-2-丙酮	1-(*p*-methoxyphenyl)-2-propanone	813	2674	122-84-9
I2057	十八酸丁酯 硬脂酸丁酯	butyl stearate butyl octadecanoate	184	2214	123-95-5
I2058	(+/−)-1-苯乙基硫醇	(+/−)-1-phenylethylmercaptan	—	4061	6263-65-6
I2059	4-异丙基-2-环己烯酮	4-isopropyl-2-cyclohexenone	1110	3939	500-02-7
I2060	邻甲氧基苯甲酸甲酯	methyl *o*-methoxybenzoate	880	2717	606-45-1

表 2（续）

编　码	中　文　名　称	英　文　名　称	JECFA	FEMA	CAS 号
I2061	丙酮醛 2-酮基丙醛 2-氧代丙醛 α-酮基丙醛	pyruvaldehyde 2-ketopropionaldehyde 2-oxopropanal α-ketopropionic aldehyde	937	2969	78-98-8
I2062	甲基乙基三硫醚 2,3,4-三硫杂己烷	methyl ethyl trisulfide 2,3,4-trithiahexane ethyl methyl trisulfide	583	3861	31499-71-5
I2063	2-甲基-2-(甲二硫基)-丙醛 2-(甲二硫基)异丁醛	2-methyl-2-(methyldithio)propanal 2-(methylditho)isobutyraldehyde	—	3866	67952-60-7
I2064	二(甲硫基)甲烷 2,4-二硫杂戊烷 甲醛二甲硫醇缩醛	bis-(methylthio)methane 2,4-dithiapentane bis(methylmercapto)methane formaldehyde dimethyl dithioacetal formaldehyde dimethyl mercaptal methylene bis(methyl sulfide) thioformaldehyde dimethyl acetal	533	3878	1618-26-4
I2065	2,3,5-三硫杂己烷	2,3,5-trithiahexane	1299	4021	423474-44-2
I2066	4-乙基辛酸	4-ethyl octanoic acid 4-ethylcaprylic acid	1218	3800	16493-80-4
I2067	二氢诺卡酮 二氢圆柚酮 1,4,4a,5,6,7,8,8a-八氢-4,4a-二甲基-6-异丙烯基-2(1*H*)萘酮	dihydronootkatone 1,4,4a,5,6,7,8,8a-octahydro-4,4a-dimethyl-6-isopropenyl-2(1*H*)naphthalenone	1407	3776	20489-53-6
I2068	1-乙氧基-3-甲基-2-丁烯 3-甲基-2-丁烯基乙基醚 异戊烯基乙醚	1-ethoxy-3-methyl-2-butene ethyl 3-methyl-2-butenyl ether prenyl ethyl ether	1232	3777	22094-00-4
I2069	2-乙烯基-2-甲基-5-(1-甲基乙烯基)四氢呋喃 5-异丙烯基-2-甲基-2-乙烯基四氢呋喃 脱水芳樟醇氧化物	2-ethenyl-2-methyl-5-(1-methylethenyl)-tetrahydrofuran 5-isopropenyl-2-methyl-2-vinyltetrahydrofuran anhydro linalool oxide dehydroxy linalool oxide	1455	3759	13679-86-2
I2070	异戊酸糠酯 3-甲基丁酸糠醇酯	furfuryl isovalerate furfuryl 3-methylbutanoate	743	3283	13678-60-9
I2071	异戊酸芳樟酯 3,7-二甲基-1,6-辛二烯-3-醇 3-甲基丁酸酯 3,7-二甲基-1,6-辛二烯-3-醇异戊酸酯 3-甲基丁酸芳樟酯	linalyl isovalerate 3,7-dimethyl-1,6-octadien-3-yl 3-methylbutanoate 3,7-dimethyl-1,6-octadien-3-yl isovalerate linalyl 3-methylbutanoate linalool isopentanoate	363	2646	1118-27-0

表 2（续）

编 码	中 文 名 称	英 文 名 称	JECFA	FEMA	CAS 号
I2072	3-甲基-2-丁醇 甲基异丙基原醇	3-methyl-2-butanol methyl isopropyl carbinol	300	3703	598-75-4
I2073	3-甲基-1-戊醇 2-乙基-4-丁醇	3-methyl-1-pentanol 2-ethyl-4-butanol	263	3762	589-35-5
I2074	4-甲基-2-戊酮	4-methyl-2-pentanone	301	2731	108-10-1
I2075	反式-3-顺式-6-壬二烯醇 3,6-壬二烯-1-醇 BRI (*E*)-3-(*Z*)-6-壬二烯-1-醇	(*E*)-3-(*Z*)-6-nonadien-1-ol 3,6-nonadien-1-ol BRI *trans*-3-*cis*-6-nonadienol	1284	3884	56805-23-3
I2076	庚酸甲酯	methyl heptanoate	167	2705	106-73-0
I2077	顺式-3-己烯醇丙酸酯 叶醇丙酸酯	(*Z*)-3-hexenyl propionate	1274	3933	33467-74-2
I2078	反式-2-癸烯酸乙酯	ethyl *trans*-2-decenoate	—	3641	7367-88-6
I2079	2-乙基苯酚	2-ethyl phenol	—	—	90-00-6
I2080	盐酸硫胺素 维生素 B_1 盐酸盐	thiamine hydrochloride thiamine vitamine B_1 hydrochloride	1030	3322	67-03-8
I2081	*N*-甲基吡咯-2-甲醛	*N*-methyl pyrrol -2 -carboxaldehyde	—	—	1192-58-1
I2082	乙酸香兰素酯 3-甲氧基-4-乙酰氧基苯甲醛 乙酰基香兰素	vanillin acetate 3-methoxy-4-acetoxybenzaldehyde acetylvanillin	890	3108	881-68-5
I2083	*l*-组氨酸	*l*-histidine	1431	3694	71-00-1
I2084	*δ*-突厥酮 丁位突厥酮 1-(2,6,6-三甲基-3-环己烯-1-基)-2-丁烯-1-酮	*δ*-damascone 1-(2,6,6-trimethyl-3-cyclohexen-1-yl)-2-buten-1-one	386	3622	57378-68-4
I2085	2-甲基戊酸乙酯	ethyl 2-methylpentanoate ethyl 2-methylvalerate	214	3488	39255-32-8
I2086	4-甲硫基-2-丁酮	4-methylthio-2-butanone	497	3375	34047-39-7
I2087	乳酸 *l*-薄荷酯 5-甲基-2-(1-甲基乙基)环己醇 *α*-羟基丙酸酯	*l*-menthyl lactate 5-methyl-2-(1-methylethyl) cyclohexyl *α*-hydroxypropanoate *l*-*p*-menthan-3-yl lactate	433	3748	59259-38-0

4.3 人造食品用香料编码表

见表3。

表3 人造食品用香料编码表

编 码	中 文 名 称	英 文 名 称	JECFA	FEMA	CAS 号
A3001	2-巯基-3-丁醇 3-巯基-2-丁醇 2-羟基-3-丁硫醇 3-羟基-2-丁硫醇	2-mercapto-3-butanol 3-mercapto-2-butanol 2-hydroxy-3-butanethiol 3-hydroxy-2-butanethiol	546	3502	37887-04-0
A3002	硫代香叶醇 3,7-二甲基-2,6-辛二烯-1-硫醇	thiogeraniol 3,7-dimethyl-2,6-octadien-1-thiol	524	3472	39067-80-6
A3003	蒎烷硫醇 2,3 或 10-巯基蒎烷	pinanethiol 2,3 or 10-mercaptopinane pinanyl mercaptan	520	3503	23832-18-0
A3004	α-甲基-β-羟基丙基-α-甲基-β-巯基丙基硫醚	α-methyl-β-hydroxypropyl-α-methyl-β-mercaptopropyl sulfide 3-[(2-mercapto-1-methylpropyl) thio]-2-butanol	547	3509	54957-02-7
A3005	乙基麦芽酚 2-乙基-3-羟基(4*H*)吡喃-4-酮	ethyl maltol 2-ethyl-3-hydroxy(4*H*)pyran-4-one 2-ethylpyromeconic acid veltol-plus	1481	3487	4940-11-8
A3006	柠檬醛二乙缩醛 3,7-二甲基-2,6-辛二烯醛二乙缩醛 1,1-二乙氧基-3,7-二甲基-2,6-辛二烯	citral diethyl acetal 3,7-dimethyl-2,6-octadienal diethyl acetal 1,1-diethoxy-3,7-dimethyl-2,6-octadiene	948	2304	7492-66-2
A3007	丙烯基乙基愈创木酚 浓馥香兰素 6-乙氧基-间-丙烯基苯酚 3-丙烯基-6-乙氧基苯酚 1-乙氧基-2-羟基-4-丙烯基苯	propenylguaethol vanitrope hydroxymethyl anethole 6-ethoxy-*m*-anol 3-propenyl-6-ethoxyphenol 1-ethoxy-2-hydroxy-4-propenylbenzene	1264	2922	94-86-0
A3009	β甲基紫罗兰酮 5-(2,6,6-三甲基-1-环己烯-1-基)-4-戊烯-3-酮	methyl-β-ionone 5-(2,6,6-trimethyl-1-cyclohexen-1-yl)-4-penten-3-one β-cetone β-cyclocitrylidenebutanone β-iraldeine β-methylionone raldeine	399	2712	127-43-5
A3010	δ-甲基紫罗兰酮 5-(2,6,6-三甲基-3-环己烯-1-基)-4-戊烯-3-酮	methyl-δ-ionone 5-(2,6,6-trimethyl-3-cyclohexen-1-yl)-4-penten-3-one iraldein δ(H & R)	400	2713	7784-98-7

表 3（续）

编　码	中　文　名　称	英　文　名　称	JECFA	FEMA	CAS 号
A3011	2,6-壬二烯醛二乙缩醛	2,6-nonadienal diethyl acetal	946	3378	67674-36-6
A3012	9-十一烯醛	9-undecenal hendecen-9-al aldehyde C-11 undecylenic	329	3094	143-14-6
A3013	10-十一烯醛	10-undecenal undecylenic aldehyde 10-hendecenal	330	3095	112-45-8
A3014	十六醛(俗称) 杨梅醛 3-甲基-3-苯基缩水甘油酸乙酯 2,3-环氧-3-甲基-3-苯基丙酸乙酯	aldehyde C-16 pure (so called) ethyl methyl phenylglycidate strawberry aldehyde ethyl 3-methyl-3-phenylglycidate ethyl 2, 3-epoxy-3-methyl-3- phenylpropionate EMPG	1577	2444	77-83-8
A3015	乙基香兰素 3-乙氧基-4-羟基苯甲醛	ethyl vanillin 3-ethoxy-4-hydroxybenzaldehyde bourbonal	893	2464	121-32-4
A3016	兔耳草醛 仙客来醛 2-甲基-3-(对-异丙基苯基)丙醛 α-甲基-对-异丙基苯丙醛	cyclamen aldehyde 2-methyl-3-(*p*-isopropylphenyl)propion aldehyde α-methyl-*p*-isopropylhydrocinnamaldehyde cyclamal α-methyl-*p*-isopropylphenylpropylaldehyde cyclaviol cyclosal	1465	2743	103-95-7
A3017	羟基香茅醛 3,7-二甲基-7-羟基辛醛	hydroxycitronellal laurine 3,7-dimethyl-7-hydroxyoctanal citronellalhydrate oxydihydrocitronellal lily aldehyde	611	2583	107-75-5
A3018	β-环高柠檬醛 2,6,6-三甲基-1-环己烯-1-乙醛	β-homocyclocitral 2,6,6-trimethyl-1-cyclohexen-1-acetaldehyde	978	3474	472-66-2
A3019	*l*-薄荷酮甘油缩酮	*l*-menthone 1,2-glycerol ketal frescolat,type MGA	445	3807	63187-91-7
A3020	4-甲硫基-4-甲基-2-戊酮	4-(methylthio)-4-methyl-2-pentanone	500	3376	23550-40-5
A3021	3-巯基-2-戊酮(3-巯基-戊-2-酮)	3-mercapto-2-pentanone	560	3300	67633-97-0

表 3（续）

编　码	中　文　名　称	英　文　名　称	JECFA	FEMA	CAS 号
A3022	*d*,*l*-薄荷酮甘油缩酮	*d*,*l*-menthone 1,2-glycerol ketal frescolat,type MGA racemic	446	3808	63187-91-7
A3023	α-甲基紫罗兰酮 5-(2,6,6-三甲基-2-环己烯-1-基)-4-戊烯-3-酮	methyl-α-ionone α-cetone 5-(2,6,6-trimethyl-2-cyclohexen-1-yl)-4-penten-3-one raldeine α-cyclocitrylidenemethyl ethyl ketone α-cyclocitrylidenebutanone	398	2711	1335-46-2
A3024	α-异甲基紫罗兰酮 甲基-γ-紫罗兰酮 4-(2,6,6-三甲基-2-环己烯-1-基)-3-甲基-3-丁烯-2-酮	α-*iso*-methylionone 4-(2,6,6-trimethyl-2-cyclohexen-1-yl)-3-methyl-3-buten-2-one methyl-γ-ionone(so called) α-isomethylionone γ-methylionone raldeine gamma iraldeine gamma	—	—	127-51-5
A3025	烯丙基 α-紫罗兰酮 1-(2,6,6-三甲基-2-环己烯基)-1,6-庚二烯-3-酮	allyl α-ionone 1-(2, 6, 6-trimethyl-2-cyclohexenyl)-1,6-hepta dien-3-one	401	2033	79-78-7
A3026	6-甲基香豆素 6-甲基(2*H*)1-苯并吡喃-2-酮 6-甲基苯并吡喃酮 5-甲基-2-羟基苯丙烯酸内酯	6-methylcoumarin 6-methyl(2*H*)1-benzopyran-2-one 6-methylbenzopyrone 6-methyl-*cis*-*o*-coumarinic lactone 5-methyl-2-hydroxyphenylpropenoic acid lactone	1172	2699	92-48-8
A3027	2-巯基丙酸 硫代乳酸 α-巯基丙酸	2-mercaptopropionic acid thiolactic acid α-mercaptopropanoic acid 2-thiolpropionic acid	551	3180	79-42-5
A3028	2-甲基-4-戊烯酸 浆果酸	2-methyl-4-pentenoic acid	355	3511	1575-74-2
A3029	乙酸二甲基苄基原酯 乙酸 α,α-二甲基苯乙酯 2-苄基-2-丙醇乙酸酯	α,α-dimethylphenethyl acetate benzyl dimethyl carbinyl acetate dimethyl benzyl carbinyl acetate 2-benzyl-2-propyl acetate DMBC acetate	—	2392	151-05-3
A3030	环己基乙酸烯丙酯 六氢苯乙酸烯丙酯 2-丙烯-1-醇环己基乙酸酯	allyl cyclohexaneacetate allyl cyclohexylacetate allyl hexahydrophenylacetate 2-propen-1-yl cyclohexaneacetate	12	2023	4728-82-9

表 3（续）

编码	中文名称	英文名称	JECFA	FEMA	CAS 号
A3031	乙酸玫瑰酯 3,7-二甲基-7-辛烯-1-醇乙酸酯	rhodinyl acetate rhodinyl ethanoate 3,7-dimethyl-7-octen-1-yl ethanoate 3,7-dimethyl-or7-octen-1-yl acetate	60	2981	141-11-7
A3032	3-(2-呋喃基)丙酸乙酯 糠基乙酸乙酯 2-呋喃丙酸乙酯(俗称)	ethyl 3(2-furyl)propanoate ethyl furfurylacetate ethyl 2-furanpropionate(so called) ethyl furylpropionate	1513	2435	10031-90-0
A3033	丙酸烯丙酯 丙酸 2-丙烯酯	allyl propionate 2-propenyl propanoate allyl propanoate	1	2040	2408-70-0
A3034	3-环己基丙酸烯丙酯 2-丙烯-1-醇环己基丙酸酯	allyl cyclohexanepropionate allyl 3-cyclohexylpropionate allyl β-cyclohexylpropionate 2-propen-1-yl cyclohexanepropionate allyl hexahydrophenylpropionate	13	2026	2705-87-5
A3035	3-(2-呋喃基)丙酸异丁酯 糠基乙酸异丁酯 2-呋喃丙酸异丁酯	isobutyl 3-(2-furan)propionate isobutyl furfurylacetate butyl(iso) furfurylacetate isobutyl 3-(2-furyl)propanoate	1514	2198	105-01-1
A3036	硫代丙酸糠酯	furfuryl thiopropionate	1075	3347	59020-85-8
A3037	丁酸二甲基苄基原酯 丁酸 α,α-二甲基苯乙酯 2-苄基-2-丙醇丁酸酯	α,α-dimethylphenethyl butyrate benzyl dimethyl carbinyl butyrate dimethyl benzyl carbinyl butyrate dmbc butyrate 2-benzyl-2-propyl butyrate	—	2394	10094-34-5
A3038	环己基丁酸烯丙酯 4-环己基丁酸烯丙酯 2-丙烯-1-醇环己基丁酸酯 六氢苯丁酸烯丙酯	allyl cyclohexanebutyrate allyl 4- cyclohexylbutyrate 2-propen-1-yl cyclohexanbutyrate allyl hexahydrophenylbutyrate allyl cyclohexyl-n-butyrate	14	2024	7493-65-4
A3039	1,3-壬二醇乙酸酯(混合酯) 壬二醇乙酸酯 3-己基-1,3-丙二醇乙酸酯(混合酯) 茉莉酯	1,3-nonanediol acetate(mixed esters) diasmol octylcrotonyl acetate hexylene glycol acetate nonanediol acetate 3-hexyl-1, 3-propanediol acetate, mixed esters jasmonyl	605	2783	1322-17-4

表 3（续）

编　码	中　文　名　称	英　文　名　称	JECFA	FEMA	CAS 号
A3040	丁酸苏合香酯 丁酸 α-甲基苄酯 丁酸甲基苯基原酯	styralyl butyrate α-methylbenzyl butyrate methyl phenylcarbinyl butyrate 1-phenyl-1-ethyl-butanoate	803	2686	3460-44-4
A3041	乙酸柏木酯	cedryl acetate	—	—	77-54-3
A3042	异丁酸麦芽酯 2-甲基-4-吡喃酮-3-醇异丁酸酯 麦芽酚 2-甲基丙酸酯	maltol isobutyrate 2-methyl-4-pyron-3-yl　2-methyl-propanoate maltyl 2-methylpropanoate	1482	3462	65416-14-0
A3043	2-甲基-4-戊烯酸乙酯	ethyl 2-methyl-4-pentenoate	351	3489	53399-81-8
A3044	乙酸四氢糠酯	tetrahydrofurfuryl acetate	1442	3055	637-64-9
A3045	庚炔羧酸甲酯 2-辛炔酸甲酯	methyl heptyne carbonate methyl 2-octynoate folione methyl heptine carbonate	1357	2729	111-12-6
A3046	辛炔羧酸甲酯 2-壬炔酸甲酯	methyl octyne carbonate methyl 2-nonynoate	1356	2726	111-80-8
A3047	癸二酸二乙酯 1,8-辛二羧酸二乙酯	diethyl sebacate ethyl sebacate ethyl decanedioate diethyl 1,8-octanedicarboxylate diethyl decanedioate	624	2376	110-40-7
A3048	10-十一烯酸乙酯	ethyl 10-undecenoate ethyl undecylenate	343	2461	692-86-4
A3049	苯乙酸烯丙酯 α-甲苯甲酸烯丙酯 苯乙酸 2-丙烯酯	allyl phenylacetate acetic acid,phenyl,allyl ester allyl α-toluate 2-propenyl phenylacetate	17	2039	1797-74-6
A3050	三乙酸甘油酯	triacetin enzactin vanay triacetin glyceryl triacetate	920	2007	102-76-1
A3051	苯乙酸香叶酯 反式-3,7-二甲基-2,6-辛二烯-1-醇苯乙酸酯 α-甲苯甲酸香叶酯	geranyl phenylacetate *trans*-3，7-dimethyl-2，6-octadien-1-yl phenylacetate geranyl α-toluate	1020	2516	102-22-7
A3052	苯乙酸对甲酚酯	*p*-tolyl phenylacetate *p*-cresyl phenylacetate *p*-cresyl α-toluate *p*-methylphenyl phenylacetate	705	3077	101-94-0

表 3（续）

编　码	中　文　名　称	英　文　名　称	JECFA	FEMA	CAS号
A3053	苯丁酸甲酯 4-苯基丁酸甲酯	methyl 4-phenylbutyrate methyl γ-phenylbutyrate	1464	2739	2046-17-5
A3054	苯丁酸乙酯 4-苯基丁酸乙酯	ethyl 4-phenylbutyrate	1458	2453	10031-93-3
A3056	肉桂酸烯丙酯 3-苯基-2-丙烯酸烯丙酯	allyl cinnamate vinyl carbinyl cinnamate propenyl cinnamate cinnamic acid,allyl ester 2-propen-1-yl 3-phenyl-2-propenoate allyl 3-phenyl-2-propenoate allyl β-phenylacrylate	19	2022	1866-31-5
A3057	2-甲基-3-戊烯酸乙酯	ethyl 2-methyl-3-pentenoate	350	3456	1617-23-8
A3058	亚硝酸乙酯	ethyl nitrite spirit of nitrous ether sweet spirit of nitre nitrous ether	—	2446	109-95-5
A3059	庚酸戊酯	amyl heptanoate pentyl heptanoate amyl heptylate amyl heptoate	170	2073	7493-82-5
A3060	3-乙酰基-2,5-二甲基呋喃 2,5-二甲基-3-乙酰基呋喃	3-acetyl-2,5-dimethylfuran 2,5-dimethyl-3-acetylfuran	1506	3391	10599-70-9
A3061	2,5-二甲基-3-氧代(2*H*)-4-呋喃醇丁酸酯 2,5-二甲基-4-羟基-3(2*H*)-呋喃酮丁酸酯	2, 5-dimethyl-3-oxo-(2*H*)-fur-4-yl butyrate	1519	3970	114099-96-6
A3062	2-甲氧基-3(5或6)-异丙基吡嗪 2-异丙基-(3,5或6)-甲氧基吡嗪	2-methoxy-3(5 and 6)-isopropylpyranzine 2-isopropyl(3,5 or 6)-methoxypyrazine 2-propyl(iso)-(3,5 or 6)-methoxypyrazine	790	3358	93905-03-4
A3063	2-甲基-3(5或6)-糠硫基吡嗪(异构体混合物)	2-methyl-3, 5-or 6-(furfurylthio)-pyrazine(mixture of isomers) 2-furfurylthio-5-methylpyrazine 2-furfurylthio-3-mrthylpyrazine 2-furfurylthio-6-mrthylpyrazine	1082	3189	65530-53-2

表 3（续）

编　码	中　文　名　称	英　文　名　称	JECFA	FEMA	CAS 号
A3064	2-甲基（或乙基）-3（5或6）-甲氧基吡嗪	2-ethyl(or methyl)-(3,5 or 6)-methoxy pyrazine 2-methyl(or ethyl)-(3,5 or 6)-methoxy pyrazine 2,5,or 6-methoxy-3-ethylpyrazine	789	3280	68739-00-4
A3065	2,5-二甲基-2,5-二羟基-1,4-二硫杂环己烷 2,5-二甲基-2,5-二羟基-对-二噻烷	2, 5-dimethyl-2, 5-dihydroxy-1,4-dithiane 2, 5-dimethyl-2, 5-dihydroxy-*p*-dithiane	562	3450	55704-78-4
A3066	5,7-二氢-2-甲基噻嗯并-(3,4-d)嘧啶	5, 7-dihydro-2-methylthieno (3, 4-d)-pyrimidine	1566	3338	36267-71-7
A3067	2-乙氧基噻唑 2-噻唑基乙基醚	2-ethoxythiazole 2-thiazolyl ethyl ether ethyl 2-thiazolyl ether	1056	3340	15679-19-3
A3068	2,4-二甲基-5-乙酰基噻唑	2,4-dimethyl-5-acetylthiazole 2,4-dimethyl-5-thiazoyl methyl ketone	1055	3267	38205-60-6
A3069	乙酸异丁香酚酯 乙酸2-甲氧基-4-丙烯苯酯 乙酰异丁香酚 4-乙酰氧基-3-甲氧基-1-(1-丙烯-1-)苯	isoeugenyl acetate 2-methoxy-4-propenylphenyl acetate acetyl *iso*-eugenol *iso*-eugenyl acetate 4-acetoxy-3-methoxy-1-(1-propen-1-yl)benzene	1262	2470	93-29-8
A3070	异戊酸对甲酚酯 3-甲基丁酸对-甲酚酯	*p*-cresyl isovalerate *p*-tolyl isovalerate *p*-cresyl 3-methylbutanoate *p*-methylphenyl 3-methylbutyrate	702	3387	55066-56-3
A3071	*l*-薄荷醇乙二醇碳酸酯	*l*-menthol ethylene glycol carbonate frescolat type MPC	443	3805	156679-39-9
A3072	3-(2-甲基丙基)吡啶 3-异丁基吡啶	3-(2-methylpropyl)pyridine 3-isobutylpyridine 3-butyl(iso)pyridine	1312	3371	14159-61-6
A3073	乙基香兰素1,2-丙二醇缩醛	ethylvanillin propylene glycol acetal	954	3838	68527-76-4
A3074	人造康酿克油	artificial cognac oil	—	—	—
A3075	山楂核烟熏香味剂Ⅰ号	haw-pit smoke flavourings No. 1	—	—	—
A3076	山楂核烟熏香味剂Ⅱ号	haw-pit smoke flavourings No. 2	—	—	—

表 3（续）

编　码	中　文　名　称	英　文　名　称	JECFA	FEMA	CAS 号
A3077	苄基异丁基原醇 4-甲基-1-苯基-2-戊醇 苄基异丁基原醇 苄基异戊醇 α-异丁基苯乙醇 2-甲基丙基苄基原醇 α-异丁基苄基原醇	isobutyl benzyl carbinol 4-methyl-1-phenyl-2-pentanol benzylisobutyl carbinol benzyl iso amyl alcohol α-butyl iso phenethyl alcohol 2-methylpropyl benzyl carbinol α-isobutylphenethyl alcohol	827	2208	7779-78-4
A3078	4-苯基-3-丁烯-2-醇 甲基苯乙烯基原醇	4-phenyl-3-buten-2-ol methyl styryl carbinol	819	2880	17488-65-2
A3079	2-甲基-4-苯基-2-丁醇 二甲基苯乙基原醇 1,1-二甲基-3-苯基-1-丙醇	2-methyl-4-phenyl-2-butanol dimethyl phenylethyl carbinol 1,1-dimethyl-3-phenyl-1-propanol	1477	3629	103-05-9
A3080	*l*-薄荷醇 1-(或 2-)丙二醇碳酸酯	*l*-menthol 1-(or 2-)-propylene glycol carbonate frescolat,type MGC	444	3806	30304-82-6
A3081	辛酸烯丙酯	allyl octanoate allyl caprylate	5	2037	4230-97-1
A3082	α-丙基苯乙醇 1-苯基-2-戊醇 苄基丙基原醇 苄基丁基醇 正丙基苄基原醇	α-propylphenethyl alcohol 1-phenyl-2-pentanol benzylpropyl carbinol benzylbutyl alcohol *n*-propyl benzyl carbinol	825	2953	705-73-7
A3083	龙葵醇 β-甲基苯乙醇 2-苯基-1-丙醇 2-苯丙醇	hydratropyl alcohol β-methylphenethyl alcohol 2-phenyl-1-propanol 2-phenylpropyl alcohol hydratropic alcohol	1459	2732	1123-85-9
A3084	四氢芳樟醇 3,7-二甲基辛-3-醇	tetrahydrolinalool 3,7-dimethyloctan-3-ol	357	3060	78-69-3
A3085	2,3-二巯基丁烷 2,3-丁二硫醇	2,3-butanedithiol 2,3-dimercaptobutane	539	3477	4532-64-3
A3086	β-萘乙醚 2-乙氧基萘 乙基 2-萘醚 乙基 β-萘醚	β-naphthyl ethyl ether 2-ethoxynaphthalene ethyl 2-naphthyl ether ethyl β-naphthyl ether nerolin nerolin bromelin	1258	2768	93-18-5
A3087	乙位-萘基异丁基醚 2-异丁氧基萘 异丁基 β-萘醚	β-naphthyl isobutyl ether 2-isobutoxynaphthalene isobutyl β-naphthyl ether	1259	3719	2173-57-1

表 3（续）

编码	中文名称	英文名称	JECFA	FEMA	CAS号
A3088	邻丙基苯酚 1-(2-羟基苯基)丙烷 2-丙基苯酚	*o*-propylphenol 1-(2-hydroxyphenyl) propane 2-propylphenol	695	3522	644-35-9
A3089	异丁香酚苄基醚 4-丙烯基-1-(苄氧基)-2-甲氧基苯 2-甲氧基-4-丙烯基苯基苄基醚 1-苄氧基-2-甲氧基-4-丙烯基苯 苄基异丁香酚	isoeugenyl benzyl ether 4-propenyl-1-benzyloxy-2- methoxybenzene benzyl isoeugenol benzyl 2-methoxy-4-propenylphenyl ether 1-benzyloxy-2-methoxy-4- propenylbenzene 2-methoxy-4-propenylphenyl benzyl ether	1268	3698	120-11-6
A3090	(甲硫基)甲基吡嗪(所有异构体混合物) 2-甲基-3,5 或 6-甲硫基吡嗪	(methylthio) methylpyrazime(mixture of isomers) 2-methyl-3,5-or6-(methylthio)pyrazine	797	3208	67952-65-2
A3091	香茅氧基乙醛 6,10-二甲基-3-氧杂-9-十一烯醛	muguet aldehyde 6,10-dimethyl-3-oxa-9-undecenal citronellyloxyacetaldehyde	592	2310	7492-67-3
A3092	乙醛苯乙基丙基缩醛 乙缩醛 R 1-苯乙氧基-1-正丙氧基乙烷 丙基苯乙基乙缩醛	acetaldehyde phenylethyl propyl acetal acetal R 1-phenethoxy-1-propoxyethane propyl phenethyl acetal benzene,2-(1-propoxyethoxy)ethyl resedafol	1000	2004	7493-57-4
A3093	2-甲基-3-(对甲基苯基)丙醛	2-methyl-3-(*p*-methylphenyl) propanal satinaldehyde	1466	2748	41496-43-9
A3094	2-苯基-3-(2-呋喃基)丙-2-烯醛 2-亚糠基苯乙醛	2-phenyl-3-(2-furyl)prop-2-enal 2-furfurylidenephenylacetaldehyde	1502	3586	65545-81-5
A3095	3,5,5-三甲基己醛	3,5,5-trimethylhexanal	269	3524	5435-64-3
A3096	2-甲基-3-乙氧基吡嗪 2-甲基-3,(5-或 6)-乙氧基吡嗪	2-methyl-3,(5-or6)-ethoxypyrazine	793	3569	32737-14-7
A3097	庚醛甘油缩醛 2-己基-4-羟甲基-1,3-二氧戊环 2-己基-4-羟基-1,3-二噁烷	heptanal glyceryl acetal 2-hexyl-4-hydroxymethyl-1,3-dioxolane 2-hexyl-4-hydroxy-1,3-dioxane	912	2542	1708-35-6

表 3（续）

编　码	中 文 名 称	英 文 名 称	JECFA	FEMA	CAS 号
A3098	苯乙醛甘油缩醛 5-羟基-2-苄基-1，3-二噁烷 5-羟甲基-2-苄基-1，3-二氧戊环	phenylacetaldehyde glyceryl acetal 5-hydroxy-2-benzyl-1,3-dioxane 5-hydroxymethyl-2-benzyl-1，3-dioxolane	1004	2877	29895-73-6
A3099	对-异丙基苯乙醛 对-异丙基甲苯-7-甲醛	*p*-isopropyl phenylacetaldehyde *p*-cymen-7-carboxaldehyde cortexal cumylacetaldehyde	1024	2954	4395-92-0
A3100	2-甲基-4-苯丁醛	2-methyl-4-phenylbutyraldehyde 2-methyl-4-phenylbutanal	1462	2737	40654-82-8
A3101	龙葵醛 2-苯基丙醛 α-甲基甲苯甲醛 α-甲基苯乙醛 α-苯基丙醛	hydratropic aldehyde 2-phenylpropanal hydratropaldehyde α-methyltolualdehyde α-methylphenylacetaldehyde α-phenylpropionaldehyde 2-phenylpropionaldehyde	1467	2886	93-53-8
A3102	龙葵醛二甲缩醛 α-苯基丙醛二甲缩醛 1,1-二甲氧基-2-苯基丙烷	hydratropic aldehyde dimethyl acetal hydratropaldehyde dimethyl acetal 1,1-dimethoxy-2-phenylpropane 2-phenylpropionaldehyde dimethyl acetal	1468	2888	90-87-9
A3103	羟基香茅醛二乙缩醛 1,1-二乙氧基-3,7-二甲基-7-辛醇 8,8-二乙氧基-2,6-二甲基-2-辛醇	hydroxycitronellal diethyl acetal 1，1-diethoxy-3，7-dimethyl-7-octanol 8，8-diethoxy-2，6-dimethyl-2-octanol	613	2584	7779-94-4
A3104	柠檬醛二甲缩醛 3,7-二甲基-2,6-辛二烯醛缩二甲醇 1,1-二甲氧基-3,7-二甲基-2,6-辛二烯	citral dimethyl acetal 3,7-dimethyl-2,6-octadienal dimethyl acetal 1，1-dimethoxy-3，7-dimethyl-2，6-octadiene	944	2305	7549-37-3
A3105	4-甲基-5-(2-乙酰氧乙基)-噻唑 4-甲基-5-噻唑乙醇乙酸酯	4-methyl-5-(2-acetoxyethyl) thiazole 4-methyl-5-thiazolylethyl acetate	1054	3205	656-53-1
A3106	α-丁基肉桂醛 α-丁基-β-苯丙烯醛 丁基桂醛 2-亚苄基己醛	α-butylcinnamaldehyde α-butyl-β-phenylacrolein butylcinnamic aldehyde 2-benzylidenehexanal	684	2191	7492-44-6
A3107	4-庚烯-3-酮	4-heptene-3-one	—	—	—

表 3（续）

编　码	中　文　名　称	英　文　名　称	JECFA	FEMA	CAS 号
A3108	4-甲基-1-苯基-2-戊酮 苄基异丁基甲酮 异丁基苄基甲酮	4-methyl-1-phenyl-2-pentanone benzyl isobutyl ketone isobutyl benzyl ketone	828	2740	5349-62-2
A3109	1-(对甲氧基苯基)-1-戊烯-3-酮 α-甲基大茴香叉丙酮 对-甲氧基苯乙烯基乙基酮	1-(*p*-methoxyphenyl)-1-penten-3-one α-methyl anisylidene acetone *p*-methoxystyryl ethyl ketone ethone	826	2673	104-27-8
A3110	α-亚己基环戊酮 α-己叉基环戊酮 2-亚己基环戊酮	α-hexylidenecyclopentanone 2-hexylidene cyclopentanone	1106	2573	17373-89-6
A3111	四甲基乙基环己烯酮 5-乙基(2,3,4,5)-四甲基-环己-2-烯-1-酮 5-乙基(3,4,5,6)-四甲基-环己-2-烯-1-酮	tetramethyl ethylcyclohexenone 5-ethyl-(2, 3, 4, 5)-tetramethyl-2-cyclohexen-1-one 5-ethyl-(3, 4, 5, 6)-tetramethyl-2-cyclohexen-1-one	1111	3061	17369-60-7
A3112	糠硫醇甲酸酯 2-呋喃甲硫醇乙酸酯	furfurylthiol formate 2-furanmethanethiol formate	1073	3158	59020-90-5
A3113	甲基 β-萘酮 2′-乙酰基萘 β-萘甲酮 β-乙酰基萘	methyl β-naphthyl ketone cetone D 2′-acetonaphthone oranger crystals β-acetylnaphthalene β-naphthyl methyl ketone	811	2723	93-08-3
A3114	2-(3-苯丙基)-四氢呋喃 α-(3-苯丙基)四氢呋喃	2-(3-phenylpropyl)tetrahydrofuran α-(3-phenylpropyl) tetrahydrofuran	1441	2898	3208-40-0
A3115	烯丙基乙酸 4-戊烯酸	allyl acetic acid 4-pentenoic acid	314	2843	591-80-0
A3116	甲酸二甲基苄基原酯 α,α-二甲基苯乙醇甲酸酯 甲酸 2-苄基-2-丙酯	dimethyl benzyl carbinyl formate benzyl dimethyl carbinyl formate α,α-dimethylphenethyl formate 2-benzyl-2-propyl formate DMBC formate	—	2395	10058-43-2
A3117	4-乙酰基-6-叔丁基-1,1-二甲基茚满 萨利麝香	4-acetyl-6-*t*-butyl-1, 1-dimethylindane celestolide	812	3653	13171-00-1
A3118	癸醛二甲缩醛 1,1-二甲氧基癸烷	decanal dimethyl acetal 1,1-dimethoxydecane	945	2363	7779-41-1
A3119	乙酸环己基乙酯 环己基乙醇乙酸酯 乙酸六氢化苯乙酯	cyclohexaneethyl acetate cyclohexylethyl acetate hexahydrophenethyl acetate	964	2348	21722-83-8

表 3（续）

编　码	中　文　名　称	英　文　名　称	JECFA	FEMA	CAS 号
A3120	对甲苯氧基乙酸乙酯	ethyl (*p*-tolyloxy)acetate ethyl *p*-cresoxyacetate vinegar naphtha	1027	3157	67028-40-4
A3121	乙酸二甲基苯乙基原酯 2-甲基-4-苯基-2-丁醇乙酸酯 1,1-二甲基-3-苯丙-1-醇乙酸酯	dimethyl phenethyl carbinyl acetate 2-methyl-4-phenyl-2-butyl acetate D. M. P. E. C acetate 1,1-dimethyl-3-phenylpropan-1-yl acetate	1460	2735	103-07-1
A3125	丙酸甲基苯基原酯 丙酸苏合香酯 丙酸 α-甲基苄酯 1-苯基-1-乙醇丙酸酯	methyl phenylcarbinyl propionate styralyl propionate α-methylbenzyl propionate 1-phenyl-1-ethyl propionate	802	2689	120-45-6
A3126	2-呋喃基丙烯酸丙酯 3-(2-呋喃基)-2-丙烯酸丙酯	propyl 2-furanacrylate propyl 3 (2-furyl)-2-propenoate propyl 3 (2-furyl) acrylate	1518	2945	623-22-3
A3129	异丁酸二甲基苯乙基原酯 异丁酸 2-甲基-4-苯基-2-丁酯 2-甲基丙酸 2-甲基-4-苯基-2-丁酯 异丁酸苯乙基二甲基原酯	dimethyl phenethyl carbinyl isobutyrate 2-methyl-4-phenyl-2-butyl isobutyrate DMPEC 2-methylpropanoate DMPEC isobutyrate 2-methyl-4-phenyl-2-butyl 2-methylpropanoate phenylethyl dimethyl carbinyl isobutyrate	1461	2736	10031-71-7
A3130	异丁酸 2-苯氧基乙酯 乙二醇单苯醚异丁酸酯 2-甲基丙酸 2-苯氧基乙酯 苯氧基乙醇异丁酸酯	2-phenoxyethyl isobutyrate 2-phenoxyethyl 2-methylpropanoate phenylcellosolve isobutyrate phenirat(H&R)	1028	2873	103-60-6
A3133	十三烷二酸乙二醇酯 亚乙基十一烷二羧酸酯 十三碳二酸环乙二醇二酯 麝香 T	ethylene undecanedicarboxylate ethylene brassylate tridecanedioic acid cyclic ethylene glycol diester ethylene glycol brassylate, cyclic diester cyclo-1, 13-ethylenedioxytridecan-1,13- dione musk T(TAKA)	626	3543	105-95-3

表 3（续）

编 码	中 文 名 称	英 文 名 称	JECFA	FEMA	CAS 号
A3134	邻氨基苯甲酸异丁酯 2-氨基苯甲酸异丁酯	isobutyl anthranilate butyl (iso) anthranilate butyl (iso) *o*-aminobenzoate isobutyl *o*-aminobenzoate isobutyl 2-aminobenzoate	1537	2182	7779-77-3
A3135	对叔丁基苯乙酸甲酯	methyl *p*-tert-butylphenylacetate	1025	2690	3549-23-3
A3136	苯氧乙酸烯丙酯 PA 乙酸酯 苯氧乙酸 2-丙烯酯 乙酸苯氧基烯丙酯	allyl phenoxyacetate acetate PA 2-propenyl phenoxyacetate acetic acid, phenoxy, allyl ester	18	2038	7493-74-5
A3137	苯乙酸辛酯	octyl phenylaceteate octyl α-toluate	1017	2812	122-45-2
A3138	苯乙酸苄酯	benzyl phenylacetate benzyl α-toluate phenylacetic acid, benzyl ester	849	2149	102-16-9
A3139	苯乙酸芳樟酯 3,7-二甲基-1,6-辛二烯-3-醇苯乙酸酯	linalyl phenylacetate 3,7-dimethyl-1,6-octadien-3-yl phenylacetate linalyl α-toluate	1019	3501	7143-69-3
A3140	苯乙酸香茅酯 3,7-二甲基-6-辛烯-1-醇苯乙酸酯	citronellyl phenylacetate 3,7-dimethyl-6-octen-1-yl phenylacetate citronellyl α-toluate	1021	2315	139-70-8
A3141	苯乙酸愈创木酯 邻甲氧基苯酚苯乙酸酯	guaiacyl phenylacetate *o*-methylcatechol acetate guaiacol phenylacetate *o*-methoxyphenyl phenylacetate	719	2535	4112-89-4
A3142	千里酸苯乙酯 异戊烯酸苯乙酯 3,3-二甲基丙烯酸苯乙酯 3-甲基巴豆酸苯乙酯 千里酸 2-苯乙酯 3-甲基 2-丁烯酸 2-苯乙酯	phenethyl senecioate phenethyl 3,3-dimethylacrylate phenylethyl 3-methylcrotonate 2-phenylethyl senecioate 2-phenylethyl 3-methyl-2-butenoate	998	2869	42078-65-9
A3144	3-苯基缩水甘油酸乙酯 α,β-环氧-β-苯丙酸乙酯	ethyl 3-phenylglycidate EPG ethyl α,β-epoxy-β-phenylpropionate	1576	2454	121-39-1

表 3 (续)

编　码	中　文　名　称	英　文　名　称	JECFA	FEMA	CAS 号
A3146	肉桂酸芳樟酯 3,7-二甲基-1,6-辛二烯-3-醇肉桂酸酯 3-苯丙烯酸芳樟酯 β-苯丙烯酸 3,7-二甲基-1,6-辛二烯-3-醇酯	linalyl cinnamate 3,7-dimethyl-1,6-octadien-3-yl cinnamate linalyl 3-phenylpropenoate 3, 7-dimethyl-1, 6-octadien-3-yl 3-phenylpropenoate 3, 7-dimethyl-1, 6-octadien-3-yl β-phenyl -acrylate	668	2641	78-37-5
A3147	1,2-二((1′-乙氧基)-乙氧基)丙烷	1,2-di((1′-ethoxy)ethoxy)propane	927	3534	67715-79-1
A3148	N,2,3-三甲基-2-异丙基丁酰胺	2-isopropyl-N, 2, 3-trimethylbutyramide	1595	3804	51115-67-4
A3149	N-乙基-2-异丙基-5-甲基-环己烷甲酰胺 N-乙 基-对- 烷-3-甲酰胺	N-ethyl-2-isopropyl-5-methylcyclohexane carboxamide N-ethyl-p-menthane-3-carboxamide	1601	3455	39711-79-0
A3150	3-l- 氧基-1,2-丙二醇	3-l-menthoxypropane-1,2-diol 3-l-(p-menthan-3-yloxy)-1, 2-propanediol	1408	3784	87061-04-9
A3151	香兰基丁醚 2-甲氧基-4-(丁氧甲基)苯酚	vanillyl butyl ether 2-methoxy-4-(mutoxymethyl) phenol 4-(butoxymethyl)-2-methoxyphenol	888	3796	82654-98-6
A3152	9-癸烯醛	9-decenal	1286	3912	39770-05-3
A3153	2-仲丁基环己酮 2-(1-甲基丙基)环己酮 邻-仲-丁基环己酮	2-sec-butylcyclohexanone 2-(1-methylpropyl)cyclohexanone freskomenthe ortho-sec-butylcyclohexanone	1109	3261	14765-30-1
A3154	2,3-十一碳二酮 乙酰基壬酰	2,3-undecadione acetylnonanoyl acetylnonyryl acetylpelargonyl	417	3090	7493-59-6
A3155	环己烷羧酸	cyclohexanecarboxylic acid	961	3531	98-89-5
A3156	5 和 6-癸烯酸(牛奶内酯)	5-and6-decenoic acid(milk lactone)	327	3742	72881-27-7
A3157	八醋酸蔗糖酯 八乙酰基蔗糖	sucrose octaacetate octaacetyl sucrose	—	3038	126-14-7
A3158	丁酸烯丙酯 2-丙烯醇丁酸酯	allyl butyrate 2-propenyl butanoate	2	2021	2051-78-7

表 3（续）

编码	中文名称	英文名称	JECFA	FEMA	CAS 号
A3159	异丁酸香兰酯 3-甲氧基-4-异丁酰氧基苯甲醛 4-异丁酰氧基-间-茴香醛	vanillin isobutyrate 3-methoxy-4-isobutyryloxybenzal-dehyde 4-isobutyryloxy-m-anisaldehyde isobutavan vanillyl isobutytrate	891	3754	20665-85-4
A3160	戊二酸单 *l*-薄荷醇酯	*l*-monomenthyl glutarate	1414	4006	220621-22-7
A3161	苯甲酰基乙酸乙酯 3-苯基-3-氧代丙酸乙酯	ethyl benzoylacetate ethyl 3-phenyl-3-oxopropanoate	834	2423	94-02-0
A3163	ε-十二内酯 6-羟基十二酸内酯	ε-dodecalactone 7-hexyl-2-oxepanone	242	3610	16429-21-3
A3164	八氢香豆素 双环壬内酯 八氢(2*H*)1-苯并吡喃-2-酮	octahydrocoumarin bicyclononalactone cyclohexyl lactone octahydro(2*H*)1-benzopyran-2-one	1166	3791	4430-31-3
A3165	2，5-二甲基-3-呋喃硫醇	2,5-dimethyl-3-furathiol	1063	3451	55764-23-3
A3166	1,2-丁二硫醇 1,2-二巯基丁烷	1,2-butanedithiol 1,2-dimercaptobutane	537	3528	16128-68-0
A3167	双-(2,5-二甲基-3-呋喃基)二硫醚	bis(2,5-dimethyl-3-furyl)disufide	1067	3476	28588-73-0
A3168	丙基 2-甲基-3-呋喃基二硫醚 2-甲基-3-呋喃基丙基二硫醚	propyl 2-methyl-3-furyl disulfide 2-methyl-3-furyl propyl disulfide	1065	3607	61197-09-9
A3169	二环己基二硫醚	dicyclohexyl disulfide cyclohexyl disulfide	575	3448	2550-40-5
A3170	糠基异丙基硫醚 异丙基糠基二硫醚	furfuryl isopropyl sulfide isopropyl furfuryl sulfide	1077	3161	1883-78-9
A3171	2-乙基苯硫酚 2-乙基苯硫醇	2-ethyl thiophenol 2-ethylphenyl mercaptan	529	3345	4500-58-7
A3172	2-(乙酰氧基)丙酸甲硫醇酯 乙酰基乳酸甲硫醇酯	methylthio 2-(acetyloxy)propionate S-methyl-2-acetyloxypropanethio-ate thiomethyl acetyllactate	492	3788	74586-09-7
A3173	2-(丙酰氧基)丙酸甲硫醇酯 丙酰基乳酸甲硫醇酯	methylthio 2-(propionyloxy) propi-onate S-methyl 2-propionyloxypropaneth-ioate thiomethyl propionyllacetate	493	3790	—
A3174	3-糠硫基丙酸乙酯	ethyl 3-(furfurylthio)propionate	1088	3674	94278-27-0

表 3（续）

编 码	中文名称	英文名称	JECFA	FEMA	CAS号
A3175	2-甲硫基吡嗪 吡嗪基甲基硫醚	2-methylthiopyrazine pyrazinyl methyl sulfide	796	3231	21948-70-9
A3176	异硫氰酸苯乙酯 2-苯乙醇异硫氰酸酯 β-苯乙醇异硫氰酸酯 苯乙基芥末油	phenethyl isothiocyanate 2-phenethyl isothiocyanate benzene，(2-isothiocyanatoethyl)- β-phenethyl isothiocyanate β-phenylethyl isothiocyanate isothiocyanic acid, phenethyl ester phenethyl mustard oil phenylethyl mustard oil	1563	4014	2257-09-2
A3177	2-(3-苯丙基)吡啶	2-(3-phenylpropyl)pyridine	1321	3751	2110-18-1
A3178	4,5-二甲基-2-乙基-3-噻唑啉 2-乙基-4,5-二甲基-3-噻唑啉	4,5-dimethyl-2-ethyl-3-thiazoline 2-ethyl-4,5-dimethyl-3-thiazoline	1058	3620	76788-46-0
A3179	2-仲丁基-4,5-二甲基-3-噻唑啉 2,5-二氢-4,5-二甲基-2-(1-甲基丙基)噻唑	2-(2-butyl)-4,5-dimethyl-3-thiazoline 2，5-dihydro-4，5-dimethyl-2-(1-methylpropyl) thiazole	1059	3619	65894-82-8
A3180	吡嗪乙硫醇	pyrazine ethanethiol pyraziyl ethanethiol	795	3230	35250-53-4
A3181	水杨酸苯酯 2-羟基苯甲酸苯酯	phenyl salicylate phenyl 2-hydroxybenzoate	736	3960	118-55-8
A3182	庚醛二甲缩醛 1,1-二甲氧基庚烷	heptanal dimethyl acetal 1,1-dimethoxyheptane enanthal dimethyl acetal heptaldehyde dimethyl acetal oenanthal dimethyl acetal	947	2541	10032-05-0
A3183	羟基香茅醛二甲缩醛 1,1-二甲氧基-3,7-二甲基-7-辛醇 8,8-二甲氧基-2,6-二甲基-2-辛醇	hydroxy citronellal dimethyl acetal 1,1-dimethoxy-3,7-dimethyl-7-octanol 8,8-dimethoxy-2,6-dimethyl-2-octanol	612	2585	141-92-4
A3184	对-丙基茴香醚 1-甲氧基-4-丙基苯 二氢茴脑 甲基对丙基苯基醚	p-propyl anisole 1-methoxy-4-propylbenzene 4-propylmethoxybenzene dihydroanethole methyl p-propylphenyl ether	1244	2930	104-45-0

表 3（续）

编　码	中　文　名　称	英　文　名　称	JECFA	FEMA	CAS 号
A3185	异丁酸对-甲酚酯 对甲基苯酚 2-甲基丙酸酯	*p*-tolyl isobutyrate *p*-methylphenyl 2-methylpropanoate *p*-methylphenyl isobutyrate *p*-tolyl 2-methylpropanoate *p*-cresyl isobutyrate	701	3075	103-93-5
A3186	异丁酸邻-甲酚酯 邻甲基苯酚 2-甲基丙酸酯	*o*-tolyl isobutyrate *o*-cresyl isobutyrate 2-methylphenyl 2-methylpropanoate	700	3753	36438-54-7
A3187	柠檬醛丙二醇缩醛	citral propylene glycol acetal	—	—	10444-50-5
A3188	反式-2-己烯醛二乙缩醛	*trans*-2-hexenal diethyl acetal	1383	4047	67746-30-9
A3189	2-巯基噻吩 2-噻吩基硫醇	2-mercaptothiophene 2-thienyl mercaptan 2-thienylthiol thiophene-2-thiol	1052	3062	7774-74-5
A3190	对-　-3,8-二醇 1-羟基-2-(1-甲基-1-羟基乙基)5-甲基环己烷 2-羟基-α，α，4-三甲基环己烷甲醇	*p*-menth-3,8-diol 1-hydroxy-2-(1-methyl-1-hydroxyethyl)-5-methyl-cyclohexane 2-hydroxy-α，α，4-trimethylcyclohexanemethanol cyclohexanemethanol，2-hydroxy-α，α，4 -trimethyl Geranodyle	1416	4053	42822-86-6
A3191	1,8-辛二硫醇 1,8-二巯基辛烷 八亚甲基二硫醇	1,8-octanedithiol 1,8-dimercaptooctane octamethylene dimercaptan	541	3514	1191-62-4
A3192	螺[2,4-二硫杂-1-甲基-8-氧杂双环[3.3.0]-辛烷-3,3′-(1′-氧杂-2′-甲基)环戊烷]	spiro[2，4-dithia-1-methyl-8-oxabicyclo[3.3.0]octane-3，3′-(1′-oxa-2′-methyl)cyclopentane] hexahydro-2′，3a-dimethylspiro[1，3]dithiolo(4，5-b)furan-2，3′(2′*H*)furan	1296	3270	38325-25-6
A3193	3-壬烯-2-酮	3-nonen-2-one	1136	3955	14309-57-0
A3194	3-甲基-2,4-壬二酮	3-methyl-2,4-nonadione	—	4057	113486-29-6
A3195	2,5-二甲基-3-硫代乙酰氧基呋喃	2,5-dimethyl-3-thioacetoxyfuran	1523	4034	55764-22-2
A3196	反式-4-己烯醛	*trans*-4-hexenal	—	4046	25166-87-4
A3197	3-[(2-甲基-3-呋喃)硫基]-2-丁酮	(+/−)-3-[(2-methyl-3-furyl)thio]-2-butanone	1525	4056	61295-44-1
A3198	3-巯基-2-甲基戊醛	3-mercapto-2-methylpentanal	1292	3994	227456-28-2

表 3（续）

编 码	中 文 名 称	英 文 名 称	JECFA	FEMA	CAS 号
A3199	2-(L- 氧基)乙醇 2-(对 烷-3-氧基)乙醇	2-(L-menthoxy)ethanol 2-(*p*-menthan-3-yloxy)ethanol	—	4154	38618-23-4
A3200	丙酸四氢糠酯 四氢呋喃基甲醇丙酸酯	tetrahydrofurfuryl propionate 2-tetrahydrofurylmethyl propionate tetrahydrofurfuryl propanoate	1445	3058	637-65-0
A3201	异戊酸烯丙酯 3-甲基丁酸2-丙烯(醇)酯	allyl isovalerate 2-propenyl 3-methylbutanoate 2-propenyl isovalerate ally 3-methylbutanoate allyl isopentanoate	7	2045	2835-39-4
A3202	3-羟甲基-2-庚酮	3-hydroxymethyl-2-heptanone 3-octanon-1-ol 3-oxo-1-octanol caproylethanol compound 1010 hexanoylethanol ketonylethanol ketone alcohol methylolmethyl amyl ketone	604	2804	65405-68-7
A3203	三丙酸甘油酯	glyceryl tripropanoate tripropionin	921	3286	139-45-7
A3204	辛酸α-糠酯 2-糠醇辛酸酯	α-furfuryl octanoate 2-furfuryl octanoate α-furfuryl caprylate	742	3396	39252-03-4
A3205	丁酸反式-2-辛烯醇酯	*trans*-2-octen-1-yl butanoate *trans*-2-octen-1-yl butyrate	1368	3517	84642-60-4
A3206	苯乙醛二异丁缩醛 1,1-二异丁氧基-2-苯基乙烷	phenylacetaldehyde diisobutyl acetal 1,1-diisobutoxy-2-phenylethane	1006	3384	68345-22-2
A3207	1,3-二苯基-2-丙酮 二苄基(甲)酮	1,3-diphenyl-2-propanone benzyl ketone dibenzyl ketone	832	2397	102-04-5
A3208	10-十一烯酸丁酯	butyl 10-undecylenate butyl 10-undecenoate	344	2216	109-42-2
A3209	乙酸檀香酯	santalyl acetate	985	3007	1323-00-8
A3210	2-乙基丁酸香叶酯 3,7-二甲基-2,6-辛二烯醇2-乙基丁酸酯	geranyl 2-ethylbutyrate 3,7-dimethyl-2,6-octadienyl 2-ethylbutanoate	78	3339	73019-14-4
A3211	3-羟甲基-2-辛酮	3-hydroxymethyl-2-octanone	—	3292	59191-78-5

表 3（续）

编　码	中　文　名　称	英　文　名　称	JECFA	FEMA	CAS 号
A3212	1,2-环己二酮 2-羟基-2-环己烯-1-酮	1,2-cyclohexanedione 2-hydroxy-2-cyclohexen-1-one	—	3458	10316-66-2
A3213	松香甘油酯	glycerol ester of rosin	—	4226	8050-30-4
A3214	赤、苏-3-巯基-2-甲基丁-1-醇	erythro and threo-3-mercapto-2-methyl butan-1-ol	1289	3993	—

注：本标准中编码与 GB 2760 不同之处为：表 3 中 A3008 改为表 2 中 I2084，表 3 中 A3055 改为表 2 中 I2085，表 3 中 A3122 改为表 2 中 I2086，表 3 中 A3162 改为表 2 中 I2087，因最近这些品种已从天然产物中检出。

中华人民共和国国家标准

GB 14880—2012

食品安全国家标准
食品营养强化剂使用标准

2012-03-15 发布　　　　2013-01-01 实施

中华人民共和国卫生部　发布

前　言

本标准代替 GB 14880—1994《食品营养强化剂使用卫生标准》。

本标准与 GB 14880—1994 相比，主要变化如下：

——标准名称改为《食品安全国家标准　食品营养强化剂使用标准》；

——增加了卫生部 1997 年～2012 年 1 号公告及 GB 2760—1996 附录 B 中营养强化剂的相关规定；

——增加了术语和定义；

——增加了营养强化的主要目的、使用营养强化剂的要求和可强化食品类别的选择要求；

——在风险评估的基础上，结合本标准的食品类别(名称)，调整、合并了部分营养强化剂的使用品种、使用范围和使用量，删除了部分不适宜强化的食品类别；

——列出了允许使用的营养强化剂化合物来源名单；

——增加了可用于特殊膳食用食品的营养强化剂化合物来源名单和部分营养成分的使用范围和使用量；

——增加了食品类别(名称)说明；

——删除了原标准中附录 A“食品营养强化剂使用卫生标准实施细则”；

——保健食品中营养强化剂的使用和食用盐中碘的使用，按相关国家标准或法规管理。

食品安全国家标准
食品营养强化剂使用标准

1 范围

本标准规定了食品营养强化的主要目的、使用营养强化剂的要求、可强化食品类别的选择要求以及营养强化剂的使用规定。

本标准适用于食品中营养强化剂的使用。国家法律、法规和(或)标准另有规定的除外。

2 术语和定义

2.1 营养强化剂

为了增加食品的营养成分(价值)而加入到食品中的天然或人工合成的营养素和其他营养成分。

2.2 营养素

食物中具有特定生理作用,能维持机体生长、发育、活动、繁殖以及正常代谢所需的物质,包括蛋白质、脂肪、碳水化合物、矿物质、维生素等。

2.3 其他营养成分

除营养素以外的具有营养和(或)生理功能的其他食物成分。

2.4 特殊膳食用食品

为满足特殊的身体或生理状况和(或)满足疾病、紊乱等状态下的特殊膳食需求,专门加工或配方的食品。这类食品的营养素和(或)其他营养成分的含量与可类比的普通食品有显著不同。

3 营养强化的主要目的

3.1 弥补食品在正常加工、储存时造成的营养素损失。

3.2 在一定的地域范围内,有相当规模的人群出现某些营养素摄入水平低或缺乏,通过强化可以改善其摄入水平低或缺乏导致的健康影响。

3.3 某些人群由于饮食习惯和(或)其他原因可能出现某些营养素摄入量水平低或缺乏,通过强化可以改善其摄入水平低或缺乏导致的健康影响。

3.4 补充和调整特殊膳食用食品中营养素和(或)其他营养成分的含量。

4 使用营养强化剂的要求

4.1 营养强化剂的使用不应导致人群食用后营养素及其他营养成分摄入过量或不均衡,不应导致任何营养素及其他营养成分的代谢异常。

4.2 营养强化剂的使用不应鼓励和引导与国家营养政策相悖的食品消费模式。

4.3 添加到食品中的营养强化剂应能在特定的储存、运输和食用条件下保持质量的稳定。

4.4 添加到食品中的营养强化剂不应导致食品一般特性如色泽、滋味、气味、烹调特性等发生明显不良改变。

4.5 不应通过使用营养强化剂夸大食品中某一营养成分的含量或作用误导和欺骗消费者。

5 可强化食品类别的选择要求

5.1 应选择目标人群普遍消费且容易获得的食品进行强化。

5.2 作为强化载体的食品消费量应相对比较稳定。

5.3 我国居民膳食指南中提倡减少食用的食品不宜作为强化的载体。

6 营养强化剂的使用规定

6.1 营养强化剂在食品中的使用范围、使用量应符合附录A的要求，允许使用的化合物来源应符合附录B的规定。

6.2 特殊膳食用食品中营养素及其他营养成分的含量按相应的食品安全国家标准执行，允许使用的营养强化剂及化合物来源应符合本标准附录C和(或)相应产品标准的要求。

7 食品类别(名称)说明

食品类别(名称)说明用于界定营养强化剂的使用范围，只适用于本标准，见附录D。如允许某一营养强化剂应用于某一食品类别(名称)时，则允许其应用于该类别下的所有类别食品，另有规定的除外。

8 营养强化剂质量标准

按照本标准使用的营养强化剂化合物来源应符合相应的质量规格要求。

附　录　A

食品营养强化剂使用规定

食品营养强化剂使用规定见表A.1。

表A.1　营养强化剂的允许使用品种、使用范围[a]及使用量

营养强化剂	食品分类号	食品类别(名称)	使用量
维生素类			
维生素A	01.01.03	调制乳	600 μg/kg～1 000 μg/kg
	01.03.02	调制乳粉(儿童用乳粉和孕产妇用乳粉除外)	3 000 μg/kg～9 000 μg/kg
		调制乳粉(仅限儿童用乳粉)	1 200 μg/kg～7 000 μg/kg
		调制乳粉(仅限孕产妇用乳粉)	2 000 μg/kg～10 000 μg/kg
	02.01.01.01	植物油	4 000 μg/kg～8 000 μg/kg
	02.02.01.02	人造黄油及其类似制品	4 000 μg/kg～8 000 μg/kg
	03.01	冰淇淋类、雪糕类	600 μg/kg～1 200 μg/kg
	04.04.01.07	豆粉、豆浆粉	3 000 μg/kg～7 000 μg/kg
	04.04.01.08	豆浆	600 μg/kg～1 400 μg/kg
	06.02.01	大米	600 μg/kg～1 200 μg/kg
	06.03.01	小麦粉	600 μg/kg～1 200 μg/kg
	06.06	即食谷物,包括辊轧燕麦(片)	2 000 μg/kg～6 000 μg/kg
	07.02.02	西式糕点	2 330 μg/kg～4 000 μg/kg
	07.03	饼干	2 330 μg/kg～4 000 μg/kg
	14.03.01	含乳饮料	300 μg/kg～1 000 μg/kg
	14.06	固体饮料类	4 000 μg/kg～17 000 μg/kg
	16.01	果冻	600 μg/kg～1 000 μg/kg
	16.06	膨化食品	600 μg/kg～1 500 μg/kg
β-胡萝卜素	14.06	固体饮料类	3 mg/kg～6 mg/kg
维生素D	01.01.03	调制乳	10 μg/kg～40 μg/kg
	01.03.02	调制乳粉(儿童用乳粉和孕产妇用乳粉除外)	63 μg/kg～125 μg/kg
		调制乳粉(仅限儿童用乳粉)	20 μg/kg～112 μg/kg
		调制乳粉(仅限孕产妇用乳粉)	23 μg/kg～112 μg/kg
	02.02.01.02	人造黄油及其类似制品	125 μg/kg～156 μg/kg
	03.01	冰淇淋类、雪糕类	10 μg/kg～20 μg/kg
	04.04.01.07	豆粉、豆浆粉	15 μg/kg～60 μg/kg
	04.04.01.08	豆浆	3 μg/kg～15 μg/kg

表 A.1（续）

营养强化剂	食品分类号	食品类别(名称)	使用量
维生素 D	06.05.02.03	藕粉	50 μg/kg～100 μg/kg
	06.06	即食谷物，包括辗轧燕麦(片)	12.5 μg/kg～37.5 μg/kg
	07.03	饼干	16.7 μg/kg～33.3 μg/kg
	07.05	其他焙烤食品	10 μg/kg～70 μg/kg
	14.02.03	果蔬汁(肉)饮料(包括发酵型产品等)	2 μg/kg～10 μg/kg
	14.03.01	含乳饮料	10 μg/kg～40 μg/kg
	14.04.02.02	风味饮料	2 μg/kg～10 μg/kg
	14.06	固体饮料类	10 μg/kg～20 μg/kg
	16.01	果冻	10 μg/kg～40 μg/kg
	16.06	膨化食品	10 μg/kg～60 μg/kg
维生素 E	01.01.03	调制乳	12 mg/kg～50 mg/kg
	01.03.02	调制乳粉(儿童用乳粉和孕产妇用乳粉除外)	100 mg/kg～310 mg/kg
		调制乳粉(仅限儿童用乳粉)	10 mg/kg～60 mg/kg
		调制乳粉(仅限孕产妇用乳粉)	32 mg/kg～156 mg/kg
	02.01.01.01	植物油	100 mg/kg～180 mg/kg
	02.02.01.02	人造黄油及其类似制品	100 mg/kg～180 mg/kg
	04.04.01.07	豆粉、豆浆粉	30 mg/kg～70 mg/kg
	04.04.01.08	豆浆	5 mg/kg～15 mg/kg
	05.02.01	胶基糖果	1 050 mg/kg～1 450 mg/kg
	06.06	即食谷物，包括辗轧燕麦(片)	50 mg/kg～125 mg/kg
	14.0	饮料类(14.01，14.06 涉及品种除外)	10 mg/kg～40 mg/kg
	14.06	固体饮料	76 mg/kg～180 mg/kg
	16.01	果冻	10 mg/kg～70 mg/kg
维生素 K	01.03.02	调制乳粉(仅限儿童用乳粉)	420 μg/kg～750 μg/kg
		调制乳粉(仅限孕产妇用乳粉)	340 μg/kg～680 μg/kg
维生素 B_1	01.03.02	调制乳粉(仅限儿童用乳粉)	1.5 mg/kg～14 mg/kg
		调制乳粉(仅限孕产妇用乳粉)	3 mg/kg～17 mg/kg
	04.04.01.07	豆粉、豆浆粉	6 mg/kg～15 mg/kg
	04.04.01.08	豆浆	1 mg/kg～3 mg/kg
	05.02.01	胶基糖果	16 mg/kg～33 mg/kg
	06.02	大米及其制品	3 mg/kg～5 mg/kg
	06.03	小麦粉及其制品	3 mg/kg～5 mg/kg

表 A.1（续）

营养强化剂	食品分类号	食品类别(名称)	使用量
维生素 B_1	06.04	杂粮粉及其制品	3 mg/kg～5 mg/kg
	06.06	即食谷物，包括辗轧燕麦(片)	7.5 mg/kg～17.5 mg/kg
	07.01	面包	3 mg/kg～5 mg/kg
	07.02.02	西式糕点	3 mg/kg～6 mg/kg
	07.03	饼干	3 mg/kg～6 mg/kg
	14.03.01	含乳饮料	1 mg/kg～2 mg/kg
	14.04.02.02	风味饮料	2 mg/kg～3 mg/kg
	14.06	固体饮料类	9 mg/kg～22 mg/kg
	16.01	果冻	1 mg/kg～7 mg/kg
维生素 B_2	01.03.02	调制乳粉(仅限儿童用乳粉)	8 mg/kg～14 mg/kg
		调制乳粉(仅限孕产妇用乳粉)	4 mg/kg～22 mg/kg
	04.04.01.07	豆粉、豆浆粉	6 mg/kg～15 mg/kg
	04.04.01.08	豆浆	1 mg/kg～3 mg/kg
	05.02.01	胶基糖果	16 mg/kg～33 mg/kg
	06.02	大米及其制品	3 mg/kg～5 mg/kg
	06.03	小麦粉及其制品	3 mg/kg～5 mg/kg
	06.04	杂粮粉及其制品	3 mg/kg～5 mg/kg
	06.06	即食谷物，包括辗轧燕麦(片)	7.5 mg/kg～17.5 mg/kg
	07.01	面包	3 mg/kg～5 mg/kg
	07.02.02	西式糕点	3.3 mg/kg～7.0 mg/kg
	07.03	饼干	3.3 mg/kg～7.0 mg/kg
	14.03.01	含乳饮料	1 mg/kg～2 mg/kg
	14.06	固体饮料类	9 mg/kg～22 mg/kg
	16.01	果冻	1 mg/kg～7 mg/kg
维生素 B_6	01.03.02	调制乳粉(儿童用乳粉和孕产妇用乳粉除外)	8 mg/kg～16 mg/kg
		调制乳粉(仅限儿童用乳粉)	1 mg/kg～7 mg/kg
		调制乳粉(仅限孕产妇用乳粉)	4 mg/kg～22 mg/kg
	06.06	即食谷物，包括辗轧燕麦(片)	10 mg/kg～25 mg/kg
	07.03	饼干	2 mg/kg～5 mg/kg
	07.05	其他焙烤食品	3 mg/kg～15 mg/kg
	14.0	饮料类(14.01、14.06 涉及品种除外)	0.4 mg/kg～1.6 mg/kg
	14.06	固体饮料类	7 mg/kg～22 mg/kg
	16.01	果冻	1 mg/kg～7 mg/kg

表 A.1（续）

营养强化剂	食品分类号	食品类别(名称)	使用量
维生素 B_{12}	01.03.02	调制乳粉(仅限儿童用乳粉)	10 μg/kg～30 μg/kg
		调制乳粉(仅限孕产妇用乳粉)	10 μg/kg～66 μg/kg
	06.06	即食谷物,包括辊轧燕麦(片)	5 μg/kg～10 μg/kg
	07.05	其他焙烤食品	10 μg/kg～70 μg/kg
	14.0	饮料类(14.01、14.06 涉及品种除外)	0.6 μg/kg～1.8 μg/kg
	14.06	固体饮料类	10 μg/kg～66 μg/kg
	16.01	果冻	2 μg/kg～6 μg/kg
维生素 C	01.02.02	风味发酵乳	120 mg/kg～240 mg/kg
	01.03.02	调制乳粉(儿童用乳粉和孕产妇用乳粉除外)	300 mg/kg～1 000 mg/kg
		调制乳粉(仅限儿童用乳粉)	140 mg/kg～800 mg/kg
		调制乳粉(仅限孕产妇用乳粉)	1 000 mg/kg～1 600 mg/kg
	04.01.02.01	水果罐头	200 mg/kg～400 mg/kg
	04.01.02.02	果泥	50 mg/kg～100 mg/kg
	04.04.01.07	豆粉、豆浆粉	400 mg/kg～700 mg/kg
	05.02.01	胶基糖果	630 mg/kg～13 000 mg/kg
	05.02.02	除胶基糖果以外的其他糖果	1 000 mg/kg～6 000 mg/kg
	06.06	即食谷物,包括辊轧燕麦(片)	300 mg/kg～750 mg/kg
	14.02.03	果蔬汁(肉)饮料(包括发酵型产品等)	250 mg/kg～500 mg/kg
	14.03.01	含乳饮料	120 mg/kg～240 mg/kg
	14.04	水基调味饮料类	250 mg/kg～500 mg/kg
	14.06	固体饮料类	1 000 mg/kg～2 250 mg/kg
	16.01	果冻	120 mg/kg～240 mg/kg
烟酸(尼克酸)	01.03.02	调制乳粉(仅限儿童用乳粉)	23 mg/kg～47 mg/kg
		调制乳粉(仅限孕产妇用乳粉)	42 mg/kg～100 mg/kg
	04.04.01.07	豆粉、豆浆粉	60 mg/kg～120 mg/kg
	04.04.01.08	豆浆	10 mg/kg～30 mg/kg
	06.02	大米及其制品	40 mg/kg～50 mg/kg
	06.03	小麦粉及其制品	40 mg/kg～50 mg/kg
	06.04	杂粮粉及其制品	40 mg/kg～50 mg/kg
	06.06	即食谷物,包括辊轧燕麦(片)	75 mg/kg～218 mg/kg
	07.01	面包	40 mg/kg～50 mg/kg
	07.03	饼干	30 mg/kg～60 mg/kg

表 A.1（续）

营养强化剂	食品分类号	食品类别(名称)	使用量
烟酸(尼克酸)	14.0	饮料类(14.01、14.06 涉及品种除外)	3 mg/kg～18 mg/kg
	14.06	固体饮料类	110 mg/kg～330 mg/kg
叶酸	01.01.03	调制乳(仅限孕产妇用调制乳)	400 μg/kg～1 200 μg/kg
	01.03.02	调制乳粉(儿童用乳粉和孕产妇用乳粉除外)	2 000 μg/kg～5 000 μg/kg
		调制乳粉(仅限儿童用乳粉)	420 μg/kg～3 000 μg/kg
		调制乳粉(仅限孕产妇用乳粉)	2 000 μg/kg～8 200 μg/kg
	06.02.01	大米(仅限免淘洗大米)	1 000 μg/kg～3 000 μg/kg
	06.03.01	小麦粉	1 000 μg/kg～3 000 μg/kg
	06.06	即食谷物,包括辗轧燕麦(片)	1 000 μg/kg～2 500 μg/kg
	07.03	饼干	390 μg/kg～780 μg/kg
	07.05	其他焙烤食品	2 000 μg/kg～7 000 μg/kg
	14.02.03	果蔬汁(肉)饮料(包括发酵型产品等)	157 μg/kg～313 μg/kg
	14.06	固体饮料类	600 μg/kg～6 000 μg/kg
	16.01	果冻	50 μg/kg～100 μg/kg
泛酸	01.03.02	调制乳粉(仅限儿童用乳粉)	6 mg/kg～60 mg/kg
		调制乳粉(仅限孕产妇用乳粉)	20 mg/kg～80 mg/kg
	06.06	即食谷物,包括辗轧燕麦(片)	30 mg/kg～50 mg/kg
	14.04.01	碳酸饮料	1.1 mg/kg～2.2 mg/kg
	14.04.02.02	风味饮料	1.1 mg/kg～2.2 mg/kg
	14.05.01	茶饮料类	1.1 mg/kg～2.2 mg/kg
	14.06	固体饮料类	22 mg/kg～80 mg/kg
	16.01	果冻	2 mg/kg～5 mg/kg
生物素	01.03.02	调制乳粉(仅限儿童用乳粉)	38 μg/kg～76 μg/kg
胆碱	01.03.02	调制乳粉(仅限儿童用乳粉)	800 mg/kg～1 500 mg/kg
		调制乳粉(仅限孕产妇用乳粉)	1 600 mg/kg～3 400 mg/kg
	16.01	果冻	50 mg/kg～100 mg/kg
肌醇	01.03.02	调制乳粉(仅限儿童用乳粉)	210 mg/kg～250 mg/kg
	14.02.03	果蔬汁(肉)饮料(包括发酵型产品等)	60 mg/kg～120 mg/kg
	14.04.02.02	风味饮料	60 mg/kg～120 mg/kg

表 A.1（续）

营养强化剂	食品分类号	食品类别(名称)	使用量
矿物质类			
铁	01.01.03	调制乳	10 mg/kg～20 mg/kg
	01.03.02	调制乳粉(儿童用乳粉和孕产妇用乳粉除外)	60 mg/kg～200 mg/kg
		调制乳粉(仅限儿童用乳粉)	25 mg/kg～135 mg/kg
		调制乳粉(仅限孕产妇用乳粉)	50 mg/kg～280 mg/kg
	04.04.01.07	豆粉、豆浆粉	46 mg/kg～80 mg/kg
	05.02.02	除胶基糖果以外的其他糖果	600 mg/kg～1 200 mg/kg
	06.02	大米及其制品	14 mg/kg～26 mg/kg
	06.03	小麦粉及其制品	14 mg/kg～26 mg/kg
	06.04	杂粮粉及其制品	14 mg/kg～26 mg/kg
	06.06	即食谷物,包括辗轧燕麦(片)	35 mg/kg～80 mg/kg
	07.01	面包	14 mg/kg～26 mg/kg
	07.02.02	西式糕点	40 mg/kg～60 mg/kg
	07.03	饼干	40 mg/kg～80 mg/kg
	07.05	其他焙烤食品	50 mg/kg～200 mg/kg
	12.04	酱油	180 mg/kg～260 mg/kg
	14.0	饮料类(14.01 及 14.06 涉及品种除外)	10 mg/kg～20 mg/kg
	14.06	固体饮料类	95 mg/kg～220 mg/kg
	16.01	果冻	10 mg/kg～20 mg/kg
钙	01.01.03	调制乳	250 mg/kg～1 000 mg/kg
	01.03.02	调制乳粉(儿童用乳粉除外)	3 000 mg/kg～7 200 mg/kg
		调制乳粉(仅限儿童用乳粉)	3 000 mg/kg～6 000 mg/kg
	01.06	干酪和再制干酪	2 500 mg/kg～10 000 mg/kg
	03.01	冰淇淋类、雪糕类	2 400 mg/kg～3 000 mg/kg
	04.04.01.07	豆粉、豆浆粉	1 600 mg/kg～8 000 mg/kg
	06.02	大米及其制品	1 600 mg/kg～3 200 mg/kg
	06.03	小麦粉及其制品	1 600 mg/kg～3 200 mg/kg
	06.04	杂粮粉及其制品	1 600 mg/kg～3 200 mg/kg
	06.05.02.03	藕粉	2 400 mg/kg～3 200 mg/kg
	06.06	即食谷物,包括辗轧燕麦(片)	2 000 mg/kg～7 000 mg/kg
	07.01	面包	1 600 mg/kg～3 200 mg/kg
	07.02.02	西式糕点	2 670 mg/kg～5 330 mg/kg
	07.03	饼干	2 670 mg/kg～5 330 mg/kg
	07.05	其他焙烤食品	3 000 mg/kg～15 000 mg/kg

表 A.1（续）

营养强化剂	食品分类号	食品类别(名称)	使用量
钙	08.03.05	肉灌肠类	850 mg/kg～1 700 mg/kg
	08.03.07.01	肉松类	2 500 mg/kg～5 000 mg/kg
	08.03.07.02	肉干类	1 700 mg/kg～2 550 mg/kg
	10.03.01	脱水蛋制品	190 mg/kg～650 mg/kg
	12.03	醋	6 000 mg/kg～8 000 mg/kg
	14.0	饮料类(14.01、14.02 及 14.06 涉及品种除外)	160 mg/kg～1 350 mg/kg
	14.02.03	果蔬汁(肉)饮料(包括发酵型产品等)	1 000 mg/kg～1 800 mg/kg
	14.06	固体饮料类	2 500 mg/kg～10 000 mg/kg
	16.01	果冻	390 mg/kg～800 mg/kg
锌	01.01.03	调制乳	5 mg/kg～10 mg/kg
	01.03.02	调制乳粉(儿童用乳粉和孕产妇用乳粉除外)	30 mg/kg～60 mg/kg
		调制乳粉(仅限儿童用乳粉)	50 mg/kg～175 mg/kg
		调制乳粉(仅限孕产妇用乳粉)	30 mg/kg～140 mg/kg
	04.04.01.07	豆粉、豆浆粉	29 mg/kg～55.5 mg/kg
	06.02	大米及其制品	10 mg/kg～40 mg/kg
	06.03	小麦粉及其制品	10 mg/kg～40 mg/kg
	06.04	杂粮粉及其制品	10 mg/kg～40 mg/kg
	06.06	即食谷物,包括辗轧燕麦(片)	37.5 mg/kg～112.5 mg/kg
	07.01	面包	10 mg/kg～40 mg/kg
	07.02.02	西式糕点	45 mg/kg～80 mg/kg
	07.03	饼干	45 mg/kg～80 mg/kg
	14.0	饮料类(14.01 及 14.06 涉及品种除外)	3 mg/kg～20 mg/kg
	14.06	固体饮料类	60 mg/kg～180 mg/kg
	16.01	果冻	10 mg/kg～20 mg/kg
硒	01.03.02	调制乳粉(儿童用乳粉除外)	140 μg/kg～280 μg/kg
		调制乳粉(仅限儿童用乳粉)	60 μg/kg～130 μg/kg
	06.02	大米及其制品	140 μg/kg～280 μg/kg
	06.03	小麦粉及其制品	140 μg/kg～280 μg/kg
	06.04	杂粮粉及其制品	140 μg/kg～280 μg/kg
	07.01	面包	140 μg/kg～280 μg/kg
	07.03	饼干	30 μg/kg～110 μg/kg
	14.03.01	含乳饮料	50 μg/kg～200 μg/kg

表 A.1(续)

营养强化剂	食品分类号	食品类别(名称)	使用量
镁	01.03.02	调制乳粉(儿童用乳粉和孕产妇用乳粉除外)	300 mg/kg～1 100 mg/kg
	01.03.02	调制乳粉(仅限儿童用乳粉)	300 mg/kg～2 800 mg/kg
		调制乳粉(仅限孕产妇用乳粉)	300 mg/kg～2 300 mg/kg
	14.0	饮料类(14.01 及 14.06 涉及品种除外)	30 mg/kg～60 mg/kg
	14.06	固体饮料类	1 300 mg/kg～2 100 mg/kg
铜	01.03.02	调制乳粉(儿童用乳粉和孕产妇用乳粉除外)	3 mg/kg～7.5 mg/kg
		调制乳粉(仅限儿童用乳粉)	2 mg/kg～12 mg/kg
		调制乳粉(仅限孕产妇用乳粉)	4 mg/kg～23 mg/kg
锰	01.03.02	调制乳粉(儿童用乳粉和孕产妇用乳粉除外)	0.3 mg/kg～4.3 mg/kg
		调制乳粉(仅限儿童用乳粉)	7 mg/kg～15 mg/kg
		调制乳粉(仅限孕产妇用乳粉)	11 mg/kg～26 mg/kg
钾	01.03.02	调制乳粉(仅限孕产妇用乳粉)	7 000 mg/kg～14 100 mg/kg
磷	04.04.01.07	豆粉、豆浆粉	1 600 mg/kg～3 700 mg/kg
	14.06	固体饮料类	1 960 mg/kg～7 040 mg/kg
其他			
L-赖氨酸	06.02	大米及其制品	1 g/kg～2 g/kg
	06.03	小麦粉及其制品	1 g/kg～2 g/kg
	06.04	杂粮粉及其制品	1 g/kg～2 g/kg
	07.01	面包	1 g/kg～2 g/kg
牛磺酸	01.03.02	调制乳粉	0.3 g/kg～0.5 g/kg
	04.04.01.07	豆粉、豆浆粉	0.3 g/kg～0.5 g/kg
	04.04.01.08	豆浆	0.06 g/kg～0.1 g/kg
	14.03.01	含乳饮料	0.1 g/kg～0.5 g/kg
	14.04.02.01	特殊用途饮料	0.1 g/kg～0.5 g/kg
	14.04.02.02	风味饮料	0.4 g/kg～0.6 g/kg
	14.06	固体饮料类	1.1 g/kg～1.4 g/kg
	16.01	果冻	0.3 g/kg～0.5 g/kg
左旋肉碱(*L*-肉碱)	01.03.02	调制乳粉(儿童用乳粉除外)	300 mg/kg～400 mg/kg
		调制乳粉(仅限儿童用乳粉)	50 mg/kg～150 mg/kg
	14.02.03	果蔬汁(肉)饮料(包括发酵型产品等)	600 mg/kg～3 000 mg/kg

表 A.1（续）

营养强化剂	食品分类号	食品类别(名称)	使用量
左旋肉碱(*L*-肉碱)	14.03.01	含乳饮料	600 mg/kg～3 000 mg/kg
	14.04.02.01	特殊用途饮料(仅限运动饮料)	100 mg/kg～1 000 mg/kg
	14.04.02.02	风味饮料	600 mg/kg～3 000 mg/kg
	14.06	固体饮料类	6 000 mg/kg～30 000 mg/kg
γ-亚麻酸	01.03.02	调制乳粉	20 g/kg～50 g/kg
	02.01.01.01	植物油	20 g/kg～50 g/kg
	14.0	饮料类(14.01,14.06 涉及品种除外)	20 g/kg～50 g/kg
叶黄素	01.03.02	调制乳粉(仅限儿童用乳粉,液体按稀释倍数折算)	1 620 μg/kg～2 700 μg/kg
低聚果糖	01.03.02	调制乳粉(仅限儿童用乳粉和孕产妇用乳粉)	≤64.5 g/kg
1,3-二油酸 2-棕榈酸甘油三酯	01.03.02	调制乳粉(仅限儿童用乳粉,液体按稀释倍数折算)	24 g/kg～96 g/kg
花生四烯酸(AA 或 ARA)	01.03.02	调制乳粉(仅限儿童用乳粉)	≤1%(占总脂肪酸的百分比)
二十二碳六烯酸(DHA)	01.03.02	调制乳粉(仅限儿童用乳粉)	≤0.5%(占总脂肪酸的百分比)
		调制乳粉(仅限孕产妇用乳粉)	300 mg/kg～1 000 mg/kg
乳铁蛋白	01.01.03	调制乳	≤1.0 g/kg
	01.02.02	风味发酵乳	≤1.0 g/kg
	14.03.01	含乳饮料	≤1.0 g/kg
酪蛋白钙肽	06.0	粮食和粮食制品,包括大米、面粉、杂粮、淀粉等(06.01 及 07.0 涉及品种除外)	≤1.6 g/kg
	14.0	饮料类(14.01 涉及品种除外)	≤1.6 g/kg(固体饮料按冲调倍数增加使用量)
酪蛋白磷酸肽	01.01.03	调制乳	≤1.6 g/kg
	01.02.02	风味发酵乳	≤1.6 g/kg
	06.0	粮食和粮食制品,包括大米、面粉、杂粮、淀粉等(06.01 及 07.0 涉及品种除外)	≤1.6 g/kg
	14.0	饮料类(14.01 涉及品种除外)	≤1.6 g/kg(固体饮料按冲调倍数增加使用量)

[a] 在表 A.1 中使用范围以食品分类号和食品类别(名称)表示。

附　录　B
允许使用的营养强化剂化合物来源名单

允许使用的营养强化剂化合物来源名单见表 B.1。

表 B.1　允许使用的营养强化剂化合物来源名单

营养强化剂	化合物来源
维生素 A	醋酸视黄酯(醋酸维生素 A) 棕榈酸视黄酯(棕榈酸维生素 A) 全反式视黄醇 β-胡萝卜素
β-胡萝卜素	β-胡萝卜素
维生素 D	麦角钙化醇(维生素 D_2) 胆钙化醇(维生素 D_3)
维生素 E	*d*-*α*-生育酚 *dl*-*α*-生育酚 *d*-*α*-醋酸生育酚 *dl*-*α*-醋酸生育酚 混合生育酚浓缩物 维生素 E 琥珀酸钙 *d*-*α*-琥珀酸生育酚 *dl*-*α*-琥珀酸生育酚
维生素 K	植物甲萘醌
维生素 B_1	盐酸硫胺素 硝酸硫胺素
维生素 B_2	核黄素 核黄素-5′-磷酸钠
维生素 B_6	盐酸吡哆醇 5′-磷酸吡哆醛
维生素 B_{12}	氰钴胺 盐酸氰钴胺 羟钴胺
维生素 C	*L*-抗坏血酸 *L*-抗坏血酸钙 维生素 C 磷酸酯镁 *L*-抗坏血酸钠 *L*-抗坏血酸钾 *L*-抗坏血酸-6-棕榈酸盐(抗坏血酸棕榈酸酯)
烟酸(尼克酸)	烟酸 烟酰胺
叶酸	叶酸(蝶酰谷氨酸)

表 B.1（续）

营养强化剂	化合物来源
泛酸	*D*-泛酸钙 *D*-泛酸钠
生物素	*D*-生物素
胆碱	氯化胆碱 酒石酸氢胆碱
肌醇	肌醇（环己六醇）
铁	硫酸亚铁 葡萄糖酸亚铁 柠檬酸铁铵 富马酸亚铁 柠檬酸铁 乳酸亚铁 氯化高铁血红素 焦磷酸铁 铁卟啉 甘氨酸亚铁 还原铁 乙二胺四乙酸铁钠 羰基铁粉 碳酸亚铁 柠檬酸亚铁 延胡索酸亚铁 琥珀酸亚铁 血红素铁 电解铁
钙	碳酸钙 葡萄糖酸钙 柠檬酸钙 乳酸钙 *L*-乳酸钙 磷酸氢钙 *L*-苏糖酸钙 甘氨酸钙 天门冬氨酸钙 柠檬酸苹果酸钙 醋酸钙（乙酸钙） 氯化钙 磷酸三钙（磷酸钙） 维生素 E 琥珀酸钙 甘油磷酸钙 氧化钙 硫酸钙 骨粉（超细鲜骨粉）

表 B.1（续）

营养强化剂	化合物来源
锌	硫酸锌 葡萄糖酸锌 甘氨酸锌 氧化锌 乳酸锌 柠檬酸锌 氯化锌 乙酸锌 碳酸锌
硒	亚硒酸钠 硒酸钠 硒蛋白 富硒食用菌粉 *L*-硒-甲基硒代半胱氨酸 硒化卡拉胶(仅限用于 14.03.01 含乳饮料) 富硒酵母(仅限用于 14.03.01 含乳饮料)
镁	硫酸镁 氯化镁 氧化镁 碳酸镁 磷酸氢镁 葡萄糖酸镁
铜	硫酸铜 葡萄糖酸铜 柠檬酸铜 碳酸铜
锰	硫酸锰 氯化锰 碳酸锰 柠檬酸锰 葡萄糖酸锰
钾	葡萄糖酸钾 柠檬酸钾 磷酸二氢钾 磷酸氢二钾 氯化钾
磷	磷酸三钙(磷酸钙) 磷酸氢钙
L-赖氨酸	*L*-盐酸赖氨酸 *L*-赖氨酸天门冬氨酸盐
牛磺酸	牛磺酸(氨基乙基磺酸)

表 B.1（续）

营养强化剂	化合物来源
左旋肉碱（*L*-肉碱）	左旋肉碱（*L*-肉碱） 左旋肉碱酒石酸盐（*L*-肉碱酒石酸盐）
γ-亚麻酸	γ-亚麻酸
叶黄素	叶黄素（万寿菊来源）
低聚果糖	低聚果糖（菊苣来源）
1,3-二油酸 2-棕榈酸甘油三酯	1,3-二油酸 2-棕榈酸甘油三酯
花生四烯酸（AA 或 ARA）	花生四烯酸油脂，来源：高山被孢霉（*Mortierella alpina*）
二十二碳六烯酸（DHA）	二十二碳六烯酸油脂，来源：裂壶藻（*Schizochytrium* sp.）、吾肯氏壶藻（*Ulkenia amoeboida*）、寇氏隐甲藻（*Crypthecodinium cohnii*）；金枪鱼油（Tuna oil）
乳铁蛋白	乳铁蛋白
酪蛋白钙肽	酪蛋白钙肽
酪蛋白磷酸肽	酪蛋白磷酸肽

附 录 C
允许用于特殊膳食用食品的营养强化剂及化合物来源

C.1 表 C.1 规定了允许用于特殊膳食用食品的营养强化剂及化合物来源。

C.2 表 C.2 规定了仅允许用于部分特殊膳食用食品的其他营养成分及使用量。

表 C.1 允许用于特殊膳食用食品的营养强化剂及化合物来源

营养强化剂	化合物来源
维生素 A	醋酸视黄酯(醋酸维生素 A) 棕榈酸视黄酯(棕榈酸维生素 A) β-胡萝卜素 全反式视黄醇
维生素 D	麦角钙化醇(维生素 D_2) 胆钙化醇(维生素 D_3)
维生素 E	*d*-α-生育酚 *dl*-α-生育酚 *d*-α-醋酸生育酚 *dl*-α-醋酸生育酚 混合生育酚浓缩物 *d*-α-琥珀酸生育酚 *dl*-α-琥珀酸生育酚
维生素 K	植物甲萘醌
维生素 B_1	盐酸硫胺素 硝酸硫胺素
维生素 B_2	核黄素 核黄素-5′-磷酸钠
维生素 B_6	盐酸吡哆醇 5′-磷酸吡哆醛
维生素 B_{12}	氰钴胺 盐酸氰钴胺 羟钴胺
维生素 C	*L*-抗坏血酸 *L*-抗坏血酸钠 *L*-抗坏血酸钙 *L*-抗坏血酸钾 抗坏血酸-6-棕榈酸盐(抗坏血酸棕榈酸酯)
烟酸(尼克酸)	烟酸 烟酰胺
叶酸	叶酸(蝶酰谷氨酸)
泛酸	*D*-泛酸钙 *D*-泛酸钠

表 C.1（续）

营养强化剂	化合物来源
生物素	*D*-生物素
胆碱	氯化胆碱 酒石酸氢胆碱
肌醇	肌醇(环己六醇)
钠	碳酸氢钠 磷酸二氢钠 柠檬酸钠 氯化钠 磷酸氢二钠
钾	葡萄糖酸钾 柠檬酸钾 磷酸二氢钾 磷酸氢二钾 氯化钾
铜	硫酸铜 葡萄糖酸铜 柠檬酸铜 碳酸铜
镁	硫酸镁 氯化镁 氧化镁 碳酸镁 磷酸氢镁 葡萄糖酸镁
铁	硫酸亚铁 葡萄糖酸亚铁 柠檬酸铁铵 富马酸亚铁 柠檬酸铁 焦磷酸铁 乙二胺四乙酸铁钠(仅限用于辅食营养补充品)
锌	硫酸锌 葡萄糖酸锌 氧化锌 乳酸锌 柠檬酸锌 氯化锌 乙酸锌

表 C.1（续）

营养强化剂	化合物来源
锰	硫酸锰 氯化锰 碳酸锰 柠檬酸锰 葡萄糖酸锰
钙	碳酸钙 葡萄糖酸钙 柠檬酸钙 *L*-乳酸钙 磷酸氢钙 氯化钙 磷酸三钙（磷酸钙） 甘油磷酸钙 氧化钙 硫酸钙
磷	磷酸三钙（磷酸钙） 磷酸氢钙
碘	碘酸钾 碘化钾 碘化钠
硒	硒酸钠 亚硒酸钠
铬	硫酸铬 氯化铬
钼	钼酸钠 钼酸铵
牛磺酸	牛磺酸（氨基乙基磺酸）
L-蛋氨酸（*L*-甲硫氨酸）	非动物源性
L-酪氨酸	非动物源性
L-色氨酸	非动物源性
左旋肉碱（*L*-肉碱）	左旋肉碱（*L*-肉碱） 左旋肉碱酒石酸盐（*L*-肉碱酒石酸盐）
二十二碳六烯酸（DHA）	二十二碳六烯酸油脂，来源：裂壶藻（*Schizochytrium* sp）、吾肯氏壶藻（*Ulkenia amoeboida*）、寇氏隐甲藻（*Crypthecodinium cohnii*）；金枪鱼油（Tuna oil）
花生四烯酸（AA 或 ARA）	花生四烯酸油脂，来源：高山被孢霉（*Mortierella alpina*）

表 C.2　仅允许用于部分特殊膳食用食品的其他营养成分及使用量

营养强化剂	食品分类号	食品类别(名称)	使用量[a]
低聚半乳糖(乳糖来源)	13.01 13.02.01	婴幼儿配方食品 婴幼儿谷类辅助食品	单独或混合使用,该类物质总量不超过 64.5 g/kg
低聚果糖(菊苣来源)			
多聚果糖(菊苣来源)			
棉子糖(甜菜来源)			
聚葡萄糖	13.01	婴幼儿配方食品	15.6 g/kg～31.25 g/kg
1,3-二油酸　2-棕榈酸甘油三酯	13.01.01	婴儿配方食品	32 g/kg～96 g/kg
	13.01.02	较大婴儿和幼儿配方食品	24 g/kg～96 g/kg
	13.01.03	特殊医学用途婴儿配方食品	32 g/kg～96 g/kg
叶黄素(万寿菊来源)	13.01.01	婴儿配方食品	300 μg/kg～2 000 μg/kg
	13.01.02	较大婴儿和幼儿配方食品	1 620 μg/kg～4 230 μg/kg
	13.01.03	特殊医学用途婴儿配方食品	300 μg/kg～2 000 μg/kg
二十二碳六烯酸(DHA)	13.02.01	婴幼儿谷类辅助食品	≤1 150 mg/kg
花生四烯酸(AA 或 ARA)	13.02.01	婴幼儿谷类辅助食品	≤2 300 mg/kg
核苷酸 来源包括以下化合物: 5′单磷酸胞苷(5′-CMP)、 5′单磷酸尿苷(5′-UMP)、 5′单磷酸腺苷(5′-AMP)、 5′-肌苷酸二钠、5′-鸟苷酸二钠、 5′-尿苷酸二钠、5′-胞苷酸二钠	13.01	婴幼儿配方食品	0.12 g/kg～0.58 g/kg(以核苷酸总量计)
乳铁蛋白	13.01	婴幼儿配方食品	≤1.0 g/kg
酪蛋白钙肽	13.01	婴幼儿配方食品	≤3.0 g/kg
	13.02	婴幼儿辅助食品	≤3.0 g/kg
酪蛋白磷酸肽	13.01	婴幼儿配方食品	≤3.0 g/kg
	13.02	婴幼儿辅助食品	≤3.0 g/kg

[a] 使用量仅限于粉状产品,在液态产品中使用需按相应的稀释倍数折算。

附　录　D
食品类别(名称)说明

食品类别(名称)说明见表 D.1。

表 D.1　食品类别(名称)说明

食品分类号	食品类别(名称)
01.0	乳及乳制品(13.0 特殊膳食用食品涉及品种除外)
01.01	巴氏杀菌乳、灭菌乳和调制乳
01.01.01	巴氏杀菌乳
01.01.02	灭菌乳
01.01.03	调制乳
01.02	发酵乳和风味发酵乳
01.02.01	发酵乳
01.02.02	风味发酵乳
01.03	乳粉其调制产品
01.03.01	乳粉
01.03.02	调制乳粉
01.04	炼乳及其调制产品
01.04.01	淡炼乳
01.04.02	调制炼乳
01.05	稀奶油(淡奶油)及其类似品
01.06	干酪和再制干酪
01.07	以乳为主要配料的即食风味甜点或其预制产品(不包括冰淇淋和调味酸奶)
01.08	其他乳制品(如乳清粉、酪蛋白粉等)
02.0	脂肪,油和乳化脂肪制品
02.01	基本不含水的脂肪和油
02.01.01	植物油脂
02.01.01.01	植物油
02.01.01.02	氢化植物油
02.01.02	动物油脂(包括猪油、牛油、鱼油和其他动物脂肪等)
02.01.03	无水黄油,无水乳脂
02.02	水油状脂肪乳化制品
02.02.01	脂肪含量 80%以上的乳化制品
02.02.01.01	黄油和浓缩黄油
02.02.01.02	人造黄油及其类似制品(如黄油和人造黄油混合品)
02.02.02	脂肪含量 80%以下的乳化制品
02.03	02.02 类以外的脂肪乳化制品,包括混合的和(或)调味的脂肪乳化制品
02.04	脂肪类甜品
02.05	其他油脂或油脂制品
03.0	冷冻饮品
03.01	冰淇淋类、雪糕类
03.02	—

表 D.1（续）

食品分类号	食品类别(名称)
03.03	风味冰、冰棍类
03.04	食用冰
03.05	其他冷冻饮品
04.0	水果、蔬菜(包括块根类)、豆类、食用菌、藻类、坚果以及籽类等
04.01	水果
04.01.01	新鲜水果
04.01.02	加工水果
04.01.02.01	水果罐头
04.01.02.02	果泥
04.02	蔬菜
04.02.01	新鲜蔬菜
04.02.02	加工蔬菜
04.03	食用菌和藻类
04.03.01	新鲜食用菌和藻类
04.03.02	加工食用菌和藻类
04.04	豆类制品
04.04.01	非发酵豆制品
04.04.01.01	豆腐类
04.04.01.02	豆干类
04.04.01.03	豆干再制品
04.04.01.04	腐竹类(包括腐竹、油皮等)
04.04.01.05	新型豆制品(大豆蛋白膨化食品、大豆素肉等)
04.04.01.06	熟制豆类
04.04.01.07	豆粉、豆浆粉
04.04.01.08	豆浆
04.04.02	发酵豆制品
04.04.02.01	腐乳类
04.04.02.02	豆豉及其制品(包括纳豆)
04.04.03	其他豆制品
04.05	坚果和籽类
04.05.01	新鲜坚果与籽类
04.05.02	加工坚果与籽类
05.0	可可制品、巧克力和巧克力制品(包括代可可脂巧克力及制品)以及糖果
05.01	可可制品、巧克力和巧克力制品,包括代可可脂巧克力及制品
05.01.01	可可制品(包括以可可为主要原料的脂、粉、浆、酱、馅等)
05.01.02	巧克力和巧克力制品(05.01.01 涉及品种除外)
05.01.03	代可可脂巧克力及使用可可代用品的巧克力类似产品
05.02	糖果
05.02.01	胶基糖果
05.02.02	除胶基糖果以外的其他糖果
05.03	糖果和巧克力制品包衣

表 D.1（续）

食品分类号	食品类别(名称)
05.04	装饰糖果(如,工艺造型,或用于蛋糕装饰)、顶饰(非水果材料)和甜汁
06.0	粮食和粮食制品,包括大米、面粉、杂粮、淀粉等(07.0 焙烤食品涉及品种除外)
06.01	原粮
06.02	大米及其制品
06.02.01	大米
06.02.02	大米制品
06.02.03	米粉(包括汤圆粉等)
06.02.04	米粉制品
06.03	小麦粉及其制品
06.03.01	小麦粉
06.03.02	小麦粉制品
06.04	杂粮粉及其制品
06.04.01	杂粮粉
06.04.02	杂粮制品
06.04.02.01	八宝粥罐头
06.04.02.02	其他杂粮制品
06.05	淀粉及淀粉类制品
06.05.01	食用淀粉
06.05.02	淀粉制品
06.05.02.01	粉丝、粉条
06.05.02.02	虾味片
06.05.02.03	藕粉
06.05.02.04	粉圆
06.06	即食谷物,包括碾轧燕麦(片)
06.07	方便米面制品
06.08	冷冻米面制品
06.09	谷类和淀粉类甜品(如米布丁、木薯布丁)
06.10	粮食制品馅料
07.0	焙烤食品
07.01	面包
07.02	糕点
07.02.01	中式糕点(月饼除外)
07.02.02	西式糕点
07.02.03	月饼
07.02.04	糕点上彩装
07.03	饼干
07.03.01	夹心及装饰类饼干
07.03.02	威化饼干
07.03.03	蛋卷
07.03.04	其他饼干
07.04	焙烤食品馅料及表面用挂浆

表 D.1（续）

食品分类号	食品类别(名称)
07.05	其他焙烤食品
08.0	肉及肉制品
08.01	生、鲜肉
08.02	预制肉制品
08.03	熟肉制品
08.03.01	酱卤肉制品类
08.03.02	熏、烧、烤肉类
08.03.03	油炸肉类
08.03.04	西式火腿(熏烤、烟熏、蒸煮火腿)类
08.03.05	肉灌肠类
08.03.06	发酵肉制品类
08.03.07	熟肉干制品
08.03.07.01	肉松类
08.03.07.02	肉干类
08.03.07.03	肉脯类
08.03.08	肉罐头类
08.03.09	可食用动物肠衣类
08.03.10	其他肉及肉制品
09.0	水产及其制品(包括鱼类、甲壳类、贝类、软体类、棘皮类等水产及其加工制品等)
09.01	鲜水产
09.02	冷浆水产品及其制品
09.03	预制水产品(半成品)
09.04	熟制水产品(可直接食用)
09.05	水产品罐头
09.06	其他水产品及其制品
10.0	蛋及蛋制品
10.01	鲜蛋
10.02	再制蛋(不改变物理性状)
10.03	蛋制品(改变其物理性状)
10.03.01	脱水蛋制品(如蛋白粉、蛋黄粉、蛋白片)
10.03.02	热凝固蛋制品(如蛋黄酪、松花蛋肠)
10.03.03	冷冻蛋制品(如冰蛋)
10.03.04	液体蛋
10.04	其他蛋制品
11.0	甜味料,包括蜂蜜
11.01	食糖
11.01.01	白糖及白糖制品(如白砂糖、绵白糖、冰糖、方糖等)
11.01.02	其他糖和糖浆(如红糖、赤砂糖、槭树糖浆)
11.02	淀粉糖(果糖、葡萄糖、饴糖、部分转化糖等)
11.03	蜂蜜及花粉
11.04	餐桌甜味料

表 D.1（续）

食品分类号	食品类别(名称)
11.05	调味糖浆
11.06	其他甜味料
12.0	调味品
12.01	盐及代盐制品
12.02	鲜味剂和助鲜剂
12.03	醋
12.04	酱油
12.05	酱及酱制品
12.06	—
12.07	料酒及制品
12.08	—
12.09	香辛料类
12.10	复合调味料
12.10.01	固体复合调味料
12.10.02	半固体复合调味料
12.10.03	液体复合调味料(12.03、12.04 中涉及品种除外)
12.11	其他调味料
13.0	特殊膳食用食品
13.01	婴幼儿配方食品
13.01.01	婴儿配方食品
13.01.02	较大婴儿和幼儿配方食品
13.01.03	特殊医学用途婴儿配方食品
13.02	婴幼儿辅助食品
13.02.01	婴幼儿谷类辅助食品
13.02.02	婴幼儿罐装辅助食品
13.03	特殊医学用途配方食品(13.01 中涉及品种除外)
13.04	低能量配方食品
13.05	除 13.01～13.04 外的其他特殊膳食用食品
14.0	饮料类
14.01	包装饮用水类
14.02	果蔬汁类
14.02.01	果蔬汁(浆)
14.02.02	浓缩果蔬汁(浆)
14.02.03	果蔬汁(肉)饮料(包括发酵型产品等)
14.03	蛋白饮料类
14.03.01	含乳饮料
14.03.02	植物蛋白饮料
14.03.03	复合蛋白饮料
14.04	水基调味饮料类
14.04.01	碳酸饮料
14.04.02	非碳酸饮料

表 D.1（续）

食品分类号	食品类别(名称)
14.04.02.01	特殊用途饮料(包括运动饮料、营养素饮料等)
14.04.02.02	风味饮料(包括果味、乳味、茶味、咖啡味及其他味饮料等)
14.05	茶、咖啡、植物饮料类
14.05.01	茶饮料类
14.05.02	咖啡饮料类
14.05.03	植物饮料类(包括可可饮料、谷物饮料等)
14.06	固体饮料类
14.06.01	果香型固体饮料
14.06.02	蛋白型固体饮料
14.06.03	速溶咖啡
14.06.04	其他固体饮料
14.07	—
14.08	其他饮料类
15.0	酒类
15.01	蒸馏酒
15.02	配制酒
15.03	发酵酒
16.0	其他类(01.0～15.0 中涉及品种除外)
16.01	果冻
16.02	茶叶、咖啡
16.03	胶原蛋白肠衣
16.04	酵母及酵母类制品
16.05	—
16.06	膨化食品
16.07	其他

中华人民共和国国家标准

GB 25594—2010

食品安全国家标准
食品工业用酶制剂

2010-12-21 发布

2011-02-21 实施

中华人民共和国卫生部 发布

食品安全国家标准
食品工业用酶制剂

1 范围

本标准适用于GB 2760允许使用的食品工业用酶制剂。

2 规范性引用文件

本标准中引用的文件对于本标准的应用是必不可少的。凡是注日期的引用文件，仅所注日期的版本适用于本标准。凡是不注日期的引用文件，其最新版本(包括所有的修改单)适用于本标准。

3 术语和定义

3.1 酶制剂

由动物或植物的可食或非可食部分直接提取，或由传统或通过基因修饰的微生物(包括但不限于细菌、放线菌、真菌菌种)发酵、提取制得，用于食品加工，具有特殊催化功能的生物制品。

3.2 抗菌活性

抑制或杀灭微生物的能力。

4 技术要求

4.1 原料要求

4.1.1 用于生产酶制剂的原料应符合良好生产规范或相关要求，在正常使用条件下不应对最终食品产生有害健康的残留污染。

4.1.2 来源于动物的酶制剂，其动物组织应符合肉类检疫要求。

4.1.3 来源于植物的酶制剂，其植物组织不得霉变。

4.1.4 微生物生产菌种应进行分类学和(或)遗传学的鉴定，并应符合有关规定。菌种的保藏方法和条件应保证发酵批次之间的稳定性和可重复性。

4.2 污染物限量

应符合表1的规定。

表1 理化指标

项　　目	指　　标	检验方法
铅(Pb)/(mg/kg)　　≤	5	GB 5009.12
无机砷/(mg/kg)　　≤	3	GB/T 5009.11

4.3 微生物指标

应符合表2的规定，由基因重组技术的微生物生产的酶制剂不应检出生产菌。

表2 微生物指标

项　目	指　标	检验方法
菌落总数/(CFU/g 或 CFU/mL) ≤	50 000	GB 4789.2
大肠菌群/(CFU/g 或 CFU/mL) ≤	30	GB 4789.3 平板计数法
大肠杆菌/(25 g 或 25 mL)	不得检出	GB/T 4789.38
沙门氏菌/(25 g 或 25 mL)	不得检出	GB 4789.4

4.4 抗菌活性

微生物来源的酶制剂不得检出抗菌活性。

中华人民共和国国家标准

GB 26687—2011

食品安全国家标准
复配食品添加剂通则

2011-07-05 发布　　2011-09-05 实施

中华人民共和国卫生部　发布

食品安全国家标准

复配食品添加剂通则

1 范围

本标准适用于除食品用香精和胶基糖果基础剂以外的所有复配食品添加剂。

2 术语和定义

2.1 复配食品添加剂

为了改善食品品质、便于食品加工，将两种或两种以上单一品种的食品添加剂，添加或不添加辅料，经物理方法混匀而成的食品添加剂。

2.2 辅料

为复配食品添加剂的加工、贮存、溶解等工艺目的而添加的食品原料。

3 命名原则

3.1 由单一功能且功能相同的食品添加剂品种复配而成的，应按照其在终端食品中发挥的功能命名。即“复配”+“GB 2760 中食品添加剂功能类别名称”，如：复配着色剂、复配防腐剂等。

3.2 由功能相同的多种功能食品添加剂，或者不同功能的食品添加剂复配而成的，可以其在终端食品中发挥的全部功能或者主要功能命名，即“复配”+“GB 2760 中食品添加剂功能类别名称”，也可以在命名中增加终端食品类别名称，即“复配”+“食品类别”+“GB 2760 中食品添加剂功能类别名称”。

4 要求

4.1 基本要求

4.1.1 复配食品添加剂不应对人体产生任何健康危害。

4.1.2 复配食品添加剂在达到预期的效果下，应尽可能降低在食品中的用量。

4.1.3 用于生产复配食品添加剂的各种食品添加剂，应符合 GB 2760 和卫生部公告的规定，具有共同的使用范围。

4.1.4 用于生产复配食品添加剂的各种食品添加剂和辅料，其质量规格应符合相应的食品安全国家标准或相关标准。

4.1.5 复配食品添加剂在生产过程中不应发生化学反应，不应产生新的化合物。

4.1.6 复配食品添加剂的生产企业应按照国家标准和相关标准组织生产，制定复配食品添加剂的生产管理制度，明确规定各种食品添加剂的含量和检验方法。

4.2 感官要求:应符合表1的规定

表1 感官要求

要　求	检测方法
不应有异味、异臭,不应有腐败及霉变现象,不应有视力可见的外来杂质	取适量被测样品于无色透明的容器或白瓷盘中,置于明亮处,观察形态、色泽,并在室温下嗅其气味

4.3 有害物质控制

4.3.1 根据复配的食品添加剂单一品种和辅料的食品安全国家标准或相关标准中对铅、砷等有害物质的要求,按照加权计算的方法由生产企业制定有害物质的限量并进行控制。终产品中相应有害物质不得超过限量。

例如:某复配食品添加剂由A、B和C三种食品添加剂单一品种复配而成,若该复配食品添加剂的铅限量值为d,数值以毫克每千克(mg/kg)表示,按公式(1)计算:

$$d = a \times a_1 + b \times b_1 + c \times c_1 \qquad (1)$$

式中:

a ——A的食品安全国家标准中铅限量,单位为毫克每千克(mg/kg);

b ——B的食品安全国家标准中铅限量,单位为毫克每千克(mg/kg);

c ——C的食品安全国家标准中铅限量,单位为毫克每千克(mg/kg);

a_1——A在复配产品所占比例,%;

b_1——B在复配产品所占比例,%;

c_1——C在复配产品所占比例,%。

其中,$a_1 + b_1 + c_1 = 100\%$。

4.3.2 若参与复配的各单一品种标准中铅、砷等指标不统一,无法采用加权计算的方法制定有害物质限量值,则应采用表2中安全限量值控制产品中的有害物质。

表2 有害物质限量要求

项　目		指　标	检测方法
砷(以As计)/(mg/kg)	≤	2.0	GB/T 5009.76
铅(Pb)/(mg/kg)	≤	2.0	GB/T 5009.75

4.4 致病性微生物控制

根据所有复配的食品添加剂单一品种和辅料的食品安全国家标准或相关标准,对相应的致病性微生物进行控制,并在终产品中不得检出。

5 标识

5.1 复配食品添加剂产品的标签、说明书应当标明下列事项:

a) 产品名称、商品名、规格、净含量、生产日期;

b) 各单一食品添加剂的通用名称、辅料的名称，进入市场销售和餐饮环节使用的复配食品添加剂还应标明各单一食品添加剂品种的含量；

c) 生产者的名称、地址、联系方式；

d) 保质期；

e) 产品标准代号；

f) 贮存条件；

g) 生产许可证编号；

h) 使用范围、用量、使用方法；

i) 标签上载明“食品添加剂”字样，进入市场销售和餐饮环节使用复配食品添加剂应标明“零售”字样；

j) 法律、法规要求应标注的其他内容。

5.2 进口复配食品添加剂应有中文标签、说明书，除标识上述内容外还应载明原产地以及境内代理商的名称、地址、联系方式，生产者的名称、地址、联系方式可以使用外文，可以豁免标识产品标准代号和生产许可证编号。

5.3 复配食品添加剂的标签、说明书应当清晰、明显，容易辨识，不得含有虚假、夸大内容，不得涉及疾病预防、治疗功能。

GB 26687—2011《复配食品添加剂通则》第1号修改单

本修改单经中华人民共和国卫生部于2012年3月15日第4号公告批准，自批准之日起实施。

GB 26687—2011《复配食品添加剂通则》中表2有害物质限量要求：

表2 有害物质限量要求

项　　目	指　　标	检测方法
砷(以As计)/(mg/kg)　≤	2.0	GB/T 5009.76
铅(Pb)/(mg/kg)　≤	2.0	GB/T 5009.75

修改为：

表2 有害物质限量要求

项　　目	指　　标	检测方法
砷(以As计)/(mg/kg)　≤	2.0	GB/T 5009.11 或 GB/T 5009.76
铅(Pb)/(mg/kg)　≤	2.0	GB 5009.12 或 GB/T 5009.75

中华人民共和国国家标准

GB 29924—2013

食品安全国家标准
食品添加剂标识通则

2013-11-29 发布　　　　2015-06-01 实施

中华人民共和国国家卫生和计划生育委员会　发布

食品安全国家标准
食品添加剂标识通则

1 范围

本标准适用于食品添加剂的标识。食品营养强化剂的标识参照本标准使用。

本标准不适用于为食品添加剂在储藏运输过程中提供保护的储运包装标签的标识。

2 术语和定义

2.1 标签

食品添加剂包装上的文字、图形、符号等一切说明。

2.2 说明书

销售食品添加剂产品时所提供的除标签以外的说明材料。

2.3 生产日期（制造日期）

食品添加剂成为最终产品的日期，即将食品添加剂装入（灌入）包装物或容器中，形成最终销售单元的日期。

2.4 保质期

食品添加剂在标识指明的贮存条件下，保持品质的期限。

2.5 规格

同一包装内含有多件食品添加剂时，对净含量和内含件数关系的表述。

3 食品添加剂标识基本要求

3.1 应符合国家法律、法规的规定，并符合相应产品标准的规定。

3.2 应清晰、醒目、持久，易于辨认和识读。

3.3 应真实、准确，不应以虚假、夸大、使食品添加剂使用者误解或欺骗性的文字、图形等方式介绍食品添加剂，也不应利用字号大小或色差误导食品添加剂使用者。

3.4 不应采用违反 GB 2760 中食品添加剂使用原则的语言文字介绍食品添加剂；不应以直接或间接暗示性的语言、图形、符号，误导食品添加剂的使用。

3.5 不应以直接或间接暗示性的语言、图形、符号，导致食品添加剂使用者将购买的食品添加剂或食品添加剂的某一功能与另一产品混淆，不含贬低其他产品（包括其他食品和食品添加剂）的内容。

3.6 不应标注或者暗示具有预防、治疗疾病作用的内容。

3.7 食品添加剂标识的文字要求应符合 GB 7718—2011 中 3.8～3.9 的规定。

3.8 多重包装的食品添加剂标签的标示形式应符合 GB 7718—2011 中 3.10～3.11 的规定。

3.9 如果食品添加剂标签内容涵盖了本标准规定应标示的所有内容，可以不随附说明书。

4 提供给生产经营者的食品添加剂标识内容及要求

4.1 名称

4.1.1 应在食品添加剂标签的醒目位置，清晰地标示"食品添加剂"字样。

4.1.2 单一品种食品添加剂应按 GB 2760、食品添加剂的产品质量规格标准和国家主管部门批准使用的食品添加剂中规定的名称标示食品添加剂的中文名称。若 GB 2760、食品添加剂的产品质量规格标准和国家主管部门批准使用的食品添加剂中已规定了某食品添加剂的一个或几个名称时，应选用其中的一个。

4.1.3 复配食品添加剂的名称应符合 GB 26687—2011 中第 3 章命名原则的规定。

4.1.4 食品用香料需列出 GB 2760 和国家主管部门批准使用的食品添加剂中规定的中文名称，可以使用"天然"或"合成"定性说明。

4.1.5 食品用香精应使用与所标示产品的香气、香味、生产工艺等相适应的名称和型号，且不应造成误解或混淆，应明确标示"食品用香精"字样。

4.1.6 除了标示上述名称外，可以选择标示"中文名称对应的英文名称或英文缩写""音译名称""商标名称""INS 号""CNS 号"、GB 2760 中的香料"编码""FEMA 编号"等。

食品用香精还可在食品用香精名称前或名称后附加相应的词或短语，如水溶性香精、油溶性香精、拌和型粉末香精、微胶囊粉末香精、乳化香精、浆(膏)状香精和咸味香精等，但应在所示名称的同一展示版面标示 4.1.2～4.1.5 规定的名称，且字号不能大于 4.1.2～4.1.5 规定的名称的字样。

4.2 成分或配料表

4.2.1 除食品用香精以外的食品添加剂成分或配料表的标示要求

4.2.1.1 按 GB 2760、食品添加剂的产品质量规格标准和国家主管部门批准使用的食品添加剂中规定的名称列出各单一品种食品添加剂名称。配料表应根据每种食品添加剂含量递减顺序排列。

4.2.1.2 如果单一品种或复配食品添加剂中含有辅料，辅料应列在各单一品种食品添加剂之后，并按辅料含量递减顺序排列。

4.2.2 食品用香精的成分或配料表的标示要求

4.2.2.1 食品用香精中的食品用香料应以"食品用香料"字样标示，不必标示具体名称。

4.2.2.2 在食品用香精制造或加工过程中加入的食品用香精辅料用"食品用香精辅料"字样标示。

4.2.2.3 在食品用香精中加入的甜味剂、着色剂、咖啡因等食品添加剂应按 GB 2760、食品添加剂的产品质量规格标准和国家主管部门批准使用的食品添加剂中的规定标示具体名称。

4.3 使用范围、用量和使用方法

应在 GB 2760 及国家主管部门批准使用的食品添加剂的范围内选择标示食品添加剂使用范围和用量，并标示使用方法。

4.4 日期标示

4.4.1 应清晰标示食品添加剂的生产日期和保质期。如日期标示采用"见包装物某部位"的形式，应标示所在包装物的具体部位。日期标示不得另外加贴、补印或篡改。

4.4.2 当同一包装内含有多个标示了生产日期及保质期的单件食品添加剂时，外包装上标示的保质期

应按最早到期的单件食品添加剂的保质期计算。外包装上标示的生产日期可为最早生产的单件食品添加剂的生产日期,或外包装形成销售单元的日期;也可在外包装上分别标示各单件装食品添加剂的生产日期和保质期。

4.4.3 可按年、月、日的顺序标示日期,如果不按此顺序标示,应注明日期标示顺序。

4.5 贮存条件

应标示食品添加剂的贮存条件。

4.6 净含量和规格

4.6.1 净含量的标示应由净含量、数字和法定计量单位组成。

4.6.2 应依据法定计量单位,按以下方式标示包装物(容器)中食品添加剂的净含量和规格:

a) 液态食品添加剂,用体积升(L 或 l)、毫升(mL 或 ml),或用质量克(g)、千克(kg);

b) 固态食品添加剂,除片剂形式以外,用质量克(g)、千克(kg);

c) 半固态或黏性食品添加剂,用体积升(L 或 l)、毫升(mL 或 ml),或用质量克(g)、千克(kg);

d) 片剂形式的食品添加剂,用质量克(g)、千克(kg)和包装中的总片数。

4.6.3 同一包装内含有多个单件食品添加剂时,大包装在标示净含量的同时还应标示规格。规格的标示应由单件食品添加剂净含量和件数组成,或只标示件数,可不标示"规格"二字。单件食品添加剂的规格即指净含量。

4.7 制造者或经销者的名称和地址

4.7.1 应标注生产者的名称、地址和联系方式。生产者名称和地址应是依法登记注册、能够承担产品安全质量责任的生产者的名称、地址。有下列情形之一的,应按下列要求予以标示:

a) 依法独立承担法律责任的集团公司、集团公司的子公司,应标示各自的名称和地址;

b) 不能依法独立承担法律责任的集团公司的分公司或集团公司的生产基地,可标示集团公司和分公司(生产基地)的名称、地址;或仅标示集团公司的名称、地址及产地,产地应按照行政区划标注到地市级地域;

c) 受其他单位委托加工食品添加剂的,可标示委托单位和受委托单位的名称和地址;或仅标示委托单位的名称和地址及产地,产地应按照行政区划标注到地市级地域。

4.7.2 依法承担法律责任的生产者或经销者的联系方式可标示以下至少一项内容:电话、传真、网络联系方式等,或与地址一并标示的邮政地址。

4.7.3 进口食品添加剂应标示原产国国名或地区区名,以及在中国依法登记注册的代理商、进口商或经销者的名称、地址和联系方式,可不标示生产者的名称、地址和联系方式。

4.8 产品标准代号

国内生产并在国内销售的食品添加剂(不包括进口食品添加剂)应标示产品所执行的标准代号和顺序号。

4.9 生产许可证编号

国内生产并在国内销售的属于实施生产许可证管理范围之内的食品添加剂(不包括进口食品添加剂)应标示有效的食品添加剂生产许可证编号,标示形式按照相关规定执行。

4.10 警示标识

有特殊使用要求的食品添加剂应有警示标识。

4.11 辐照食品添加剂

4.11.1 经电离辐射线或电离能量处理过的食品添加剂，应在食品添加剂名称附近标明“辐照”。

4.11.2 经电离辐射线或电离能量处理过的任何配料，应在配料表中标明。

4.12 标签和说明书

4.12.1 标签应按4.1、4.4、4.5、4.6、4.7、4.9的要求至少标示“食品添加剂”字样、食品添加剂名称、规格、净含量、生产日期、保质期、贮存条件、生产者的名称和地址以及生产许可证编号。第4章中4.2、4.3、4.8、4.10、4.11应按本标准要求在标签或说明书中注明。

4.12.2 若有说明书，应在食品添加剂交货时提供说明书。

5 提供给消费者直接使用的食品添加剂标识内容及要求

5.1 标签应按照4.1～4.11的要求标识，并注明“零售”字样。

5.2 复配食品添加剂还应在配料表中标明各单一食品添加剂品种及含量。

5.3 含有辅料的单一品种食品添加剂，还应标明除辅料以外的食品添加剂品种的含量。

中华人民共和国国家标准

GB 29938—2013

食品安全国家标准
食品用香料通则

2013-11-29 发布　　　　2014-06-01 实施

中华人民共和国国家卫生和计划生育委员会　发布

食品安全国家标准
食品用香料通则

1 范围

本标准适用于 GB 2760 中允许使用的食品用香料。

2 术语和定义

2.1 食品用香料

生产食品用香精的主要原料，在食品中赋予、改善或提高食品的香味，只产生咸味、甜味或酸味的物质除外。食品用香料包括食品用天然香料、食品用合成香料、烟熏香味料等，一般配制成食品用香精后用于食品加香，部分也可直接用于食品加香。

2.2 食品用天然香料

通过物理方法或酶法或微生物法工艺，从动植物来源材料中获得的香味物质的制剂或化学结构明确的具有香味特性的物质，包括食品用天然复合香料和食品用天然单体香料。

2.2.1 食品用天然复合香料

食品用香味制剂

通过物理方法或酶法或微生物法工艺从动植物来源材料中获得的香味物质的制剂（由多种成分组成）。这些动植物来源材料可以是未经加工的也可以是通过传统食品制备工艺加工过的。包括精油、果汁精油、提取物、蛋白质水解物、馏出液或经焙烤、加热或酶解的产物。

2.2.2 食品用天然单体香料

通过物理方法或酶法或微生物法工艺从动植物来源材料中获得的化学结构明确的具有香味特性的物质。这些动植物材料可以是未经加工的，也可以是通过传统食品制备工艺加工的。

2.3 食品用合成香料

通过化学合成方式形成的化学结构明确的具有香味特性的物质。

3 要求

3.1 基本要求

食品用香料有食品安全国家标准或相关标准的，质量规格应符合食品安全国家标准或相关标准的要求。

3.2 食品用天然香料通用要求

3.2.1 食品用天然香料生产加工过程中，因工艺必要性需要使用提取溶剂的，在达到预期目的前提下应尽可能降低溶剂使用量。食品用天然香料允许使用的提取溶剂名单见附录 A 中表 A.1。

3.2.2 按照表 1 中的安全限量值控制食品用天然香料中的重金属和砷。

表 1 重金属和砷限量要求

项 目	海产品来源的食品用天然香料	非海产品来源的食品用天然香料	检验方法
重金属(以 Pb 计)/(mg/kg) ≤	10		GB/T 5009.74
总砷(以 As 计)/(mg/kg) ≤	—	3	GB/T 5009.76 或 GB/T 5009.11
无机砷/(mg/kg) ≤	1.5	—	GB/T 5009.11

3.2.3 海产品来源的食品用天然香料名单见附录 B 中表 B.1。

3.2.4 食品用天然复合香料生产中使用的酶制剂应符合 GB 2760 中食品用酶制剂及其来源名单和原卫生部相关公告的规定;使用的菌种应符合原卫生部公布的《可用于食品的菌种名单》和(或)《可用于婴幼儿食品的菌种名单》及原卫生部相关公告的规定。用酶法或微生物法生产的食品用天然复合香料,起始原料应是可作为食品的动植物。

3.2.5 食品用天然单体香料含量按附录 C 中表 C.1 的规定。

3.3 食品用合成香料要求

食品用合成香料含量按附录 D 中表 D.1 的规定。检测方法按 GB/T 11539 或 GB/T 11538 的规定。有食品安全国家标准或相关标准的,或在表 D.1 注明特殊要求的,按照标准或要求检测。

附 录 A
食品用天然香料允许使用的提取溶剂

食品用天然香料允许使用的提取溶剂名单见表 A.1。

表 A.1 食品用天然香料允许使用的提取溶剂名单

序号	溶剂中文名称	溶剂英文名称
1	丁烷	Butane
2	丙烷	Propane
3	异丁烷	Isobutane
4	甲苯	Toluene
5	环己烷	Cyclohexane
6	己烷	Hexane
7	石油醚	Light petroleum
8	甲醇	Methanol
9	正丁醇	1-Butanol
10	丙酮	Acetone
11	乙基甲基酮	Ethyl methyl ketone
12	乙酸乙酯	Ethyl acetate
13	乙醚	Diethyl ether
14	丁醚	Dibutyl ether
15	甲基叔丁基醚	Methyl tert-butylether
16	二氯甲烷	Dichloromethane
17	二氧化碳	Carbone dioxide
注：食品或食品配料(如:水、食用酒精、食用动植物油脂等),允许使用的食品用香料均可作提取溶剂。		

附 录 B
海产品来源的食品用天然香料

海产品来源的食品用天然香料名单见 B.1。

表 B.1 海产品来源的食品用天然香料名单

编码	香料名称	英文名称	FEMA 编号
N203	海草(藻)提取物	Kelp(Laminaria and kereocystis spp.)	2606
N330	海藻净油	Algues absolute	—
N379	干制鲣鱼(CO_2)提取物	Katsuobushi CO_2 extract	—
N396	褐藻胶	Algin (Laminaria spp.and other kelps)	2014

附　录　C
食品用天然单体香料含量要求

食品用天然单体香料含量要求见表C.1。

表 C.1　食品用天然单体香料含量要求

编码	香料名称	英文名称	FEMA 编号	含量 ≥	检测方法
N220	*d*-樟脑	*d*-Camphor	2230	96%	GB/T 11539 或 GB/T 11538
N252	油酸	Oleic acid	2815	90%(油酸、棕榈酸和其他脂肪酸之和不低于99%)	
N277	檀香醇(α-，β-)	Santalol，α- and β-	3006	95%(α-，β-异构体之和)	
N395	β-愈疮木烯	β-Guaiene(Guaia-1(5)，7(11)-diene)	—	96%	

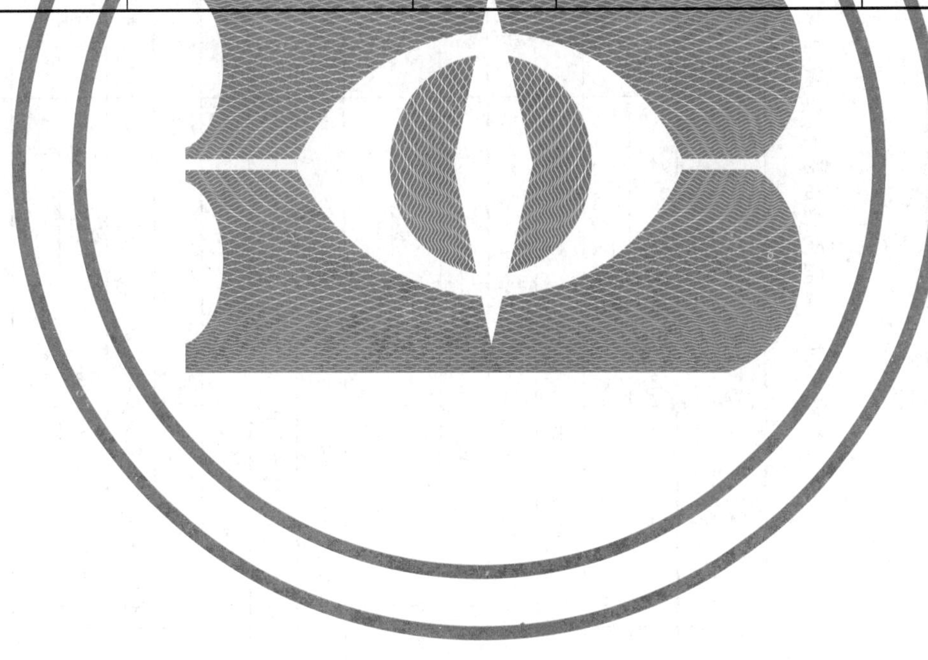

附 录 D
食品用合成香料含量要求

食品用合成香料含量要求见表 D.1。

表 D.1 食品用合成香料含量要求

编码	香料名称	英文名称	FEMA 编号	含量 ≥	备注
S0002	丙三醇(甘油)	1,2,3-Propanetriol(Glycerol)	2525	95.0%	—
S0003	异丙醇	Isopropyl alcohol	2929	98%	—
S0004	正丁醇	1-Butanol(Butyl alcohol)	2178	99.5%	—
S0005	异丁醇	Isobutyl alcohol	2179	98%	—
S0006	正戊醇	1-Pentanol(Amyl alcohol)	2056	98.0%	—
S0007	2-戊醇	2-Pentanol	3316	97.9%	—
S0008	异戊醇	Isoamyl alcohol	2057	98.0%	—
S0009	1-戊烯-3-醇	1-Penten-3-ol	3584	98%	—
S0010	正己醇	1-Hexanol(Hexyl alcohol)	2567	96.5%	—
S0011	2-己烯-1-醇	2-Hexen-1-ol	2562	95%(顺式和反式异构体之和)	—
S0012	4-己烯-1-醇	4-Hexen-1-ol	3430	96.0%	—
S0013	正庚醇	1-Heptanol(Heptyl alcohol)	2548	97.0%	—
S0014	正辛醇	1-Octanol(Octyl alcohol)	2800	98.0%	—
S0015	2-辛醇	2-Octanol	2801	97.0%	—
S0016	1-辛烯-3-醇	1-Octen-3-ol	2805	96.0%	—
S0017	顺式-5-辛烯-1-醇	*cis*-5-Octen-1-ol	3722	90%	次要成分:反式-5-辛烯-1-醇

表 D.1（续）

编码	香料名称	英文名称	FEMA 编号	含量 ≥	备注
S0018	正壬醇	1-Nonanol(Nonyl alcohol)	2789	97.0%	—
S0019	顺式-6-壬烯-1-醇	*cis*-6-Nonen-1-ol	3465	95.0%	—
S0020	反式-2-壬烯-1-醇	*trans*-2-Nonen-1-ol	3379	95%	—
S0021	2,6-壬二烯-1-醇	2,6-Nonadien-1-ol	2780	95%	—
S0022	正癸醇	1-Decanol(Decyl alcohol)	2365	98.0%	—
S0023	十一醇	Undecyl alcohol	3097	97.0%	—
S0024	月桂醇(十二醇)	Lauryl alcohol(Dodecyl alcohol)	2617	97.0%	—
S0025	1-十六醇	1-Hexadecanol	2554	97.0%	—
S0026	小茴香醇	Fenchyl alcohol	2480	97%($C_{10}H_{18}O$)	—
S0027	叶醇(顺式-3-己烯-1-醇)	Leaf alcohol(*cis*-3-Hexen-1-ol)	2563	98.0%(顺式异构体)	—
S0028	龙脑	Borneol	2157	97%	—
S0031	异胡薄荷醇	Isopulegol	2962	95%(异构体之和)	—
S0032	苏合香醇(α-甲基苄醇)	Styralyl alcohol(α-Methylbenzyl alcohol)	2685	99%	—
S0035	苯丙醇	Phenylpropyl alcohol	2885	98%	—
S0036	玫瑰醇	Rhodinol	2980	82%(总醇 $C_{10}H_{20}O$)	次要成分:乙酸香茅酯,乙酸橙花酯和乙酸香叶酯
S0038	金合欢醇	Farnesol	2478	96%(异构体之和)	—
S0039	香叶醇	Geraniol	2507	88%(总醇 $C_{10}H_{20}O$)	次要成分:乙酸香茅酯、乙酸橙花酯和乙酸香叶酯

表 D.1（续）

编码	香料名称	英文名称	FEMA 编号	含量 ≥	备注
S0040	*dl*-香茅醇	*dl*-Citronellol	2309	90%（总醇 $C_{10}H_{20}O$）	次要成分：双不饱和 C_{10} 醇及饱和 C_{10} 醇、乙酸香茅酯、香茅醛
S0043	α-紫罗兰醇（甲位紫罗兰醇）	α-Ionol	3624	99.0%	—
S0044	β-紫罗兰醇（乙位紫罗兰醇）	β-Ionol	3625	92%（紫罗兰醇和紫罗兰酮的异构体之和不低于 99%）	—
S0045	二氢 β-紫罗兰醇	Dihydro-β-ionol	3627	97.0%	—
S0046	橙花醇	Nerol	2770	95%（总醇 $C_{10}H_{18}O$）	—
S0047	橙花叔醇	Nerolidol	2772	97%	—
S0048	二甲基苄基原醇	Dimethyl benzyl carbinol	2393	97%	—
S0049	正丙醇	1-Propanol（Propyl alcohol）	2928	99.0%	—
S0050	3-己醇	3-Hexanol	3351	97.0%	—
S0051	1-己烯-3-醇	1-Hexen-3-ol	3608	98%	—
S0052	2-乙基己醇	2-Ethyl-1-hexanol	3151	97.0%	—
S0053	2-庚醇	2-Heptanol	3288	96.0%	—
S0054	3-辛醇	3-Octanol	3581	97.0%	—
S0055	顺式-3-辛烯-1-醇	*cis*-3-Octen-1-ol	3467	96.0%（$C_8H_{16}O$，顺式异构体）	—
S0056	2-十一醇	2-Undecanol	3246	98.0%	—
S0057	对，α-二甲基苄醇	*p*,α-Dimethylbenzyl alcohol	3139	96%	—
S0058	对异丙基苄醇	*p*-Isopropylbenzyl alcohol	2933	97%	—
S0059	对，α，α-三甲基苄醇	*p*，α，α-Trimethylbenzyl alcohol	3242	90%（含对异丙烯基甲苯）	—
S0060	β-石竹烯醇	β-Caryophyllene alcohol	4410	92%	—

表 D.1（续）

编码	香料名称	英文名称	FEMA 编号	含量 ≥	备注
S0061	龙蒿脑	Estragole	2411	95%	—
S0062	四氢香叶醇	Tetrahydrogeraniol	2391	90%	次要成分：香叶醇、香茅醇
S0064	1-对-蓋烯-4-醇	1-*p*-Menthen-4-ol	2248	96%	—
S0065	紫苏醇	Perilla alcohol	2664	96%	—
S0066	薄荷脑（*dl*-薄荷脑，*l*-薄荷脑）	Menthol（*dl*-Menthol，*l*-Mentho）	2665	95%（两个异构体之和）	—
S0067	3-（*l*-薄荷氧基）-2-甲基-1，2-丙二醇	3-（*l*-Menthoxy）-2-methylpropane-1，2-diol	3849	99%	—
S0068	3，5，5-三甲基环己醇	3，5，5-Trimethylcyclohexanol	3962	98%	—
S0069	顺-2-壬烯-1-醇	*cis*-2-Nonen-1-ol	3720	96%	—
S0070	反式，反式-2，4-癸二烯醇	*E*，*E*-2，4-Decadien-1-ol（*trans*，*trans*-2，4-Decadien-1-ol）	3911	92%	次要成分：反式，顺式-2，4-癸二烯醇
S0071	反式-2-辛烯-4-醇	（*E*）-2-Octen-4-ol	3888	95%	—
S0072	对-蓋-3-烯-1 醇	*p*-Menth-3-en-1-ol	3563	95%	—
S0073	对-蓋-1，8（10）二烯-9-醇	Menthadienol（*p*-mentha-1，8（10）-dien-9-ol）	—	95%	—
S0074	柏木烯醇	Cedrenol	—	95.0%	—
S0075	脱氢芳樟醇	Dehydrolinalool（（*E*）-3，7-Dimethyl-1，5，7-octatrien-3-ol）	3830	93%	次要成分：芳樟醇、氧化芳樟醇和橙花醚
S0079	二苯醚	Diphenyl ether	3667	99%	—
S0080	对-甲酚甲醚	*p*-Cresyl methyl ether	2681	99%	—
S0081	异丁香酚甲醚	*iso*-Eugenyl methyl ether	2476	95%	—
S0082	甲基苯乙醚	Methyl phenethyl ether	3198	99%	—

表 D.1（续）

编码	香料名称	英文名称	FEMA 编号	含量 ≥	备注
S0083	朗姆醚(乙醇氧化水合物)	Rum ether(Ethyl oxyhydrate)	2996	80.0%	—
S0084	仲丁基乙醚	*sec*-Butyl ethyl ether	3131	99%	—
S0085	乙基苄基醚	Ethyl benzyl ether	2144	98%	—
S0086	大茴香醚	Anisole	2097	99%	—
S0087	邻-甲基大茴香醚	*o*-Methylanisole	2680	99%	—
S0088	橙花醚	Nerol oxide	3661	97%	—
S0089	2,4-二甲基大茴香醚	2,4-Dimethylanisole	3828	96.5%	—
S0090	香兰基乙醚	Vanillyl ethyl ether	3815	98%	—
S0092	异丁香酚	Isoeugenol	2468	99%	—
S0093	甲基丁香酚	Methyl eugenol	2475	95%	—
S0094	对-甲酚	*p*-Cresol	2337	99%	—
S0095	邻-甲酚	*o*-Cresol	3480	98%	—
S0096	间-甲酚	*m*-Cresol	3530	98%	—
S0099	苯酚	Phenol	3223	98%	—
S0100	2-甲氧基-4-甲基苯酚	2-Methoxy-4-methylphenol	2671	98%	—
S0101	对-乙基苯酚	*p*-Ethylphenol	3156	99%	—
S0102	2-甲氧基-4-乙烯基苯酚	2-Methoxy-4-vinylphenol	2675	96%	—
S0103	对-二甲氧基苯	*p*-Dimethoxybenzene	2386	98%	—
S0104	愈疮木酚	Guaiacol	2532	99%	—
S0105	4-乙基愈疮木酚	4-Ethylguaiacol	2436	98%	—
S0106	苯甲醛丙二醇缩醛	Benzaldehyde propylene glycol acetal	2130	95%	—

表 D.1（续）

编码	香料名称	英文名称	FEMA 编号	含量 ≥	备注
S0107	2-异丙基苯酚	2-Isopropylphenol	3461	98%	—
S0108	2,6-二甲基苯酚	2,6-Xylenol	3249	99%	—
S0109	2,6-二甲氧基苯酚	2,6-Dimethoxyphenol	3137	98%	—
S0110	间苯二酚	Resorcinol	3589	98%	—
S0111	香芹酚	Carvacrol	2245	98%	—
S0112	2-甲氧基-4-丙基苯酚	2-Methoxy-4-propylphenol	3598	98%	—
S0113	2,5-二甲基苯酚	2,5-Xylenol	3595	99%	—
S0114	对乙烯基苯酚	*p*-Vinylphenol	3739	99%	—
S0115	乙醛	Acetaldehyde	2003	99%（依据产品特性可稀释使用）	—
S0116	乙醛二乙缩醛	Acetaldehyde diethyl acetal	2002	95.0%	—
S0117	丙醛	Propionaldehyde	2923	97%	—
S0118	3-(2-呋喃基)丙烯醛	3-(2-Furyl)acrolein	2494	97%	—
S0119	丁醛	Butyraldehyde	2219	98%	—
S0120	2-甲基丁醛	2-Methylbutyraldehyde	2691	97.0%	—
S0121	2-甲基-2-丁烯醛	2-Methyl-2-butenal	3407	99%	—
S0122	2-苯基-2-丁烯醛	2-Phenyl-2-butenal	3224	97%	—
S0123	戊醛	Valeraldehyde	3098	97.0%	—
S0124	异戊醛	Isovaleraldehyde	2692	95.0%	—
S0125	2-甲基戊醛	2-Methylvaleraldehyde	3413	97%（以醛计）	—
S0126	2-戊烯醛	2-Pentenal	3218	98%	—
S0127	2-甲基-2-戊烯醛	2-Methyl-2-pentenal	3194	92%	次要成分：丙醛、丙酸

表 D.1（续）

编码	香料名称	英文名称	FEMA 编号	含量 ≥	备注
S0128	4-甲基-2-苯基-2-戊烯醛	4-Methyl-2-phenyl-2-pentenal	3200	95%	—
S0129	2,4-戊二烯醛	2,4-Pentadienal	3217	98%	—
S0131	2-己烯醛(叶醛)	2-Hexenal (Leaf aldehyde)	2560	92.0%(顺式和反式异构体之和)	—
S0132	顺式-3-己烯醛	*cis*-3-Hexenal	2561	97%	—
S0133	5-甲基-2-苯基-2-己烯醛	5-Methyl-2-phenyl-2-hexenal	3199	96%	—
S0134	2-异丙基-5-甲基-2-己烯醛	2-Isopropyl-5-methyl-2-hexenal	3406	95%	—
S0135	反式,反式-2,4-己二烯醛	*trans*,*trans*-2,4-Hexadienal	3429	97%	—
S0136	庚醛	Heptyl aldehyde	2540	92%	次要成分:2-甲基己醛
S0137	4-庚烯醛	4-Heptenal	3289	98.0%(顺式和反式异构体之和)	—
S0138	反式-2-庚烯醛	*trans*-2-Heptenal	3165	97%	—
S0140	2,4-庚二烯醛	2,4-Heptadienal	3164	92%	次要成分:反式,顺式-2,4-庚二烯醛、2,4-庚二烯酸
S0141	辛醛	Octyl aldehyde	2797	92%	次要成分:2-甲基庚醛
S0142	2-辛烯醛	2-Octenal	3215	92%(顺式和反式异构体之和)	次要成分:2-辛烯酸、辛酸乙酯
S0143	反式,反式-2,4-辛二烯醛	*trans*,*trans*-2,4-Octadienal	3721	99%	—
S0144	反式,反式-2,6-辛二烯醛	*trans*,*trans*-2,6-Octadienal	3466	96%	—
S0145	壬醛	Nonanal	2782	92%	次要成分:2-甲基辛醛
S0146	甲基壬乙醛(2-甲基十一醛)	Methylnonylacetaldehyde (2-Methylundecanal)	2749	97%	—
S0147	2-壬烯醛	2-Nonenal	3213	92%(顺式和反式异构体之和)	次要成分:2-壬烯酸

表 D.1（续）

编码	香料名称	英文名称	FEMA 编号	含量 ≥	备注
S0148	顺式-6-壬烯醛	*cis*-6-Nonenal	3580	90%	次要成分：反式-6-壬烯醛
S0149	2,4-壬二烯醛（反式-2-反式-4-壬二烯醛）	2,4-Nonadienal（*trans*-2-*trans*-4-Nonadienal）	3212	89%	次要成分：2,4-壬二烯-1-醇、2-壬烯-1-醇
S0150	反式-2-顺式-6-壬二烯醛	Nona-2-*trans*-6-*cis*-dienal	3377	92%	次要成分：反式，反式-2,6-壬二烯醛
S0151	甲酸桃金娘烯酯	Myrtenyl formate	3405	96%	—
S0153	2-癸烯醛	2-Decenal	2366	92%（顺式和反式异构体之和）	次要成分：2-癸烯酸
S0154	2,4-癸二烯醛	2,4-Decadienal	3135	89%	次要成分：顺，顺-2,4-癸二烯醛、顺，反-2,4-癸二烯醛和反，顺-2,4-癸二烯醛的混合物、丙酮、异丙醇
S0155	十一醛	Undecanal	3092	92%	次要成分：2-甲基癸醛
S0156	2-十一烯醛	2-Undecenal	3423	98%（顺式和反式异构体之和）	—
S0157	2,4-十一碳二烯醛	2,4-Undecadienal	3422	99%	—
S0158	月桂醛	Lauric aldehyde	2615	92%	次要成分：十四醛、癸醛、十六醛
S0159	2-十二碳烯醛	2-Dodecenal	2402	93%（顺式和反式异构体之和）	次要成分：2-十二碳烯酸
S0160	反式-2-顺式-6-十二碳二烯醛	2-*trans*-6-*cis*-Dodecadienal	3637	97.5%	—
S0161	十四醛	Tetradecyl aldehyde	2763	85%	次要成分：十二醛、十六醛、十八醛

表 D.1(续)

编码	香料名称	英文名称	FEMA 编号	含量 ≥	备注
S0164	水杨醛	Salicylaldehyde	3004	95%	—
S0166	甲基苯甲醛(邻、对、间位混合物)	Tolualdehydes(mixed *o*-, *m*-, *p*-)	3068	95%(邻、间、对位异构体之和)	—
S0167	3,4-二甲氧基苯甲醛	3,4-Dimethoxybenzenecarbonal	3109	95%	—
S0168	苯乙醛	Phenylacetaldehyde	2874	95%	—
S0169	苯乙醛二甲缩醛	Phenylacetaldehyde dimethyl acetal	2876	95%	—
S0170	苯丙醛(3-苯基丙醛)	Phenylpropyl aldehyde (3-Phenylpropionaldehyde)	2887	95%	—
S0171	枯茗醛	Cuminaldehyde	2341	95%(检测方法按照 GB/T 14454.13 的规定)	—
S0173	香茅醛	Citronellal	2307	85%	次要成分:1,8-桉叶素、2-异丙叉-5-甲基环己醇、芳樟醇、乙酸香茅酯
S0174	柠檬醛	Citral	2303	96%(顺式和反式异构体之和)	—
S0175	洋茉莉醛(胡椒醛)	Heliotropin(Piperonal)	2911	98%	—
S0177	乙二醇缩肉桂醛	Cinnamaldehyde ethylene glycol acetal	2287	90%	—
S0178	紫苏醛	Perillaldehyde	3557	97%	—
S0179	对-蓋-1-烯-9-醛	*p*-Menth-1-ene-9-al	3178	99%	—
S0180	糠醛	Furfural	2489	95%	—
S0182	1,1-二甲氧基乙烷	1,1-Dimethoxyethane	3426	96%	—
S0183	2,6,6-三甲基环己-1,3-二烯基甲醛	(2,6,6-Trimethylcyclohexa-1,3-dienyl)-methanal	3389	96%	—
S0184	异丁醛	Isobutyraldehyde	2220	98%	—

表 D.1（续）

编码	香料名称	英文名称	FEMA 编号	含量 ≥	备注
S0185	顺式-4-己烯醛	*cis*-4-Hexenal	3496	95%	—
S0186	顺式-5-辛烯醛	*cis*-5-Octenal	3749	85%	次要成分:反式-5-辛烯醛
S0187	4-癸烯醛	4-Decenal	3264	95%(反式异构体不低于 90%)	—
S0188	反式,反式-2,4-十二碳二烯醛	*trans*,*trans*-2,4-Dodecadienal	3670	85%	次要成分:反式,顺式-2,4-十二碳二烯醛
S0189	2-十三烯醛	2-Tridecenal	3082	92%(顺式和反式异构体之和)	次要成分:2-十三烯酸
S0190	4-乙基苯甲醛	4-Ethylbenzaldehyde	3756	97%	—
S0191	2-羟基-4-甲基苯甲醛	2-Hydroxy-4-methylbenzaldehyde	3697	98%	—
S0192	邻-甲氧基肉桂醛	*o*-Methoxycinnamaldehyde	3181	94%	—
S0193	龙脑烯醛	Campholenic aldehyde	3592	99%	—
S0195	香兰素-1,2-丙二醇缩醛	Vanillin propylene glycol acetal	3905	79%	次要成分:香兰素
S0196	乙醛乙醇顺式-3-己烯醇缩醛	Acetaldehyde ethyl *cis*-3-hexenyl acetal	3775	97%	—
S0197	反式，反式-2,6-壬二烯醛	2-*trans*-6-*trans*-Nonadienal	3766	97%	—
S0198	2,4,7-癸三烯醛	2,4,7-Decatrienal	4089	98%(三个异构体之和)	—
S0199	β-甜橙醛	β-Sinensal	3141	99%(异构体之和)	—
S0200	4-羟基苯甲醛	4-Hydroxy benzaldehyde	3984	99%	—
S0201	邻-甲氧基苯甲醛	*o*-Methoxybenzaldehyde	4077	97%	—
S0202	12-甲基十三醛	12-Methyltridecanal	4005	97%	—
S0203	甲乙酮	Methyl ethyl ketone	2170	99%	—
S0204	3-羟基-2-丁酮(乙偶姻)	3-Hydroxy-2-butanone (Acetoin)	2008	96.0%	—
S0205	4-(对-甲氧基苯基)-2-丁酮	4-(*p*-Methoxyphenyl)-2-butanone	2672	96%	—

表 D.1（续）

编码	香料名称	英文名称	FEMA 编号	含量 ≥	备注
S0206	4-苯基-3-丁烯-2-酮	4-Phenyl-3-buten-2-one	2881	97%	—
S0208	2-戊酮	2-Pentanone	2842	95.0%	—
S0209	1-戊烯-3-酮	1-Penten-3-one	3382	97%	—
S0211	3-乙基 2-羟基-2-环戊烯-1-酮	3-Ethyl-2-hydroxy-2-cyclopenten-1-one	3152	90%	次要成分：3-乙基-1，2-环戊二酮
S0213	4-己烯-3-酮	4-Hexene-3-one	3352	98%	—
S0214	5-甲基-3-己烯-2-酮	5-Methyl-3-hexene-2-one	3409	99%	—
S0215	3,4-己二酮	3,4-Hexanedione	3168	97.0%	—
S0216	2-庚酮	2-Heptanone	2544	95.0%	—
S0217	3-庚烯-2-酮	3-Hepten-2-one (Methyl pentenyl ketone)	3400	96%	—
S0218	6-甲基-5-庚烯-2-酮	6-Methyl-5-hepten-2-one	2707	98.0%	—
S0219	1-辛烯-3-酮	1-Octen-3-one	3515	96%	—
S0220	2-壬酮	2-Nonanone	2785	97.0%	—
S0221	2-十一酮	2-Undecanone	3093	96.0%	—
S0222	2-十三酮	2-Tridecanone	3388	95%	—
S0223	圆柚酮	Nootkatone	3166	93%	次要成分：二氢圆柚酮
S0225	苯乙酮	Acetophenone	2009	98%	—
S0226	4-甲基苯乙酮(对-甲基苯乙酮)	4-Methylacetophenone (*p*-Methylacetophenone)	2677	95%	—
S0227	对甲氧基苯乙酮	*p*-Methoxyacetophenone	2005	97%(邻、间、对位异构体之和)	—
S0228	顺式茉莉酮	*cis*-Jasmone	3196	98%	—
S0230	α-突厥酮	α-Damascone	3659	98%(顺式和反式异构体之和)	—

表 D.1（续）

编码	香料名称	英文名称	FEMA 编号	含量 ≥	备注
S0231	突厥烯酮	Damascenone	3420	98.0%	—
S0232	苯甲醛甘油缩醛	Benzaldehyde glyceryl acetal	2129	98%（异构体之和）	—
S0233	α-鸢尾酮	α-Irone	2597	98.0%	—
S0235	β-紫罗兰酮	β-Ionone	2595	95.0%	—
S0236	*dl*-樟脑	*dl*-Camphor	4513	96%	—
S0237	薄荷酮	Menthone	2667	96%（两个异构体之和）	—
S0238	*d*,*l*-异薄荷酮	*d*,*l*-Isomenthone	3460	98.0%	—
S0239	4-(2-呋喃基)-3-丁烯-2-酮	4-(2-Furyl)-3-buten-2-one	2495	98%	—
S0241	4,5-二甲基-3-羟基-2,5-二氢呋喃-2-酮	4,5-Dimethyl-3-hydroxy-2,5-dihydrofuran-2-one	3634	97.5%	—
S0242	2-乙基-3-甲基-4-羟基二氢-2,5-呋喃-5-酮	2-Ethyl-3-methyl-4-hydroxydihydro-2，5-furan-5-one	3153	95%	—
S0243	4,5-二氢-3(2*H*)噻吩酮(四氢噻吩-3-酮)	4，5-Dihydro-3-(2*H*) thiophenone (Tetrahydro-thiophen-3-one)	3266	97.0%	—
S0244	2-乙基呋喃	2-Ethylfuran	3673	95%	—
S0245	2-乙酰基呋喃	2-Acetylfuran	3163	97%	—
S0246	2-乙酰基-5-甲基呋喃	2-Acetyl-5-methylfuran	3609	99%	—
S0248	1-苯基-1,2-丙二酮	1-Phenyl-1,2-propanedione	3226	97%	—
S0249	3,4-二甲基-1,2-环戊二酮	3,4-Dimethyl-1,2-cyclopentadione	3268	98%	—
S0250	3,5-二甲基-1,2-环戊二酮	3,5-Dimethyl-1,2-cyclopentadione	3269	98%	—
S0251	2,3-己二酮	2,3-Hexanedione	2558	93%（指定的化合物与甲基戊二酮之和不低于98%）	—

表 D.1（续）

编码	香料名称	英文名称	FEMA 编号	含量 ≥	备注
S0252	1-甲基-2,3-环己二酮	1-Methyl-2,3-cyclohexadione	3305	98.0%	—
S0253	2,2,6-三甲基环己酮	2,2,6-Trimethylcyclohexanone	3473	99%	—
S0254	2,6,6-三甲基-2-环己烯-1,4-二酮	2,6,6-Trimethylcyclohex-2-ene-1,4-dione	3421	98%	—
S0255	3-庚酮	3-Heptanone	2545	97.0%	—
S0256	5-甲基-2-庚烯-4-酮	5-Methyl-2-hepten-4-one	3761	98%	—
S0257	6-甲基-3,5-庚二烯-2-酮	6-Methyl-3,5-heptadien-2-one	3363	96%	—
S0258	2-辛酮	2-Octanone	2802	95.0%	—
S0259	3-辛酮	3-Octanone	2803	98.0%	—
S0260	3-辛烯-2-酮	3-Octen-2-one	3416	94%	次要成分:4-辛烯-2-酮
S0261	6,10-二甲基-5,9-十一碳二烯-2-酮	6,10-Dimethyl-5,9-undecadien-2-one	3542	95%	—
S0262	2-十五酮	2-Pentadecanone	3724	96%	—
S0263	3-甲基环十五酮	3-Methyl-1-cyclopentadecanone	3434	98%	—
S0264	环十七-9-烯-1-酮	Cycloheptadeca-9-en-1-one	3425	99%	—
S0265	二苯甲酮	Benzophenone	2134	98%	—
S0266	2-羟基苯乙酮	2-Hydroxyacetophenone	3548	95%	—
S0267	异弗尔酮	Isophorone	3553	97%	—
S0268	二氢茉莉酮(2-戊基-3-甲基-2-环戊烯-1-酮)	Dihydrojasmone（2-Pentyl-3-methyl-2-cyclopent-en-1-one)	3763	99%	—
S0269	新甲基橙皮苷二氢查耳酮	Neohesperidin dihydrochalcone （Neohesperidin DHC)	3811	96.00%(异构体之和)	—
S0270	姜油酮	Zingerone	3124	95%	—

表 D.1（续）

编码	香料名称	英文名称	FEMA 编号	含量 ≥	备注
S0271	β-突厥酮（4-(2,6,6-三甲基环己-1-烯基)丁-2-烯-4-酮）	β-Damascone（4-(2，6，6-Trimethylcyclohex-1-enyl)but-2-en-4-one）	3243	90%（顺式和反式异构体之和）	次要成分：α-突厥酮和γ-突厥酮
S0272	3-甲硫基丁醛	3-(Methylthio)butanal	3374	96%	—
S0274	*d*-葑酮	*d*-Fenchone	2479	97%($C_{10}H_{16}O$)	—
S0275	2-甲基四氢呋喃-3-酮	2-Methyltetrahydrofuran-3-one	3373	97%	—
S0277	2,5-二甲基-4-甲氧基-3(2*H*)呋喃酮	2,5-Dimethyl-4-methoxy-3(2*H*)-furanone	3664	97%	—
S0278	2-戊基呋喃	2-Pentylfuran	3317	99%	—
S0279	4,5,6,7-四氢-3,6-二甲基苯并呋喃（薄荷呋喃）	4，5，6，7-Tetrahydro-3，6-dimethylbenzofuran (Menthofuran)	3235	99%	—
S0280	1,5,5,9-四甲基-13-氧杂三环[8.3.0.0(4,9)]十三烷	1,5,5,9-Tetramethyl-13-oxatricyclo[8.3.0.0(4,9)]tridecane	3471	96%	—
S0281	顺式-二氢香芹酮	*cis*-Dihydrocarvone	3565	77%（二氢香芹酮、香芹酮及相应的醇类之和不低于97%）	—
S0282	3-巯基-2-丁酮（3-巯基-丁-2-酮）	3-Mercapto-2-butanone	3298	99.0%	—
S0283	胡椒基丙酮	Piperonyl acetone	2701	99%	—
S0285	4-甲基-2,3-戊二酮	4-Methyl-2,3-pentanedione	2730	96%	—
S0286	反式-7-甲基-3-辛烯-2-酮	(*E*)-7-Methyl-3-octen-2-one	3868	94%	次要成分：7-甲基-4-辛烯-2-酮、5,6-二甲基-3-庚烯-2-酮、3-壬烯-2-酮
S0287	3-乙酰硫基-2-甲基呋喃	3-(Acetylthio)-2-methylfuran	3973	92%	次要成分：顺式-2-甲基-3-四氢呋喃硫醇酯和反式-2-甲基-3-四氢呋喃硫醇酯

表 D.1（续）

编码	香料名称	英文名称	FEMA 编号	含量 ≥	备注
S0288	4-乙酰氧基-2,5-二甲基-3(2*H*)呋喃酮	4-Acetoxy-2,5-dimethyl-3(2*H*)-furanone	3797	85%	次要成分：4-羟基-2,5-二甲基-3(2*H*)-呋喃酮
S0289	3-乙基-2-羟基-4-甲基-2-环戊烯-1-酮	3-Ethyl-2-hydroxy-4-methylcyclopent-2-en-1-one	3453	99%	—
S0290	环己酮	Cyclohexanone	3909	99%	—
S0291	2,3-庚二酮	2,3-Heptanedione	2543	97.0%	—
S0292	2,3-辛二酮	2,3-Octanedione	4060	95%	—
S0293	乙酸	Acetic acid	2006	99.5%	—
S0295	丙酮酸	Pyruvic acid	2970	95%	—
S0297	异丁酸	Isobutyric acid	2222	99.0%	—
S0299	2-乙基丁酸	2-Ethylbutyric acid	2429	98.0%	—
S0300	戊酸	Valeric acid	3101	99.0%	—
S0301	2-甲基戊酸	2-Methylvaleric acid	2754	98.0%	—
S0303	异戊酸	Isovaleric acid	3102	99.0%	—
S0305	己二酸	Adipic acid	2011	99.6%	—
S0306	反式-2-己烯酸	*trans*-2-Hexenoic acid	3169	97%	—
S0307	3-己烯酸	3-Hexenoic acid	3170	95%	—
S0308	庚酸	Heptanoic acid	3348	98.0%	—
S0309	辛酸	Octanoic acid	2799	97%	—
S0310	壬酸	Nonoic acid	2784	98.0%	—
S0311	癸酸	Decanoic acid	2364	98%	—

表 D.1（续）

编码	香料名称	英文名称	FEMA 编号	含量 ≥	备注
S0313	十四酸(肉豆蔻酸)	Tetradecanoic acid(Myristic acid)	2764	94%	次要成分:棕榈酸、月桂酸
S0314	十六酸(棕榈酸)	Hexadecylic acid(Palmitic acid)	2832	80%	次要成分:硬脂酸、肉豆蔻酸、十七酸、十五酸
S0316	苯乙酸	Phenylacetic acid	2878	99%	—
S0320	3-甲基戊酸(酐酪酸)	3-Methylpentanoic acid	3437	98.0%	—
S0321	*β*-丙氨酸	*β*-Alanine	3252	97%(参照《中国药典》中的相关检测方法)	—
S0322	*l*-苯基丙氨酸	*l*-Phenylalanine	3585	98%(参照《中国药典》中的相关检测方法)	—
S0323	*l*-半胱氨酸	*l*-Cysteine	3263	98%(参照《中国药典》中的相关检测方法)	—
S0325	*l*-谷氨酸	*l*-Glutamic acid	3285	98%(滴定法,按照《中国药典》的规定)	—
S0326	*l*-亮氨酸	*l*-Leucine	3297	98%(滴定法,按照《中国药典》的规定)	—
S0327	*dl*-蛋氨酸	*dl*-Methionine	3301	98%(参照《中国药典》中的相关检测方法)	—
S0328	乙酰丙酸	Levulinic acid	2627	97%	—
S0329	2-氧代丁酸	2-Oxobutyric acid	3723	98%	—
S0330	2-甲基己酸	2-Methylhexanoic acid	3191	95%	—
S0331	2-甲基庚酸	2-Methyloenanthic acid	2706	97%	—

表 D.1（续）

编码	香料名称	英文名称	FEMA 编号	含量 ≥	备注
S0332	4-甲基辛酸	4-Methyloctanoic acid	3575	97%	—
S0333	3,7-二甲基-6-辛烯酸	3,7-Dimethyl-6-octenoic acid	3142	90%	次要成分：香茅醛、香茅醇、橙花醇和香叶醇的乙酸酯，其他萜烯
S0334	9-癸烯酸	9-Decenoic acid	3660	90%（癸烯酸不低于 95%）	—
S0335	十一酸	Undecanoic acid	3245	99%	—
S0336	10-十一碳烯酸	10-Undecenoic acid	3247	97.0%	—
S0337	3-苯丙酸	3-Phenylpropionic acid	2889	97%（检测方法按照 GB/T 14455.5 的规定）	—
S0339	*l*-脯氨酸	*l*-Proline	3319	98%	—
S0340	*dl*-缬氨酸	*dl*-Valine	3444	98%	—
S0341	2-(4-甲氧基苯氧基)-丙酸钠	Sodium 2-(4-methyoxy-phenoxy) propanoate	3773	98%	—
S0344	*l*-赖氨酸	*l*-Lysine	3847	97%（参照《中国药典》中的相关检测方法）	—
S0345	3-甲基巴豆酸	3-Methylcrotonic acid	3187	98%	—
S0346	甲酸	Formic acid	2487	95%	—
S0347	4-甲基壬酸	4-Methylnonanoic acid	3574	98.0%	—
S0348	异己酸	Isohexanoic acid	3463	98.0%	—
S0349	2-羟基苯甲酸（水杨酸）	2-Hydroxybenzoic acid (Salicylic acid)	3985	99%（滴定法，按照《中国药典》的规定）	—
S0350	惕各酸	Tiglic acid	3599	99%	—
S0351	琥珀酸	Succinic acid	4719	99.0%～100.5%（$C_4H_6O_4$）	—

表 D.1（续）

编码	香料名称	英文名称	FEMA 编号	含量 ≥	备注
S0353	甲酸乙酯	Ethyl formate	2434	95.0%	—
S0354	甲酸丁酯	Butyl formate	2196	95.0%	—
S0355	甲酸戊酯	Amyl formate	2068	92%	次要成分:戊醇
S0356	甲酸异戊酯	Isoamyl formate	2069	92%	次要成分:异戊醇
S0357	甲酸己酯	Hexyl formate	2570	95.0%	—
S0358	甲酸苄酯	Benzyl formate	2145	95%	—
S0361	甲酸苯乙酯	Phenethyl formate	2864	96%	—
S0362	甲酸芳樟酯	Linalyl formate	2642	90%	次要成分:芳樟醇
S0363	乙酸甲酯	Methyl acetate	2676	98.0%	—
S0367	乙酸异丙酯	Isopropyl acetate	2926	99.0%	—
S0368	乙酸烯丙酯	Allyl acetate	—	95.0%	—
S0369	乙酰丙酸乙酯	Ethyl acetylpropanoate	2442	98%	—
S0374	乙酸 2-己烯酯	2-Hexen-1-yl acetate	2564	90%	次要成分:乙酸顺式-2-己烯酯
S0375	乙酸庚酯	Heptyl acetate	2547	97.5%	—
S0377	乙酸 3-辛酯	3-Octyl acetate	3583	98.0%	—
S0378	1-辛烯-3-醇乙酸酯	1-Octen-3-yl acetate	3582	95%	—
S0379	乙酸壬酯	Nonyl acetate	2788	97.0%	—
S0380	2-丁烯酸己酯	*n*-Hexyl 2-butenoate	3354	95%	—
S0384	乙酸茴香酯	Anisyl acetate	2098	97%	—
S0385	乙酸龙脑酯	Bornyl acetate	2159	98%	—

表 D.1（续）

编码	香料名称	英文名称	FEMA 编号	含量 ≥	备注
S0390	乙酸对甲酚酯	*p*-Cresyl acetate	3073	98%	—
S0391	乙酸苏合香酯	Styralyl acetate	2684	98%	—
S0394	异丁酸肉桂酯	Cinnamyl isobutyrate	2297	96%	—
S0396	乙酸糠酯	Furfuryl acetate	2490	97%	—
S0399	乙酸葛缕酯	Carvyl acetate	2250	98.0%	—
S0400	乙酸二氢葛缕酯	Dihydrocarvyl acetate	2380	97%(四个异构体之和)	—
S0401	苯乙酸丁酯	Butyl phenylacetate	2209	98%	—
S0403	丙二酸二乙酯	Diethyl malonate	2375	97%	—
S0404	丙酸异丁酯	Isobutyl propionate	2212	95.0%	—
S0405	丙酸异戊酯	Isoamyl propionate	2082	98.0%	—
S0406	丙酸顺式-3-己烯酯和丙酸反式-2-己烯酯	*cis*-3-Hexenyl propionate and *trans*-2-Hexenyl propionate	3778	96%(顺式和反式异构体之和)	—
S0407	丙酸香叶酯	Geranyl propionate	2517	92%(总酯)	次要成分:香叶醇、橙花醇
S0408	丙酸香茅酯	Citronellyl propionate	2316	90%(总酯)	次要成分:香茅醇
S0410	丙酸苯乙酯	Phenethyl propionate	2867	97%	—
S0411	丙酸芳樟酯	Linalyl propionate	2645	92%	—
S0412	丁酸甲酯	Methyl butyrate	2693	98.0%	—
S0413	2-甲基丁酸甲酯	Methyl 2-methylbutyrate	2719	92%	次要成分:异戊酸甲酯
S0417	3-羟基丁酸乙酯	Ethyl 3-hydroxybutyrate	3428	99%	—
S0418	丁二酸二乙酯	Diethyl succinate	2377	98%	—
S0419	异丁酸甲酯	Methyl isobutyrate	2694	97.0%	—

表 D.1（续）

编码	香料名称	英文名称	FEMA 编号	含量 ≥	备注
S0421	丁酸异丁酯	Isobutyl butyrate	2187	98.0%	—
S0422	2-甲基丁酸丁酯	*n*-Butyl 2-methylbutyrate	3393	95%	—
S0424	异丁酸丁酯	Butyl isobutyrate	2188	97.0%	—
S0427	2-甲基丁酸异戊酯	Isoamyl 2-methyl butanoate	3505	95%	—
S0428	异丁酸异戊酯	Isopentyl isobutyrate	3507	98.0%	—
S0430	2-甲基丁酸己酯	Hexyl 2-methylbutyrate	3499	95%	—
S0433	异丁酸庚酯	Heptyl isobutyrate	2550	95.0%	—
S0434	2-甲基丁酸辛酯	Octyl 2-methylbutyrate	3604	99%	—
S0435	1-辛烯-3-醇丁酸酯	1-Octen-3-yl butyrate	3612	95%	—
S0437	异丁酸苄酯	Benzyl isobutyrate	2141	97%	—
S0438	丁酸苯乙酯	Phenethyl butyrate	2861	97%	—
S0439	2-甲基丁酸苯乙酯	Phenethyl 2-methylbutyrate	3632	95%	—
S0440	异丁酸苯乙酯	Phenethyl isobutyrate	2862	98%	—
S0442	异丁酸香叶酯	Geranyl isobutyrate	2513	95%（以酯计）	—
S0443	丁酸芳樟酯	Linalyl butyrate	2639	95.0%	—
S0444	异丁酸芳樟酯	Linalyl isobutyrate	2640	95.0%	—
S0445	当归酸异丁酯	Isobutyl angelate	2180	98%	—
S0446	异丁酸橙花酯	Neryl isobutyrate	2775	92%	次要成分：橙花醇、香叶醇
S0447	正戊酸乙酯	Ethyl valerate	2462	98.0%	—
S0450	水杨酸丁酯（柳酸丁酯）	Butyl salicylate	3650	98%	—

表 D.1（续）

编码	香料名称	英文名称	FEMA 编号	含量 ≥	备注
S0451	异戊酸丁酯	Butyl isovalerate	2218	97.0%	—
S0454	异戊酸壬酯	Nonyl isovalerate	2791	97.0%	—
S0455	异戊酸苯乙酯	Phenethyl isovalerate	2871	97%	—
S0456	异戊酸香叶酯	Geranyl isovalerate	2518	95%	—
S0457	己酸甲酯	Methyl hexanoate	2708	98%	—
S0458	2-己烯酸甲酯	Methyl 2-hexenoate	2709	95%	—
S0460	3-己烯酸乙酯	Ethyl 3-hexenoate	3342	95.0%	—
S0461	3-羟基己酸乙酯	Ethyl 3-hydroxyhexanoate	3545	95%	—
S0462	反式-2-己烯酸乙酯	Ethyl *trans*-2-hexenoate	3675	95%	—
S0463	己酸丙酯	Propyl hexanoate	2949	95.0%	—
S0464	己酸戊酯	Amyl hexanoate	2074	98.0%	—
S0465	己酸异戊酯	Isoamyl hexanoate	2075	98.0%	—
S0466	己酸己酯	Hexyl hexanoate	2572	97.0%	—
S0469	庚酸丙酯	Propyl heptanoate	2948	98%	—
S0470	庚酸丁酯	Butyl heptanoate	2199	98%	—
S0472	辛酸甲酯	Methyl caprylate	2728	95.0%	—
S0474	顺式-4-辛烯酸乙酯	Ethyl *cis*-4-octenoate	3344	98%	—
S0475	顺式-4,7-辛二烯酸乙酯	Ethyl *cis*-4,7-octadienoate	3682	95%	—
S0476	辛酸异戊酯	Isoamyl octanoate	2080	98%	—
S0477	辛酸壬酯	Nonyl octanoate	2790	99%	—
S0478	辛酸苯乙酯	Phenethyl octanoate	3222	98%	—

表 D.1（续）

编码	香料名称	英文名称	FEMA 编号	含量 ≥	备注
S0479	2-壬烯酸甲酯	Methyl 2-nonenoate	2725	95%	—
S0480	壬酸乙酯	Ethyl nonanoate	2447	98.0%	—
S0481	癸酸乙酯	Ethyl decanoate	2432	98.0%	—
S0482	反式-2-顺式-4-癸二烯酸乙酯	Ethyl *trans*-2,*cis*-4-decadienoate	3148	90%	次要成分：反式，反式-2,4-癸二烯酸乙酯
S0484	十四酸甲酯（肉豆蔻酸甲酯）	Methyl tetradecanoate (Methtyl myristate)	2722	98.0%	—
S0487	苯甲酸丙酯	Propyl benzoate	2931	98%	—
S0488	苯甲酸己酯	Hexyl benzoate	3691	98%	—
S0490	苯甲酸顺式-3-己烯酯（苯甲酸叶醇酯）	cis-3-Hexenyl benzoate (Leaf benzoate)	3688	95%（异构体之和）	—
S0491	邻氨基苯甲酸甲酯	Methyl anthranilate	2682	98%	—
S0492	苯乙酸甲酯	Methyl phenylacetate	2733	97%	—
S0494	苯乙酸异戊酯	Isoamyl phenylacetate	2081	97%（苯乙酸戊酯和苯乙酸异戊酯之和）	—
S0496	惕各酸乙酯	Ethyl tiglate	2460	98%	—
S0497	惕各酸苄酯	Benzyl tiglate	3330	95%	—
S0499	乳酸丁酯	Butyl lactate	2205	95%	—
S0502	肉桂酸苄酯	Benzyl cinnamate	2142	98.0%	—
S0504	肉桂酸肉桂酯	Cinnamyl cinnamate	2298	95.0%（以酯计）	—
S0509	油酸乙酯	Ethyl oleate	2450	99.0%	—
S0511	二氢茉莉酮酸甲酯	Methyl dihydrojasmonate	3408	85%	次要成分：顺式-二氢茉莉酮酸甲酯

表 D.1（续）

编码	香料名称	英文名称	FEMA 编号	含量 ≥	备注
S0513	柠檬酸三乙酯	Triethyl citrate	3083	99%	—
S0514	甲酸大茴香酯	Anisyl formate	2101	90%	次要成分:茴香醇
S0515	甲酸顺式-3-己烯酯(甲酸叶醇酯)	*cis*-3-Hexenyl formate (Leaf formate)	3353	95.0%	—
S0517	乙酸 3-苯丙酯	3-Phenylpropyl acetate	2890	98%	—
S0518	乙酸丁香酯	Eugenyl acetate	2469	98%	—
S0519	4,5-二甲基-2-异丁基-3-噻唑啉	4,5-Dimethyl-2-isobutyl-3-thiazoline	3621	97%	—
S0520	乙酸异胡薄荷酯	Isopulegyl acetate	2965	95%(异构体之和)	—
S0521	乙酸 1,3,3-三甲基-2-降龙脑酯	1,3,3-Trimethyl-2-norbornanyl acetate	3390	98%	—
S0522	丙酸甲酯	Methyl propionate	2742	95.0%	—
S0523	丙烯酸乙酯	Ethyl acrylate	2418	97%	—
S0524	乳酸顺式-3-己烯酯(乳酸叶醇酯)	*cis*-3-Hexenyl lactate(Leaf lactate)	3690	96%	—
S0525	丙酸癸酯	Decyl propionate	2369	95.0%	—
S0526	反式-2-丁烯酸乙酯	Ethyl *trans*-2-butenoate	3486	98%	—
S0527	丁酸丙酯	Propyl butyrate	2934	95.0%	—
S0528	异丁酸异丙酯	Isopropyl isobutyrate	2937	95.0%	—
S0529	2-甲基丁酸异丙酯	Isopropyl 2-methylbutyrate	3699	98%	—
S0530	异丁酸己酯	Hexyl isobutyrate	3172	98.0%	—
S0531	丁酸庚酯	Heptyl butyrate	2549	98%	—
S0532	异丁酸辛酯	Octyl isobutyrate	2808	98.0%	—
S0533	异丁酸-3-苯丙酯	3-Phenylpropyl isobutyrate	2893	98%	—
S0534	丁酸香茅酯	Citronellyl butyrate	2312	90%(总酯)	—

表 D.1（续）

编码	香料名称	英文名称	FEMA 编号	含量 ≥	备注
S0535	丁酸肉桂酯	Cinnamyl butyrate	2296	98%	—
S0536	异戊酸甲酯	Methyl isovalerate	2753	98.0%	—
S0537	异戊酸异丁酯	Isobutyl isovalerate	3369	98.0%	—
S0538	异戊酸 2-甲基丁酯	2-Methylbutyl isovalerate	3506	98%	—
S0539	异戊酸苄酯	Benzyl isovalerate	2152	98%	—
S0540	2-戊基吡啶	2-Pentylpyridine	3383	97%	—
S0541	异戊酸肉桂酯	Cinnamyl isovalerate	2302	95%	—
S0542	异戊酸薄荷酯	Menthyl isovalerate	2669	96%	—
S0543	3-己烯酸甲酯	Methyl 3-hexenoate	3364	97%	—
S0544	正己酸异丁酯	Isobutyl caproate	2202	98%	—
S0546	己酸芳樟酯	Linalyl hexanoate	2643	96.0%	—
S0547	3,7-二甲基-6-辛烯酸甲酯	Methyl 3,7-dimethyl-6-octenoate	3361	95%	—
S0548	3-壬烯酸甲酯	Methyl 3-nonenoate	3710	95%	—
S0549	9-十一烯酸甲酯	Methyl 9-undecenoate	2750	97%	—
S0550	十一酸乙酯	Ethyl undecanoate	3492	98%	—
S0551	十四酸异丙酯(肉豆蔻酸异丙酯)	Isopropyl tetradecanoate (Isopropyl myristate)	3556	99%	—
S0552	*N*-甲基邻氨基苯甲酸甲酯	Methyl *N*-methylanthranilate (Dimethyl anthranilate)	2718	98%	—
S0553	邻氨基苯甲酸乙酯	Ethyl anthranilate	2421	96%	—
S0554	苯甲酸异戊酯	Isoamyl benzoate	2058	98%(异构体之和)	—
S0555	苯甲酸苯乙酯	Phenethyl benzoate	2860	98.0%	—

表 D.1（续）

编码	香料名称	英文名称	FEMA 编号	含量 ≥	备注
S0556	苯乙酸异丁酯	Isobutyl phenylacetate	2210	98%	—
S0557	苯乙酸己酯	Hexyl phenylacetate	3457	97%	—
S0558	苯丙酸乙酯(氢化肉桂酸乙酯)	Ethyl 3-phenylpropionate(Ethyl hydrocinnamate)	2455	98%	—
S0559	环己基羧酸甲酯	Methyl cyclohexanecarboxylate	3568	98%	—
S0560	大茴香酸甲酯	Methyl *p*-anisate	2679	97%	—
S0561	大茴香酸乙酯	Ethyl *p*-anisate	2420	97%	—
S0562	水杨酸苯乙酯	Phenethyl salicylate	2868	98%	—
S0563	月桂酸异戊酯	Isoamyl laurate	2077	97%	—
S0564	亚油酸甲酯（48%），亚麻酸甲酯（52%）混合物	Methyl linoleate (48%) methyl linolenate (52%) mixture	3411	60%（亚油酸甲酯和亚麻酸甲酯之和）	次要成分：硬脂酸甲酯、油酸甲酯、棕榈酸甲酯
S0565	茉莉酮酸甲酯	Methyl jasmonate	3410	99%	—
S0566	水杨酸苄酯(柳酸苄酯)	Benzyl salicylate	2151	98%	—
S0567	肉桂酸异丁酯	Isobutyl cinnamate	2193	97%	—
S0568	肉桂酸 3-苯丙酯	3-Phenylpropyl cinnamate	2894	98%(以酯计)	—
S0569	酒石酸二乙酯	Diethyl tartrate	2378	97%	—
S0570	菸酸甲酯	Methyl nicotinate	3709	98%	—
S0571	惕各酸苯乙酯	Phenethyl tiglate	2870	98%	—
S0572	3-乙酰基-2,5-二甲基噻吩	3-Acetyl-2,5-dimethylthiophene	3527	96%	—
S0573	3,5,5-三甲基-1-己醇	3,5,5-Trimethyl-1-hexanol	3324	97.0%	—
S0574	丁酸茴香酯	Anisyl butyrate	2100	97%	—
S0575	异戊酸龙脑酯	Bornyl isovalerate	2165	97%	—

表 D.1（续）

编码	香料名称	英文名称	FEMA 编号	含量 ≥	备注
S0576	2,6-二甲基-4-庚醇	2,6-Dimethyl-4-heptanol	3140	90%	次要成分:2-庚醇
S0577	苯甲酸异丁酯	Isobutyl benzoate	2185	98%	—
S0578	甲酸橙花酯	Neryl formate	2776	90.0%	次要成分:香叶醇、橙花醇
S0579	乙酸甲基苄醇酯(邻、间、对位混合物)	Methylbenzyl acetate(mixed *o*-,*m*-,*p*-)	3702	98%(邻、间、对位异构体之和)	—
S0580	乙酸顺式和反式-对 1,(7)8-蓋二烯-2-醇酯	*cis*-and-*trans*-*p*-1,(7)8-Menthadien-2-yl acetate	3848	95%	—
S0581	乙酸龙脑烯醇酯	Campholene acetate	3657	98%	—
S0582	丙酸丙酯	Propyl propionate	2958	98.0%	—
S0583	丙酸丁酯	Butyl propionate	2211	96.0%	—
S0584	丙酸己酯	Hexyl propionate	2576	97.0%	—
S0585	丙酮酸乙酯	Ethyl pyruvate	2457	95%	—
S0586	丁酸辛酯	Octyl butyrate	2807	97%	—
S0587	异丁酸丙酯	*n*-Propyl isobutyrate	2936	98.0%	—
S0588	异丁酸异丁酯	Isobutyl isobutyrate	2189	98.0%	—
S0589	异丁酸香茅酯	Citronellyl isobutyrate	2313	92%(总酯)	—
S0590	反式-2-丁烯酸顺式-3-己烯酯(反式-2-丁烯酸叶醇酯)	(*Z*)-3-Hexenyl (*E*)-2-butenoate (Leaf (*E*)-2-butenoate)	3982	97%	—
S0591	丁二酸单薄荷酯(琥珀酸单薄荷酯)	Diethyl butanedioate (Mono-menthyl succinate)	3810	99%	—
S0592	正戊酸正戊酯	Pentyl valerate	—	95.0%	—

表 D.1(续)

编码	香料名称	英文名称	FEMA 编号	含量 ≥	备注
S0593	异戊酸辛酯	Octyl isovalerate	2814	98.0%	—
S0594	己酸丁酯	Butyl hexanoate	2201	98.0%	—
S0595	己酸苯乙酯	Phenethyl hexanoate	3221	98%	—
S0596	异丁酸叶醇酯(顺式-3-己烯醇异丁酸酯)	Leaf isobutyrate [(*Z*)-3-Hexenyl isobutyrate]	3929	98%	—
S0597	辛酸己酯	Hexyl octanoate	2575	98.5%	—
S0598	2-辛烯酸乙酯	Ethyl 2-octenoate	3643	98%	—
S0599	2,4,7-癸三烯酸乙酯	Ethyl 2,4,7-decatrienoate	3832	95%	—
S0600	苯甲酸芳樟酯	Linalyl benzoate	2638	95%(检测方法按照 GB/T 14455.6 的规定)	—
S0601	反式-2-甲基 2-丁酸顺式-3-己烯酯(惕各酸叶醇酯)	(*Z*)-3-Hexenyl(*E*)-2-methyl2-butenoate(Leaf tiglate)	3931	98%	—
S0602	2-丁烯酸异丁酯	Isobutyl 2-butenoate	3432	95%($C_8H_{16}O_2$)	—
S0603	3-甲基丁酸己酯	Hexyl 3-methyl butanoate	3500	95.0%	—
S0604	顺式-3-己烯酸叶醇酯(顺式-3-己烯酸顺式-3-己烯酯)	*cis*-3-Hexenyl *cis*-3-hexenoate(Leaf *cis*-3-hexenoate)	3689	98.0%	—
S0605	3-羟基己酸甲酯	Methyl 3-hydroxyhexanoate	3508	95%	—
S0606	苯甲酸香叶酯	Geranyl benzoate	2511	95%(检测方法按照 GB/T 14455.6 的规定)	—
S0607	琥珀酸二甲酯	Dimethyl succinate	2396	98%	—
S0608	硬脂酸乙酯	Ethyl stearate	3490	89%(十八酸乙酯、棕榈酸乙酯和其他脂肪酸乙酯之和不低于 96%)	—

表 D.1（续）

编码	香料名称	英文名称	FEMA 编号	含量 ≥	备注
S0609	3-甲基-2-丁烯-1-醇乙酸酯（乙酸异戊烯酯）	3-Methyl-2-buten-1-ol acetate(Prenyl acetate)	4202	98%	—
S0610	己酸反式-2-己烯酯	*trans*-2-Hexenyl hexanoate	3983	93%	次要成分：己酸，2-己烯醇
S0611	甲酸龙脑酯	Bornyl formate	2161	95%	—
S0612	顺式-4-庚烯酸乙酯	Ethyl (*Z*)-hept-4-enoate	3975	98%(异构体之和)	—
S0613	辛酸戊酯	Amyl octanoate	2079	98.0%	—
S0614	4-甲基戊酸甲酯	Methyl 4-methylvalerate	2721	97%	—
S0615	乙酸胡椒醛酯	Heliotropin acetate	2912	97%	—
S0616	丙酸肉桂酯	Cinnamyl propionate	2301	98%	—
S0617	异丁酸甲基苯基原酯（异丁酸苏合香酯）	Methyl phenyl carbinyl isobutyrate (Styrallyl isobutyrate)	2687	98%	—
S0618	异丁酸十二酯	Dodecyl isobutyrate	3452	97%	—
S0619	异丁酸松油酯	Terpinyl isobutyrate	3050	98%	—
S0620	水杨酸异丁酯	Isobutyl salicylate	2213	98%	—
S0621	肉桂酸异戊酯	Isoamyl cinnamate	2063	97%	—
S0622	乙酸异龙脑酯	Isobornyl acetate	2160	97%	—
S0623	γ-戊内酯	γ-Valerolactone	3103	95.0%	—
S0626	γ-辛内酯	γ-Octalactone	2796	98.0%	—
S0630	γ-丁内酯	γ-Butyrolactone	3291	98.0%	—
S0631	δ-己内酯	δ-Hexalactone	3167	98.0%	—
S0632	δ-辛内酯	δ-Octalactone	3214	98.0%	—

表 D.1（续）

编码	香料名称	英文名称	FEMA 编号	含量 ≥	备注
S0633	δ-壬内酯	δ-Nonalactone	3356	98.0%	—
S0635	δ-十一内酯	δ-Undecalactone	3294	98.0%	—
S0637	十五内酯	Pentadecanolide	2840	98%	—
S0638	5-羟基-2-癸烯酸 δ-内酯	5-Hydroxy-2-decenoic acid δ-lactone（Cocolactone）	3744	95.0%	—
S0639	3-丙叉苯酞	3-Propylidenephthalide	2952	96%	—
S0640	3-丁叉苯酞	3-Butylidenephthalide	3333	99%	—
S0641	薄荷内酯	Mintlactone	3764	98%	—
S0642	δ-十三内酯	δ-Tridecalactone	—	95.0%	—
S0643	δ-十四内酯	δ-Tetradecalactone	3590	97.0%	—
S0644	5-羟基-2,4-癸二烯酸内酯（6-戊基-α-吡喃酮）	5-Hydroxy-2,4-decadienoic acid lactone（6-Pentyl-α-pyrone）	3696	98.7%	—
S0645	5-羟基-7-癸烯酸内酯（茉莉内酯）	5-Hydroxy-7-decenoic acid lactone（Jasmine lactone）	3745	95%	—
S0646	威士忌内酯	Whiskey lactone	3803	98.0%	—
S0647	二氢猕猴桃内酯((+/-)-2,6,6-三甲基-2-羟基环亚己基乙酸 γ-内酯)	Dihydroactinidiolide ((+/-)-(2,6,6-Trimethyl-2-hydroxycyclohexylidene) acetic acid γ-lactone)	4020	90%	次要成分：2,9-二甲基-3,8-癸二酮、4-羟基-5,6-氧代 β-紫罗兰酮
S0648	黄葵内酯	Ambrettolide	2555	98%	—
S0649	α-当归内酯	α-Angelica lactone	3293	95.0%	—
S0650	γ-甲基癸内酯	γ-Methyldecalactone	3786	95.0%	—

表 D.1(续)

编码	香料名称	英文名称	FEMA 编号	含量 ≥	备注
S0651	β-石竹烯	β-Caryophyllene	2252	80%	次要成分:$C_{15}H_{24}$萜烯烃
S0652	巴伦西亚桔烯	Valencene	3443	94%	—
S0653	月桂烯	Myrcene	2762	90%($C_{15}H_{24}$萜烯烃)	—
S0654	*d*-苧烯	*d*-Limonene	2633	96%(*d*/*l* 异构体之和)	—
S0655	异松油烯	Terpinolene	3046	95%	—
S0656	罗勒烯	Ocimene	3539	80%	次要成分:顺式-β-罗勒烯
S0657	莰烯	Camphene	2229	80%	—
S0658	α-蒎烯	α-Pinene	2902	97%	—
S0659	β-蒎烯	β-Pinene	2903	97%	—
S0660	1,8-桉叶素	1,8-Cineole	2465	98%	—
S0661	1,4-桉叶素	1,4-Cineole	3658	75%	次要成分:1,8-桉叶素
S0663	1,4-二甲基-4-乙酰基-1-环己烯	1,4-Dimethyl-4-acetyl-1-cyclohexene	3449	98%	—
S0664	2-甲酰基-6,6-二甲基双环[3.1.1]庚-2-烯(桃金娘烯醛)	2-Formyl-6,6-dimethylbicyclo[3.1.1]-hept-2-ene (Myrtenal)	3395	98%	—
S0665	茶螺烷(1-氧杂螺-(4,5) -2,6,10,10-四甲基-6-癸 烯)	Theaspirane(2,6,10,10-Tetramethyl-1-oxaspiro (4,5)-dec-6-ene)	3774	97%(立体异构体之和)	—
S0666	1,3,5-十一碳三烯	1,3,5-Undecatriene	3795	94%(顺式和反式异构体之和)	次要成分:2,4,6-十一碳三烯(顺式,顺式,反式)
S0667	对,α-二甲基苯乙烯	*p*,α-Dimethylstyrene	3144	97%	—

表 D.1（续）

编码	香料名称	英文名称	FEMA 编号	含量 ≥	备注
S0668	α-水芹烯	α-Phellandrene	2856	95%	—
S0669	红没药烯	Bisabolene	3331	97%	—
S0670	γ-松油烯	γ-Terpinene	3559	95%	—
S0671	6-羟基二氢茶螺烷	6-Hydroxydihydrotheaspirane	3549	98%	—
S0672	1-甲基-3-甲氧基-4-异丙基苯	1-Methyl-3-methoxy-4-isopropylbenzene	3436	98%	—
S0673	间-二甲氧基苯	*m*-Dimethoxybenzene	2385	97%	—
S0674	对-异丙基甲苯	*p*-Cymene	2356	97%	—
S0675	3,4-二甲酚	3,4-Dimethylphenol	3596	98%	—
S0676	1-甲基萘	1-Methylnaphthalene	3193	97%	—
S0677	1,2-二甲氧基苯	1,2-Dimethoxybenzene	3799	98%	—
S0678	α-金合欢烯	α-Farnesene	3839	38%［α-金合欢烯和β-金合欢烯（顺式和反式异构体之和）］	次要成分：红没药烯、其他异构体（巴伦西亚桔烯、波旁烯、杜松烯、愈疮木烯）
S0679	苏合香烯	Styrene	3233	95.0%	—
S0680	α-松油烯	α-Terpinene	3558	89%	次要成分：1,4-桉叶素和1,8-桉叶素
S0681	3-蒈烯	3-Carene	3821	92%	次要成分：β-蒎烯、苧烯、月桂烯、对-异丙基甲苯
S0683	香菇素	Lenthionine	—	95.0%	—
S0684	氧化石竹烯	Caryophyllene oxide	4085	95%	—

表 D.1（续）

编码	香料名称	英文名称	FEMA 编号	含量 ≥	备注
S0685	2,4,6-三甲基-1,3,5-三氧杂环己烷(三聚乙醛)	2,4,6-Trimethyl-1,3,5-trioxacyclohexane (Paradehyde)	4010	95.0%	—
S0686	甲硫醇	Methyl mercaptan	2716	95%	—
S0688	正丁硫醇	1-Butanethiol	3478	98%	—
S0689	2-甲基-1-丁硫醇	2-Methyl-1-butanethiol	3303	99%	—
S0690	3-(甲硫基)-1-己醇	3-(Methylthio)-1-hexanol	3438	97%	—
S0691	1,6-己二硫醇	1,6-Hexanedithiol	3495	95%	—
S0692	糠基硫醇(咖啡醛)	Furfuryl mercaptan	2493	97.0%	—
S0694	二甲基二硫醚	Dimethyl disulfide	3536	97.0%	—
S0695	二甲基三硫醚	Dimethyl trisulfide	3275	97%	—
S0696	二丁基硫醚	Dibutyl sulfide	2215	95%	—
S0697	2,2'-(硫代二亚甲基)-二呋喃(二糠基硫醚)	2,2'-(Thiodimethylene)-difuran (2-Furfuryl monosufide) (Bis (2-furfuryl) sulfide) (Difurfuryl sulphide)	3238	95%	—
S0698	二糠基二硫醚	Difurfuryl disulphide	3146	96.0%	—
S0699	邻-甲硫基苯酚	*o*-(Methylthio)-phenol	3210	98%	—
S0701	8-巯基薄荷酮	*p*-Mentha-8-thiol-3-one	3177	97%	—
S0702	硫代乙酸糠酯	Furfuryl thioacetate	3162	95%	—
S0705	吲哚	Indole	2593	97%	—
S0706	三甲基胺	Trimethylamine	3241	98%	—
S0707	玫瑰醚	Rose oxide	3236	99%	—
S0708	羟基香茅醇	Hydroxycitronellol	2586	97%	—

表 D.1（续）

编码	香料名称	英文名称	FEMA 编号	含量 ≥	备注
S0709	3,5-二甲基-1,2,4-三硫杂环戊烷	3,5-Dimethyl-1,2,4-trithiolane	3541	98%	—
S0712	2,5-二甲基吡嗪	2,5-Dimethylpyrazine	3272	98.0%	—
S0714	对-甲苯基乙醛	*p*-Tolylacetaldehyde	3071	95%	—
S0715	2,6,6-三甲基-1 或 2-环己烯-1-甲醛	2,6,6-Trimethyl-1 or 2-cyclohexen-1-carboxaldehyde	3639	99%	—
S0716	2-异丁基-3-甲基吡嗪	2-Isobutyl 3-methylpyrazine	3133	98%	—
S0717	2-甲氧基-3-仲丁基吡嗪	2-Methoxy-3-sec-butylpyrazine	3433	99%	—
S0718	2,3-二乙基吡嗪	2,3-Diethylpyrazine	3136	97%	—
S0719	3-乙基-2,6-二甲基吡嗪	3-Ethyl-2,6-dimethylpyrazine	3150	95%	—
S0721	2-乙酰基-3-乙基吡嗪	2-Acetyl-3-ethylpyrazine	3250	98%	—
S0722	2,3-二乙基-5-甲基吡嗪	2,3-Diethyl-5-methylpyrazine	3336	98%	—
S0723	5-异丙基-2-甲基吡嗪	5-Isopropyl-2-methylpyrazine	3554	97%	—
S0724	2,6-二甲基吡啶	2,6-Dimethylpyridine	3540	99%	—
S0725	4-甲基噻唑	4-Methylthiazole	3716	97%	—
S0726	α-甲基肉桂醛	α-Methylcinnamaldehyde	2697	95%	—
S0728	2,4,5-三甲基噻唑	2,4,5-Trimethylthiazole	3325	97%	—
S0729	2-乙基-4-甲基噻唑	2-Ethyl-4-methylthiazole	3680	97%	—
S0730	5-乙烯基-4-甲基噻唑	4-Methyl-5-vinylthiazole	3313	97%	—
S0732	2-异丙基-4-甲基噻唑	2-Isopropyl-4-methylthiazole	3555	98.0%	—
S0733	2-异丁基噻唑	2-Isobutylthiazole	3134	96%	—
S0734	苯并噻唑	Benzothiazole	3256	96%	—

表 D.1（续）

编码	香料名称	英文名称	FEMA 编号	含量 ≥	备注
S0735	*N*-糠基吡咯	*N*-Furfuryl pyrrole	3284	98%	—
S0736	2-乙酰基吡咯	2-Acetylpyrrole	3202	97.0%	—
S0737	5,6,7,8-四氢喹噁啉	5,6,7,8-Tetrahydroquinoxaline	3321	98%	—
S0738	2,4,5-三甲基-δ-3-噁唑啉	2,4,5-Trimethyl-δ-3-oxazoline	3525	94%	—
S0739	2-甲基-4-丙基-1,3-噁唑烷	2-Methyl-4-propyl-1,3-oxathiane	3578	98%	—
S0740	吡啶	Pyridine	2966	99.0%	—
S0741	二丙基二硫醚	Propyl disulfide	3228	98%	—
S0742	2-戊基硫醇	2-Pentanethiol	3792	97%	—
S0743	邻-甲基苯硫酚	*o*-Toluenethiol	3240	95%	—
S0744	苄基硫醇	Benzyl mercaptan	2147	98%	—
S0745	1-对-蓋烯-8-硫醇	1-*p*-Menthene-8-thiol	3700	98%	—
S0746	甲基丙基二硫醚	Methyl propyl disulfide	3201	95%	—
S0747	甲基苄基二硫醚	Methyl benzyl disulfide	3504	99%	—
S0748	甲基糠基二硫醚	Methyl furfuryl disulfide	3362	95%	—
S0749	烯丙基二硫醚	Allyl disulfide	2028	90.0%（烯丙基二硫醚和烯丙基硫醚≥95.0%）	—
S0750	双(2-甲基-3-呋喃基)二硫醚	Bis(2-methyl-3-furyl)disulfide	3259	98%	—
S0751	糠基甲基硫醚	Furfuryl methyl sulfide	3160	97%	—
S0752	2,6-二甲基苯硫酚	2,6-Dimethylthiophenol	3666	97%	—
S0753	2-甲基-3(2-呋喃基)丙烯醛	2-Methyl-3(2-furyl)acrolein	2704	96%	—
S0754	2-甲基四氢噻吩-3-酮	2-Methyltetrahydrothiophen-3-one	3512	99%	—

表 D.1（续）

编码	香料名称	英文名称	FEMA 编号	含量 ≥	备注
S0755	2-甲基-5-(甲硫基)呋喃	2-Methyl-5-(methylthio)furan	3366	98%	—
S0756	2-羟基-3,5,5-三甲基-2-环己烯酮	2-Hydroxy-3,5,5-trimethyl-2-cyclohexenone	3459	99%	—
S0757	糠酸甲酯	Methyl 2-furoate	2703	98%	—
S0758	硫代乙酸乙酯	Ethyl thioacetate	3282	98%	—
S0759	硫代乙酸丙酯	Propyl thioacetate	3385	99%	—
S0760	3-巯基丙酸乙酯	Ethyl 3-mercaptopropionate	3677	98%	—
S0761	硫代丁酸甲酯	Methyl thiobutyrate	3310	98%	—
S0762	异硫氰酸烯丙酯	Allyl isothiocyanate	2034	98%	—
S0763	2-硫代糠酸甲酯	Methyl 2-thiofuroate	3311	97%	—
S0764	3-甲基-1,2,4-三噻烷	3-Methyl-1,2,4-trithiane	3718	98%	—
S0766	2-乙基吡嗪	2-Ethylpyrazine	3281	98%	—
S0767	2-乙基-3,(5 或 6)-二甲基吡嗪	2-Ethyl-3(5 or 6)-dimethylpyrazine	3149	95%	—
S0768	2-甲氧基-3-异丁基吡嗪	2-Methoxy-3-isobutyl pyrazine	3132	95%	—
S0769	1-甲基-2-乙酰基吡咯	1-Methyl-2-acetylpyrrole	3184	98%	—
S0770	*N*-乙基-2-乙酰基吡咯	*N*-Ethyl-2-acetylpyrrole	3147	98%	—
S0771	喹啉	Quinoline	3470	97.0%	—
S0772	6-甲基喹啉	6-Methylquinoline	2744	98%	—
S0773	5-甲基喹噁啉	5-Methylquinoxaline	3203	98%	—
S0774	哌啶	Piperidine	2908	98%	—
S0775	β-甲基吲哚	β-Methylindole	3019	97%	—
S0776	5-乙基-2-甲基吡啶	5-Ethyl-2-methylpyridine	3546	97%	—

表 D.1（续）

编码	香料名称	英文名称	FEMA 编号	含量 ≥	备注
S0777	3-乙基吡啶	3-Ethylpyridine	3394	98%	—
S0778	2-乙酰基吡啶	2-Acetylpyridine	3251	97%	—
S0779	3-乙酰基吡啶	3-Acetylpyridine	3424	97%	—
S0780	甲酸肉桂酯	Cinnamyl formate	2299	95%	—
S0781	异戊胺	Isopentylamine	3219	98%	—
S0782	苯乙胺	Phenethylamine	3220	95%	—
S0783	2-甲基-1,3-二硫环戊烷	2-Methyl-1,3-dithiolane	3705	99%	—
S0784	6-乙酰氧基二氢茶螺烷	6-Acetoxydihydrotheaspirane	3651	97%	—
S0785	4,5-二甲基噻唑	4,5-Dimethyl thiazole	3274	97%	—
S0786	3-巯基己醇	3-Mercaptohexanol	3850	99%	—
S0787	三硫丙酮	Trithioacetone	3475	99%	—
S0788	2,6-二甲基吡嗪	2,6-Dimethylpyrazine	3273	98%(2,3-二甲基吡嗪、2,5-二甲基吡嗪和 2,6-二甲基吡嗪之和)	—
S0789	2-(甲硫基)乙酸乙酯	Ethyl 2-(methylthio) acetate	3835	98%	—
S0790	乙酸 3-巯基己酯	3-Mercaptohexyl acetate	3851	81.7%	次要成分:3-巯基己醇、乙酸 3-乙酰基巯基己酯
S0791	2-(甲基二硫基)丙酸乙酯	Ethyl 2-(methyldithio) propionate	3834	98%	—
S0792	3-((甲硫基)丁酸乙酯	Ethyl 3-(methylthio) butyrate	3836	97%	—
S0793	丁酸 3-巯基己酯	3-Mercaptohexyl butyrate	3852	90%	—
S0794	己酸 3-巯基己酯	3-Mercaptohexyl hexanoate	3853	95%	—
S0795	糠醇	Furfuryl alcohol	2491	97%	—

表 D.1(续)

编码	香料名称	英文名称	FEMA 编号	含量 ≥	备注
S0796	四氢糠醇	Tetrahydro furfuryl alcohol	3056	99%	—
S0798	2-乙基-3-甲基吡嗪	2-Ethyl-3-Methylpyrazine	3155	97%(2-乙基-3-甲基吡嗪、2-乙基-5-甲基吡嗪和2-乙基-6-甲基吡嗪之和)	—
S0799	3-甲基-2-丁硫醇	3-Methyl-2-butanethiol	3304	99%	—
S0800	2-甲基-3-四氢呋喃硫醇	2-Methyl-3-tetrahydrofuranthiol	3787	97%	—
S0801	丙硫醇	Propanethiol	3521	97%	—
S0802	1,3-丙二硫醇	1,3-Propanedithiol	3588	98%	—
S0803	烯丙基硫醇(2-丙烯基-1-硫醇)	Allyl mercaptan(2-propene-1-thiol)	2035	75%(丙烯基二硫醚、丙烯基硫醚和丙烯基硫醇之和不低于 98%)	—
S0804	4-甲氧基-2-甲基-2-丁硫醇	4-Methoxy-2-methyl-2-butanethiol	3785	98%	—
S0805	2-苯乙硫醇	2-Phenylethyl mercaptan	3894	99%	—
S0806	3-巯基-3-甲基-1-丁醇	3-Mercapto-3-methyl-1-butanol	3854	96%	—
S0807	甲基 2-甲基-3-呋喃基二硫醚	Methyl 2-methyl-3-furyl disufide	3573	97%	—
S0808	甲基乙基硫醚	Methyl ethyl sulfide	3860	98%	—
S0809	甲基苯基二硫醚	Methyl phenyl disulfide	3872	97%	—
S0810	二乙基硫醚	Diethyl sulfide	3825	98%	—
S0811	二丙基三硫醚	Dipropyl trisulfide	3276	99%(含二丙基二硫醚)	—
S0812	丙烯基丙基二硫醚	Propenyl propyl disulfide	3227	92%(顺式和反式异构体的混合物)	次要成分:二丙基二硫醚
S0813	二烯丙基硫醚	Allyl sulfide	2042	98.0%	—

表 D.1（续）

编码	香料名称	英文名称	FEMA 编号	含量 ≥	备注
S0814	二烯丙基三硫醚	Diallyl trisulfide	3265	65%（烯丙基二硫醚、烯丙基三硫醚和烯丙基四硫醚之和不低于 95%）	—
S0815	二烯丙基四硫醚（二烯丙基聚硫醚）	Diallyl tetrasulfide(Diallyl polysulfide)	3533	95%	—
S0816	2-甲硫甲基-2-丁烯醛	2-(Methylthio)methyl-2-butenal	3601	99%	—
S0817	3-甲硫基己醛	3-Methylthio hexanal	3877	95.8%	—
S0818	乙酸环己酯	Cyclohexyl acetate	2349	98%	—
S0819	邻-氨基苯乙酮	*o*-Amino acetophenone	3906	97.0%	—
S0820	2-甲基-3-甲硫基呋喃	2-Methyl-3-(methylthio)furan	3949	95%	—
S0821	甲酸 3-巯基 3-甲基丁酯	3-Mercapto-3-methyl-butyl formate	3855	95%	—
S0822	乙酸 3-甲硫基丙酯	3-(Methylthio)propyl acetate	3883	97%	—
S0823	3-甲基硫代丁酸 *S*-甲酯（异戊酸甲硫醇酯）	*S*-Methyl 3-methylbutanethioate (Methylthiol isovalerate)	3864	95%	—
S0824	甲硫磺酸 S-甲酯	Methyl methanethiosulfonate	—	95.0%	—
S0825	2-甲硫基丁酸甲酯	Methyl 2-methythio butyrate	3708	99%	—
S0826	3-甲硫基-1-己醇乙酸酯	3-(Methylthio)-1-hexyl acetate	3789	99%	—
S0827	甲硫醇乙酸酯	S-methyl thioacetate	3876	98%	—
S0828	(5*H*)-5-甲基-6,7-二氢环戊基并(b)吡嗪	(5*H*)-5-Methyl-6, 7-dihydro-cyclopenta (b) pyrazine	3306	97%	—
S0829	2-甲氧基吡嗪	2-Methoxypyrazine	3302	99%	—
S0830	2-,5 或 6-甲氧基-3-甲基吡嗪	2-,5 or 6-Methoxy-3-methyl-pyrazine	3183	97%（异构体之和）	—

表 D.1（续）

编码	香料名称	英文名称	FEMA 编号	含量 ≥	备注
S0831	2-乙酰基-3,5(或 6)-二甲基吡嗪	2-Acetyl-3,5(or6)dimethyl pyrazine	3327	97%(异构体之和)	—
S0832	2-乙酰基 3-甲基吡嗪	2-Acetyl 3-methyl pyrazine	3964	98%	—
S0833	四氢吡咯(吡咯烷)	Tetrahydropyrrole(Pyrrolidine)	3523	95%	—
S0834	2-异丁基吡啶	2-Isobutyl pyridine	3370	97%	—
S0835	2-乙基-4,5-二甲基噁唑	2-Ethyl-4,5-dimethyloxazole	3672	99%	—
S0836	硫化铵	Ammonium sulfide	2053	95.0%	—
S0837	2-巯基丙酸乙酯	Ethyl 2-mercaptopropionate	3279	99%	—
S0838	*N*-(4-羟基-3-甲氧基苄基)壬酰胺	*N*-(4-Hydroxy-3-methoxybenzyl)-nonanamide	2787	96%	—
S0839	1,4-二噻烷	1,4-Dithiane	3831	97%	—
S0840	桃金娘烯醇	Myrtenol	3439	95%	—
S0841	胡椒碱	Piperine	2909	97%	—
S0842	2,3-二甲基苯并呋喃	2,3-Dimethylbenzofuran	3535	97%	—
S0844	γ-紫罗兰酮	γ-Ionone	3175	95%	—
S0845	α-二氢紫罗兰酮	Dihydro-Alpha-ionone	3628	99.0%	—
S0846	*d*-胡椒酮(对-蓋-1-烯-3-酮)	*d*-Piperitone(*p*-menth-1-en-3-one)	2910	94%	次要成分:薄荷醇、薄荷酮
S0847	胡椒烯酮(对-蓋-1,4(8)-二烯-3-酮)	Piperitenone(*p*-Mentha-1,4(8)-dien-3-one)	3560	95%(异构体之和)	—
S0848	*l*-天冬氨酸	*l*-Aspartic acid	3656	98%	—
S0849	*d*,*l*-异亮氨酸	*d*,*l*-Isoleucine	3295	98%	—
S0853	琥珀酸二钠	Disodium succinate	3277	98.0%	—
S0857	δ-十六内酯	δ-Hexadecalactone	4673	95.0%	—

表 D.1（续）

编码	香料名称	英文名称	FEMA 编号	含量 ≥	备注
S0858	(+/-)二氢薄荷内酯	(+/-)Dihydromintlactone	4032	99%	—
S0859	顺式-4-十二烯醛	(*Z*)-4-Dodecenal	4036	94%(含有十二醛)	—
S0860	4,5-环氧反式-2-癸烯醛	4,5-Epoxy trans-2-decenal	4037	87%(反式异构体)	次要成分:顺式异构体
S0861	2-乙基-5-甲基吡嗪	2-Ethyl-5-methylpyrazine	3154	95%	—
S0862	顺式-3-顺式-6-壬二烯-1-醇	*cis*-3-*cis*-6-Nonadien-1-ol	3885	97%	—
S0863	2-甲基-1-丁醇	2-Methyl-1-butanol	3998	99%	—
S0864	异龙脑	Isoborneol	2158	92%	次要成分:龙脑
S0865	2-壬醇	2-Nonanol	3315	98.0%	—
S0866	反式-2-辛烯-1-醇	(*E*)-2-Octen-1-ol (*trans*-2-Octen-1-ol)	3887	96%	—
S0867	香芹醇	Carveol	2247	96%(顺式和反式异构体之和)	—
S0868	对-蓋烷-2-酮	*p*-Menthan-2-one	3176	97.0%	—
S0869	4-甲基-3-戊烯-2-酮	4-Methyl-3-penten-2-one	3368	95%	—
S0870	反式,反式-3,5 辛二烯-2-酮	*trans*,*trans*-3,5-Octadien-2-one	4008	95%	—
S0871	2-甲基呋喃	2-Methyl furan	4179	97%	—
S0872	3-癸烯-2-酮	3-Decen-2-one	3532	95%	—
S0873	2-辛烯-4-酮	2-Octen-4-one	3603	96%	—
S0874	2-呋喃基-2-丙酮	(2-Furyl)-2-propanone	2496	97%	—
S0875	5-甲基-2,3-己二酮	5-Methyl-2,3-hexanedione	3190	95%	—
S0876	2-甲基-3-戊烯酸	2-Methyl-3-pentenoic acid	3464	99%(顺式和反式异构体的混合物)	—
S0877	L-酪氨酸	L-Tyrosine	3736	98%	—

表 D.1（续）

编码	香料名称	英文名称	FEMA 编号	含量 ≥	备注
S0878	2-氧代戊二酸	2-Oxopentanedioic acid	3891	99%	—
S0879	4-茴香酸	4-Anisic acid	3945	98%（检测方法按照 GB/T 14455.5 的规定）	—
S0880	亚油酸	Linoleic acid	3380	60%	—
S0882	L-胱氨酸	L-Cystine	—	98.5%～101.5%（以干基计）	—
S0883	L-蛋氨酸	L-Methionine	—	98.5%～101.5（$C_5H_{11}NO_2S$，以干基计）	—
S0884	L-谷氨酰胺	L-Glutamine	3684	98%	—
S0885	2-丙硫醇	2-Propanethiol	3897	98%	—
S0886	4-巯基-4-甲基-2-戊酮	4-Mercapto-4-methyl-2-pentanone	3997	48%	次要成分：4-甲基-3-戊烯-2-酮
S0887	1,2-乙二硫醇	1,2-Ethanedithiol	3484	99%	—
S0888	异戊烯基硫醇	Prenyl mercaptan	3896	98%	—
S0889	*d*,*l*-(3-氨基-3-羧基丙基）二甲基氯化锍（甲基蛋氨酸-氯化锍）	*d*, *l*-(3-Amino-3-carboxypropyl) dimethylsulfonium chloride (*d*, *l*-methylmethionine sulfonium chloride)	3445	98%	—
S0890	2-甲基-3-硫代乙酰氧基-4,5-二氢呋喃	2-Methyl-3-thioacetoxy-4,5-dihydrofuran	3636	99%	—
S0891	异丁基硫醇	Isobutyl mercaptan	3874	97%	—
S0892	苄基硫醇	Benzenethiol	3616	97%	—
S0893	异硫氰酸苄酯	Benzyl isothiocyanate	—	97%	—

表 D.1（续）

编码	香料名称	英文名称	FEMA 编号	含量 ≥	备注
S0894	甲基烯丙基三硫醚	Allyl methyl trisulfide	3253	80%	次要成分：二甲基三硫醚、烯丙基三硫醚
S0895	2-戊基噻吩	2-Pentyl thiophene	4387	99.0%	—
S0896	3,5-二乙基-1,2,4-三硫杂环戊烷	3,5-Diethyl-1,2,4-trithiolane	4030	95%（顺式和反式异构体之和）	—
S0897	噻吩	Thiophene	—	95.0%	—
S0898	2,4,6-三甲基二氢-4*H*-1,3,5-二噻嗪	2,4,6-Trimethyldihydro-4*H*-1,3,5-dithiazine	4018	99%	—
S0899	异硫氰酸 3-甲硫基丙酯	3-Methylthiopropyl isothiocyanate	3312	98%	—
S0900	3-甲基丁基硫醇	3-Methylbutanethiol	3858	97%	—
S0901	2-乙酰基-2-噻唑啉	2-Acetyl-2-thiazoline	3817	98%	—
S0902	甲基丙基三硫醚	Methyl propyl trisulfide	3308	45%	次要成分：二丙基三硫醚、二丙基二硫醚、二甲基二硫醚、甲基丙基硫醚
S0903	噻唑	Thiazole	3615	98%	—
S0904	吡嗪	Pyrazine	4015	98%	—
S0905	甲基 1-丙烯基二硫醚	Methyl 1-propenyl disulfide	3576	90%	次要成分：二丙基二硫醚、1-丙烯基二硫醚
S0906	甲酸丙酯	Propyl formate	2943	94%	次要成分：丙醇
S0907	香兰素 3-(L-蓋氧基)丙-1,2-二醇缩醛	Vanlillin 3-(L-menthoxy)propane-1,2-diol acetal	3904	94%	次要成分：香兰素
S0908	3-戊烯-2-酮	3-Penten-2-one	3417	98%	—

表 D.1（续）

编码	香料名称	英文名称	FEMA 编号	含量 ≥	备注
S0909	十二酸甲酯（月桂酸甲酯）	Methyl dodecanoate(Methyl laurate)	2715	94%	次要成分：十四酸甲酯、癸酸甲酯、十六酸甲酯
S0910	乙酸紫苏酯（对-1,8-䓝二烯-7-醇乙酸酯）	Perillyl acetate(*p*-Mentha-1,8-dien-7-yl acetate)	3561	97%	—
S0911	苹果酸二乙酯	Diethyl malate	2374	99%	—
S0912	甲硫基乙酸甲酯	Methyl (methylthio) acetate	4003	98%	—
S0913	2-乙酰基-1-吡咯啉	2-Acetyl-1-pyrroline	4249	95%	—
S0914	甲酸异丙酯	Isopropyl formate	2944	99%	—
S0915	4-甲基-2-戊烯醛	4-Methyl-2-pentenal	3510	97%（异构体之和）	—
S0916	亚油酸乙酯	Ethyl linoleate	—	95.0%	—
S0917	2,4,6-三异丁基-5,6-二氢-4*H*-1,3,5-二噻嗪	2,4,6-Triisobutyl-5,6-dihydro-4*H*-1,3,5-dithiazine	4017	95%（三个立体异构体的混合物）	—
S0918	乙酸十二醇酯	Dodecyl acetate	2616	98%	—
S0919	2-乙基丁醛	2-Ethyl butyraldehyde	2426	95%	—
S0920	辛酸辛酯	Octyl caprylate	2811	98%	—
S0921	己醛二乙缩醛	Hexanal diethyl acetal	—	95.0%	—
S0922	丙酸异丙酯	Isopropyl propionate	2959	98%	—
S0923	丁酸反式-2-己烯酯	*trans*-2-Hexenyl butyrate	3926	95%	—
S0924	异硫氰酸丁酯	Butyl Isothiocyanate	4082	95%	—
S0925	*N*-葡糖酰基乙醇胺	*N*-Gluconyl ethanolamine	4254	99%	—
S0926	*N*-乳酰基乙醇胺	*N*-Lactoyl ethanolamine	4256	90%	次要成分：2-氨基乙醇乳酸

表 D.1（续）

编码	香料名称	英文名称	FEMA 编号	含量 ≥	备注
S0927	1-庚烯-3-醇	1-Hepten-3-ol	4129	98%	—
S0928	乙硫醇	Ethanethiol	4258	99%	—
S0930	乙酸 L-龙脑酯	L-Bornyl acetate	4080	95%	—
S0931	反式-α-突厥酮	*trans*-α-Damaone	4088	95.0%	—
S0932	二乙基二硫醚	Diethyl disulfide	4093	99%	—
S0933	2,5-二甲基-3(2*H*)呋喃酮	2,5-Dimethyl-3(2*H*)furanone	4101	95.0%	—
S0934	香叶酸	Geranic acid	4121	95%（顺式和反式异构体之和）	—
S0935	1-(3-羟基-5-甲基-2-噻吩)乙酮	1-(3-Hydroxy-5-methyl-2-thienyl)ethanone	4142	98%	—
S0936	异黄葵内酯	Isoambrettolide	4145	95%	次要成分：顺式异构体
S0937	异丁酸异龙脑酯	Isobornyl isobutyrate	4146	95%	—
S0938	*N*-甲基邻氨基苯甲酸异丁酯	Isobutyl *N*-methylanthranilate	4149	95%	—
S0939	丁酸 3-(甲硫基)丙酯	Methionyl butyrate [3-(methylthio) propyl butyrate]	4160	99%	—
S0940	(*S*1) -甲氧基-3-庚硫醇	(*S*1) -Methoxy-3-heptanethiol	4162	95%	—
S0941	5-*Z*-辛烯酸甲酯	Methyl 5-*Z*-octenoate	4165	95%	—
S0942	*N*-乙酰基邻氨基苯甲酸甲酯	Methyl *N*-acetylanthranilate	4170	95%	—
S0943	3-甲基-2-(3-甲基-2-丁烯)呋喃	3-Methyl -2-(3-methylbut-2-enyl)furan	4174	98%	—
S0944	乙酸植醇酯	Phytyl acetate	4197	95%（顺式和反式异构体之和）	—
S0945	3,7,11-三甲基十二碳-2,6,10-三烯醇乙酸酯	3,7,11-Trimethyldodeca-2,6,10-trienyl acetate	4213	99%（顺式和反式异构体之和）	—
S0946	三乙胺	Triethylamine	4246	95%	—
S0947	丙酸茴香酯	Anisyl propionate	2102	97%	—

表 D.1（续）

编码	香料名称	英文名称	FEMA 编号	含量 ≥	备注
S0948	丁酸 3-丁酮-2-醇酯	Butan-3-one-2-yl butanoate	3332	96%	—
S0949	异喹啉	Isoquinoline	2978	97%	—
S0950	2-丙酰噻唑	2-Propionylthiazole	3611	98%	—
S0951	2(4)-异丙基-4(2),6-二甲基二氢(4*H*)-1,3,5-二噻嗪	2(4)-Isopropyl-4(2),6-dimethyldihydro(4*H*)-1,3,5-dithiazine	3782	71%(2-异丙基-4,6-二甲基二氢(4*H*)-1,3,5-二噻嗪和 4-异丙基-2,6-二甲基二氢(4*H*)-1,3,5-二噻嗪之和)	次要成分：2,4,6-三甲基二氢-1,3,5-二噻嗪、6-甲基-2,4-二异丙基-1,3,5-二噻嗪、4-甲基-2,6-二异丙基-1,3,5-二噻嗪、2,4,6-三异丙基-二氢-1,3,5-二噻嗪
S0952	丁酸松油酯	Terpinyl butyrate	3049	95%(以酯计)	—
S0953	3-正丁基苯酞	3-*n*-Butylphthalide	3334	97%	—
S0954	2,2-二甲基-5-(1-甲基-1-丙烯基)四氢呋喃	2, 2-Dimethyl-5-(1-methylpropen-1-yl) tetrahydrofuran	3665	98%	—
S0955	(6*R*)-3-甲基-6-(1-甲基乙基)-2-环己烯-1-酮	2-Cyclohexen-1-one, 3-methyl-6-(1-methylethyl)-,(6R)-	4200	99%	—
S0956	3-甲基-2-丁烯-1-醇	3-Methyl-2-buten-1-ol	3647	99%	—
S0957	对-盖-1-烯-9-醇乙酸酯	1-*p*-Menthen-9-yl acetate	3566	97%	—
S0958	乙酸 2-辛烯酸酯	2-Octen-1-yl acetate	3516	97%	—
S0959	1-(对-甲氧基苯基)-2-丙酮	1-(*p*-Methoxyphenyl)-2-propanone	2674	97%	—
S0960	十八酸丁酯(硬脂酸丁酯)	Butyl stearate	2214	99%(以酯计)	—
S0961	(+/-)-1-苯乙基硫醇	(+/-)-1-Phenylethylmercaptan	4061	98%	—
S0962	4-异丙基-2-环己烯酮	4-Isopropyl-2-cyclohexenone	3939	97%	—

表 D.1（续）

编码	香料名称	英文名称	FEMA 编号	含量 ≥	备注
S0963	邻-甲氧基苯甲酸甲酯	Methyl *o*-methoxybenzoate	2717	97%	—
S0964	丙酮醛	Pyruvaldehyde	2969	95%	—
S0965	甲基乙基三硫醚	Methyl ethyl trisulfide	3861	97%	—
S0966	2-甲基-2-(甲二硫基)-丙醛	2-Methyl-2-(methyldithio)propanal	3866	95%	—
S0967	二(甲硫基)甲烷	Bis-(Methylthio)methane	3878	99%	—
S0968	2,3,5-三硫杂己烷	2,3,5-Trithiahexane	4021	95%	—
S0969	4-乙基辛酸	4-Ethyl octanoic acid	3800	99%	—
S0970	二氢诺卡酮	Dihydronootkatone	3776	90%	次要成分:圆柚酮
S0971	1-乙氧基-3-甲基-2-丁烯	1-Ethoxy-3-methyl-2-butene	3777	99%	—
S0972	2-乙烯基-2-甲基-5-(1-甲基乙烯基)四氢呋喃	2-Ethenyl-2-methyl-5-(1-methylethenyl)-tetrahydrofuran	3759	97%	—
S0973	异戊酸糠酯	Furfuryl isovalerate	3283	98%(以酯计)	—
S0974	异戊酸芳樟酯	Linalyl isovalerate	2646	96%	—
S0975	3-甲基-2-丁醇	3-Methyl-2-butanol	3703	98%	—
S0976	3-甲基-1-戊醇	3-Methyl-1-pentanol	3762	98.0%	—
S0977	4-甲基-2-戊酮	4-Methyl-2-pentanone	2731	99.0%	—
S0978	反式-3-顺式-6-壬二烯醇	*trans*-3-*cis*-6-Nonadienol	3884	92%	次要成分:反式,反式-3,6-壬二烯-1-醇
S0979	庚酸甲酯	Methyl heptanoate	2705	99.0%	—
S0980	顺式-3-己烯醇丙酸酯	(*Z*)-3-Hexenyl propionate	3933	97%	—
S0981	反式-2-癸烯酸乙酯	Ethyl *trans*-2-decenoate	3641	95%	—
S0982	2-乙基苯酚	2-Ethyl phenol	—	95.0%	—

表 D.1（续）

编码	香料名称	英文名称	FEMA 编号	含量 ≥	备注
S0984	*N*-甲基吡咯-2-甲醛	*N*-Methyl pyrrol-2 -carboxaldehyde	4332	98.0%	—
S0985	乙酸香兰素酯	Vanillin acetate	3108	97%	—
S0986	*l*-组氨酸	*l*-Histidine	3694	98%	—
S0987	δ-突厥酮	δ-Damaone	3622	96.5%	—
S0988	2-甲基戊酸乙酯	Ethyl 2-methylpentanoate	3488	98%	—
S0989	4-甲硫基-2-丁酮	4-Methylthio-2-butanone	3375	97%	—
S0991	甲基 3-甲基-1-丁烯基二硫醚	Methyl 3-methyl-1-butenyl disulfide	3865	97%	—
S0992	1-巯基-2-丙酮	1-Mercapto-2-propanone	3856	98%	—
S0993	乙酸正戊酯	Pentyl acetate	—	95.0%	—
S0994	胡薄荷酮	Pulegone	2963	95%	—
S0995	1-苯基丙醇-1	1-Phenylpropan-1-ol	2884	97%	—
S0996	4-苯基 2-丁醇	4-Phenyl-2-butanol	2879	97%	—
S0997	庚醇-3	Heptan-3-ol	3547	99.0%	—
S0999	对-蓋-1-烯-3-醇	*p*-Menth-1-en-3-ol	3179	97%	—
S1000	4-苧醇	4-Thujanol	3239	98%	—
S1001	丙酮酸顺式-3-己烯酯(丙酮酸叶醇酯)	*cis*-3-Hexenyl pyrovate (Leaf pyrovate)	3934	98%	—
S1002	联苯	Biphenyl	3129	99%	—
S1003	顺式-4-羟基-6-十二烯酸内酯	(*Z*)-4-Hydroxy-6-dodecenoic acid lactone	3780	95.5%	—
S1004	甲基亚磺酰甲烷	Methylsulfinylmethane	3875	99%	—
S1006	反式和顺式-4,8-二甲基-3,7-壬二烯-2-酮	(*E*)and(*Z*)-4,8-Dimethyl-3,7-nonadien-2-one	3969	94%	次要成分:4,8-二甲基-3,7-壬二烯-2-醇

表 D.1（续）

编码	香料名称	英文名称	FEMA 编号	含量 ≥	备注
S1007	异亚戊基异戊胺	Isopentylidene isopentylamine	3990	93%	次要成分：二异戊胺、3-甲基丁醛
S1008	戊酸异戊酯	Isoamyl valerate	—	95.0%	—
S1009	丙酸反式-2-己烯酯	*trans*-2-Hexenyl propionate	3932	95%	—
S1010	硫化氢(仅用于热反应香料)	Hydrogen sulfide	3779	95.0%	—
S1011	戊酸甲酯	Methyl valerate	2752	98.05%	—
S1012	丁酸异丙酯	Isopropyl butyrate	2935	98.0%	—
S1013	烯丙基甲基二硫醚	Allyl methyl disulfide	3127	90%	次要成分：二甲基二硫醚、二烯丙基二硫醚
S1014	3-壬酮	3-Nonanone	3440	95.9%	—
S1015	二苄基二硫醚	Benzyl disulfide	3617	98%	—
S1016	苯乙酸顺式-3-己烯酯(苯乙酸叶醇酯)	*cis*-3-Hexenyl phenylacetate(Leaf phenylacetate)	3633	97%(顺式异构体>90%)	—
S1017	乙酸 3-(乙酰巯基)己酯	3-Acetylmercaptohexyl acetate	3816	98%	—
S1018	己酸甲硫醇酯	S-Methyl hexanethioate(Methyl thiohexanoate)	3862	95%	—
S1019	反式-2-丁烯酸(巴豆酸)	(*E*)-2-Butenoic acid(Crotonic acid)	3908	98%	—
S1020	戊酸顺式-3-己烯酯(戊酸叶醇酯)	(*Z*)-3-Hexenyl valerate(Leaf valerate)	3936	97%	—
S1021	己酸苄酯	Benzyl hexanoate	4026	95%	—
S1022	烯丙基丙基二硫醚	Allyl propyl disulfide	4073	93%	次要成分：烯丙基丙基硫醚、烯丙基二丙基硫醚

表 D.1（续）

编码	香料名称	英文名称	FEMA 编号	含量 ≥	备注
S1023	2,8-表硫-顺式-对-盖烷（4,7,7-三甲基-6-硫杂双环[3.2.1]辛烷）（硫代桉叶素）	2,8-Epithio-*cis*-*p*-menthane[4,7,7-Trimethyl-6-thiabicyclo(3.2.1)octane](Thiocineole)	4108	93%	次要成分：苧烯
S1024	癸酸甲酯	Methyl decanoate	—	98.0%	—
S1025	甲酸异丁酯	Isobutyl formate	2197	94%	次要成分：异丁醇
S1026	4-庚酮	4-Heptanone	2546	99.0%	—
S1027	戊酸丁酯	Butyl valerate	2217	99.0%	—
S1028	丁酸环己酯	Cyclohexyl butyrate	2351	98%	—
S1029	山梨酸乙酯（2,4-己二烯酸乙酯）	Ethyl sorbate(Ethyl 2,4-hexadiencate)	2459	98%	—
S1030	单油酸甘油酯	Glyceryl monooleate	2526	65%（单油酸甘油酯、双油酸甘油酯、三油酸甘油酯含量不低于 95%）	—
S1031	5-羟基-4-辛酮	5-Hydroxy-4-octanone	2587	95%	—
S1032	壬酸甲酯	Methyl nonanoate	2724	96.0%	—
S1033	丙酸橙花酯	Neryl propionate	2777	95.0%	—
S1034	肉桂酸丙酯	Propyl cinnamate	2938	98%（以酯计）	—
S1035	丁酸玫瑰酯	Rhodinyl butyrate	2982	85.0%	次要成分：玫瑰醇
S1036	异丁酸玫瑰酯	Rhodinyl isobutyrate	2983	95%（以酯计）	—
S1037	丙酸松油酯	Terpinyl propionate	3053	95.0%	—
S1038	丙酸糠酯	Furfuryl propionate	3346	98%	—
S1039	戊酸糠酯	Furfuryl pentanoate	3397	98%（以酯计）	—
S1040	异茉莉酮	Isojasmone	3552	95%	—

表 D.1（续）

编码	香料名称	英文名称	FEMA 编号	含量 ≥	备注
S1041	苄基甲基硫醚	Benzyl methyl sulfide	3597	98%	—
S1042	3-甲基-2-丁烯醛	3-Methyl-2-butenal	3646	99%	—
S1043	2,4-癸二烯酸丙酯	Propyl 2,4-decadienoate	3648	95%(异构体之和)	—
S1044	反式-2-己烯酸己酯	Hexyl *trans*-2-hexenoate	3692	92%	次要成分:反式-3-己烯酸己酯
S1045	4-烯丙基-2,6-二甲氧基苯酚	4-Allyl-2,6-dimethoxyphenol	3655	98%	—
S1046	2-羟基-4-甲基戊酸甲酯	Methyl 2-hydroxy-4-methylpentanoate	3706	99%	—
S1047	反式-2-辛烯酸甲酯	Methyl *trans*-2-octenoate	3712	90%	次要成分:反式-3-辛烯酸甲酯
S1048	2,2,6-三甲基-6-乙烯基四氢吡喃	2,2,6-Trimethyl-6-vinyltetrahydropyran	3735	99%	—
S1049	香紫苏内酯	lareolide（Decahydro-3a，6，6，9a-tetramethyl-naphtho(2,1b)furan-2(1*H*)-one)	3794	98%	—
S1050	苯甲酸甲硫醇酯	S-Methyl benzothioate	3857	95%	—
S1051	反式-2-己烯酸顺式-3-己烯酯	(*Z*)-3-Hexenyl(*E*)-2-hexenoate	3928	86%	次要成分:3-己烯酸3-己烯酯、己酸己烯酯
S1052	2-巯基苯甲醚	2-Mercaptoanisole	4159	95%	—
S1053	香兰素苏和赤-2,3-丁二醇缩醛	Vanillin erythro and threo-butan-2,3-diol acetal	4023	95%	—
S1054	反式 6-甲基-3-庚烯-2-酮	(*E*)-6-Methyl-3-hepten-2-one	4001	96%	—
S1055	(±)3-巯基丁酸乙酯	(±)-Ethyl-3-mercaptobutyrate	3977	97%	—
S1056	3-巯基-2-甲基戊醇	3-Mercapto-2-methylpentan-1-ol	3996	99%	—
S1057	乙醛二异戊醇缩醛	Acetaldehyde diisoamyl acetal	4024	95%	—
S1058	(+/-)-2-苯基-4-甲基-2-己烯醛	(+/-)-2-Phenyl-4-methyl-2-hexenal	4194	95.0%	—

表 D.1（续）

编码	香料名称	英文名称	FEMA 编号	含量 ≥	备注
S1059	2-庚硫醇	2-Heptanethiol	4128	98%	—
S1060	2-(2-羟基-4-甲基-3-环己烯基)-丙酸 γ-内酯	2-(2-Hydroxy-4-methyl-3-cyclohexenyl)-propionic acid γ-lactone(Wine Lactone)	4140	95.0%	—
S1061	L-盂基甲基醚(2-异丙基-5-甲基环己基甲基醚)	L-Menthyl methyl ether(2-Isopropyl-5-methylcyclohexyl methyl ehte)	4054	99%	—
S1062	己酸异丙酯	Isopropyl hexanoate	2950	99%	—
S1063	2,4-己二烯-1-醇	2,4-Hexadien-1-ol	3922	98%	—
S1064	十六烷酸甲酯	Methyl hexadecanoate	—	99.0%	—
S1065	5-甲基-2-噻吩甲醛	5-Methyl-2-thiophenecarboxaldehyde	3209	95%	—
S1066	4-甲基-2,6-二甲氧基苯酚	4-Methyl-2,6-dimethoxyphenol	3704	97%	—
S1067	对-甲氧基肉桂醛	*p*-Methoxycinnamaldehyde	3567	96%	—
S1068	2,4,5-三甲基噁唑	2,4,5-Trimethyloxazole	4394	95%	—
S1069	苯甲醛二乙缩醛	Benzaldehyde diethyl acetal	—	95.0%	—
S1070	*d*-新薄荷醇	*d*-Neo-Menthol	2666	99%	—
S1071	2-壬烯酸 γ-内酯	2-Nonenoic acid gamma-lactone	4188	97%	—
S1072	反式-4-癸烯酸乙酯	Ethyl *trans*-4-decenoate	3642	95%	—
S1073	晚香玉内酯{二氢-5-[(*Z*,*Z*)-2,5-辛二烯]-2(3*H*)-呋喃酮}	Tuberose Lactone {Dihydro-5-[(*Z*,*Z*)-octa-2,5-dienyl]-2(3*H*)-furanone}	4067	45%	次要成分:γ-十二内酯、二氢-5-[2(*Z*)-辛烯]-2(3*H*)-呋喃酮
S1074	4-甲基-2-戊基-1,3-二氧戊环(己醛1,2-丙二醇缩醛)	4-Methyl-2-pentyl-1, 3-dioxolane (Hexanal propylene glycol acetal)	3630	97%(异构体之和)	—
S1075	乙酸 3-巯基庚酯	3-Mercaptoheptyl acetate	4289	99%	—

表 D.1（续）

编码	香料名称	英文名称	FEMA 编号	含量 ≥	备注
S1077	植醇（叶绿醇）（叶黄烯醇）(3,7,11,15-四甲基-2-十六烯-1-醇)	phytol (3,7,11,15-Tetramethyl-2-hexadecen-1-ol)	4196	95%（顺式和反式异构体之和）	—
S1078	异戊醛二乙缩醛	Isovaleraldehyde diethyl acetal	4371	95%	—
S1079	异硫氰酸 3-丁烯酯	3-Butenyl isothiocyanate	4418	97%	—
S1080	异硫氰酸 4-戊烯酯	4-Pentenyl isothiocyanate	4427	95%	—
S1081	异硫氰酸 5-己烯酯	5-Hexenyl isothiocyanate	4421	96%	—
S1082	顺式-9-十八烯醇乙酸酯（乙酸油醇酯）	*cis*-9-Octadecenyl acetate(Oleyl acetate)	4359	92%	次要成分：乙酸十六醇酯、乙酸十八醇酯
S1083	糠基甲基醚	Furfuryl methyl ether	3159	99%	—
S1084	3-己酮	3-Hexanone	3290	97.1%	—
S1085	异硫氰酸 2-丁酯	2-Butyl isothiocyanate	4419	97%	—
S1086	异硫氰酸异丁酯	Isobutyl isothiocyanate	4424	97%	—
S1087	异硫氰酸 6-(甲硫基)己酯	6-(Methylthio)hexyl isothiocyanate	4415	95%	—
S1088	异硫氰酸 5-(甲硫基)戊酯	5-(Methylthio)pentyl isothiocyanate	4416	96%	—
S1089	异硫氰酸戊酯	Amyl isothiocyanate	4417	97%	—
S1090	异硫氰酸异丙酯	Isopropyl isothiocyanate	4425	95%	—
S1091	异硫氰酸异戊酯	Isoamyl isothiocyanate	4423	98%	—
S1092	2,5-二甲基呋喃	2,5-Dimethylfuran	4106	95%	—
S1093	环紫罗兰酮	Cycloionone	3822	96.7%	—
S1094	2-异丁基-4-甲基-1,3-二氧戊环（异戊醛 1,2-丙二醇缩醛）	2-Isobutyl-4-methyl-1,3-dioxolane (Isovaleraldehyde propylene glycol acetal)	4286	95%	—

表 D.1（续）

编码	香料名称	英文名称	FEMA 编号	含量 ≥	备注
S1095	顺式和反式-2-异丙基-4-甲基-1,3-二氧戊环（异丁醛 1,2-丙二醇缩醛）	*cis*-and *trans*-2-Isopropyl-4-methyl-1,3-dioxolane (Isobutyraldehyde propylene glycol acetal)	4287	96%	—
S1096	4-氨基丁酸（γ-氨基丁酸）	4-Aminobutyric acid(Gamma-Aminobutyric acid)	4288	99%	—
S1097	*N*-(2-(3,4-二甲氧基苯基)乙基)-3,4-二甲氧基肉桂酸酰胺	*N*-[2-(3, 4-Dimethoxyphenyl) ethyl]-3, 4-dimethoxycinnamic acid amide	4310	99%	—
S1098	二-(1-丙烯基)硫醚（异构体混合物）	Di-(1-propenyl)-sulfide(mixture of isomers)	4386	95%（异构体混合物）	—
S1099	乙酸 2-戊酯	2-Pentyl acetate	4012	98%	—
S1100	乙胺	Ethylamine	4236	95%	—
S1101	2,8-二硫杂-4-壬烯-4-甲醛（5-(甲硫基)-2-(甲硫基甲基)2-戊烯醛）	2, 8-Dithianon-4-en-4-carboxaldehyde5-(Methylthio)-2-(methylthiomethyl)-2-pentenal) (Methialdol)	3483	98%	—
S1102	1-丁烯-1-基甲基硫醚	1-Buten-1-yl methyl sulfide	3820	98%	—
S1103	二异丙基二硫醚	Diisopropyl disulfide	3827	96%	—
S1104	(*E*)-2-癸烯酸	(*E*)-2-Decenoic acid	3913	97%	—
S1105	L-苧烯	L-Limonene	—	95.0%($C_{10}H_{16}$)	—
S1106	正己硫醇	1-Hexanethiol	3842	95%	—
S1107	2-癸酮	2-Decanone	4271	96%	—
S1108	二糠基醚	Difurfuryl ether	3337	97%	—
S1109	异丁酸乙基香兰素酯	Ethyl vanillin isobutyrate	3837	98%	—

表 D.1（续）

编码	香料名称	英文名称	FEMA 编号	含量 ≥	备注
S1110	8-罗勒烯醇乙酸酯(2,6-二甲基-2,5,7-辛三烯-1-醇乙酸酯)	8-Ocimenyl acetate (2, 6-dimethyl-2, 5, 7-octatriene-1-yl acetate)	3886	96%(异构体之和)	—
S1111	丁胺	Butylamine	3130	99%	—
S1112	1-氨基-2-丙醇	1-Amino-2-propanol	3965	95%	—
S1113	反式-1,5-辛二烯-3-酮	(*E*)-1,5-Octadien-3-one	4405	97%	—
S1114	2,5-二甲基-4-乙氧基-3(2*H*)呋喃酮	2,5-dimethyl-4-ethoxy-3(2*H*)furanone	4104	95.0%	—
S1115	反式-2-顺式-4-顺式-7-十三碳三烯醛	2-*trans*-4-*cis*-7-*cis*-Tridecatrienal	3638	71%	次要成分：4-顺-7-顺-十三碳二烯醇、3-顺-7-顺-十三碳二烯醇、2-反-7-醇-十三碳二烯醛、2-反-4-反-7-顺-三碳三烯醛
S1116	反式-2-顺式-4-癸二烯酸甲酯	Methyl (*E*)-2-(*Z*)-4- decadienoate	3859	93%	次要成分：反式，反式-2,4-癸二烯酸甲酯
S1117	2-(4-甲基-2-羟基苯基)-丙酸-γ-内酯	2-(4-Methyl-2-hydroxyphenyl) propionic acid-γ-lactone	3863	98%	—
S1118	丙酸顺式-5-辛烯酯	(*Z*)-5-Octenyl propionate	3890	93%	次要成分：丙酸反式-5-辛烯酯、丙酸顺式-5-辛烯醇
S1119	3-甲基-2-丁烯硫醇乙酸酯	3-Methyl-2-butenyl thioacetate (Prenyl thioacetate)	3895	99%	—
S1120	1-吡咯啉	1-Pyrroline	3898	99%	—
S1121	2,3,4-三甲基-3-戊醇	2,3,4-Trimethyl-3-pentanol	3903	97%	—

表 D.1（续）

编码	香料名称	英文名称	FEMA 编号	含量 ≥	备注
S1122	二异丙基三硫醚	Diisopropyl trisulfide	3968	95%	—
S1123	2-丙酰基-1-吡咯啉	2-Propionyl-1-pyrroline	4063	95%	—
S1124	3,6-二乙基-1,2,4,5-四硫杂环己烷与3,5-二乙基-1,2,4-三硫杂环戊烷的混合物	Mixture of 3,6-Diethyl-1,2,4,5-tetra thiane and 3,5-diethyl-1,2,4-trithiolane	4094	95.0%	—
S1125	2,5-二羟基-1,4-二噻烷(巯基乙醛二聚体)	2, 5-Dihydroxy-1, 4-dithiane (Mercaptoacetaldehyde)	3826	97%	—
S1126	3-己烯醛(反式/顺式混合物)	3-Hexenal(*trans-/cis* -mix)	3923	80%(顺式和反式异构体之和)	次要成分:反式-2-己烯醛
S1127	4-羟基-3,5-二甲氧基苯甲醛	4-Hydroxy-3,5-dimethoxybenzaldehyde	4049	98%	—
S1128	2-十一烯-1-醇	2-Undecen-1-ol	4068	95%	—
S1129	2-(4-羟基苯基)-乙胺(酪胺)	2-(4-hydroxyphenyl)ethylamine(Tyramine)	4215	95%	—
S1130	4[(2-呋喃甲基)硫基]-2-戊酮 (4-糠硫基-2-戊酮)	4-[(2-Furanmethyl)thio]-2-pentanone (4-Furfurylthio -2-pentanone)	3840	97%	—
S1131	己酸甲硫基甲酯	Methylthiomethyl hexanoate	3880	97%	—
S1132	2,6-二甲基-4-庚酮	2,6-Dimethyl-4-heptanone(Diisobutyl ketone)	3537	80%	次要成分:4,6-二甲基-2-庚酮
S1134	反式-3-己烯醇	*trans*-3-Hexenol	4356	98%	—
S1135	甲酸松油酯	Terpinyl formate	3052	95% (以酯计)	—
S1136	脱氢圆柚酮	Dehydronootkatone	4091	95%	—
S1137	己酸香叶酯	Geranyl hexanoate	2515	95%(以酯计)	—
S1138	3-甲基己醛	3-Methyl hexanal	4261	95.0%	—

表 D.1（续）

编码	香料名称	英文名称	FEMA 编号	含量 ≥	备注
S1139	(反式,反式)-2,4-壬二烯	(*E*,*E*)-2,4-Nonadiene	4292	79%	次要成分:1,3-壬二烯、其他壬二烯异构体
S1140	1-辛烯	1-Octene	4293	97.0%	—
S1141	2-甲基苯乙酮	2-Methyl acetophenone	4316	95%	—
S1142	1-乙基-2-甲酰基吡咯(茶吡咯)	1-Ethyl-2-formylpyrrole (Tea pyrrole)	4317	99.0%	—
S1143	2-(4-甲基-5-噻唑基)乙醇辛酸酯	2-(4-Methyl-5-thiazolyl)ethyl octanoate	4280	98%	—
S1144	2-乙基-6-甲基吡嗪	2-Ethyl-6-methylpyrazine	3919	95%(2-乙基-5-甲基吡嗪和2-乙基-6-甲基吡嗪之和)	—
S1145	对-丙基苯酚	*p*-Propylphenol	3649	98%	—
S1146	3,5-二乙基-2-甲基吡嗪	3,5-Diethyl-2-methylpyrazine	3916	97%	—
S1147	马鞭草烯酮	Verbenone	4216	95%	—
S1148	4-戊烯醛	4-Pentenal	4262	97%	—
S1149	乙酰乙酸乙酯丙二醇缩酮	Ethyl acetoacetate propylene glycol ketal	4294	95%	—
S1150	山梨酸甲酯	Methyl sorbate	3714	99%	—
S1151	2,5-二乙基四氢呋喃	2,5-Diethyl tetrahydrofurane	3743	97%	—
S1152	脱氢薄荷呋喃内酯	Dehydromenthofurolactone	3755	95%	—
S1153	乙酸桃金娘烯酯	Myrtenyl acetate	3765	98%	—
S1154	2-(4-甲基-5-噻唑基)乙醇己酸酯	2-(4-Methyl-5-thiazolyl)ethyl hexanoate	4279	98%	—
S1155	2-(4-甲基-5-噻唑基)乙醇丁酸酯	2-(4-Methyl-5-thiazolyl)ethyl butyrate	4277	98%	—
S1156	吡咯	Pyrrole	3386	98%	—
S1157	*S*-烯丙基-*L*-半胱氨酸	*S*-Allyl-*L*-cysteine	4322	95%(参照《中国药典》中的相关检测方法)	—

表 D.1（续）

编码	香料名称	英文名称	FEMA 编号	含量 ≥	备注
S1158	2-巯基-3-丁醇	2-Mercapto-3-butanol	3502	99.0%	—
S1159	硫代香叶醇	Thiogeraniol	3472	95%	次要成分:松油醇
S1160	蒎烷硫醇	Pinanyl mercaptan	3503	95%(10-巯基蒎烷、2-巯基蒎烷和3-巯基蒎烷之和)	—
S1161	α-甲基-β-羟基丙基 α-甲基-β-巯丙基硫醚	α-Methyl-β-hydroxypropyl α-methyl-β-mercaptopropyl sulfide	3509	99%	—
S1163	柠檬醛二乙缩醛	Citral diethyl acetal	2304	92%(顺式和反式异构体之和)	—
S1164	3-丙烯基-6-乙氧基苯酚	Propenylguaethol	2922	97%	—
S1165	β-甲基紫罗兰酮	Methyl-β-ionone	2712	88.0%	次要成分:α-异甲基紫罗兰酮和β-异甲基紫罗兰酮
S1166	δ-甲基紫罗兰酮	Methyl-δ-ionone	2713	95.0%(四个异构体之和)	—
S1167	2,6-壬二烯醛二乙缩醛	2,6-Nonadienal diethyl acetal	3378	90%(指定化合物、异构体和2-壬烯醛二乙缩醛不低于98%)	—
S1168	9-十一烯醛	9-Undecenal	3094	96%	—
S1169	10-十一烯醛	10-Undecenal	3095	90%(总癸烯醛不低于97%)	—
S1172	兔耳草醛(仙客来醛)	Cyclamen aldehyde	2743	90%	次要成分:2-甲基-3-(p-异丙基苯基)丙酸、3-甲基-3-(p-异丙基苯基)丙醛
S1174	β-环高柠檬醛	β-Homocyclocitral	3474	92%	次要成分:β-环高香叶酸甲酯、β-环柠檬醛、β-紫罗兰酮、β-环高香叶酸乙酯

表 D.1（续）

编码	香料名称	英文名称	FEMA 编号	含量 ≥	备注
S1175	*l*-薄荷酮甘油缩酮	*l*-Menthone 1,2-glycerol Ketal	3807	98.0%	—
S1176	4-甲硫基-4-甲基-2-戊酮	4-(Methylthio)-4-methyl-2-pentanone	3376	99%	—
S1177	3-巯基-2-戊酮	3-Mercapto-2-pentanone	3300	98%	—
S1178	*d*,*l*-薄荷酮甘油缩酮	*d*,*l*-Menthone 1,2-glycerol Ketal	3808	98%	—
S1179	α-甲基紫罗兰酮	Methyl-α-ionone	2711	90%(甲基紫罗兰酮异构体之和不低于 95%)	—
S1180	α-异甲基紫罗兰酮	α-iso-Methylionone	2714	85%(异构体之和不低于 95%)	—
S1181	烯丙基 α-紫罗兰酮	Allyl α-ionone	2033	88%(异构体之和不低于 95%)	—
S1182	6-甲基香豆素	6-Methylcoumarin	2699	99%	—
S1183	2-巯基丙酸	2-Mercaptopropionic acid	3180	95%	—
S1185	乙酸二甲基苄基原酯	Benzyl dimethyl carbinyl acetate	2392	98%	—
S1186	环己基乙酸烯丙酯	Allyl cyclohexaneacetate	2023	96%	—
S1187	乙酸玫瑰酯	Rhodinyl acetate	2981	87%(总酯)	次要成分:玫瑰醇
S1188	3-(2-呋喃基)丙酸乙酯	Ethyl 3-(2-furyl)propanoate	2435	95%	—
S1189	丙酸烯丙酯	Allyl propionate	2040	99%	—
S1191	3-(2-呋喃基)丙酸异丁酯	Isobutyl 3-(2-furan)propionate	2198	96%	—
S1192	硫代丙酸糠酯	Furfuryl thiopropionate	3347	97%	—
S1193	丁酸二甲基苄基原酯	Dimethyl benzyl carbinyl butyrate	2394	95%	—
S1194	环己基丁酸烯丙酯	Allyl cyclohexanebutyrate	2024	98%	—
S1195	1,3-壬二醇乙酸酯(混合酯)	1,3-Nonanediol acetate(mixed esters)	2783	95%(1,3-壬二醇单乙酸酯和 1,3-壬二醇二乙酸酯之和)	—
S1196	丁酸苏合香酯	Styralyl butyrate	2686	98%	—

表 D.1（续）

编码	香料名称	英文名称	FEMA 编号	含量 ≥	备注
S1197	乙酸柏木酯	Cedryl acetate	—	95.0%	—
S1198	异丁酸麦芽酚酯	Maltol isobutyrate	3462	96%	—
S1199	2-甲基-4-戊烯酸乙酯	Ethyl 2-methyl-4-pentenoate	3489	98.0%	—
S1200	乙酸四氢糠酯	Tetrahydrofurfuryl acetate	3055	97%	—
S1201	庚炔羧酸甲酯	Methyl heptine carbonate	2729	95%	—
S1202	辛炔羧酸甲酯	Methyl octyne carbonate	2726	97%	—
S1203	癸二酸二乙酯	Diethyl sebacate	2376	98%	—
S1204	10-十一烯酸乙酯	Ethyl 10-undecenoate	2461	98.0%	—
S1205	苯乙酸烯丙酯	Allyl phenylacetate	2039	99%	—
S1206	三乙酸甘油酯	Triacetin	2007	98.5%（检测方法按照 YC 144 的规定）	—
S1207	苯乙酸香叶酯	Geranyl phenylacetate	2516	97%	—
S1208	苯乙酸对甲酚酯	*p*-Cresyl phenylacetate	3077	97%	—
S1209	4-苯基丁酸甲酯（苯丁酸甲酯）	Methyl 4-phenylbutyrate	2739	97%	—
S1210	4-苯基丁酸乙酯（苯丁酸乙酯）	Ethyl 4-phenylbutyrate	2453	97%	—
S1211	肉桂酸烯丙酯	Allyl cinnamate	2022	97%	—
S1212	2-甲基-3-戊烯酸乙酯	Ethyl 2-methyl-3-pentenoate	3456	98%	—
S1213	亚硝酸乙酯	Ethyl nitrite	2446	99.0%	—
S1214	庚酸戊酯	Amyl heptanoate	2073	93%	次要成分：2-甲基己酸戊酯
S1215	3-乙酰基-2,5-二甲基呋喃	3-Acetyl-2,5-dimethylfuran	3391	99%	—

表 D.1(续)

编码	香料名称	英文名称	FEMA 编号	含量 ≥	备注
S1216	2,5-二甲基-3-氧代(2*H*)-4-呋喃丁酸酯	2,5-Dimethyl-3-Oxo-(2*H*)-fur-4-yl butyrate	3970	93%	次要成分:4-羟基-2,5-二甲基呋喃-3-酮、丁酸
S1217	2-甲氧基-3(5 或 6)-异丙基吡嗪	2-Methoxy-3(5 or 6)-isopropylpyranzine	3358	97%(异构体之和)	—
S1218	2-甲基-3(5 或 6)-糠硫基吡嗪	2-Methyl-3,5-or 6-(furfurylthio)-pyrazine(mixture of isomers)	3189	99%	—
S1219	2-甲基(或乙基)-3(5 或 6)-甲氧基吡嗪	2-Methyl(or ethyl)-(3,5 or 6)-methoxy pyrazine	3280	99%(六个指定化合物之和)	—
S1220	2,5-二甲基-2,5-二羟基-1,4-二硫代环己烷	2,5-Dimethyl-2,5-dihydroxy-1,4-dithiane	3450	95%	—
S1221	5,7-二氢-2-甲基噻嗯并-(3,4-d)嘧啶	5,7-Dihydro-2-methylthieno(3,4-d)-pyrimidine	3338	98%	—
S1222	2-乙氧基噻唑	2-Ethoxythiazole	3340	99%	—
S1223	2,4-二甲基-5-乙酰基噻唑	2,4-Dimethyl-5-acetylthiazole	3267	97%	—
S1224	乙酸异丁香酯	Isoeugenyl acetate	2470	98%	—
S1225	3-甲基丁酸对-甲酚酯(异戊酸对甲酚酯)	*p*-Methylphenyl 3-methylbutyrate (*p*-Cresyl isovalerate)	3387	98%	—
S1226	*l*-薄荷醇乙二醇碳酸酯	*l*-Menthol ethylene glycol carbonate	3805	96%	—
S1227	3-(2-甲基丙基)吡啶	3-(2-Methylpropyl)pyridine	3371	97%	—
S1228	乙基香兰素 1,2-丙二醇缩醛	Ethylvanillin propylene glycol acetal	3838	97%(指定化合物与乙基香兰素之和)	—
S1232	苄基异丁基原醇(α-异丁基苯乙醇)	Isobutyl benzyl carbinol (α-Butyl iso phenethyl alcohol)	2208	96%	—

表 D.1（续）

编码	香料名称	英文名称	FEMA 编号	含量 ≥	备注
S1233	4-苯基-3-丁烯-2-醇	4-Phenyl-3-buten-2-ol	2880	96%	—
S1234	2-甲基-4-苯基-2-丁醇	2-Methyl-4-phenyl-2-butanol	3629	97%	—
S1235	*l*-薄荷醇丙二醇碳酸酯	*l*-Menthol 1-(or2-)-propylene glycol carbonate	3806	98.0%	—
S1236	辛酸烯丙酯	Allyl octanoate	2037	97.0%	—
S1237	α-丙基苯乙醇	α-Propylphenethyl alcohol	2953	96%	—
S1238	龙葵醇(β-甲基苯乙醇)	Hydratropyl alcohol (β-Methylphenethyl alcohol)	2732	98%	—
S1239	四氢芳樟醇	Tetrahydrolinalool	3060	98.0%	—
S1240	2,3-二巯基丁烷	2,3-Dimercaptobutane	3477	99%	—
S1241	β-萘乙醚	β-Naphthyl ethyl ether	2768	99%	—
S1242	异丁基 β-萘醚	β-Naphthyl isobutyl ether	3719	98%	—
S1243	邻-丙基苯酚	*o*-Propylphenol	3522	96%	—
S1244	苄基异丁香酚	Isoeugenyl benzyl ether	3698	96%	—
S1245	2-甲基-3(5 或 6)-甲硫基吡嗪	2-Methyl-3(5-or 6)-(methylthio)pyrazine	3208	99%(异构体之和)	—
S1246	香茅氧基乙醛	Citronellyloxyacetaldehyde	2310	75%	次要成分:香叶氧基乙醛、香茅醇
S1247	乙醛苯乙醇丙醇缩醛	Acetaldehyde phenylethyl propyl acetal	2004	96%	—
S1248	2-甲基-3-(对甲基苯基)丙醛	2-Methyl-3-(*p*-methylphenyl) propanal (Satinaldehyde)	2748	95%	—
S1249	2-苯基-3-(2-呋喃基)丙-2-烯醛	2-Phenyl-3-(2-furyl)prop-2-enal	3586	99%	—
S1250	3,5,5-三甲基己醛	3,5,5-Trimethylhexanal	3524	97.0%	—
S1251	2-甲基-3(5 或 6)-乙氧基吡嗪	2-Methyl-3(5 or 6)-ethoxypyrazine	3569	97%	—

表 D.1（续）

编码	香料名称	英文名称	FEMA 编号	含量 ≥	备注
S1252	庚醛甘油缩醛	Heptanal glyceryl acetal	2542	96%（混合的异构体和未反应的醛之和）	—
S1253	苯乙醛甘油缩醛	Phenylacetaldehyde glyceryl acetal	2877	95%	—
S1254	对-异丙基苯乙醛	*p*-Isopropyl phenylacetaldehyde	2954	97%	—
S1255	2-甲基-4-苯丁醛	2-Methyl-4-phenylbutyraldehyde	2737	95%	—
S1256	龙葵醛	Hydratropic aldehyde	2886	95%	—
S1257	龙葵醛二甲缩醛	Hydratropic aldehyde dimethyl acetal	2888	95%	—
S1258	羟基香茅醛二乙缩醛	Hydroxycitronellal diethyl acetal	2584	95%	—
S1259	柠檬醛二甲缩醛	Citral dimethyl acetal	2305	92%（异构体之和）	—
S1260	4-甲基-5-(2-乙酰氧乙基)-噻唑	4-Methyl-5-(2-acetoxyethyl) thiazole	3205	97%	—
S1261	α-丁基肉桂醛	α-Butylcinnamaldehyde	2191	98%	—
S1263	4-甲基-1-苯基-2-戊酮	4-Methyl-1-phenyl-2-pentanone	2740	98%	—
S1264	1-(对-甲氧基苯基)-1-戊烯-3-酮	1-(*p*-Methoxyphenyl)-1-penten-3-one	2673	98%	—
S1265	α-己叉基环戊酮	α-Hexylidenecyclopentanone	2573	98%	—
S1266	四甲基乙基环己烯酮	Tetramethyl ethylcyclohexenone	3061	97%（5-乙基-2,3,4,5-四甲基环己烯酮和 5-乙基-3,4,5,6-四甲基环己烯酮之和）	—
S1267	糠硫醇甲酸酯	Furfurylthiol formate	3158	97%	—
S1268	甲基 β-萘酮	Methyl β-naphthyl ketone	2723	97%	—
S1269	2-(3-苯丙基)-四氢呋喃	2-(3-Phenylpropyl)tetrahydrofuran	2898	98%	—
S1270	烯丙基乙酸	Allyl acetic acid	2843	97.0%	—

表 D.1（续）

编码	香料名称	英文名称	FEMA 编号	含量 ≥	备注
S1271	甲酸二甲基苄基原酯	Dimethyl benzyl carbinyl formate	2395	93%	次要成分：α，α-二甲基苯乙基醇
S1272	4-乙酰基-6-叔丁基-1,1-二甲基茚满	4-Acetyl-6-*t*-butyl-1,1-dimethylindane	3653	97%	—
S1273	癸醛二甲缩醛(1,1-二甲氧基癸烷)	Decanal dimethyl acetal (1,1-Dimethoxydecane)	2363	95%	—
S1274	乙酸环己基乙酯	Cyclohexane ethyl acetate	2348	98%	—
S1275	对-甲苯氧基乙酸乙酯	Ethyl (*p*-tolyloxy) acetate	3157	98%	—
S1276	乙酸二甲基苯乙基原酯	Dimethyl phenethyl carbinyl acetate	2735	97%	—
S1277	丙酸甲基苯基原酯	Methyl phenylcarbinyl propionate	2689	98%	—
S1278	2-呋喃基丙烯酸丙酯	Propyl 2-furanacrylate	2945	97%	—
S1279	异丁酸二甲基苯乙基原酯	Dimethyl phenethyl carbinyl isobutyrate	2736	96%	—
S1280	异丁酸 2-苯氧基乙酯	2-Phenoxyethyl isobutyrate	2873	97%	—
S1281	十三碳二酸环乙二醇二酯	Ethylene brassylate	3543	95%	—
S1282	邻氨基苯甲酸异丁酯	Isobutyl anthranilate	2182	96%	—
S1283	对-叔丁基苯乙酸甲酯	Methyl *p-tert*-butylphenylacetate	2690	97%	—
S1285	苯乙酸辛酯	Octyl phenylaceteate	2812	98%	—
S1286	苯乙酸苄酯	Benzyl phenylacetate	2149	98%	—
S1287	苯乙酸芳樟酯	Linalyl phenylacetate	3501	95%	—
S1288	苯乙酸香茅酯	Citronellyl phenylacetate	2315	98%	—
S1289	苯乙酸愈创木酚酯	Guaiacyl phenylacetate	2535	97%	—
S1290	3-甲基 2-丁烯酸 2-苯乙酯(千里酸苯乙酯)	2-Phenethyl 3-methyl-2-butenoate(Phenethyl senecioate)	2869	97%	—

表 D.1（续）

编码	香料名称	英文名称	FEMA 编号	含量 ≥	备注
S1291	3-苯基缩水甘油酸乙酯	Ethyl 3-phenylglycidate	2454	98%	—
S1292	肉桂酸芳樟酯	Linalyl cinnamate	2641	94%	次要成分：芳樟醇
S1293	1,2-二[(1'-乙氧基)-乙氧基]丙烷	1,2-Di[(1'-ethoxy)ethoxy]propane	3534	97%	—
S1295	*N*-乙基-2-异丙基-5-甲基-环己烷甲酰胺	*N*-Ethyl-2-isopropyl-5-methylcyclohexane carboxamide	3455	99.0%	—
S1296	3-*l*-盖氧基-1,2-丙二醇	3-*l*-Menthoxypropane-1,2-diol	3784	99%	—
S1297	香兰基丁醚	Vanillyl butyl ether	3796	95%	—
S1298	9-癸烯醛	9-Decenal	3912	98%	—
S1299	2-仲丁基环己酮	2-*sec*-Butylcyclohexanone	3261	94%	次要成分：2-异丁基环己酮
S1300	2,3-十一碳二酮	2,3-Undecadione	3090	97%	—
S1301	环己烷基甲酸	Cyclohexanecarboxylic acid	3531	98%	—
S1302	5 和 6-癸烯酸(牛奶内酯)	5- and 6-Decenoic acid (Milk lactone)	3742	95%	—
S1303	八乙酸蔗糖酯	Sucrose octaacetate	3038	97.0%	—
S1304	丁酸烯丙酯	Allyl butyrate	2021	98.0%	—
S1305	异丁酸香兰素酯	Vanillin isobutyrate	3754	98%	—
S1306	戊二酸单 *l*-薄荷醇酯	*l*-Monomenthyl glutarate	4006	72%	次要成分：戊二酸二薄荷醇酯、戊二酸
S1307	苯甲酰基乙酸乙酯	Ethyl benzoylacetate	2423	88%（指定化合物和苯甲酸乙酯之和不低于 96%）	—
S1308	ε-十二内酯	ε-Dodecalactone	3610	99%	—
S1309	八氢香豆素	Octahydrocoumarin	3791	99%	—

表 D.1（续）

编码	香料名称	英文名称	FEMA 编号	含量 ≥	备注
S1310	2,5-二甲基-3-呋喃硫醇	2,5-Dimethyl-3-furathiol	3451	98%	—
S1311	1,2-丁二硫醇	1,2-Butanedithiol	3528	98%	—
S1312	双-(2,5-二甲基-3-呋喃基)二硫醚	Bis(2,5-dimethyl-3-furyl)disufide	3476	99%	—
S1313	丙基-2-甲基-3-呋喃基二硫醚	Propyl 2-methyl-3-furyl disulfide	3607	97%	—
S1314	二环己基二硫醚	Dicyclohexyl disulfide	3448	97%	—
S1315	糠基异丙基硫醚	Furfuryl isopropyl sulfide	3161	97%	—
S1316	2-乙基苯硫酚	2-Ethyl thiophenol	3345	98%	—
S1317	2-(乙酰氧基)丙酸甲硫醇酯	Methylthio 2-(acetyloxy)propionate	3788	98%	—
S1318	2-(丙酰氧基)丙酸甲硫醇酯	Methylthio 2-(propionyloxy)propionate	3790	98%	—
S1319	3-糠硫基丙酸乙酯	Ethyl 3-(furfurylthio)propionate	3674	97%	—
S1320	2-甲硫基吡嗪	2-Methylthiopyrazine	3231	99%	—
S1321	异硫氰酸苯乙酯	Phenethyl isothiocyanate	4014	99%	—
S1322	2-(3-苯丙基)吡啶	2-(3-Phenylpropyl)pyridine	3751	97%	—
S1323	4,5-二甲基-2-乙基-3-噻唑啉	4,5-Dimethyl-2-ethyl-3-thiazoline	3620	98%	—
S1324	2-仲丁基-4,5-二甲基-3-噻唑啉	2-(2-Butyl)-4,5-dimethyl-3-thiazoline	3619	98%	—
S1325	吡嗪乙硫醇	Pyrazine ethanethiol	3230	97%	—
S1326	水杨酸苯酯	Phenyl salicylate	3960	99%	—
S1327	庚醛二甲缩醛	Heptanal dimethyl acetal	2541	98%	—
S1328	羟基香茅醛二甲缩醛	Hydroxy citronellal dimethyl acetal	2585	95%	—
S1329	对-丙基茴香醚	*p*-Propyl anisole	2930	99%	—
S1330	异丁酸对-甲酚酯	*p*-Tolyl isobutyrate	3075	95%	—

表 D.1（续）

编码	香料名称	英文名称	FEMA 编号	含量 ≥	备注
S1331	异丁酸邻-甲酚酯	*o*-Tolyl isobutyrate	3753	95%	—
S1332	柠檬醛丙二醇缩醛	Citral propylene glycol acetal	—	95.0%	—
S1333	反式-2-己烯醛二乙缩醛	*trans*-2-Hexenal diethyl acetal	4047	97%	—
S1334	2-巯基噻吩	2-Mercaptothiophene	3062	98%	—
S1335	对-盖-3,8-二醇	*p*-Menth-3,8-diol	4053	99%	—
S1336	1,8-辛二硫醇	1,8-Octanedithiol	3514	99%	—
S1337	螺[2,4-二硫杂-1-甲基-8-氧杂双环[3.3.0]-辛烷-3,3′-(1′-氧杂-2′-甲基)环戊烷]	spiro[2,4-Dithia-1-methyl-8-oxabicyclo[3.3.0]octane-3,3′-(1′-oxa-2′-methyl)cyclopentane]	3270	95%	—
S1338	3-壬烯-2-酮	3-Nonen-2-one	3955	95%	—
S1339	3-甲基-2,4-壬二酮	3-Methyl-2,4-nonadione	4057	97%	—
S1340	2,5-二甲基-3-硫代乙酰氧基呋喃	2,5-Dimethyl-3-thioacetoxyfuran	4034	98%	—
S1341	反式-4-己烯醛	*trans*-4-Hexenal	4046	92%(顺式和反式异构体之和)	—
S1342	3-[(2-甲基-3-呋喃)硫基]-2-丁酮	(+/-)-3-[(2-Methyl-3-furyl)thio]-2-butanone	4056	99%	—
S1343	3-巯基-2-甲基戊醛	3-Mercapto-2-methylpentanal	3994	96%	—
S1344	2-(L-盖氧基)乙醇	2-(L-Menthoxy) ethanol	4154	99%	—
S1345	丙酸四氢糠酯	Tetrahydrofurfuryl propionate	3058	97%	—
S1346	异戊酸烯丙酯	Allyl isovalerate	2045	98.0%	—
S1347	3-辛酮-1-醇	3-Octanon-1-ol	2804	90%	次要成分:1-羟基-3-辛酮
S1348	三丙酸甘油酯	Glyceryl tripropanoate	3286	97%	—
S1349	辛酸 α-糠酯	α-Furfuryl octanoate	3396	98%(以酯计)	—

表 D.1（续）

编码	香料名称	英文名称	FEMA 编号	含量 ≥	备注
S1350	丁酸反式-2-辛烯醇酯	*trans*-2-Octen-1-yl butanoate	3517	96%	—
S1351	苯乙醛二异丁缩醛	Phenylacetaldehyde diisobutyl acetal	3384	97%	—
S1352	1,3-二苯基-2-丙酮	1,3-Diphenyl-2-propanone	2397	97%	—
S1353	10-十一烯酸丁酯	Butyl 10-undecylenate	2216	98%	—
S1354	乙酸檀香酯	Santalyl acetate	3007	95%（乙酸 α-檀香酯和乙酸 β-檀香酯之和）	—
S1355	2-乙基丁酸香叶酯	Geranyl 2-ethylbutyrate	3339	95%（以酯计）	—
S1356	3-羟甲基-2-辛酮	3-Hydroxymethyl-2-octanone	3292	90%	次要成分：3-亚甲基-2-辛酮
S1357	1,2-环已二酮	1,2-Cyclohexanedione	3458	99%	—
S1359	赤、苏-3-巯基-2-甲基丁-1-醇（3-巯基-2-甲基丁醇）	Rythro and threo-3-Mercapto-2-methylbutan-1-ol (3-Mercapto-2-methylbutyl alcohol)	3993	98%	—
S1360	4-甲基联苯	4-Methyl biphenyl	3186	98%	—
S1361	α-戊基肉桂醇	α-Amylcinnamyl alcohol	2065	95%	—
S1362	1-苯基-3-甲基-戊醇-3	1-phenyl-3-methyl-3-pentanol	2883	98%	—
S1363	5-苯基戊醇	5-Phenylpentanol	3618	98%	—
S1364	对-蓋烷醇-2	*p*-Menthan-2-ol	3562	95%	—
S1365	脱氢二氢紫罗兰醇	Dehydrodihydroionol	3446	70%	次要成分：四氢紫罗兰醇
S1366	乙基葑醇	Ethyl fenchol	3491	99%	—
S1368	*N*1-(2-甲氧基-4-甲基苄基)-*N*2-(2-(5-甲基-2-吡啶基)乙基)草酰胺	*N*1-(2-methoxy-4-methylbenzyl)-*N*2-(2-(5-methylpyridin-2-yl)ethyl)oxalamide	4234	99%	—

表 D.1（续）

编码	香料名称	英文名称	FEMA 编号	含量 ≥	备注
S1369	*N*1-(2,4-二甲氧基苄基)-*N*2-(2-(2-吡啶基)乙基)草酰胺	*N*1-(2,4-dimethoxybenzyl)-*N*2-(2-(pyridin-2-yl)ethyl)oxalamide	4233	99%	—
S1370	*N*-(4-庚基)-(3,4-亚甲二氧基)苯甲酰胺	*N*-(heptan-4-yl)benzo[*d*][1,3]dioxole-5-carboxamide	4232	99%	—
S1371	二苄醚	Dibenzyl ether	2371	99%	—
S1372	5-羟基-十二酸甘油酯	Glyceryl 5-hydroxydodecanoate	3686	40%(单 5-羟基-十二酸甘油酯、双 5-羟基-十二酸甘油酯、三 5-羟基-十二酸甘油酯甘油酯之和)	次要成分：δ-十二内酯、5-羟基十二酸、甘油
S1373	三丁酸甘油酯	Tributyrin	2223	99%	—
S1374	壬酸烯丙酯	Allyl nonanoate	2036	96.5%	—
S1375	5-羟基癸酸甘油酯	Glyceryl 5-hydroxydecanoate	3685	56%(单 5-羟基癸酸甘油酯、双 5-羟基癸酸甘油酯、三 5-羟基癸酸甘油酯之和)	次要成分：δ-癸内酯、5-羟基癸酸、甘油
S1376	丙酸 3-苯基丙酯	3-Phenylpropyl propionate	2897	99%	—
S1377	肉桂酸异丙酯	Isopropyl cinnamate	2939	98%	—
S1378	2-酮基-4-丁硫醇	2-Keto-4-butanethiol	3357	99.0%	—
S1379	甲基-对-甲苯缩水甘油酸乙酯	Ethyl methyl-*p*-toly glycidate	3757	96%	—
S1380	5-羟基-8-十一碳烯酸 δ-内酯	5-Hydroxy-8-undecenoic acid delta-lactone	3758	95%	—
S1381	*N*-环丙基-反式-2-顺式-壬二烯酰胺	*N*-Cyclopropyl-(*E*)2,(*Z*)6-nonadienamide	4087	95%	—
S1382	*N*-乙基-反式-2-顺式-6-壬二烯酰胺	*N*-Ethyl-(*E*)2,(*Z*)6-nonadienamide	4113	96%	—

表 D.1（续）

编码	香料名称	英文名称	FEMA 编号	含量 ≥	备注
S1383	2,4-二甲基-1,3-二氧戊环(乙醛 1,2-丙二醇缩醛)	2,4-Dimethyl-1,3-dioxolane (Acetaldehyde propylene glycol acetal)	4099	95%	—
S1384	β-萘甲醚	β-Naphthyl methyl ether	4704	99%	—
S1385	二羟基丙酮	Dihydroxyacetone	4033	97%	—
S1386	二苯基二硫醚	Phenyl disulfide	3225	98%	—
S1387	乙基香芹酚	Ethyl carvacrol	2246	95%	—
S1388	甲基苯甲醛甘油缩醛(邻-、间-、对-异构体混合物)	Tolualdehyde glyceryl acetal (*o*-, *m*-, *p*-mixed isomers)	3067	95%(邻-甲基苯甲醛甘油缩醛、间-甲基苯甲醛甘油缩醛和对-甲基苯甲醛甘油缩醛之和)	—
S1389	(+/-)-反式和顺式-4,8-二甲基 3,7-壬二烯-2-醇	(+/-)-*trans*-and *cis*-4, 8-Dimethyl-3, 7-nonadien-2-ol	4102	95%	—
S1390	(+/-)反式和顺式 -4,8-二甲基-3,7-壬二烯-2-醇乙酸酯	(+/-)-*trans*-and *cis*-4, 8-Dimethyl-3, 7-nonadien-2-yl acetate	4103	95%	—
S1391	反式和顺式-1-甲氧基-1-癸烯	*trans*-and *cis*-1-Methoxy-1-decene	4161	98%(顺式和反式异构体之和)	—
S1392	2-(4-甲基-5-噻唑基)乙醇癸酸酯	2-(4-Methyl-5-thiazolyl)ethyl decanoate	4281	95%	—
S1393	2-(4-甲基-5-噻唑基)乙醇异丁酸酯	2-(4-Methyl-5-thiazolyl)ethyl isobutyrate	4278	98%	—
S1394	2-(4-甲基-5-噻唑基)乙醇甲酸酯	2-(4-Methyl-5-thiazolyl)ethyl formate	4275	95%	—
S1395	异戊酸 3-苯丙酯	3-Phenylpropyl isovalerate	2899	98%	—
S1396	D,L-薄荷脑(+/-)-1,2-丙二醇碳酸酯	D,L-Methol(+/-)-propylene glycol carbonate	3992	87%	次要成分:1-(羟甲基)乙基盖烷-3-醇碳酸酯
S1397	乙酸 1-乙氧基乙醇酯	1-Ethoxyethyl acetate	4069	95%	—

表 D.1（续）

编码	香料名称	英文名称	FEMA 编号	含量 ≥	备注
S1398	*N*-异丁基-反-2-反-4-癸二烯酸酰胺	*N*-Isobutyldeca-*trans*-2-*trans*-4-dienamide	4148	95%	—
S1399	二苯乙醇酮（2-羟基-2-苯基苯乙酮）	Benzoin(2-Hydroxy-2-phenylacetophenone)	2132	98%	—
S1400	甲基异戊基二硫醚	Methyl isopentyl disulfide	4168	92%	次要成分:巴豆酸
S1401	邻氨基苯甲酸烯丙酯	Allyl anthranilate	2020	98%	—
S1402	6-环己基己酸烯丙酯	Allyl cyclohexanehexanoate	2025	98%	—
S1403	5-环己基戊酸烯丙酯	Allyl cyclohexanevalerate	2027	98%	—
S1404	2-乙基丁酸烯丙酯	Allyl 2-ethylbutyrate	2029	99.0%	—
S1405	惕各酸烯丙酯(反式-2-甲基-2-丁烯酸烯丙酯）	Allyl tiglate(Allyl *trans*-2-methyl-2-butenoate)	2043	98%	—
S1406	10-十一烯酸烯丙酯	Allyl 10-undecenoate	2044	98.0%	—
S1407	α-戊基肉桂醛二甲缩醛	α-Amylcinnamaldehyde dimethyl acetal	2062	97%	—
S1408	乙酸 α-戊基肉桂酯	α-Amylcinnamyl acetate	2064	97%	—
S1409	甲酸 α-戊基肉桂酯	α-Amylcinnamyl formate	2066	85%(甲酸 α-戊基肉桂酯和戊基肉桂醇之和不低于 97%）	—
S1410	异戊酸 α-戊基肉桂酯	α-Amylcinnamyl isovalerate	2067	97%	—
S1411	4(2-呋喃基)丁酸异戊酯	Isoamyl 4(2-furan)butyrate	2070	95%	—
S1412	3(2-呋喃基)丙酸异戊酯	Isoamyl 3(2-furan)propionate	2071	96%	—
S1413	2-戊基-5 或 6-酮-1,4-二噁烷	2-Amyl-5 or 6-keto-1,4-dioxane	2076	97%	—
S1414	丙酮酸异戊酯	Isoamyl pyruvate	2083	97%	—
S1415	苄基丁基醚	Benzyl butyl ether	2139	92.6%	次要成分:苯甲醇

表 D.1（续）

编码	香料名称	英文名称	FEMA 编号	含量 ≥	备注
S1416	*N*-3,7-二甲基-2,6-辛二烯-环丙基甲酰胺	*N*-3，7-Dimethyl-2，6-octadienylcyclopropylcarboxamide	4267	98%	—
S1417	*N*-(乙氧羰基甲基)-对䓝烷-3-甲烷酰胺	[*N*-(Ethoxycarbonyl) methyl]-*p*-menthane-3-carboxamide	4309	99%	—
S1420	(反式,顺式)-2,6-壬二烯-1-醇乙酸酯	(*E*,*Z*)-2,6-Nonadien-1-ol acetate	3952	95%	—
S1421	邻氨基苯甲酸苯乙酯	Phenylethyl anthranilate	2859	98%	—
S1422	2-丙酰基-2-噻唑啉	2-Propionyl-2-thiazoline	4064	99%	—
S1423	顺式-8-十四烯醛	(*Z*)-8-Tetradecenal	4066	99%	—
S1424	烯丙硫醇己酸酯	Allyl thiohexanoate	4076	99%	—
S1425	双香兰素	Divanillin	4107	91%	次要成分:香兰素
S1426	顺式和反式-2-庚基环丙烷羧酸	*cis* and *trans*-2-Heptylcyclopropane carboxylic acid	4130	95%	—
S1427	5-羟基-4-甲基己酸 δ-内酯	5-Hydroxy-4-methylhexanoic acid δ-lactone	4141	96%	—
S1428	4-巯基-2-戊酮	4-Mercapto-2-pentanone	4157	95%	—
S1429	2,4,6-三硫杂庚烷	2,4,6-Trithiaheptane	4214	95%	—
S1430	1-(4-甲氧苯基)-4-甲基-1-戊烯-3-酮	1-(4-Methoxyphenyl)-4-methyl-1-penten-3-one	3760	97%	—
S1431	3(2)-羟基-5-甲基-2(3)-己酮	3(2)-Hydroxy-5-methyl-2(3)-hexanone	3989	97%(3-羟基-5-甲基-2-己酮、2-羟基-5-甲基-3-己酮的混合物)	—
S1432	二巯基甲烷	Dimercaptomethane	4097	95%	—
S1433	4-羟基-2-丁烯酸 γ-内酯(2(5*H*)-呋喃酮)	4-Hydroxy-2-butenoic acid γ-lactone (2 (5*H*)-furanone)	4138	97%	—

表 D.1（续）

编码	香料名称	英文名称	FEMA 编号	含量 ≥	备注
S1434	(+/-)-3-甲硫基丁酸异丁酯	(+/-)-Isobutyl 3-methylthiobutyrate	4150	97%	—
S1435	3-甲硫基-2-丁酮	3-(Methylthio)-2-butanone	4181	97%	—
S1436	顺式和反式-5-乙基-4-甲基-2-(2-甲基丙基)-噻唑啉	*cis*- and *trans*-5-Ethyl-4-methyl-2-(2-methylpropyl)-thiazoline	4319	96%	—
S1437	1-戊硫醇	1-Pentanethiol	4333	97%	—
S1438	(+/-)-4-巯基-4-甲基-2-戊醇	(+/-)-4-mercapto-4-methyl-2-pentanol	4158	98%	—
S1439	异戊酸环己酯	cyclohexyl isovalerate	2355	95%	—
S1440	2-噻吩基二硫醚	2-thienyl disulfide	3323	98%	—
S1441	双(2-甲基-3-呋喃基)四硫醚	bis(2-methyl-3-furyl)tetrasulfide	3260	96%	—
S1442	辛酸对-甲酚酯	*p*-tolyl octanoate	3733	96%	—
S1443	丙酸麦芽酚酯	maltol propionate	3941	98%	—
S1444	顺式-2-己烯-1-醇	(*Z*)-2-hexen-1-ol	3924	92%	次要成分：反式-2-己烯叶醇
S1445	(+/-)反式和顺式-2-己烯醛丙二醇缩醛	(+/-) *trans*- and *cis*-2-hexenal propylene glycol acetal	4272	97%	—
S1446	乙酸 2-乙基丁酯	2-ethylbutyl acetate	2425	98%	—
S1447	2,5-二乙基-3-甲基吡嗪	2,5-diethyl-3-methylpyrazine	3915	97%	—
S1448	4-(甲硫基)-2-戊酮	4-(methylthio)-2-pentanone	4182	98%	—
S1449	甲硫基甲硫醇	methylthiomethylmercaptan	4185	97%	—

表 D.1（续）

编码	香料名称	英文名称	FEMA 编号	含量 ≥	备注
S1450	顺式和反式-5-乙基-4-甲基-2-(1-甲基丙基)-噻唑啉	*cis*- and *trans*-5-ethyl-4-methyl-2-(1-methylpropyl)-thiazoline	4318	97%	—
S1451	辛醛二甲缩醛	octanal dimethyl acetal	2798	95%	—
S1452	3-巯基-3-甲基-1-丁醇乙酸酯	3-mercapto-3-methyl-1-butyl acetate	4324	95%	—
S1453	(*R*,*S*)-3-羟基丁酸 *l*-薄荷酯	*l*-menthyl (*R*,*S*)-3-hydroxybutyrate	4308	95%	—
S1454	异戊酸异丙酯	isopropyl isovalerate	2961	95%	—
S1455	顺式-4-癸烯醇乙酸酯	cis-4-decenyl acetate	3967	98%	—
S1456	惕各酸香叶酯	geranyl tiglate	4044	96%	—
S1457	*N*-苯甲酰邻氨基苯甲酸	*N*-benzoylanthranilic acid	4078	99%	—
S1458	2,6,10-三甲基-2,6,10-十五碳三烯-14-酮	2,6,10-trimethyl-2,6,10-pentadecat-rien-14-one	3442	96%	—
S1459	2,5-二甲基噻唑	2,5-dimethylthiazole	4035	95%	—
S1460	甲硫基甲醇丁酸酯	methylthiomethyl butyrate	3879	97%	—
S1461	2-甲硫基乙醇	2-(methylthio) ethanol	4004	98%	—
S1462	二乙基三硫醚	diethyl trisulfide	4029	95%	—
S1463	顺式和反式-1-巯基-对-盖烷-3-酮	*cis*- and *trans*-1-mercapto-*p*- menthan-3-one	4300	89%(包含 8-9%胡椒酮和 1-2%α-松油醇)	—
S1464	4-羟基-4-甲基-7-顺式-癸烯酸 γ-内酯	4-hydroxy-4-methyl-7-*cis*-decenoic acid *gamma* lactone	3937	97%	—

表 D.1(续)

编码	香料名称	英文名称	FEMA 编号	含量 ≥	备注
S1465	2-甲基辛醛	2-methyloctanal	2727	96.5%	—
S1466	3-甲基-5-丙基-2-环己烯-1-酮	3-methyl-5-propyl-2-cyclohexen-1-one	3577	95%	—
S1467	2,4-壬二烯-1-醇	2,4-nonadien-1-ol	3951	92%	次要成分:2-壬烯-1-醇
S1468	环戊硫醇	cyclopentanethiol	3262	98%	—

中华人民共和国国家标准

GB 30616—2014

食品安全国家标准
食品用香精

2014-04-29 发布　　　　2014-11-01 实施

中华人民共和国
国家卫生和计划生育委员会 发布

食品安全国家标准
食品用香精

1 范围

本标准适用于食品用香精。

2 术语和定义

下列术语和定义适用于本文件。

2.1 食品用香精

由食品用香料和(或)食品用热加工香味料与食品用香精辅料组成的用来起香味作用的浓缩调配混合物(只产生咸味、甜味或酸味的配制品除外),它含有或不含有食品用香精辅料。通常它们不直接用于消费,而是用于食品加工。

注1:应严格区分食品用香精和调味品,调味品是食品中的一类,一般可直接食用。食品用香精可以是调味品很小的组成部分。

注2:食品用香精按生产需要适量使用。

2.2 食品用香精辅料

对食品用香精生产、储存和应用所必需的食品添加剂和食品配料。所加的食品添加剂(增味剂、酸度调节剂除外)在最终加香产品中无功能。

2.3 食品用热加工香味料

为食品香味特性而制备的一种产品或混合物。它是以食材或食材组分经过类似于烹调的食品制备工艺制得的产品。

2.4 试样

从所抽取的样品中取出供检测用的样品。

2.5 标准样品

企业技术部门会同有关部门/人员对样品进行检定和评香,确定为检验用标准样品。

2.6 液体香精

以油类或油溶性物质为溶剂、以水或水溶性物质为溶剂的香精。常温下一般为液体。

2.7 乳化香精

经乳化均质得到的水包油的香精。

2.8 浆(膏)状香精

以浆(膏)状形态出现的各类香精。

2.9 拌和型粉末香精

香气和(或)香味成分与固体粉末载体拌合在一起的粉末状香精。

2.10 胶囊型粉末香精

香气和(或)香味成分以芯材的形式被包裹于固体壁材之内的颗粒型香精。

3 技术要求

3.1 原料要求

食品用香精使用的各种香料应符合 GB 2760《食品安全国家标准　食品添加剂使用标准》的规定，食用酒精应符合 GB 10343《食用酒精》的规定，植物油应符合 GB 2716《食品安全国家标准　食用植物油卫生标准》的规定。允许使用的食品用香精辅料名单见附录 A。

3.2 感官要求

感官要求应符合表 1 的规定。

表 1　感官要求

项　目	要　　求	检验方法
色状[a]	符合同一型号的标准样品	附录 B 中 B.1
香气	符合同一型号的标准样品	GB/T 14454.2
香味[b]	符合同一型号的标准样品	B.2

[a] 在贮存期中，部分产品会呈轻度浑浊、沉淀或变色现象，应不影响使用效果。

[b] 香味的测定不适用于以动植物油为溶剂的产品。

3.3 理化指标

理化指标应符合表 2 的规定。

表 2　理化指标

项　　目	液体香精	乳化香精	浆(膏)状香精	粉末香精		检验方法
				拌和型	胶囊型	
相对密度(25 ℃/25 ℃或20 ℃/20 ℃或20 ℃/4 ℃)	$D_{标样}$ ±0.010	—				GB/T 11540
折光指数(25 ℃或20 ℃)	$n_{标样}$ ±0.010	—				GB/T 14454.4
水分/%　≤	—			20.0	15.0	GB 5009.3 及 B.3
过氧化值[a]/(g/100 g)　≤	0.5	—				GB/T 5009.37—2003 中 4.2.1
粒度(规定范围)	—	≤2 μm 并均匀分布[c]	—		≥90.0%	B.4

表 2（续）

项目	液体香精	乳化香精	浆(膏)状香精	粉末香精		检验方法
				拌和型	胶囊型	
原液稳定性	—	不分层	—			B.5
千倍稀释液稳定性[d]	—	无浮油、无沉淀	—			B.6
重金属(以 Pb 计)含量/(mg/kg) ≤	10					GB/T 5009.74
砷(以 As 计)含量	≤3 mg/kg(对含有来自海产品成分的食品用香精只测定无机砷含量,无机砷含量应≤1.5 mg/kg)					GB/T 5009.11 或 GB/T 5009.76
甲醇含量[b]/% ≤	0.2	—				GB/T 7917.4
注：相对密度、折光指数、水分、粒度、原液稳定性、千倍稀释液稳定性为出厂检验项目,型式检验为全项目检验项目,每年进行一次。						
[a] 过氧化值的测定只适用于动植物油含量≥20%的产品。 [b] 甲醇含量的测定只适用于食用酒精含量≥20%的产品。 [c] 乳化香精的粒度只适合于饮料用乳化香精。 [d] 千倍稀释液稳定性只适合于饮料用乳化香精。						

3.4 微生物指标

微生物指标应符合表 3 的规定。

表 3 微生物指标

项目	液体香精	乳化香精	浆(膏)状香精	粉末香精		检验方法
				拌和型	胶囊型	
菌落总数/(CFU/g 或 CFU/mL)	—	≤5 000	≤30 000			GB 4789.2
大肠菌群/(MPN/g 或 MPN/mL)	—	≤3.6	≤15			GB 4789.3

4 标签

按照 GB 29924《食品安全国家标准 食品添加剂标识通则》进行标示,凡含有食品用热加工香味料的产品不测相对密度和折光指数,其产品标签的配料清单中应标示“食品用热加工香味料”。对含有来自海产品成分的食品用香精应在产品标签上注明本产品含有海产品成分。

5 其他

根据工艺需要,食品用香精中可以使用 GB 2760 中允许使用的着色剂、甜味剂和咖啡因,但加入的品种和添加量应与最终食品的要求相一致。

附 录 A

食品用香精中允许使用的辅料名单

A.1 溶剂及载体见表 A.1。

表 A.1 溶剂及载体

序号	溶剂及载体中文名称	溶剂及载体英文名称	CNS 编码	INS 编码
1	微晶纤维素	microcrystalline cellulose	02.005	460i
2	磷脂	phospholipid	04.010	322
3	蔗糖脂肪酸酯	sucrose esters of fatty acid	10.001	473
4	单,双甘油脂肪酸酯(油酸、亚油酸、亚麻酸、棕榈酸、山嵛酸、硬脂酸、月桂酸)	mono-and diglycerides of fatty acids	10.006	471
5	辛,癸酸甘油酯	octyl and decyl glycerate	10.018	—
6	辛烯基琥珀酸淀粉钠	sodium starch octenyl succinate	10.030	1450
7	甘油(又名丙三醇)	glycerine(glycerol)	15.014	422
8	丙二醇	propylene glycol	18.004	1520
9	山梨糖醇和山梨糖醇液	sorbitol and sorbitol syrup	19.006	420i 420ii
10	D-甘露糖醇	D-mannitol	19.017	421
11	琼脂	agar	20.001	406
12	明胶	gelatin	20.002	—
13	羧甲基纤维素钠	sodium carboxy methyl cellulose	20.003	466
14	海藻酸钠(又名褐藻酸钠) 海藻酸钾	sodium alginate potassium alginate	20.004 20.005	401 402
15	果胶	pectins	20.006	440
16	卡拉胶	carrageenan	20.007	407
17	阿拉伯胶	gum arabic	20.008	414
18	黄原胶(又名汉生胶)	xanthan gum	20.009	415
19	海藻酸丙二醇酯	propylene glycol alginate	20.010	405
20	羟丙基淀粉	hydroxypropyl starch	20.014	1440
21	聚葡萄糖	polydextrose	20.022	1200
22	槐豆胶(又名刺槐豆胶)	carob bean gum	20.023	410
23	β-环状糊精	beta-cyclodextrin	20.024	459
24	瓜尔胶	guar gum	20.025	412
25	氧化淀粉	oxidized starch	20.030	1404
26	甲基纤维素	methyl cellulose	20.043	461

注：合适的各种食品原料可用作食品用香精溶剂或载体,不在此表列出。

A.2　其他辅料见表 A.2。

表 A.2　其他辅料

序号	其他辅料中文名称	其他辅料英文名称	CNS 编码	INS 编码
1	乙酸异丁酸蔗糖酯	sucrose acetate isobutyrate(SAIB)	—	444
2	黄蜀葵胶	ablmoschus manihot gum	—	—
3	葫芦巴胶	fenugreek gum	—	—
4	氢氧化钠	sodium hydroxide	—	524
5	DL-苹果酸	DL-malic acid	—	—
6	氯化钾	potassium chloride	00.008	508
7	半乳甘露聚糖	galactomannan	00.014	—
8	硫酸锌	zinc sulfate	00.018	—
9	柠檬酸	citric acid	01.101	330
10	乳酸	lactic acid	01.102	270
11	L-苹果酸	L-malic acid	01.104	—
12	偏酒石酸	metatartaric acid	01.105	353
13	磷酸 焦磷酸二氢二钠 焦磷酸钠 磷酸二氢钙 磷酸二氢钾 磷酸氢二钾 磷酸氢钙 磷酸三钙 磷酸三钾 磷酸三钠 六偏磷酸钠 三聚磷酸钠 磷酸二氢钠 磷酸氢二钠	phosphoric acid disodium dihydrogen pyrophosphate tetrasodium pyrophosphate calcium dihydrogen phosphate potassium dihydrogen phosphate dipotassium hydrogen phosphate calcium hydrogen phosphate (dicalcium orthophosphate) tricalcium orthophosphate (calcium phosphate) tripotassium orthophosphate trisodium orthophosphate sodium polyphosphate sodium tripolyphosphate sodium dihydrogen phosphate sodium phosphatedibasic	01.106 15.008 15.004 15.007 15.010 15.009 06.006 02.003 01.308 15.001 15.002 15.003 15.005 15.006	338 450i 450iii 341i 340i 340ii 341ii 341iii 340iii 339iii 452i 451i 339i 339ii
14	冰乙酸(又名冰醋酸)	acetic acid	01.107	260
15	盐酸	hydrochloric acid	01.108	507
16	冰乙酸(低压羰基化法)	acetic acid	01.112	—
17	氢氧化钙	calcium hydroxide	01.202	526
18	氢氧化钾	potassium hydroxide	01.203	525
19	碳酸钾	potassium carbonate	01.301	501i
20	碳酸钠	sodium carbonate	01.302	500i
21	柠檬酸钠	trisodium citrate	01.303	331iii

表 A.2（续）

序号	其他辅料中文名称	其他辅料英文名称	CNS 编码	INS 编码
22	柠檬酸钾	tripotassium citrate	01.304	332ii
23	碳酸氢三钠（又名倍半碳酸钠）	sodium sesquicarbonate	01.305	500 iii
24	柠檬酸一钠	sodium dihydrogen citrate	01.306	331i
25	碳酸氢钾	potassium hydrogen carbonate	01.307	501ii
26	DL-苹果酸钠	DL-disodium malate	01.309	—
27	乳酸钙	calcium lactate	01.310	327
28	葡萄糖酸钠	sodium gluconate	01.312	576
29	亚铁氰化钾	potassium ferrocyanide	02.001	536
30	二氧化硅	silicon dioxide	02.004	551
31	硅酸钙	calcium silicate	02.009	552
32	聚二甲基硅氧烷	polydimethyl siloxane	03.007	900a
33	丁基羟基茴香醚(BHA)	butylated hydroxyanisole	04.001	320
34	二丁基羟基甲苯(BHT)	butylated hydroxytoluene	04.002	321
35	没食子酸丙酯(PG)	propyl gallate	04.003	310
36	D-异抗坏血酸及其钠盐	D-isoascorbic acid (erythorbic acid), sodium D-isoascorbate	04.004 04.018	315 316
37	茶多酚(又名维多酚)	tea polyphenol(TP)	04.005	—
38	植酸(又名肌醇六磷酸)	phytic acid(inositol hexaphosphoric acid)	04.006	—
39	特丁基对苯二酚	tertiary butylhydroquinone(TBHQ)	04.007	319
40	甘草抗氧物	antioxidant of glycyrrhiza	04.008	—
41	抗坏血酸钙	calcium ascorbate	04.009	302
42	抗坏血酸棕榈酸酯	ascorbyl palmitate	04.011	304
43	4-己基间苯二酚	4-hexylresorcinol	04.013	586
44	抗坏血酸(又名维生素 C)	ascorbic acid	04.014	300
45	抗坏血酸钠	sodium ascorbate	04.015	301
46	维生素 E(dl-α-生育酚，d-α-生育酚，混合生育酚浓缩物)	vitamin E(dl-α-tocopherol，d-α-tocopherol，mixed tocopherol concentrate)	04.016	307
47	迷迭香提取物	rosemary extract	04.017	—
48	二氧化硫 焦亚硫酸钾 焦亚硫酸钠 亚硫酸钠 亚硫酸氢钠 低亚硫酸钠	sulfur dioxide potassium metabisulphite sodium metabisulphite sodium sulfite sodium hydrogen sulfite sodium hyposulfite	05.001 05.002 05.003 05.004 05.005 05.006	220 224 223 221 222 —
49	碳酸氢钠	sodium hydrogen carbonate	06.001	500ii

表 A.2（续）

序号	其他辅料中文名称	其他辅料英文名称	CNS 编码	INS 编码
50	碳酸氢铵	ammonium hydrogen carbonate	06.002	503ii
51	硫酸铝钾（又名钾明矾）	aluminium potassium sulfate	06.004	522
52	酒石酸氢钾	potassium bitartarate	06.007	336
53	甜菜红	beet red	08.101	162
54	高粱红	sorghum red	08.115	—
55	柑橘黄	orange yellow	08.143	—
56	天然胡萝卜素	natural carotene	08.147	—
57	酪蛋白酸钠（又名酪朊酸钠）	sodium caseinate	10.002	—
58	木糖醇酐单硬脂酸酯	xylitan monostearate	10.007	—
59	硬脂酰乳酸钠 硬脂酰乳酸钙	sodium stearoyl lactylate calcium stearoyl lactylate	10.011 10.009	481i 482i
60	氢化松香甘油酯	glycerol ester of hydrogenated rosin	10.013	—
61	聚氧乙烯木糖醇酐单硬脂酸酯	polyoxyethylene xylitan monostearate	10.017	—
62	改性大豆磷脂	modified soybean phospholipid	10.019	—
63	丙二醇脂肪酸酯	propylene glycol esters of fatty acids	10.020	477
64	聚甘油脂肪酸酯	polyglycerol esters of fatty acids	10.022	475
65	山梨醇酐单月桂酸酯（又名司盘 20） 山梨醇酐单棕榈酸酯（又名司盘 40） 山梨醇酐单硬脂酸酯（又名司盘 60） 山梨醇酐三硬脂酸酯（又名司盘 65） 山梨醇酐单油酸酯（又名司盘 80）	sorbitan monolaurate sorbitan monopalmitate sorbitan monostearate sorbitan tristearate sorbitan monooleate	10.024 10.008 10.003 10.004 10.005	493 495 491 492 494
66	聚氧乙烯山梨醇酐单月桂酸酯（又名吐温 20） 聚氧乙烯山梨醇酐单棕榈酸酯（又名吐温 40） 聚氧乙烯山梨醇酐单硬脂酸酯（又名吐温 60） 聚氧乙烯山梨醇酐单油酸酯（又名吐温 80）	polyoxyethylene(20) sorbitan monolaurate polyoxyethylene(20) sorbitan monopalmitate polyoxyethylene(20) sorbitan monostearate polyoxyethylene(20) sorbitan monooleat	10.025 10.026 10.015 10.016	432 434 435 433
67	乙酰化单、双甘油脂肪酸酯	acetylated mono-and diglyceride (acetic and fatty acid esters of glycerol)	10.027	472a
68	硬脂酸酸钾 硬脂酸酸钙 硬脂酸酸镁	potassium stearate calcium stearate magnesium stearate	10.028 10.039 02.006	470
69	聚甘油蓖麻醇酯（PGPR）	polyglycerol polyricinoleate (polyglycerol esters of interesterified ricinoleic acid)	10.029	476
70	乳酸脂肪酸甘油酯	lactic and fatty acid esters of glycerol	10.031	472b

表 A.2（续）

序号	其他辅料中文名称	其他辅料英文名称	CNS 编码	INS 编码
71	柠檬酸脂肪酸甘油酯	citric and fatty acid esters of glycerol	10.032	472c
72	酶解大豆磷脂	enzymatically decomposed soybean phospholipid	10.040	—
73	谷氨酸钠	monosodium glutamate	12.001	621
74	5′-鸟苷酸二钠	disodium 5′-guanylate	12.002	627
75	5′-肌苷酸二钠	disodium 5′-inosinate	12.003	631
76	5′-呈味核苷酸二钠（又名呈味核苷酸二钠）	disodium 5′-ribonucleotide	12.004	635
77	碳酸镁	magnesium carbonate	13.005	504 i
78	碳酸钙（包括轻质和重质碳酸钙）	calcium carbonate(light and heavy)	13.006	170i
79	紫胶（又名虫胶）	shellac	14.001	904
80	乳酸钾	potassium lactate	15.011	326
81	乳酸钠	sodium lactate	15.012	325
82	苯甲酸及其钠盐	benzoic acid, sodium benzoate	17.001 17.002	210 211
83	山梨酸及其钾盐	sorbic acid, potassium sorbate	17.003 17.004	200 202
84	脱氢乙酸及其钠盐	dehydroacetic acid, sodium dehydroacetate	17.009(i) 17.009 (ii)	265 266
85	乳酸链球菌素	nisin	17.019	234
86	丙酸及其钠盐、钙盐	propionic acid, sodium propionate, calcium propionate	17.029 17.006 17.005	280 281 282
87	纳他霉素	natamysin	17.030	235
88	对羟基苯甲酸酯类及其钠盐（对羟基苯甲酸甲酯钠，对羟基苯甲酸乙酯及其钠盐）	methyl *p*-hydroxy benzoate and its salts (sodium methyl *p*-hydroxy benzoate, ethyl *p*-hydroxy benzoate, sodium ethyl *p*-hydroxy benzoate)	17.032 17.007	219 214 215
89	硫酸钙（又名石膏）	calcium sulphate	18.001	516
90	氯化钙	calcium chloride	18.002	509
91	氯化镁	magnesium chloride	18.003	511
92	乙二胺四乙酸二钠	disodium ethylene-diamine-tetra-acetate	18.005	386
93	柠檬酸亚锡二钠	disodium stannous citrate	18.006	—
94	葡萄糖酸-δ-内酯	glucono delta-lactone	18.007	575
95	α-环状糊精	alpha-cyclodextrin	18.011	457
96	γ-环状糊精	gamma-cyclodextrin	18.012	458

表 A.2（续）

序号	其他辅料中文名称	其他辅料英文名称	CNS 编码	INS 编码
97	麦芽糖醇和麦芽糖醇液	maltitol and maltitol syrup	19.005	965i 965ii
98	木糖醇	xylitol	19.007	967
99	乳糖醇(4-β-D 吡喃半乳糖-D-山梨醇)	lactitol	19.014	966
100	罗汉果甜苷	lo-han-kuo extract	19.015	—
101	赤藓糖醇[a]	erythritol	19.018	968
102	罗望子多糖胶	tamarind polysaccharide gum	20.011	—
103	羧甲基淀粉钠	sodium carboxy methyl starch	20.012	—
104	淀粉磷酸酯钠	sodium starch phosphate	20.013	—
105	乙酰化二淀粉磷酸酯	acetylated distarch phosphate	20.015	1414
106	羟丙基二淀粉磷酸酯	hydroxypropyl distarch phosphate	20.016	1442
107	磷酸化二淀粉磷酸酯	phosphated distarch phosphate	20.017	1413
108	甲壳素(又名几丁质)	chitin	20.018	—
109	亚麻籽胶(又名富兰克胶)	linseed gum	20.020	—
110	田菁胶	sesbania gum	20.021	—
111	结冷胶	gellan gum	20.027	418
112	羟丙基甲基纤维素(HPMC)	hydroxypropyl methyl cellulose	20.028	464
113	皂荚糖胶	gleditsia sinenis lam gum	20.029	—
114	乙酰化双淀粉己二酸酯	acetylated distarch adipate	20.031	1422
115	酸处理淀粉	acid treated starch	20.032	1401
116	氧化羟丙基淀粉	oxidized hydroxypropyl starch	20.033	—
117	磷酸酯双淀粉	distarch phosphate	20.034	1412
118	聚丙烯酸钠	sodium polyacrylate	20.036	—
119	醋酸酯淀粉	starch acetate	20.039	1420

注：食品用香精中允许加入各种食品原料。

[a] 生产菌株分别为 *Moniliella pollinis*、*Trichosporonides megachiliensis* 和解脂假丝酵母 *Candida lipolytica*。

附 录 B

检 验 方 法

B.1 色状的检定

B.1.1 液体香精和浆(膏)状香精

将试样和标准样品分别置于带刻度的同体积小烧杯中至同刻度处,用目测法观察有无差异。

B.1.2 粉末香精

将试样和标准样品分别置于一洁净白纸上,用目测法观察有无差异。

B.2 香味的评定

B.2.1 试液的配制

按加香产品的类别,选择下列一种方法配制:

a) 分别称取 0.1 g(精确至 0.01 g)试样和标准样品置于各自小烧杯中,分别加入糖水溶液(蔗糖 8 g～12 g,柠檬酸 0.10 g～0.16 g,加蒸馏水至 100 mL 配成),配制成含 0.1%香精糖水溶液,搅拌均匀即为试液;

b) 分别称取 0.2 g～0.5 g(精确至 0.01 g)试样和标准样品置于各自小烧杯中,分别加入盐水溶液(0.5 g 食盐,加开水至 100 mL 配成,冷却),配制成含 0.2%～0.5%香精的盐水溶液,搅拌均匀即为试液;

c) 分别称取 0.1 g(精确至 0.01 g)试样和标准样品置于各自小烧杯中,分别加入 100 mL 蒸馏水,配制成含 0.1%香精的水溶液,搅拌均匀即为试液。

B.2.2 评定的方法

分别小口品尝试液,辨其香味特征、强度、口感有无差异,试样应符合同一型号的标准样品。每次品尝前,均应漱口。

B.3 水分的测定

按 GB 5009.3—2010 的规定。仲裁法为第三法 蒸馏法。

B.4 粒度的测定

B.4.1 乳化香精

B.4.1.1 仪器和设备

大于 600 倍的生物显微镜。

B.4.1.2 测定方法

取少量经搅拌均匀的试样放在载玻片上,滴入适量的水,用盖玻片轻压试样使成薄层。用显微镜观察。

B.4.2 胶囊型粉末香精

用标准筛过筛的方法测定。

方法一:除另有规定外,称取 10 g 试样(精确至 0.1 g),置于规定号的标准筛中,筛上加盖并在筛下配备有密合的接受容器,按水平方向旋转振摇 3 min 以上,并不时在垂直方向轻叩筛网。取接受容器内的颗粒及粉末,称重,计算其所占的百分比(%)。

方法二:除另有规定外,称取 30 g 试样(精确至 0.1 g),置于规定号的大号标准筛中,筛上加盖并在筛下配备有密合的接受容器,按水平方向旋转振摇至少 3 min,并不时在垂直的方向轻叩筛网。然后将容器内试样全部移入规定号的小号标准筛中,重复以上操作。称取小号标准筛内的颗粒及粉末重量(即能通过大号标准筛而不能通过小号标准筛的颗粒及粉末),计算其所占的百分比(%)。

B.5 原液稳定性的测定

B.5.1 仪器和设置

离心沉淀器。

B.5.2 测定方法

将经搅拌均匀的试样装于三支离心试管中至同刻度处,一支留作对照,二支放入离心沉淀器中,以 2 500 r/min～3 000 r/min 转速离心 15 min,取出。与对照管比较,应不分层。

B.6 千倍稀释液稳定性的测定

注:选择下列两种方法中的一种方法进行测定。

B.6.1 72 h 试验(仲裁法)

B.6.1.1 仪器和设备

B.6.1.1.1 1 000 mL 容量瓶。

B.6.1.1.2 汽水瓶。

B.6.1.1.3 封盖机。

B.6.1.1.4 天平:精度 0.01 g。

B.6.1.2 测定方法

称取经搅拌均匀的试样 1.0 g,白砂糖 80 g～120 g,柠檬酸 1.0 g～1.6 g,蒸馏水 100 mL,加热使之全部溶解。冷却后移入容量瓶中,再用蒸馏水稀释至刻度,即为千倍稀释液。

取约 300 mL 的千倍稀释液于玻璃汽水瓶中,封盖。在室温下横放静置 72 h,观察溶液表面应无浮油,底部无沉淀。

B.6.2 离心试验

B.6.2.1 仪器和设备

离心沉淀器。

B.6.2.2 测定方法

将 B.6.1.2 中的千倍稀释液装于 3 支离心试管中至同刻度处，1 支留作对照，2 支放入离心沉淀器中，以 3 000 r/min 转速离心 15 min，取出。与对照管比较，溶液表面应无浮油，底部无沉淀。